초등 수학의 [illegible]!!



# 신기한 연산왕

C-1

초3 수준

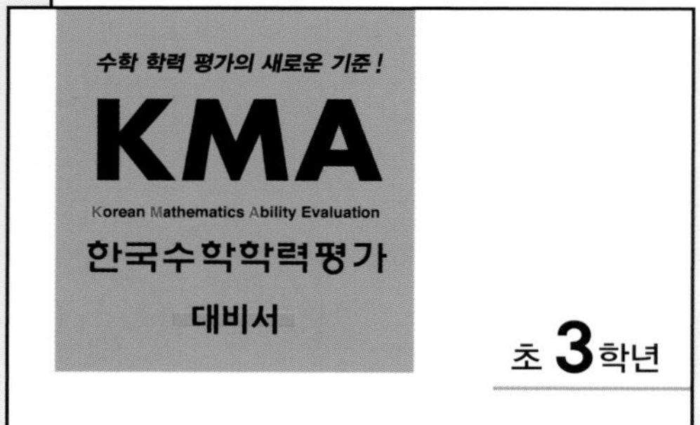

초등 수학의 기본은 연산력!!

신기한

# 연산왕

C-1

초 3 수준

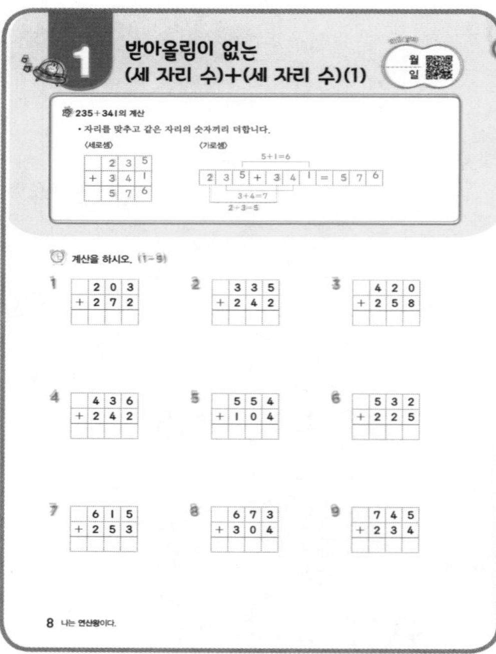

## 원리+익힘

연산의 원리를 쉽게 이해하고 빠르고 정확한 계산 능력을 얻을 수 있도록 구성하였습니다.

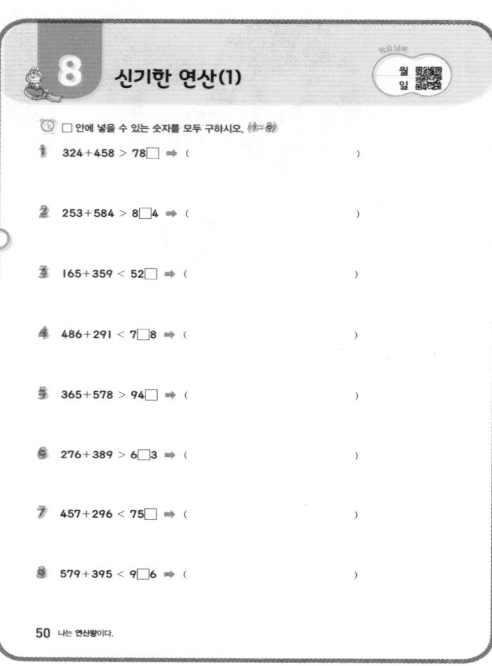

## 신기한 연산

연산 능력과 창의사고력 향상이 동시에 이루어질 수 있는 문제로 구성하여 계산 능력과 창의사고력이 저절로 향상될 수 있도록 구성하였습니다.

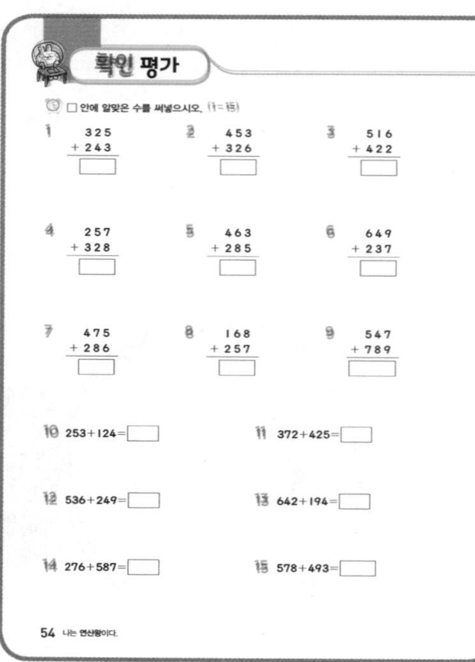

## 확인평가

단원을 마무리하면서 익힌 내용을 평가하여 자신의 실력을 알아볼 수 있도록 구성하였습니다.

# 크라운 온라인 단원 평가는?

## 크라운 온라인 평가는?

단원별 학습한 내용을 올바르게 학습하였는지 실시간 점검할 수 있는 온라인 평가 입니다.

- 온라인 평가는 매단원별 25문제로 출제 되었습니다
- 평가 시간은 30분이며 시험 시간이 지나면 문제를 풀 수 없습니다
- 온라인 평가를 통해 100점을 받으시면 크라운 1개를 획득할 수 있습니다.

## 온라인 평가 방법

**에듀왕닷컴 접속**
www.eduwang.com
신규 회원 가입 또는 로그인

**메인 상단 메뉴에서 단원평가 클릭**
닷컴 메인 메뉴에서 단원 평가 클릭

**단계 및 단원 선택**
평가하고자 하는 단계와 단원을 선택

**온라인 단원 평가 실시**
30분 동안 평가 실시

**온라인 단원 평가 종료**
종료 후 실시간 평가 결과 확인

**크라운 확인**
마이페이지에서 크라운 확인 후 크라운 사용

## 유의사항

- 평가 시작 전 종이와 연필을 준비하시고 인터넷 및 와이파이 신호를 꼭 확인하시기 바랍니다
- 단원평가는 최초 1회에 한하여 크라운이 반영됩니다. (중복 평가 시 크라운 미 반영)
- 각 단원 평가를 통해 100점을 받으시면 크라운 1개를 드리며, 획득하신 크라운으로 에듀왕닷컴에서 판매하고 있는 교재 및 서비스를 무료로 구매 하실 수 있습니다 ( 크라운 1개 - 1,000원)

# 연산왕 단계별 학습 내용

**A-1 (초1수준)**
1. 9까지의 수
2. 9까지의 수를 모으고 가르기
3. 덧셈과 뺄셈

**A-2 (초1수준)**
1. 19까지의 수
2. 50까지의 수
3. 50까지의 수의 덧셈과 뺄셈

**A-3 (초1수준)**
1. 100까지의 수
2. 덧셈
3. 뺄셈

**A-4 (초1수준)**
1. 두 자리 수의 혼합 계산
2. 두 수의 덧셈과 뺄셈
3. 세 수의 덧셈과 뺄셈

**B-1 (초2수준)**
1. 세 자리 수
2. 받아올림이 한 번 있는 덧셈
3. 받아올림이 두 번 있는 덧셈

**B-2 (초2수준)**
1. 받아내림이 한 번 있는 뺄셈
2. 받아내림이 두 번 있는 뺄셈
3. 덧셈과 뺄셈의 관계

**B-3 (초2수준)**
1. 네 자리 수
2. 세 자리 수와 두 자리 수의 덧셈과 뺄셈
3. 세 수의 계산

**B-4 (초2수준)**
1. 곱셈구구
2. 길이의 계산
3. 시각과 시간

**C-1 (초3수준)**

1. 덧셈과 뺄셈
2. 나눗셈과 곱셈
3. 길이와 시간

**C-2 (초3수준)**

1. 곱셈과 나눗셈
2. 분수
3. 들이와 무게

**D-1 (초4수준)**

1. 큰 수
2. 각도
3. 곱셈과 나눗셈

**D-2 (초4수준)**

1. 분수의 덧셈과 뺄셈
2. 소수의 덧셈과 뺄셈
3. 각도 구하기

**E-1 (초5수준)**

1. 자연수의 혼합 계산
2. 분수의 덧셈과 뺄셈
3. 다각형의 둘레와 넓이

**E-2 (초5수준)**

1. 수의 범위와 어림하기
2. 분수의 곱셈
3. 소수의 곱셈

**F-1 (초6수준)**

1. 분수의 나눗셈
2. 소수의 나눗셈
3. 직육면체의 부피와 겉넓이

**F-2 (초6수준)**

1. 분수와 소수의 나눗셈
2. 비와 비율, 비례식과 비례배분
3. 원의 넓이

차례

# 1

# 덧셈과 뺄셈

# 1 받아올림이 없는 (세 자리 수)+(세 자리 수)(1)

**235+341의 계산**

• 자리를 맞추고 같은 자리의 숫자끼리 더합니다.

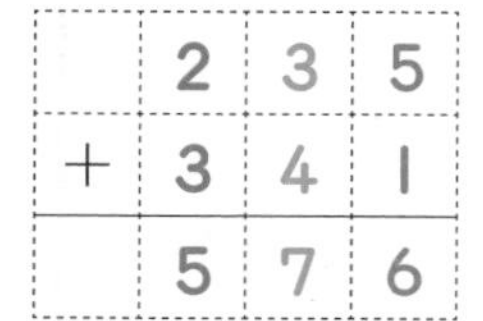

〈세로셈〉

| | 2 | 3 | 5 |
|---|---|---|---|
| + | 3 | 4 | 1 |
| | 5 | 7 | 6 |

〈가로셈〉

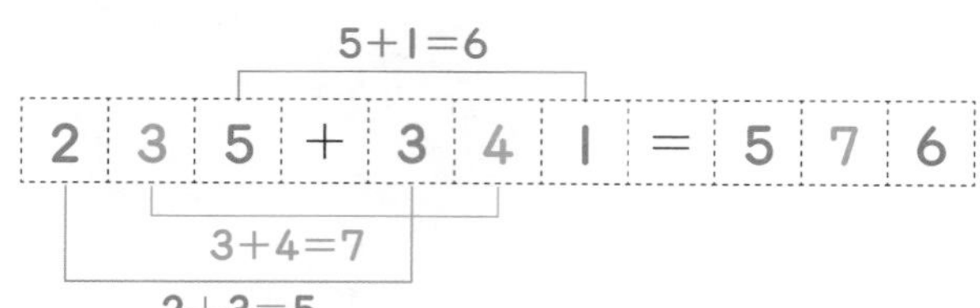


계산을 하시오. (1~9)

1

| | 2 | 0 | 3 |
|---|---|---|---|
| + | 2 | 7 | 2 |
| | | | |

2

| | 3 | 3 | 5 |
|---|---|---|---|
| + | 2 | 4 | 2 |
| | | | |

3

| | 4 | 2 | 0 |
|---|---|---|---|
| + | 2 | 5 | 8 |
| | | | |

4

| | 4 | 3 | 6 |
|---|---|---|---|
| + | 2 | 4 | 2 |
| | | | |

5

| | 5 | 5 | 4 |
|---|---|---|---|
| + | 1 | 0 | 4 |
| | | | |

6

| | 5 | 3 | 2 |
|---|---|---|---|
| + | 2 | 2 | 5 |
| | | | |

7

| | 6 | 1 | 5 |
|---|---|---|---|
| + | 2 | 5 | 3 |
| | | | |

8

| | 6 | 7 | 3 |
|---|---|---|---|
| + | 3 | 0 | 4 |
| | | | |

9

| | 7 | 4 | 5 |
|---|---|---|---|
| + | 2 | 3 | 4 |
| | | | |

계산은 빠르고 정확하게!

| 걸린 시간 | 1~7분 | 7~10분 | 10~13분 |
|---|---|---|---|
| 맞은 개수 | 22~24개 | 17~21개 | 1~16개 |
| 평가 | 참 잘했어요. | 잘했어요. | 좀더 노력해요. |

계산을 하시오. (10 ~ 24)

10 $\begin{array}{r} 231 \\ +\ 137 \\ \hline \end{array}$ □

11 $\begin{array}{r} 243 \\ +\ 224 \\ \hline \end{array}$ □

12 $\begin{array}{r} 271 \\ +\ 315 \\ \hline \end{array}$ □

13 $\begin{array}{r} 345 \\ +\ 213 \\ \hline \end{array}$ □

14 $\begin{array}{r} 352 \\ +\ 333 \\ \hline \end{array}$ □

15 $\begin{array}{r} 374 \\ +\ 415 \\ \hline \end{array}$ □

16 $\begin{array}{r} 423 \\ +\ 164 \\ \hline \end{array}$ □

17 $\begin{array}{r} 444 \\ +\ 235 \\ \hline \end{array}$ □

18 $\begin{array}{r} 472 \\ +\ 514 \\ \hline \end{array}$ □

19 $\begin{array}{r} 513 \\ +\ 264 \\ \hline \end{array}$ □

20 $\begin{array}{r} 546 \\ +\ 323 \\ \hline \end{array}$ □

21 $\begin{array}{r} 562 \\ +\ 415 \\ \hline \end{array}$ □

22 $\begin{array}{r} 615 \\ +\ 132 \\ \hline \end{array}$ □

23 $\begin{array}{r} 634 \\ +\ 252 \\ \hline \end{array}$ □

24 $\begin{array}{r} 653 \\ +\ 322 \\ \hline \end{array}$ □

# 1 받아올림이 없는 (세 자리 수)+(세 자리 수)(2)

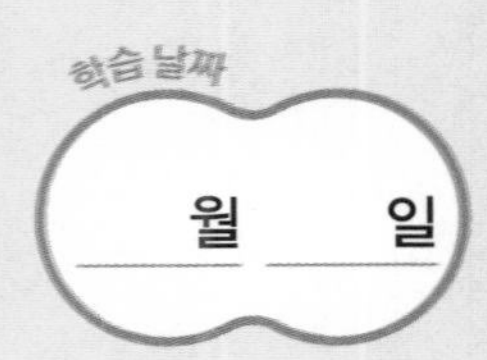


계산을 하시오. (1~16)

1 248 + 320 =

2 324 + 243 =

3 426 + 352 =

4 514 + 283 =

5 673 + 223 =

6 725 + 134 =

7 145 + 232 =

8 234 + 560 =

9 345 + 210 =

10 430 + 427 =

11 574 + 413 =

12 624 + 135 =

13 717 + 240 =

14 263 + 132 =

15 442 + 236 =

16 527 + 341 =

| 걸린 시간 | 1~8분 | 8~12분 | 12~16분 |
|---|---|---|---|
| 맞은 개수 | 29~32개 | 23~28개 | 1~22개 |
| 평가 | 참 잘했어요. | 잘했어요. | 좀더 노력해요. |

계산을 하시오. (17 ~ 32)

17 136+232=□

18 245+323=□

19 341+243=□

20 413+274=□

21 527+340=□

22 624+152=□

23 717+132=□

24 355+241=□

25 237+522=□

26 352+246=□

27 435+152=□

28 546+233=□

29 683+213=□

30 127+352=□

31 354+325=□

32 423+536=□

# 1 받아올림이 없는 (세 자리 수)+(세 자리 수)(3)

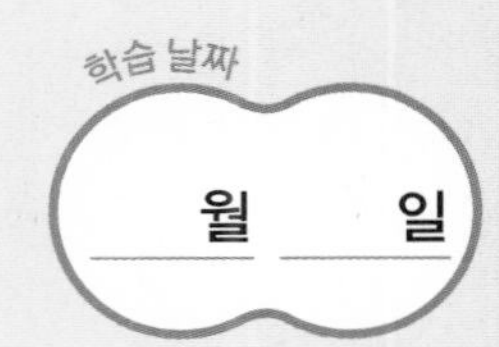


빈 곳에 알맞은 수를 써넣으시오. (1 ~ 12)

1
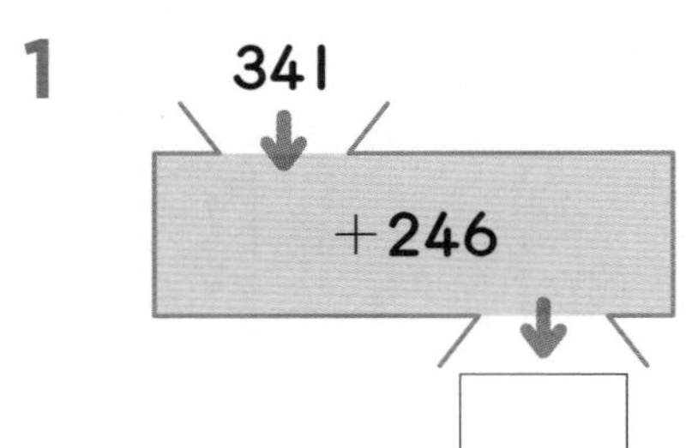


2
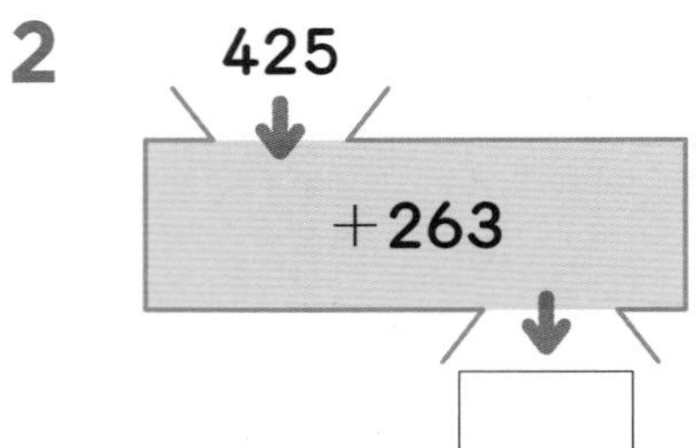


3
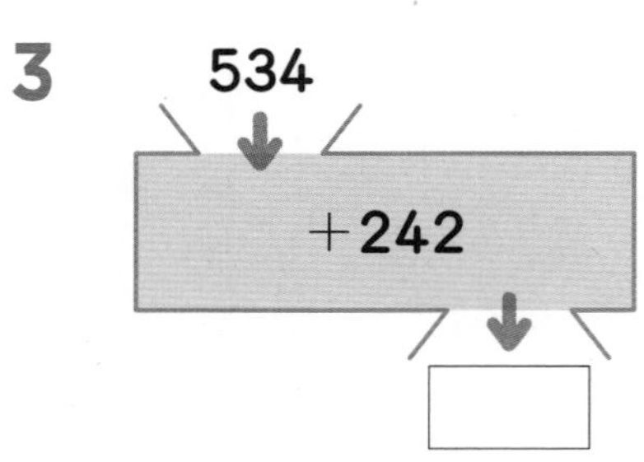


4
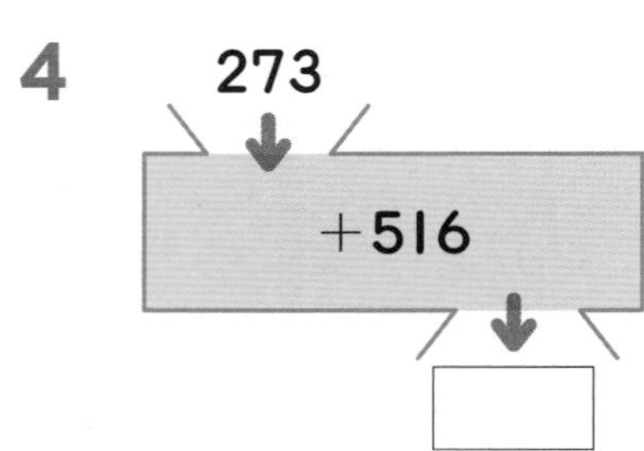


5
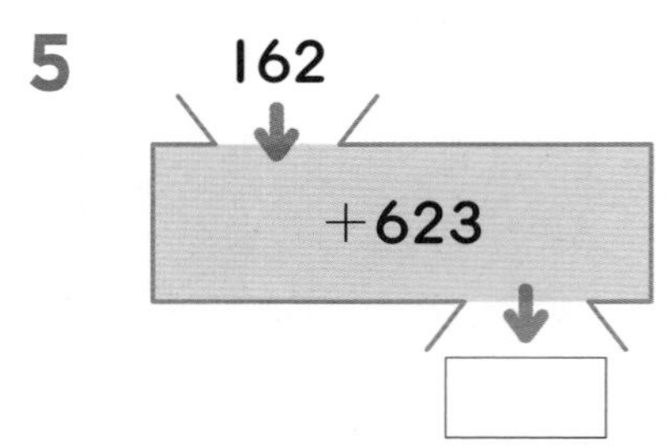


6
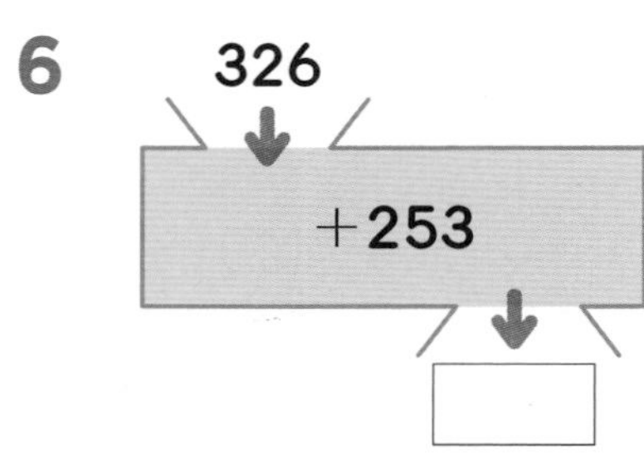


7
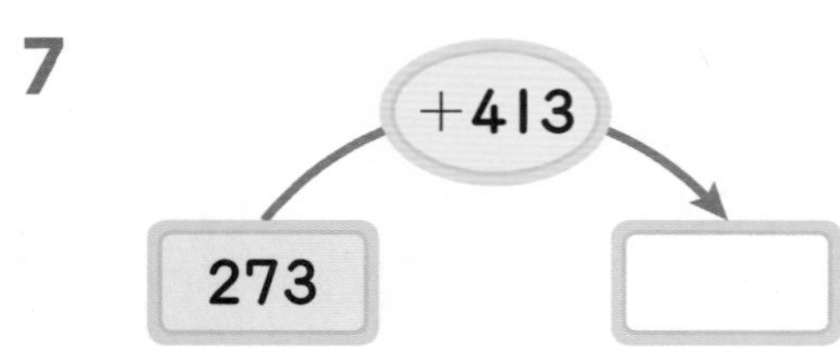


8
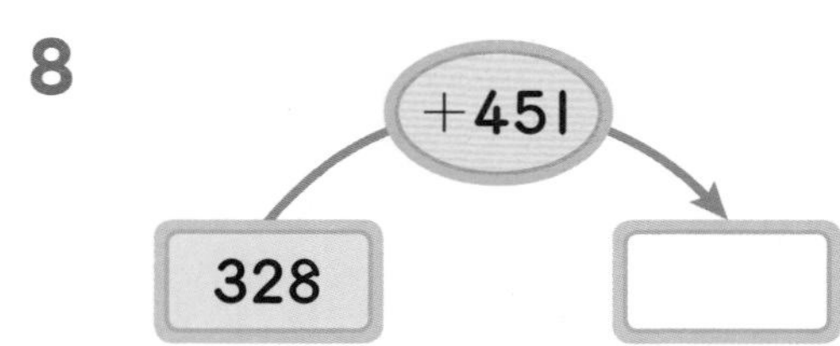


9
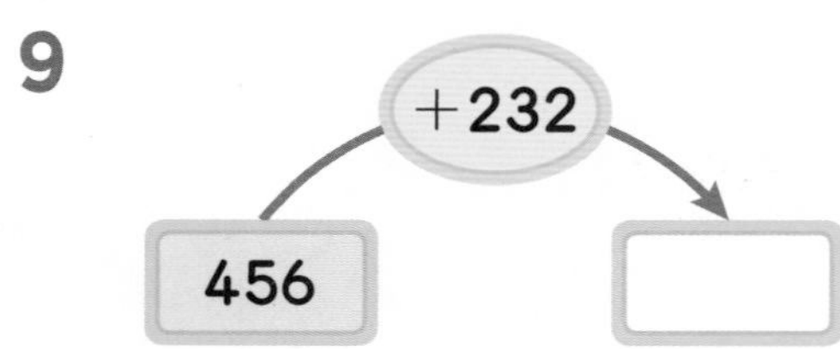


10
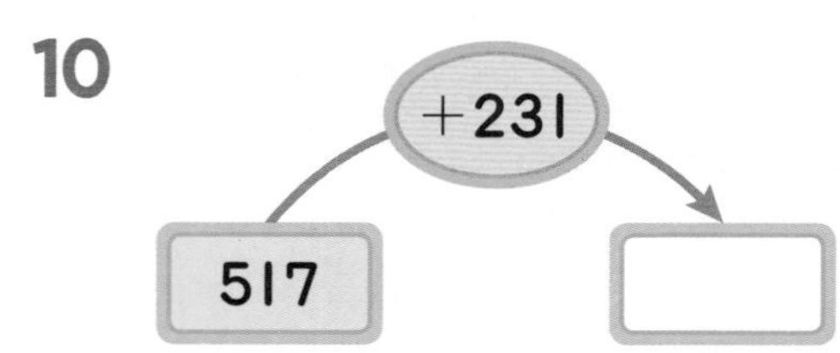


11
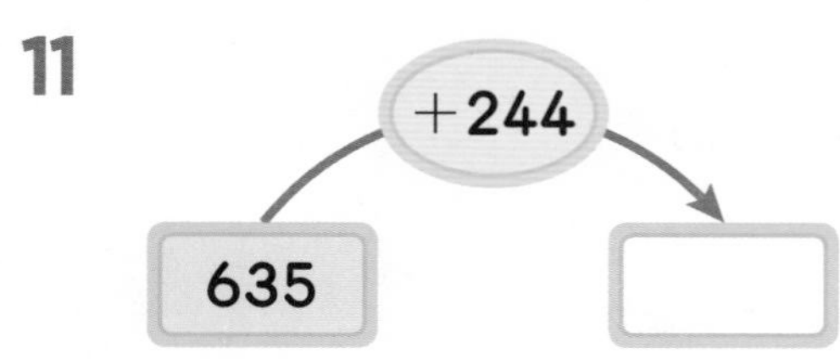


12
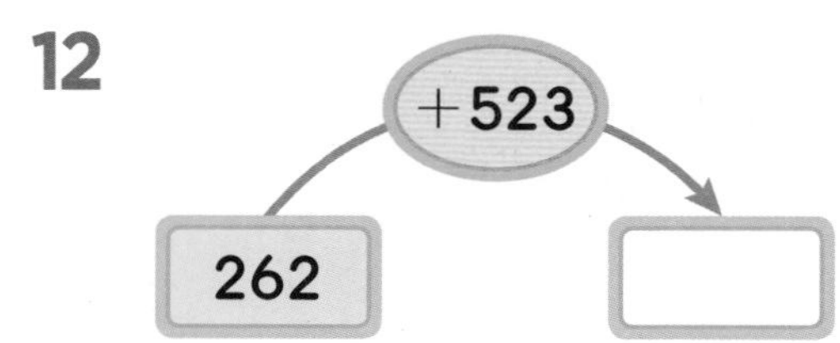

계산은 빠르고 정확하게!

| 걸린 시간 | 1~8분 | 8~12분 | 12~16분 |
| --- | --- | --- | --- |
| 맞은 개수 | 21~22개 | 17~20개 | 1~16개 |
| 평가 | 참 잘했어요. | 잘했어요. | 좀더 노력해요. |

빈 곳에 알맞은 수를 써넣으시오. (13 ~ 22)

13
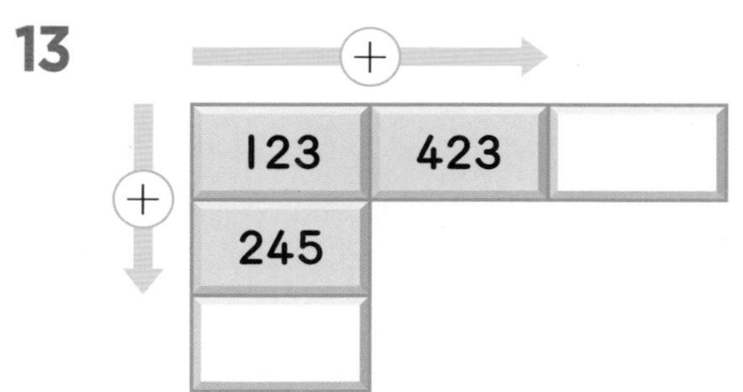


14
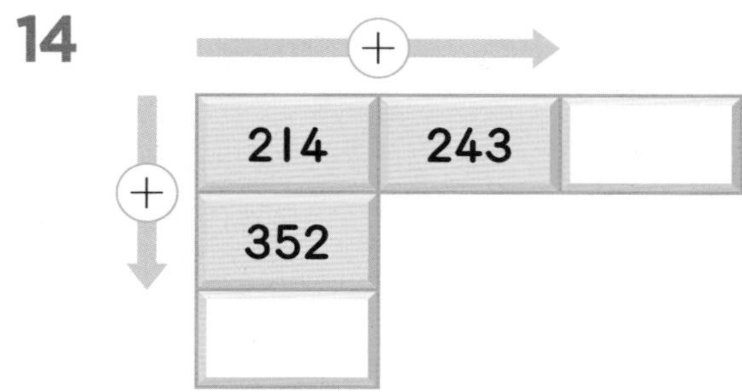


15
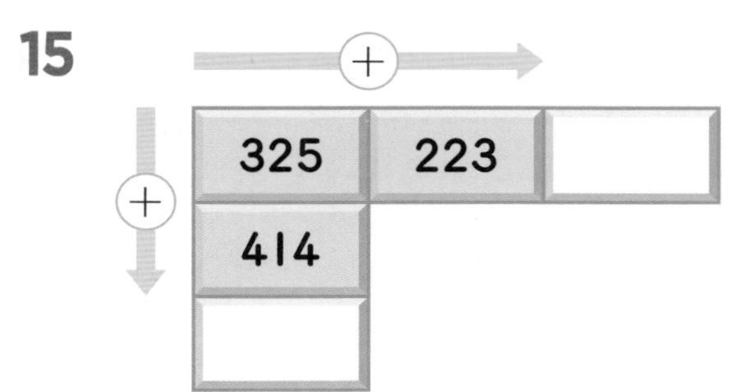


16
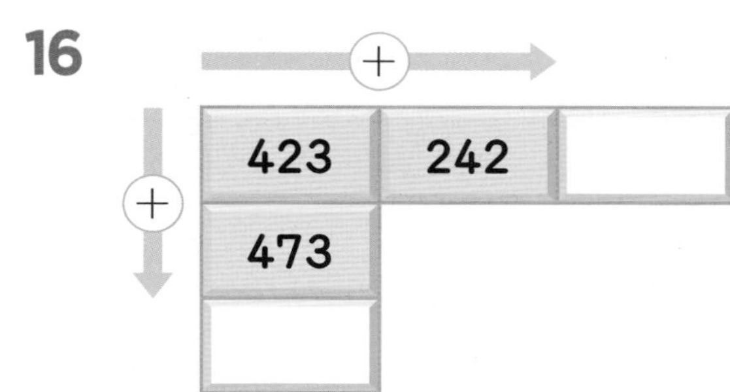


17
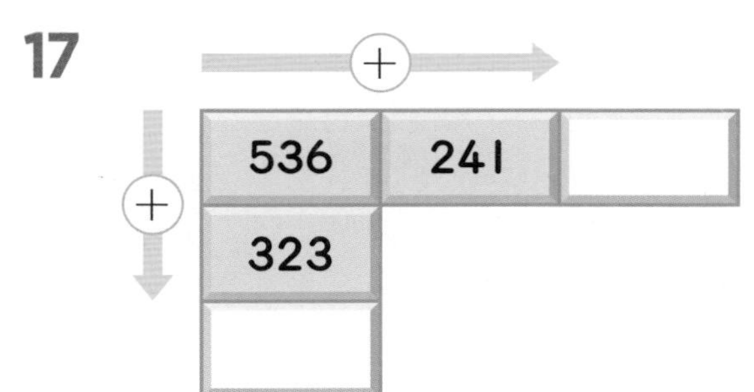


18
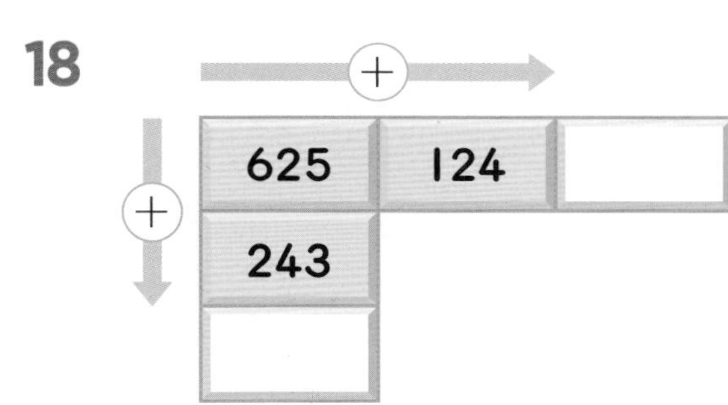


19
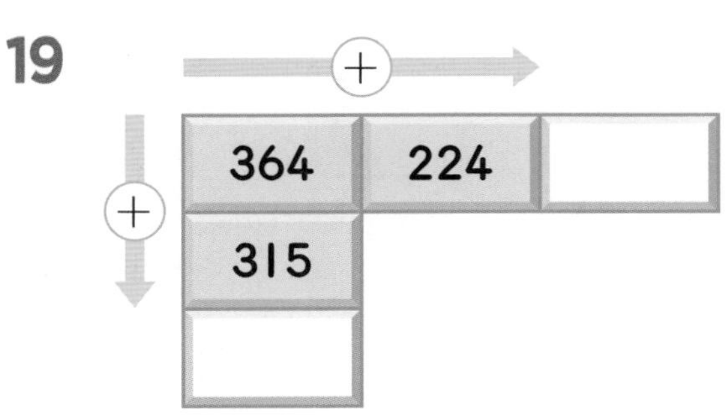


20
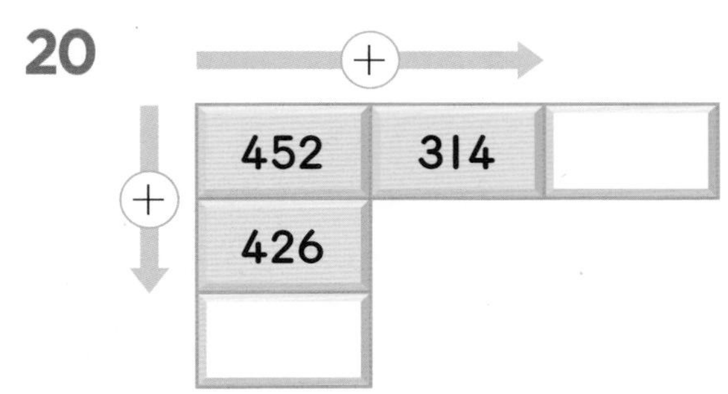


21
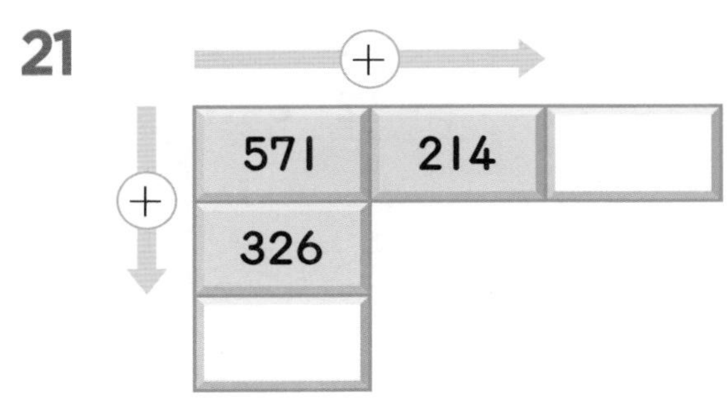


22
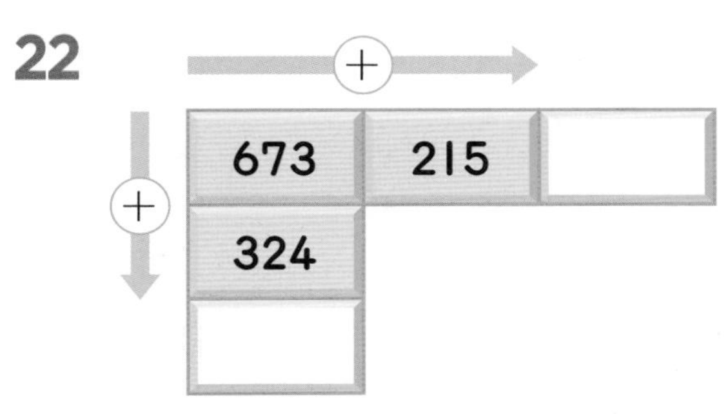

# 2 받아올림이 1번 있는 (세 자리 수)+(세 자리 수)(1)

**247+328의 계산**

• 같은 자리의 숫자끼리의 합이 10이거나 10보다 크면 바로 윗자리로 받아올림하여 계산합니다.

〈세로셈〉

|   | 2 | 4 | 7 |
|---|---|---|---|
| + | 3 | 2 | 8 |
|   | 5 | 7 | 5 |

〈가로셈〉

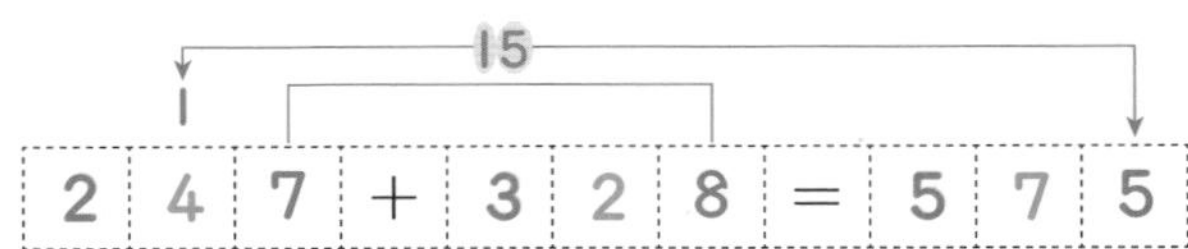


계산을 하시오. (1~9)

1

|   | 2 | 4 | 8 |
|---|---|---|---|
| + | 3 | 3 | 6 |
|   |   |   |   |

2

|   | 4 | 2 | 5 |
|---|---|---|---|
| + | 5 | 6 | 9 |
|   |   |   |   |

3

|   | 4 | 3 | 7 |
|---|---|---|---|
| + | 3 | 2 | 6 |
|   |   |   |   |

4

|   | 5 | 0 | 5 |
|---|---|---|---|
| + | 3 | 6 | 9 |
|   |   |   |   |

5

|   | 2 | 5 | 8 |
|---|---|---|---|
| + | 5 | 3 | 7 |
|   |   |   |   |

6

|   | 4 | 5 | 7 |
|---|---|---|---|
| + | 2 | 7 | 2 |
|   |   |   |   |

7

|   | 3 | 8 | 6 |
|---|---|---|---|
| + | 5 | 7 | 1 |
|   |   |   |   |

8

|   | 6 | 6 | 3 |
|---|---|---|---|
| + | 1 | 9 | 4 |
|   |   |   |   |

9

|   | 5 | 8 | 2 |
|---|---|---|---|
| + | 2 | 8 | 7 |
|   |   |   |   |

| 걸린 시간 | 1~7분 | 7~10분 | 10~13분 |
| --- | --- | --- | --- |
| 맞은 개수 | 22~24개 | 17~21개 | 1~16개 |
| 평가 | 참 잘했어요. | 잘했어요. | 좀더 노력해요. |

계산을 하시오. (10 ~ 24)

10
$$\begin{array}{r} 236 \\ +\ 318 \\ \hline \square \end{array}$$

11
$$\begin{array}{r} 345 \\ +\ 239 \\ \hline \square \end{array}$$

12
$$\begin{array}{r} 428 \\ +\ 259 \\ \hline \square \end{array}$$

13
$$\begin{array}{r} 527 \\ +\ 346 \\ \hline \square \end{array}$$

14
$$\begin{array}{r} 649 \\ +\ 137 \\ \hline \square \end{array}$$

15
$$\begin{array}{r} 757 \\ +\ 237 \\ \hline \square \end{array}$$

16
$$\begin{array}{r} 486 \\ +\ 382 \\ \hline \square \end{array}$$

17
$$\begin{array}{r} 394 \\ +\ 275 \\ \hline \square \end{array}$$

18
$$\begin{array}{r} 283 \\ +\ 542 \\ \hline \square \end{array}$$

19
$$\begin{array}{r} 573 \\ +\ 295 \\ \hline \square \end{array}$$

20
$$\begin{array}{r} 664 \\ +\ 293 \\ \hline \square \end{array}$$

21
$$\begin{array}{r} 776 \\ +\ 182 \\ \hline \square \end{array}$$

22
$$\begin{array}{r} 458 \\ +\ 237 \\ \hline \square \end{array}$$

23
$$\begin{array}{r} 393 \\ +\ 284 \\ \hline \square \end{array}$$

24
$$\begin{array}{r} 528 \\ +\ 269 \\ \hline \square \end{array}$$

# 2 받아올림이 1번 있는 (세 자리 수)+(세 자리 수)(2)

계산을 하시오. (1~16)

1 $159+236=$

2 $245+329=$

3 $338+248=$

4 $437+257=$

5 $553+284=$

6 $693+175=$

7 $745+192=$

8 $376+283=$

9 $123+567=$

10 $275+382=$

11 $327+469=$

12 $486+292=$

13 $538+257=$

14 $694+253=$

15 $456+329=$

16 $384+394=$

| 걸린 시간 | 1~10분 | 10~15분 | 15~20분 |
|---|---|---|---|
| 맞은 개수 | 29~32개 | 23~28개 | 1~22개 |
| 평가 | 참 잘했어요. | 잘했어요. | 좀더 노력해요. |

계산을 하시오. (17 ~ 32)

17 246+327=☐

18 328+359=☐

19 427+258=☐

20 535+247=☐

21 674+283=☐

22 436+293=☐

23 364+495=☐

24 275+683=☐

25 817+159=☐

26 676+282=☐

27 536+248=☐

28 543+294=☐

29 327+256=☐

30 445+273=☐

31 476+319=☐

32 694+285=☐

# 2 받아올림이 1번 있는 (세 자리 수)+(세 자리 수)(3)

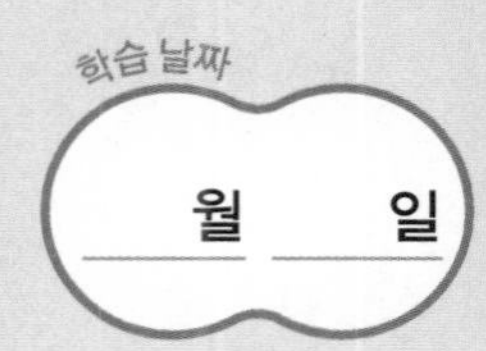


빈 곳에 알맞은 수를 써넣으시오. (1~12)

1
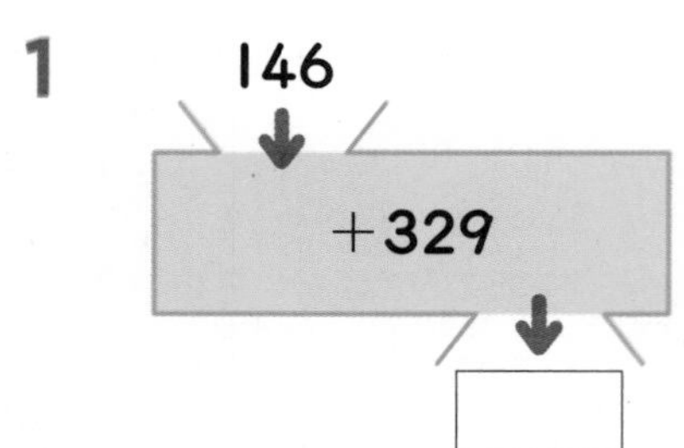


2
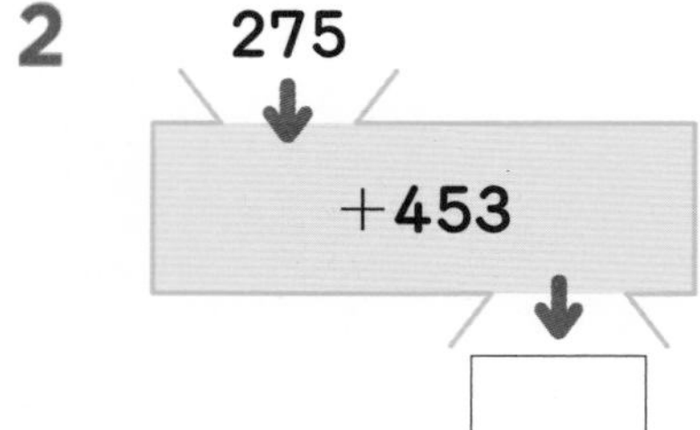


3
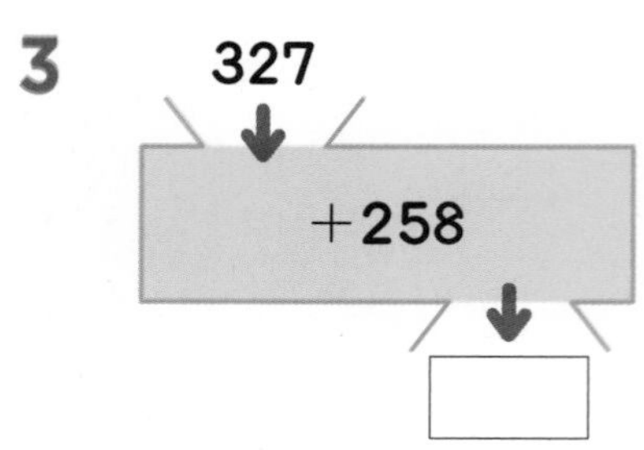


4
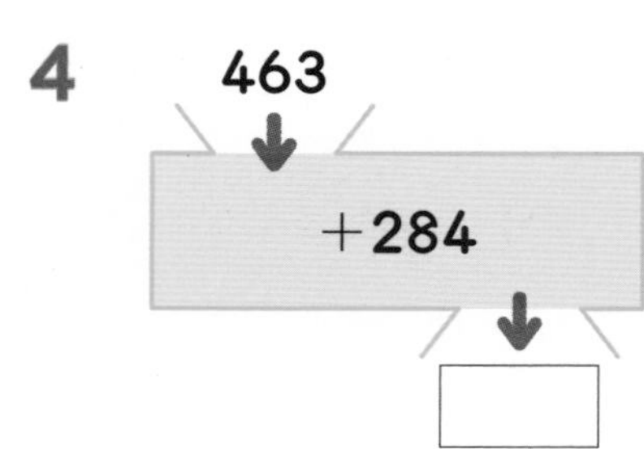


5
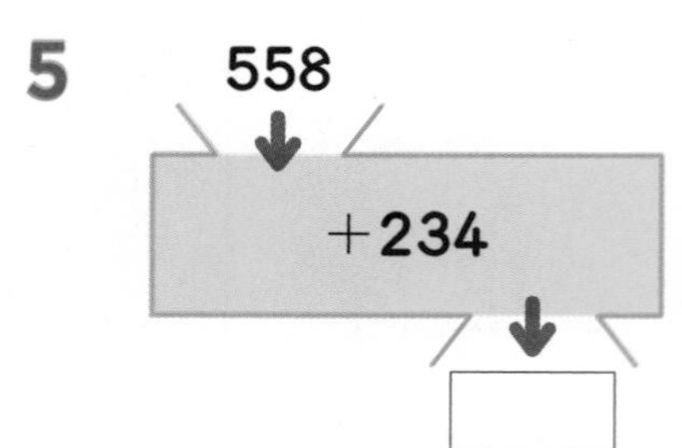


6
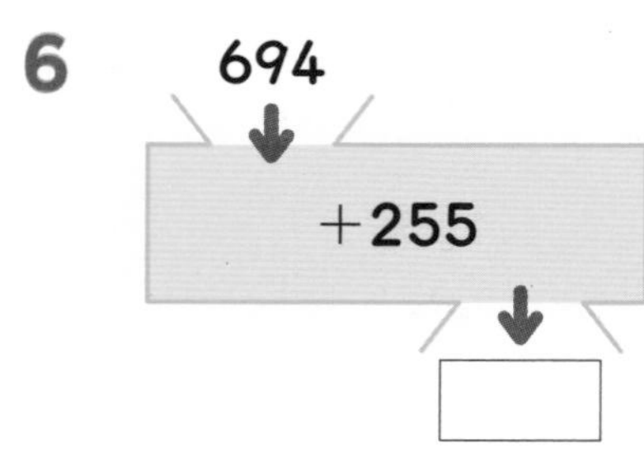


7
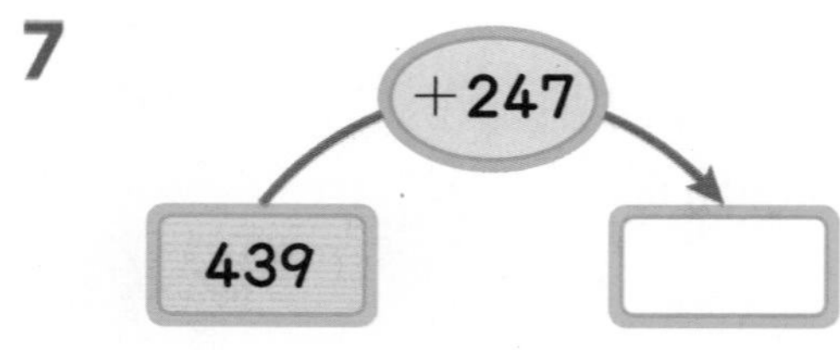


8
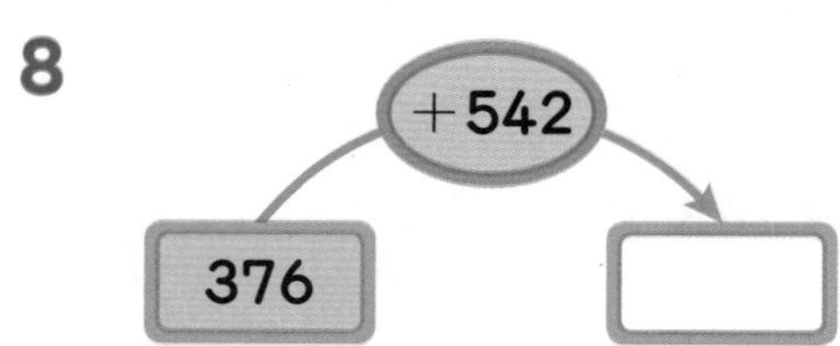


9
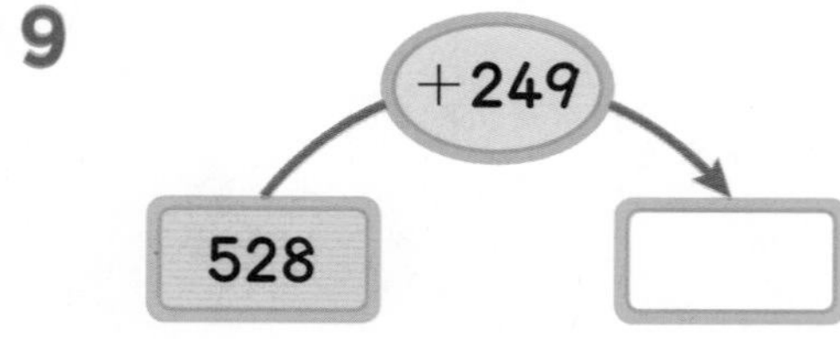


10
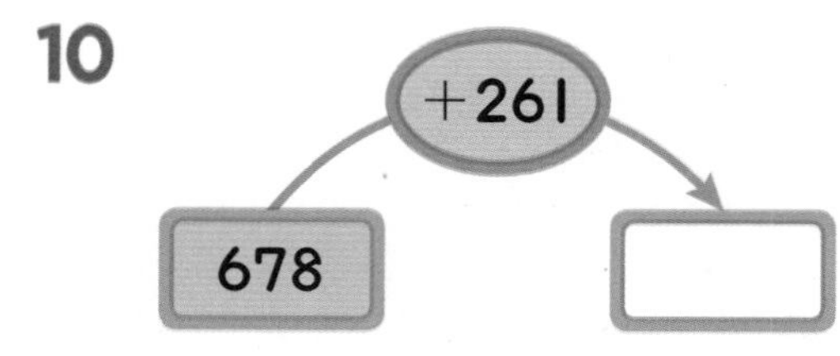


11
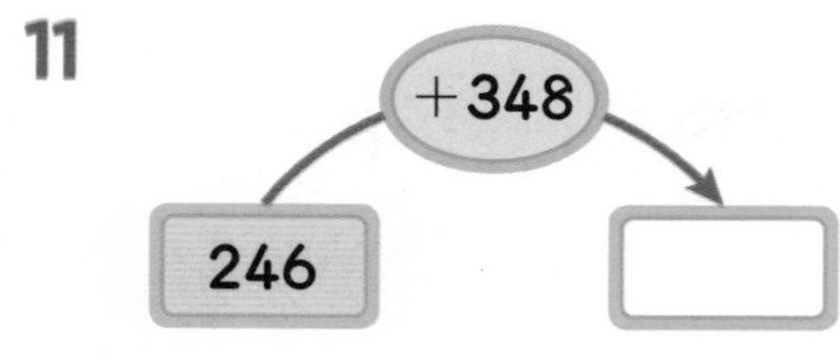


12
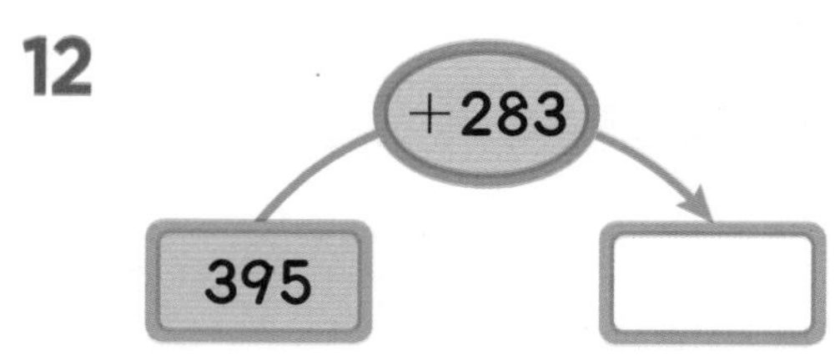

| 걸린 시간 | 1~8분 | 8~12분 | 12~16분 |
|---|---|---|---|
| 맞은 개수 | 21~22개 | 16~20개 | 1~15개 |
| 평가 | 참 잘했어요. | 잘했어요. | 좀더 노력해요. |

빈 곳에 알맞은 수를 써넣으시오. (13 ~ 22)

13

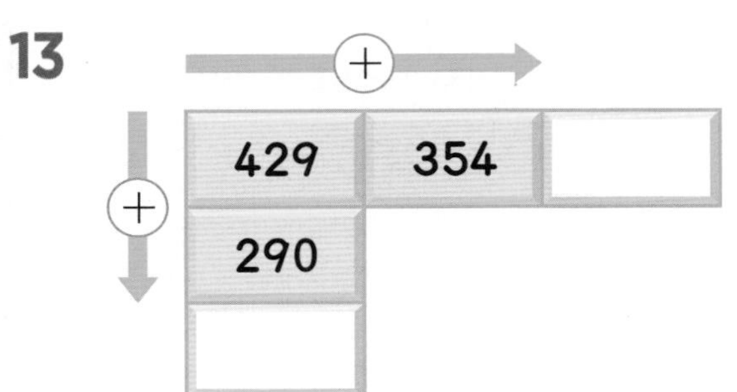


14

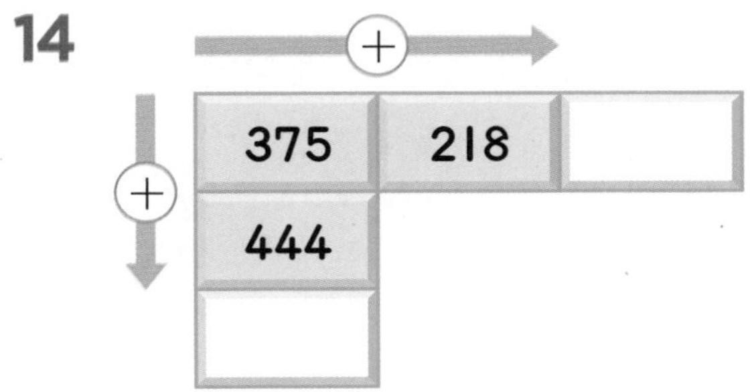


15

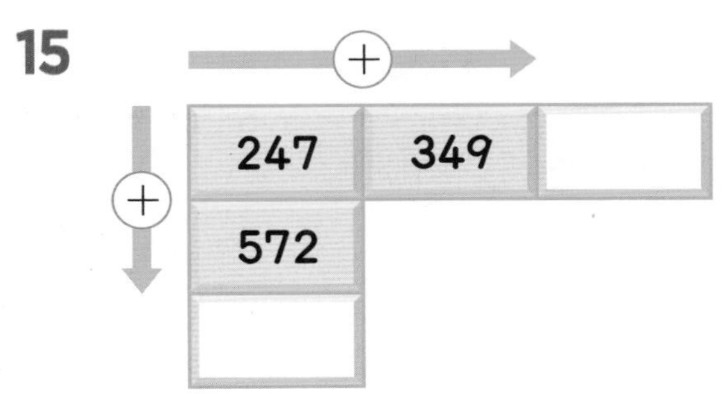


16

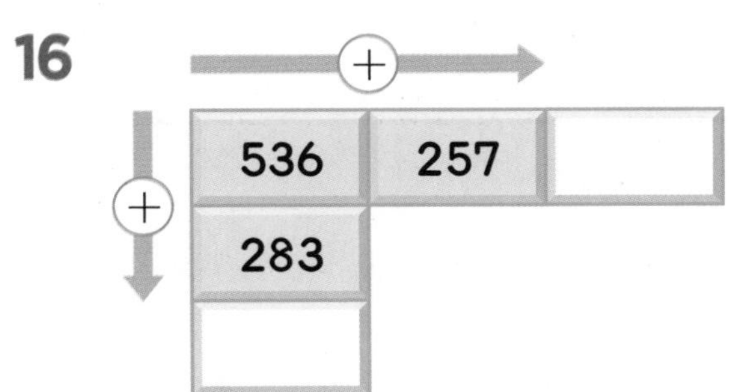


17

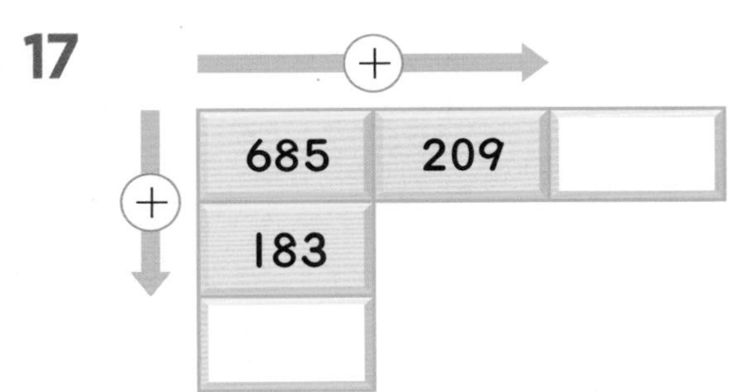


18

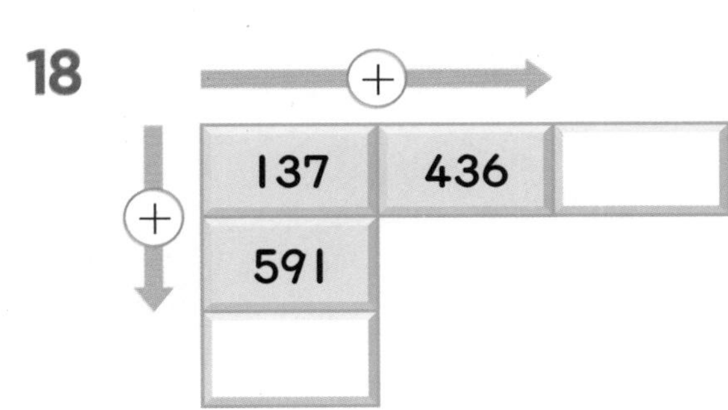


19

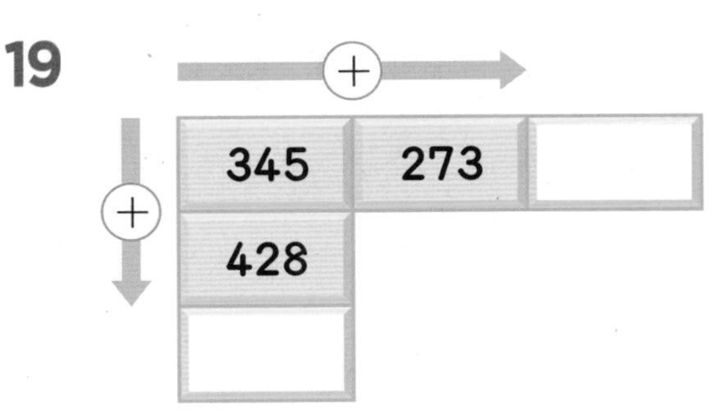


20

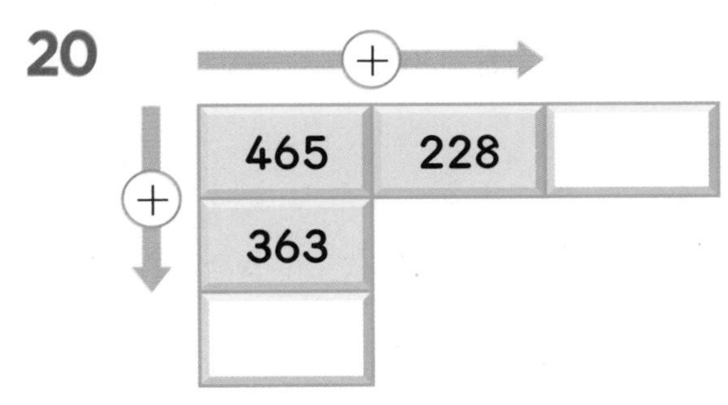


21

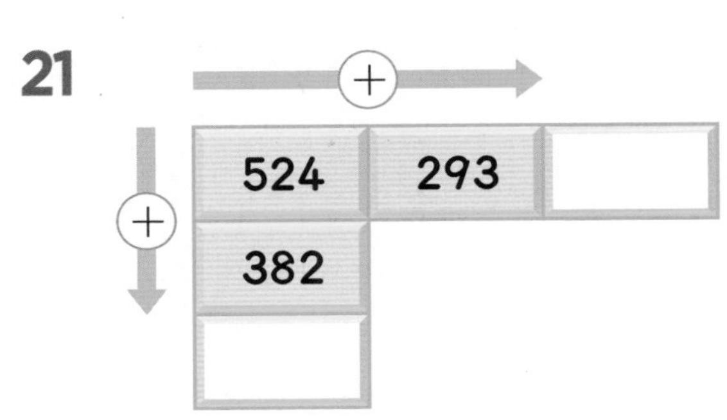


22

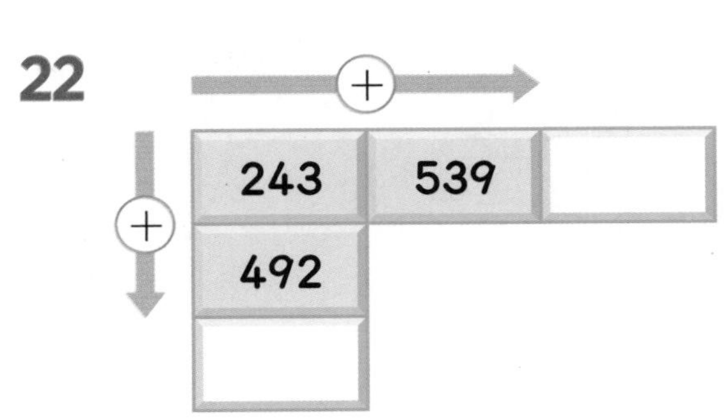

# 3 받아올림이 2번 있는 (세 자리 수)+(세 자리 수)(1)

374+269의 계산

- 같은 자리의 숫자끼리의 합이 10이거나 10보다 크면 바로 윗자리로 받아올림하여 계산합니다.

〈세로셈〉

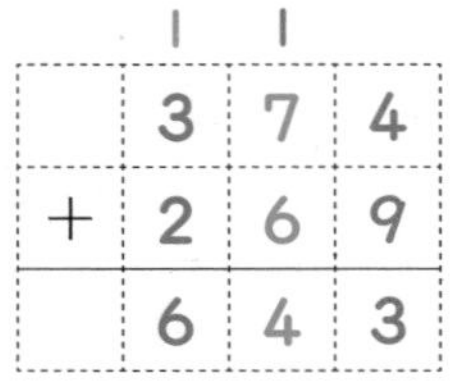

〈가로셈〉

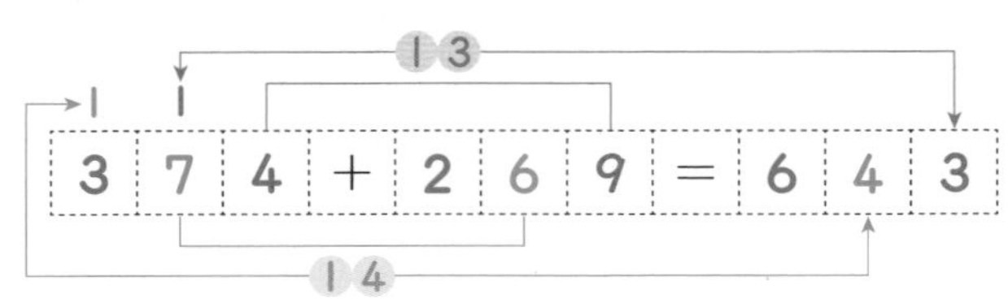

계산을 하시오. (1~9)

**1**

| | 4 | 7 | 8 |
|---|---|---|---|
| + | 3 | 4 | 6 |
| | | | |

**2**

| | 2 | 6 | 5 |
|---|---|---|---|
| + | 5 | 8 | 7 |
| | | | |

**3**

| | 5 | 9 | 8 |
|---|---|---|---|
| + | 2 | 8 | 4 |
| | | | |

**4**

| | 3 | 6 | 7 |
|---|---|---|---|
| + | 4 | 8 | 5 |
| | | | |

**5**

| | 3 | 3 | 7 |
|---|---|---|---|
| + | 5 | 9 | 6 |
| | | | |

**6**

| | 4 | 5 | 5 |
|---|---|---|---|
| + | 2 | 5 | 8 |
| | | | |

**7**

| | 3 | 9 | 5 |
|---|---|---|---|
| + | 3 | 6 | 5 |
| | | | |

**8**

| | 4 | 6 | 9 |
|---|---|---|---|
| + | 1 | 8 | 4 |
| | | | |

**9**

| | 4 | 8 | 7 |
|---|---|---|---|
| + | 4 | 5 | 8 |
| | | | |

계산은 빠르고 정확하게!

| 걸린 시간 | 1~7분 | 7~10분 | 10~13분 |
| --- | --- | --- | --- |
| 맞은 개수 | 22~24개 | 17~21개 | 1~16개 |
| 평가 | 참 잘했어요. | 잘했어요. | 좀더 노력해요. |

계산을 하시오. (10 ~ 24)

**10** $\begin{array}{r} 354 \\ +\ 176 \\ \hline \square \end{array}$

**11** $\begin{array}{r} 439 \\ +\ 264 \\ \hline \square \end{array}$

**12** $\begin{array}{r} 547 \\ +\ 275 \\ \hline \square \end{array}$

**13** $\begin{array}{r} 665 \\ +\ 187 \\ \hline \square \end{array}$

**14** $\begin{array}{r} 246 \\ +\ 357 \\ \hline \square \end{array}$

**15** $\begin{array}{r} 196 \\ +\ 269 \\ \hline \square \end{array}$

**16** $\begin{array}{r} 457 \\ +\ 245 \\ \hline \square \end{array}$

**17** $\begin{array}{r} 556 \\ +\ 278 \\ \hline \square \end{array}$

**18** $\begin{array}{r} 273 \\ +\ 458 \\ \hline \square \end{array}$

**19** $\begin{array}{r} 396 \\ +\ 259 \\ \hline \square \end{array}$

**20** $\begin{array}{r} 188 \\ +\ 273 \\ \hline \square \end{array}$

**21** $\begin{array}{r} 646 \\ +\ 184 \\ \hline \square \end{array}$

**22** $\begin{array}{r} 258 \\ +\ 476 \\ \hline \square \end{array}$

**23** $\begin{array}{r} 495 \\ +\ 376 \\ \hline \square \end{array}$

**24** $\begin{array}{r} 575 \\ +\ 289 \\ \hline \square \end{array}$

# 받아올림이 2번 있는 (세 자리 수)+(세 자리 수)(2)

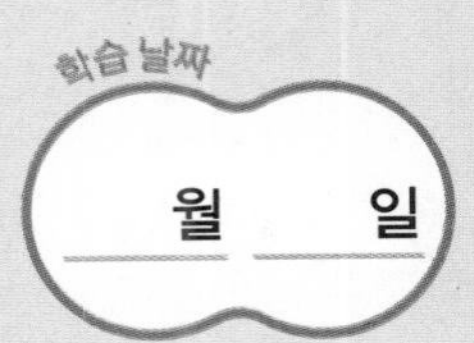


계산을 하시오. (1~16)

1 2 5 7 + 3 6 7 =

2 3 2 6 + 4 8 5 =

3 4 3 8 + 2 9 5 =

4 1 6 9 + 3 4 2 =

5 5 4 3 + 2 7 7 =

6 2 9 4 + 2 5 8 =

7 3 3 6 + 2 6 7 =

8 4 7 6 + 2 8 9 =

9 1 8 4 + 3 2 7 =

10 4 8 2 + 3 3 8 =

11 5 9 4 + 2 8 7 =

12 3 5 3 + 3 7 9 =

13 4 6 5 + 4 7 8 =

14 2 9 9 + 1 4 4 =

15 6 5 4 + 2 5 9 =

16 5 2 7 + 2 9 5 =

| 걸린 시간 | 1~10분 | 10~15분 | 15~20분 |
|---|---|---|---|
| 맞은 개수 | 29~32개 | 23~28개 | 1~22개 |
| 평가 | 참 잘했어요. | 잘했어요. | 좀더 노력해요. |

계산을 하시오. (17 ~ 32)

**17** 249+457=☐

**18** 184+276=☐

**19** 354+578=☐

**20** 429+283=☐

**21** 545+276=☐

**22** 638+292=☐

**23** 473+228=☐

**24** 263+288=☐

**25** 195+297=☐

**26** 386+219=☐

**27** 546+364=☐

**28** 674+189=☐

**29** 282+399=☐

**30** 165+478=☐

**31** 325+576=☐

**32** 484+397=☐

# 3 받아올림이 2번 있는 (세 자리 수)+(세 자리 수)(3)

빈 곳에 알맞은 수를 써넣으시오. (1~12)

1
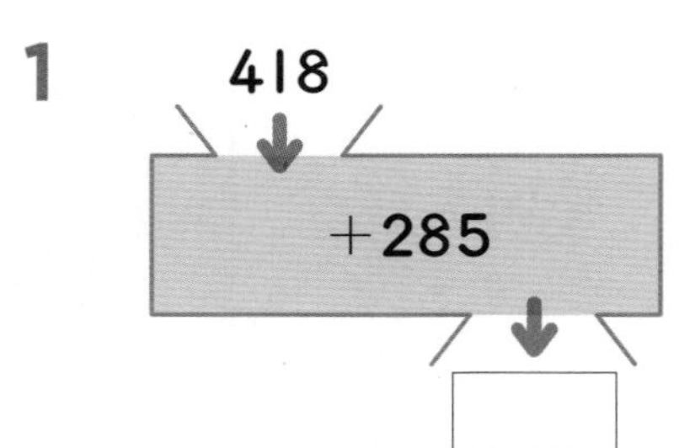


2
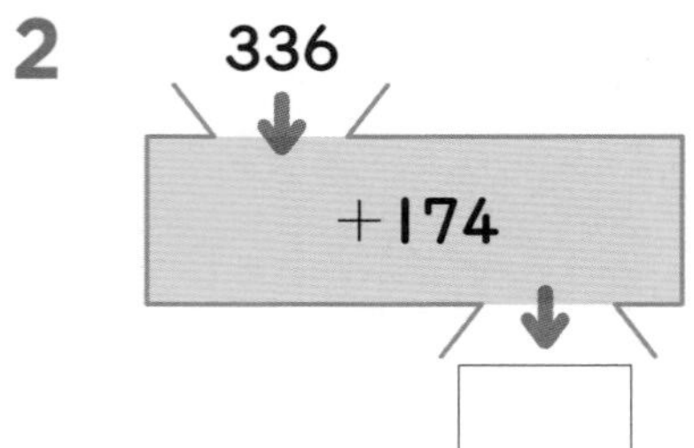


3
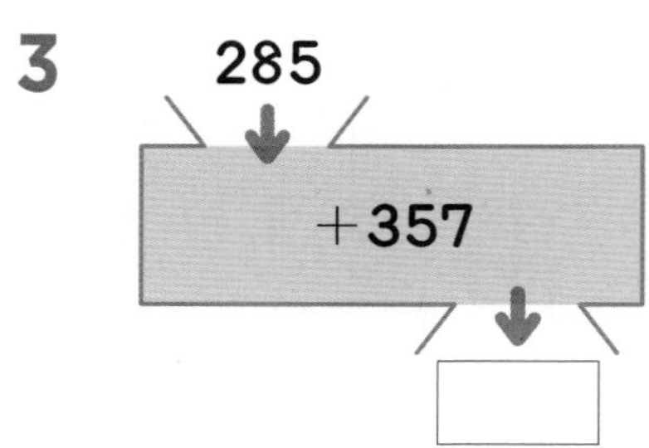


4
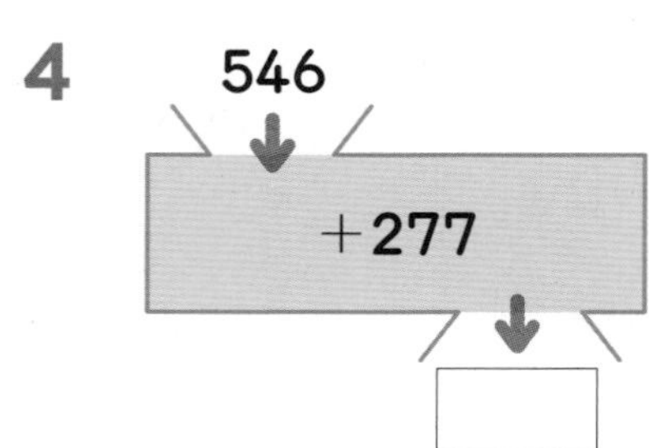


5
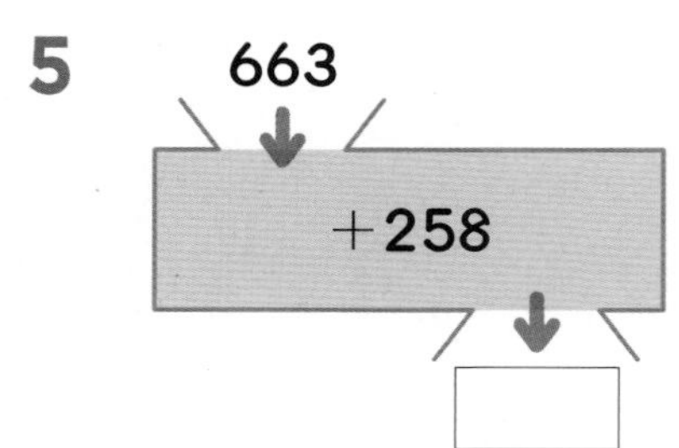


6
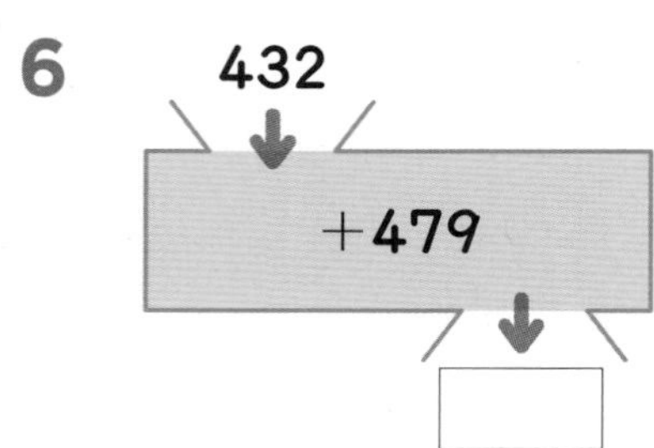


7
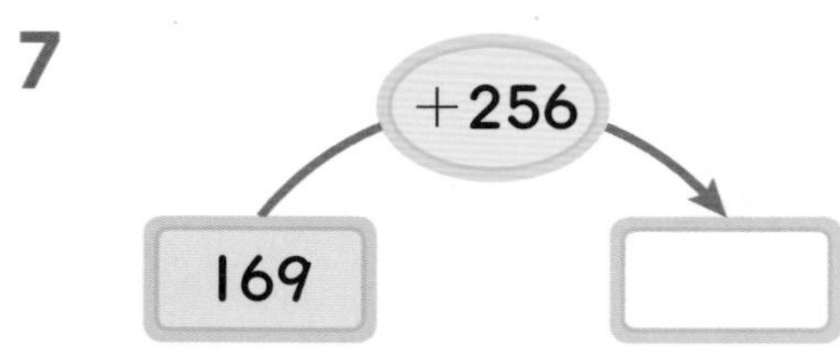


8
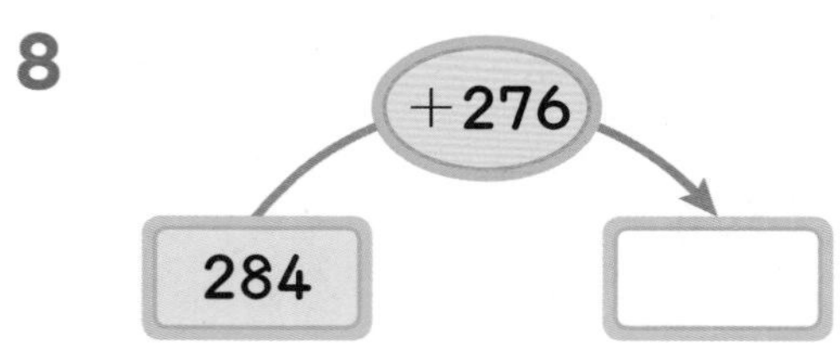


9
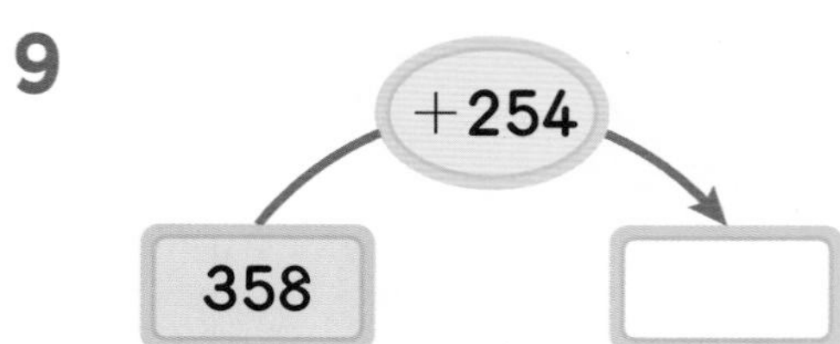


10
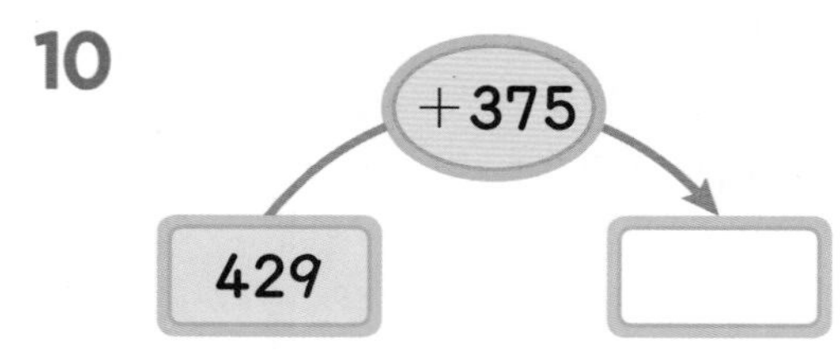


11
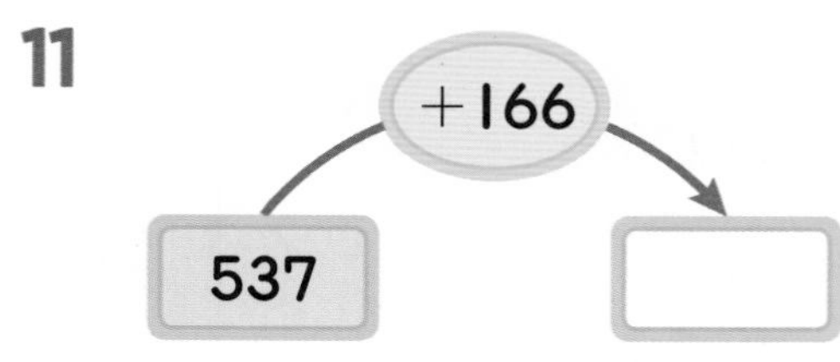


12
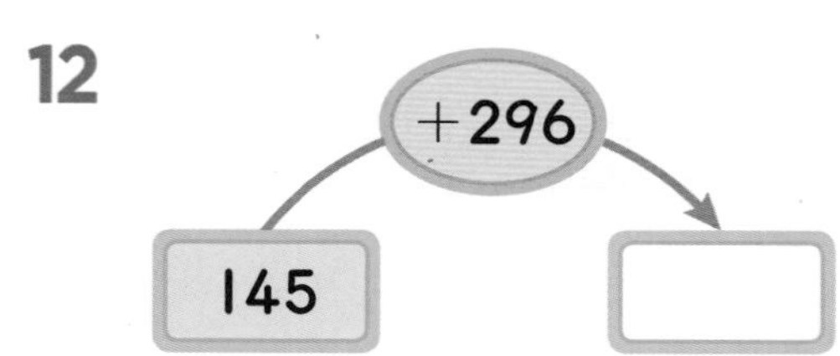

계산은 빠르고 정확하게!

| 걸린 시간 | 1~8분 | 8~12분 | 12~16분 |
| --- | --- | --- | --- |
| 맞은 개수 | 21~22개 | 17~20개 | 1~16개 |
| 평가 | 참 잘했어요. | 잘했어요. | 좀더 노력해요. |

빈 곳에 알맞은 수를 써넣으시오. (13 ~ 22)

13
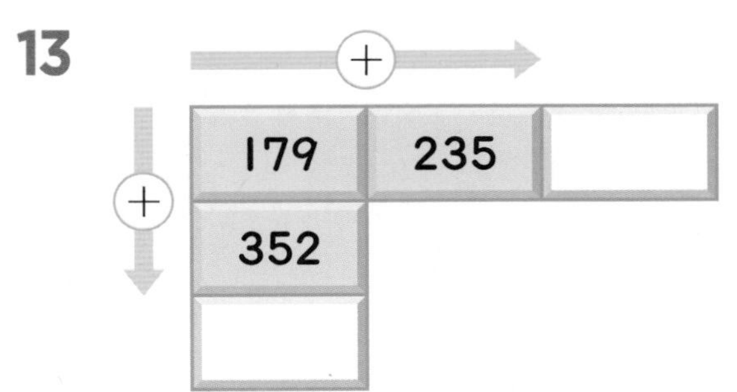


14
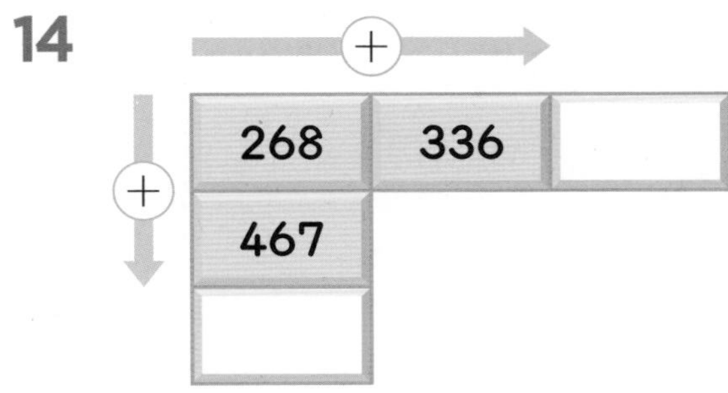


15
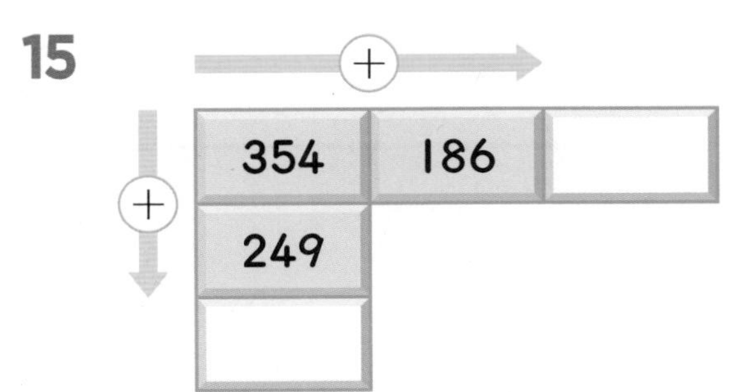


16
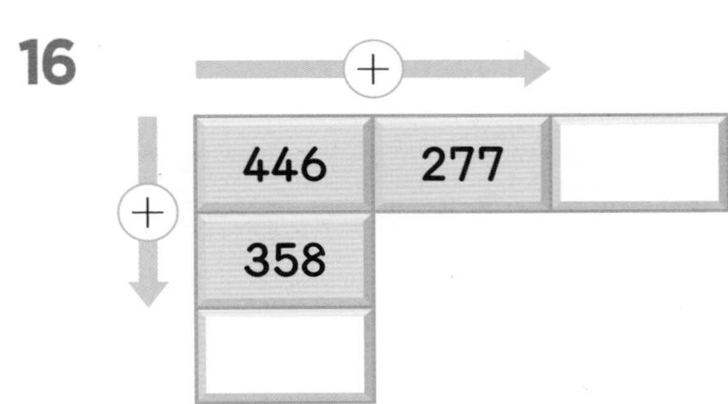


17
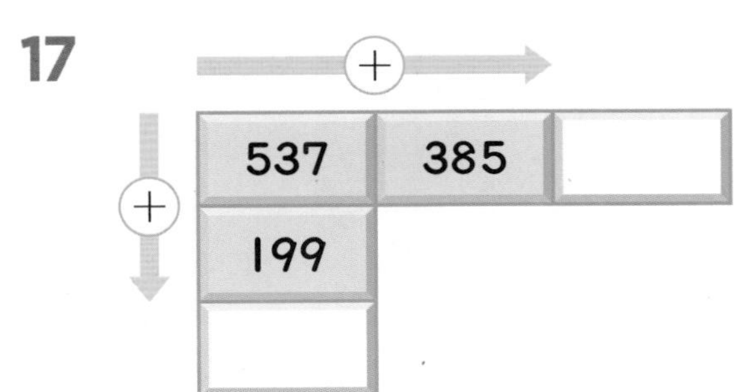


18
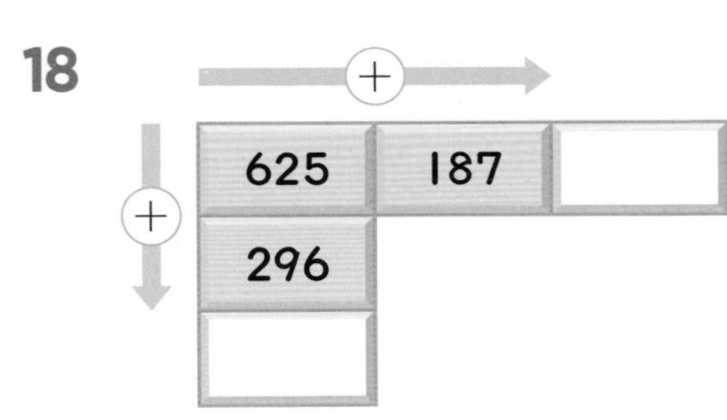


19
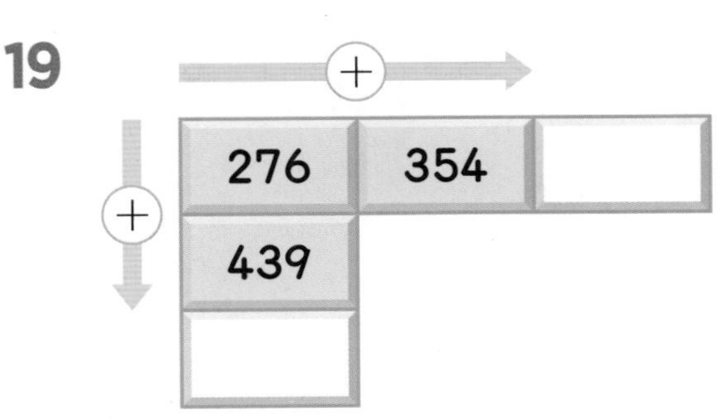


20
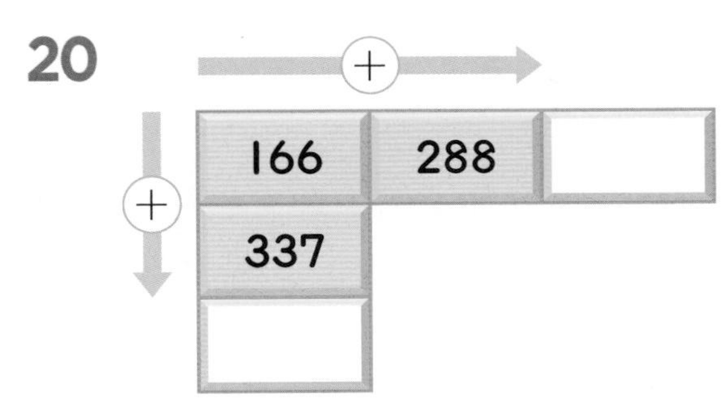


21
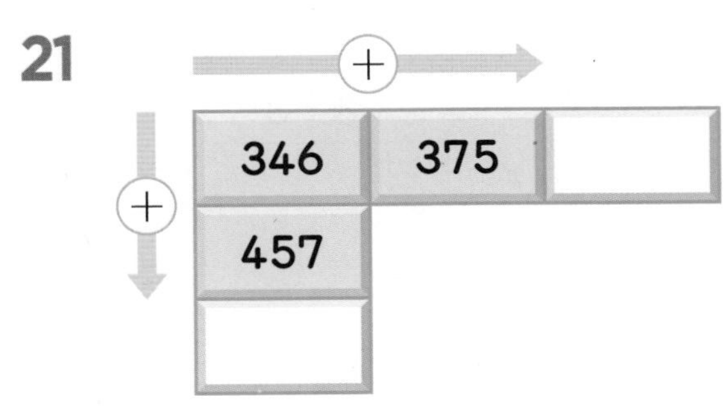


22
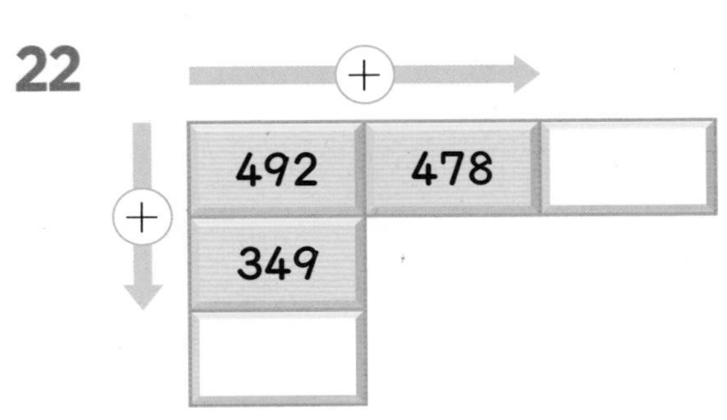

# 4 받아올림이 3번 있는 (세 자리 수)+(세 자리 수)(1)

**547+863의 계산**

• 같은 자리의 숫자끼리의 합이 10이거나 10보다 크면 바로 윗자리로 받아올림하여 계산합니다.

〈세로셈〉

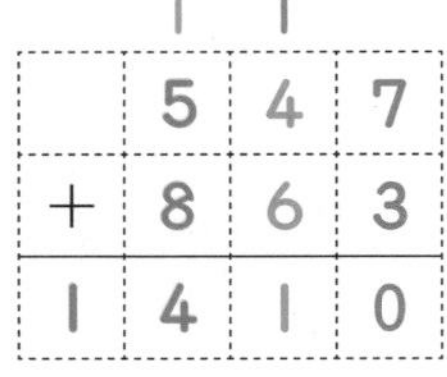

〈가로셈〉

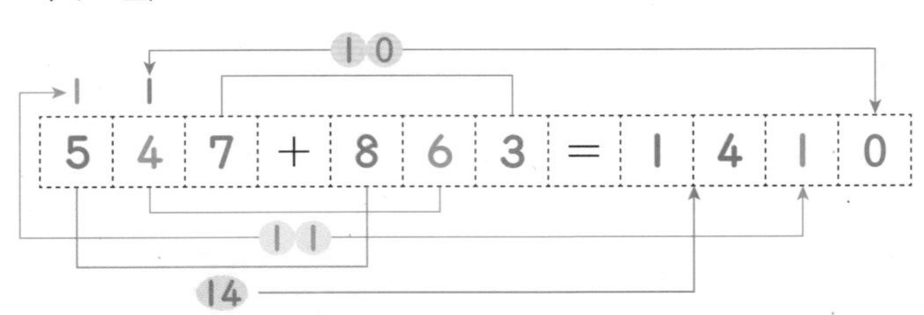

계산을 하시오. (1~9)

**1**

| | 5 | 4 | 3 |
|---|---|---|---|
| + | 7 | 5 | 7 |
| | | | |

**2**

| | 7 | 9 | 8 |
|---|---|---|---|
| + | 8 | 5 | 6 |
| | | | |

**3**

| | 2 | 3 | 6 |
|---|---|---|---|
| + | 8 | 6 | 7 |
| | | | |

**4**

| | 8 | 2 | 9 |
|---|---|---|---|
| + | 5 | 8 | 4 |
| | | | |

**5**

| | 2 | 9 | 4 |
|---|---|---|---|
| + | 7 | 8 | 8 |
| | | | |

**6**

| | 5 | 9 | 2 |
|---|---|---|---|
| + | 8 | 4 | 8 |
| | | | |

**7**

| | 9 | 8 | 3 |
|---|---|---|---|
| + | 7 | 5 | 8 |
| | | | |

**8**

| | 6 | 8 | 5 |
|---|---|---|---|
| + | 5 | 7 | 8 |
| | | | |

**9**

| | 8 | 9 | 9 |
|---|---|---|---|
| + | 8 | 3 | 7 |
| | | | |

| 걸린 시간 | 1~7분 | 7~10분 | 10~13분 |
|---|---|---|---|
| 맞은 개수 | 22~24개 | 17~21개 | 1~16개 |
| 평가 | 참 잘했어요. | 잘했어요. | 좀더 노력해요. |

계산을 하시오. (10 ~ 24)

10 $\begin{array}{r} 259 \\ +\ 852 \\ \hline \square \end{array}$

11 $\begin{array}{r} 378 \\ +\ 834 \\ \hline \square \end{array}$

12 $\begin{array}{r} 493 \\ +\ 858 \\ \hline \square \end{array}$

13 $\begin{array}{r} 547 \\ +\ 863 \\ \hline \square \end{array}$

14 $\begin{array}{r} 678 \\ +\ 876 \\ \hline \square \end{array}$

15 $\begin{array}{r} 789 \\ +\ 789 \\ \hline \square \end{array}$

16 $\begin{array}{r} 394 \\ +\ 846 \\ \hline \square \end{array}$

17 $\begin{array}{r} 469 \\ +\ 786 \\ \hline \square \end{array}$

18 $\begin{array}{r} 586 \\ +\ 795 \\ \hline \square \end{array}$

19 $\begin{array}{r} 676 \\ +\ 767 \\ \hline \square \end{array}$

20 $\begin{array}{r} 794 \\ +\ 888 \\ \hline \square \end{array}$

21 $\begin{array}{r} 827 \\ +\ 693 \\ \hline \square \end{array}$

22 $\begin{array}{r} 547 \\ +\ 453 \\ \hline \square \end{array}$

23 $\begin{array}{r} 946 \\ +\ 287 \\ \hline \square \end{array}$

24 $\begin{array}{r} 768 \\ +\ 637 \\ \hline \square \end{array}$

# 4 받아올림이 3번 있는 (세 자리 수)+(세 자리 수)(2)

계산을 하시오. (1 ~ 16)

1 375+767=

2 489+541=

3 547+568=

4 639+768=

5 746+657=

6 857+976=

7 953+359=

8 628+785=

9 747+858=

10 476+537=

11 389+947=

12 285+756=

13 568+465=

14 479+586=

15 492+958=

16 673+848=

| 걸린 시간 | 1~10분 | 10~15분 | 15~20분 |
| --- | --- | --- | --- |
| 맞은 개수 | 29~32개 | 23~28개 | 1~22개 |
| 평가 | 참 잘했어요. | 잘했어요. | 좀더 노력해요. |

계산을 하시오. (17 ~ 32)

17 $363+857=$ ☐

18 $475+967=$ ☐

19 $523+879=$ ☐

20 $672+769=$ ☐

21 $296+834=$ ☐

22 $753+357=$ ☐

23 $887+788=$ ☐

24 $945+856=$ ☐

25 $684+577=$ ☐

26 $584+936=$ ☐

27 $459+783=$ ☐

28 $328+896=$ ☐

29 $287+996=$ ☐

30 $546+654=$ ☐

31 $646+755=$ ☐

32 $987+984=$ ☐

# 받아올림이 3번 있는 (세 자리 수)+(세 자리 수)(3)

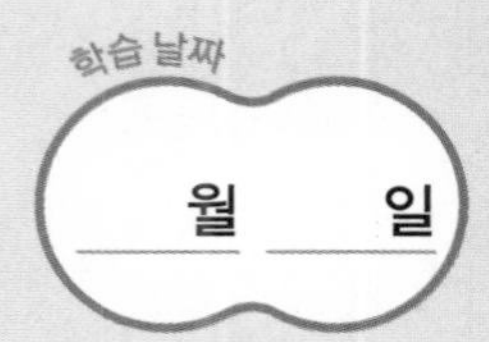


빈 곳에 알맞은 수를 써넣으시오. (1 ~ 12)

1

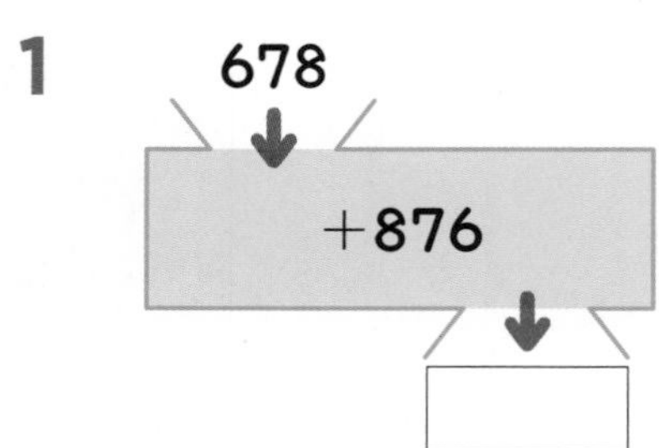


2

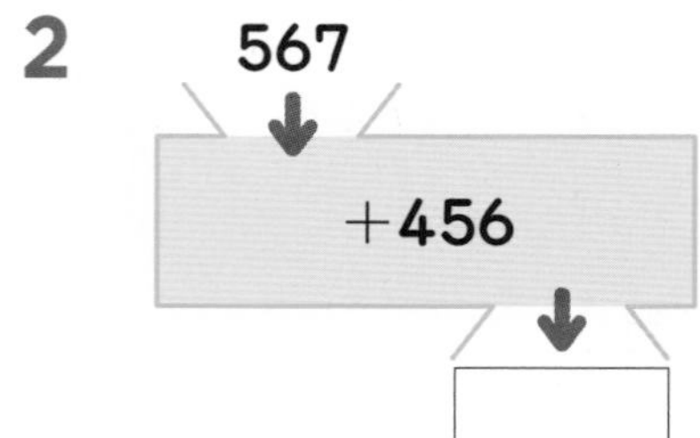


3

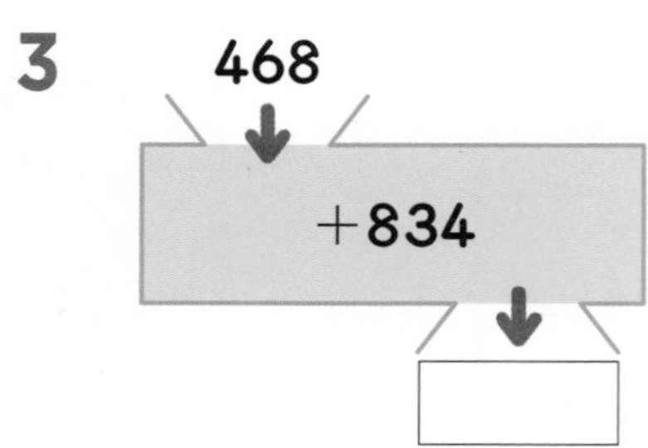


4

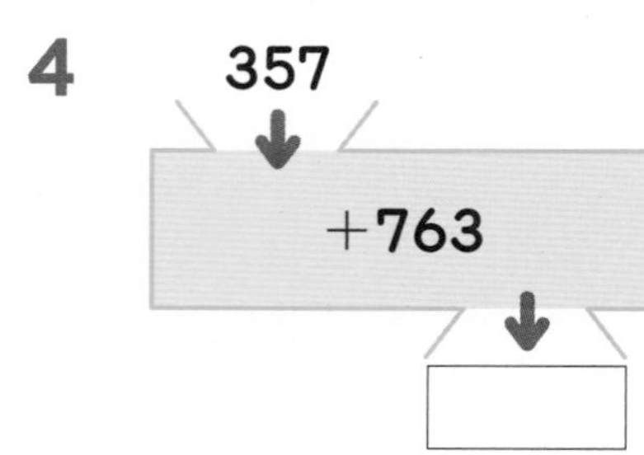


5

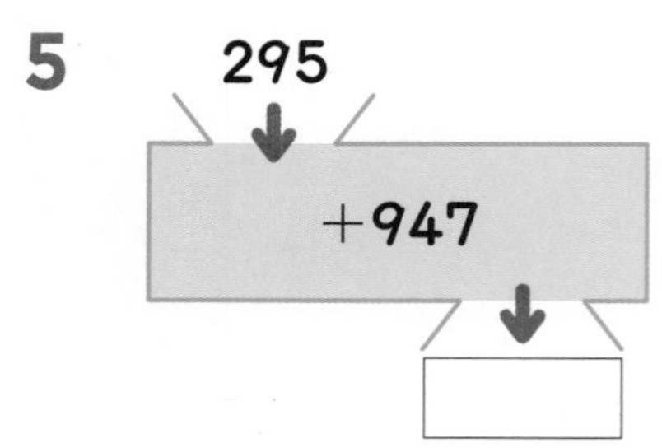


6

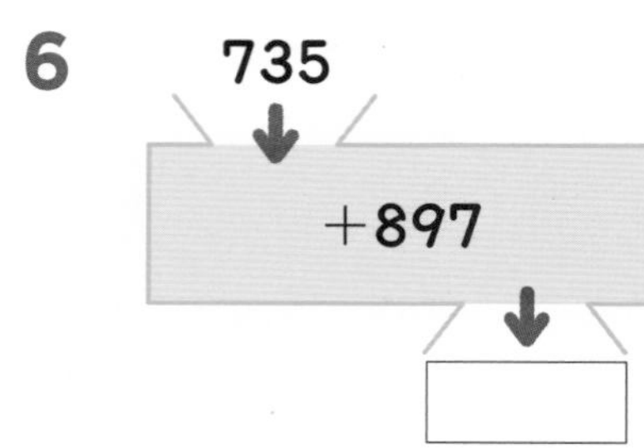


7

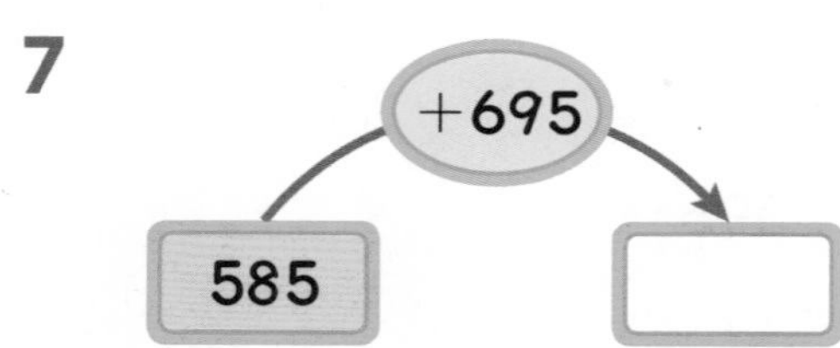


8

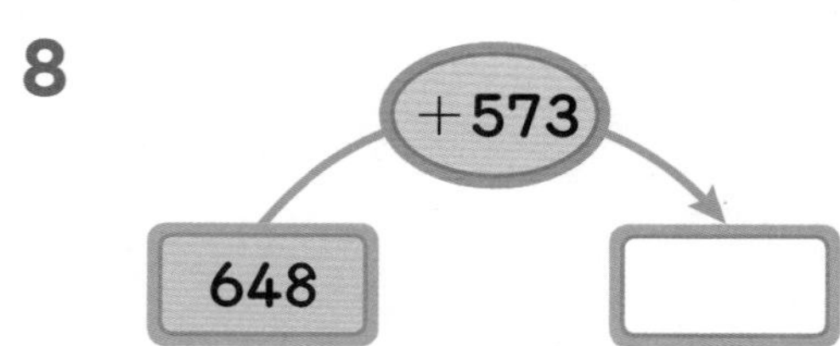


9

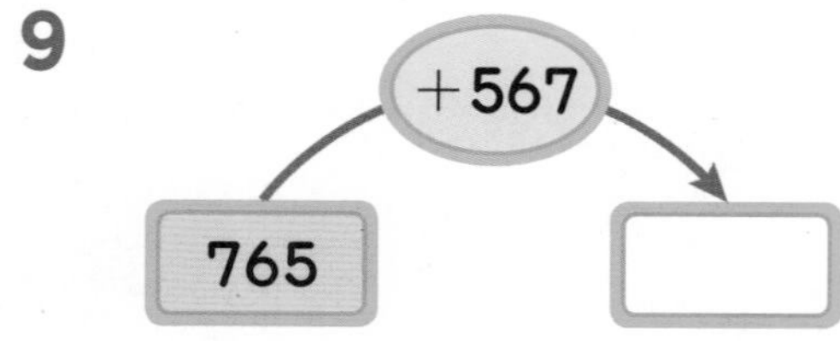


10

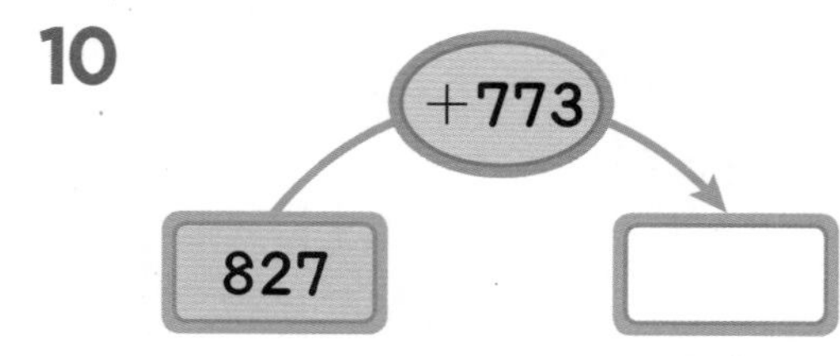


11

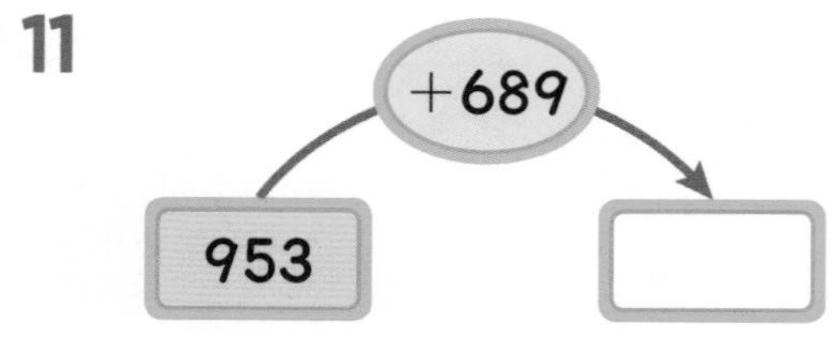


12

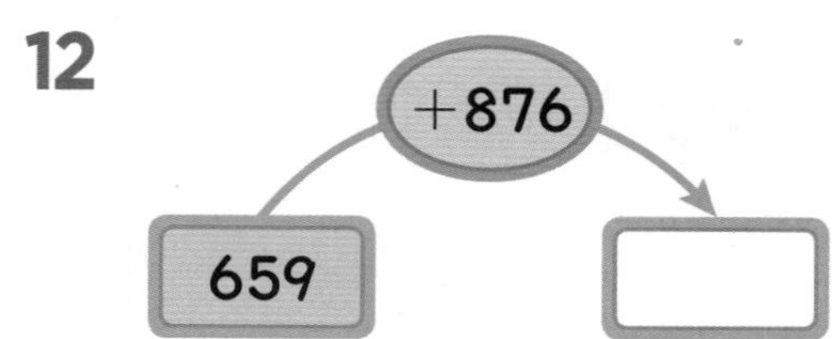

| 걸린 시간 | 1~10분 | 10~15분 | 15~20분 |
|---|---|---|---|
| 맞은 개수 | 21~22개 | 17~20개 | 1~16개 |
| 평가 | 참 잘했어요. | 잘했어요. | 좀더 노력해요. |

빈 곳에 알맞은 수를 써넣으시오. (13 ~ 22)

13

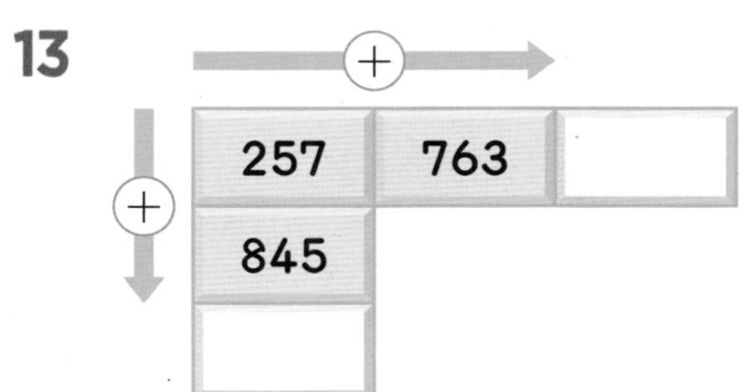


14

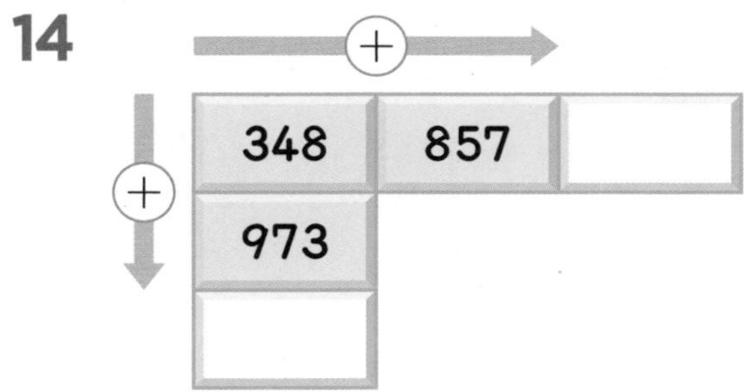


15

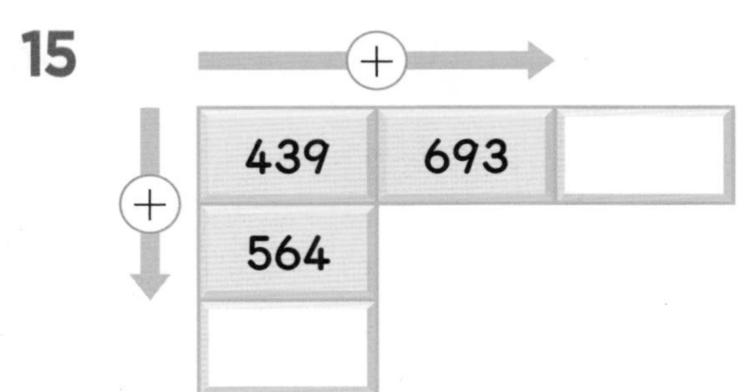


16

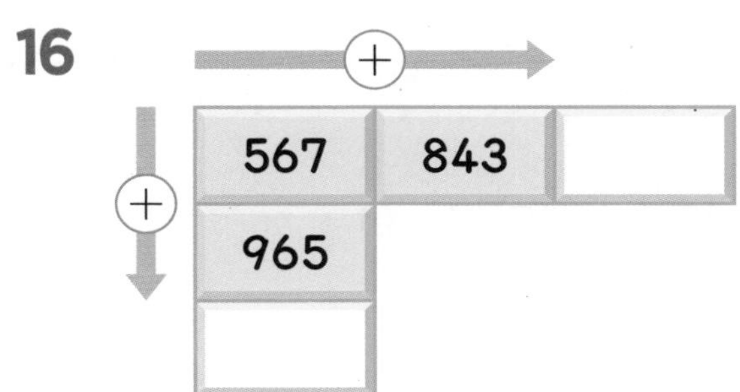


17

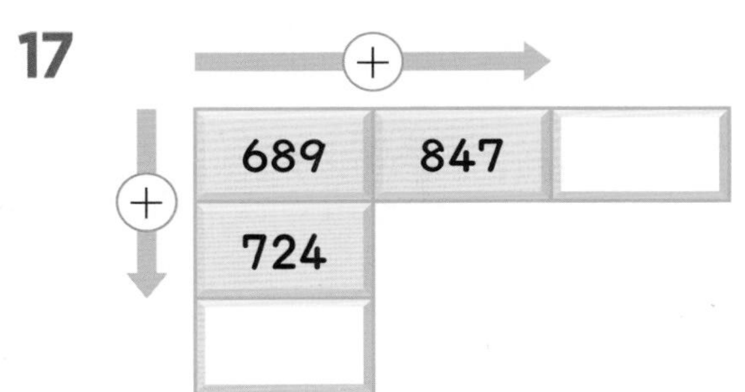


18

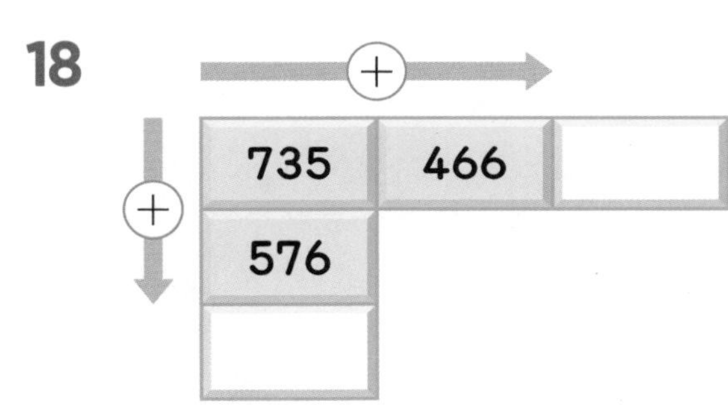


19

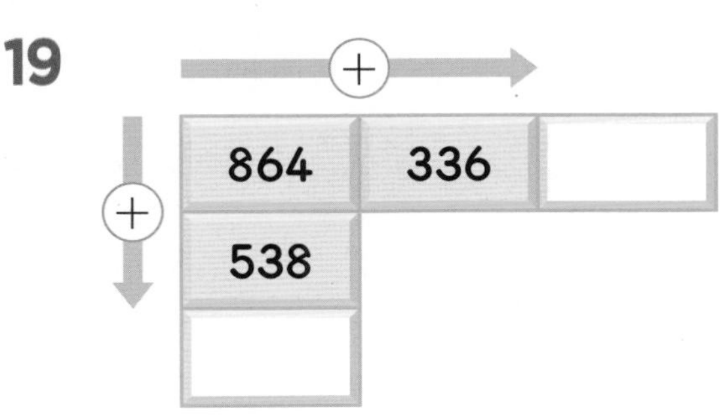


20

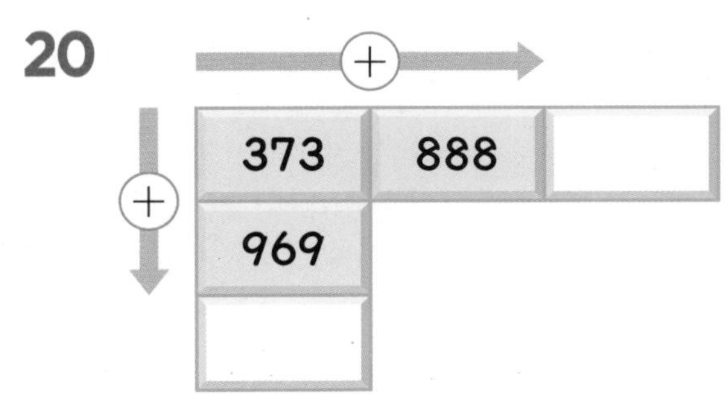


21

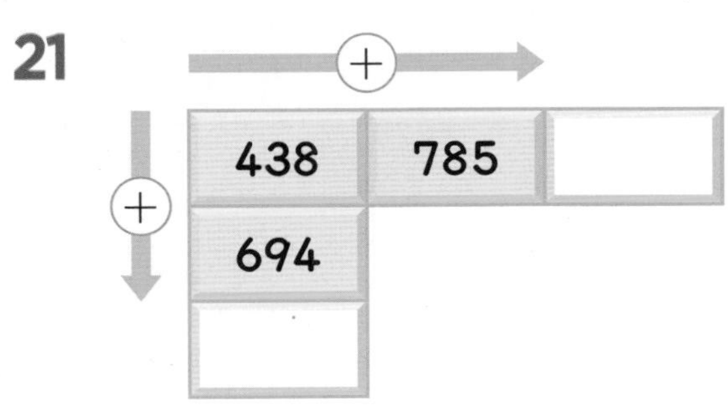


22

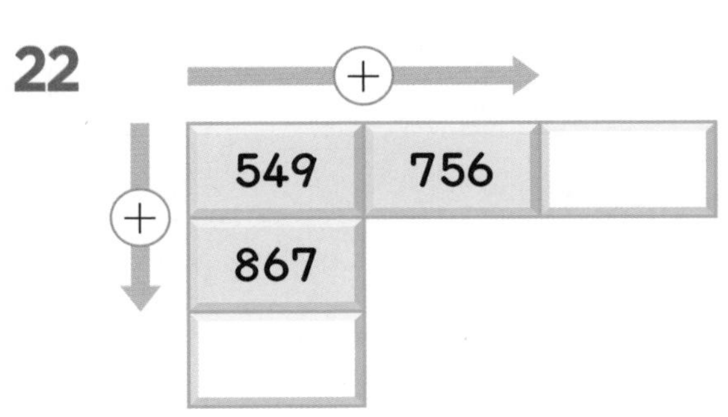

# 5 받아내림이 없는 (세 자리 수)−(세 자리 수)(1)

**547−235의 계산**

• 자리를 맞추고 일의 자리, 십의 자리, 백의 자리의 숫자끼리 뺍니다.

〈세로셈〉

| | 5 | 4 | 7 |
|---|---|---|---|
| − | 2 | 3 | 5 |
| | 3 | 1 | 2 |

〈가로셈〉

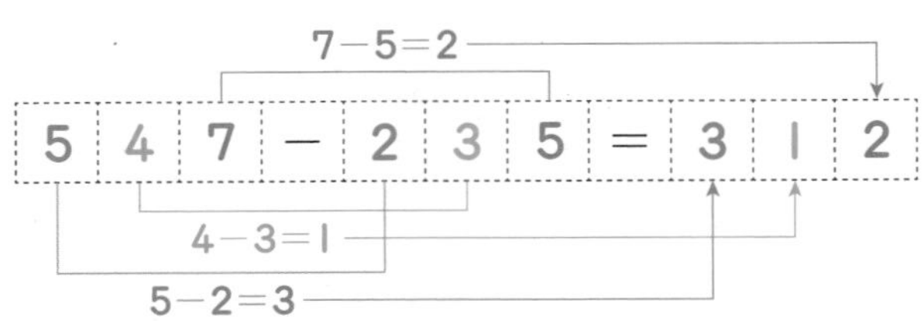


계산을 하시오. (1~9)

1

| | 3 | 6 | 5 |
|---|---|---|---|
| − | 2 | 4 | 3 |
| | | | |

2

| | 7 | 6 | 8 |
|---|---|---|---|
| − | 3 | 4 | 4 |
| | | | |

3

| | 9 | 8 | 7 |
|---|---|---|---|
| − | 4 | 4 | 3 |
| | | | |

4

| | 8 | 5 | 6 |
|---|---|---|---|
| − | 3 | 2 | 4 |
| | | | |

5

| | 7 | 8 | 6 |
|---|---|---|---|
| − | 2 | 3 | 4 |
| | | | |

6

| | 6 | 2 | 7 |
|---|---|---|---|
| − | 3 | 0 | 5 |
| | | | |

7

| | 9 | 7 | 8 |
|---|---|---|---|
| − | 5 | 3 | 4 |
| | | | |

8

| | 8 | 8 | 6 |
|---|---|---|---|
| − | 4 | 7 | 2 |
| | | | |

9

| | 7 | 8 | 6 |
|---|---|---|---|
| − | 4 | 3 | 5 |
| | | | |

| 걸린 시간 | 1~7분 | 7~10분 | 10~13분 |
| --- | --- | --- | --- |
| 맞은 개수 | 22~24개 | 17~21개 | 1~16개 |
| 평가 | 참 잘했어요. | 잘했어요. | 좀더 노력해요. |

계산을 하시오. (10 ~ 24)

**10**
$$\begin{array}{r} 452 \\ -\ 131 \\ \hline \square \end{array}$$

**11**
$$\begin{array}{r} 678 \\ -\ 254 \\ \hline \square \end{array}$$

**12**
$$\begin{array}{r} 584 \\ -\ 423 \\ \hline \square \end{array}$$

**13**
$$\begin{array}{r} 745 \\ -\ 214 \\ \hline \square \end{array}$$

**14**
$$\begin{array}{r} 864 \\ -\ 212 \\ \hline \square \end{array}$$

**15**
$$\begin{array}{r} 978 \\ -\ 253 \\ \hline \square \end{array}$$

**16**
$$\begin{array}{r} 654 \\ -\ 232 \\ \hline \square \end{array}$$

**17**
$$\begin{array}{r} 769 \\ -\ 253 \\ \hline \square \end{array}$$

**18**
$$\begin{array}{r} 857 \\ -\ 125 \\ \hline \square \end{array}$$

**19**
$$\begin{array}{r} 967 \\ -\ 521 \\ \hline \square \end{array}$$

**20**
$$\begin{array}{r} 586 \\ -\ 325 \\ \hline \square \end{array}$$

**21**
$$\begin{array}{r} 694 \\ -\ 251 \\ \hline \square \end{array}$$

**22**
$$\begin{array}{r} 746 \\ -\ 515 \\ \hline \square \end{array}$$

**23**
$$\begin{array}{r} 879 \\ -\ 253 \\ \hline \square \end{array}$$

**24**
$$\begin{array}{r} 976 \\ -\ 453 \\ \hline \square \end{array}$$

# 5 받아내림이 없는 (세 자리 수)−(세 자리 수)(2)

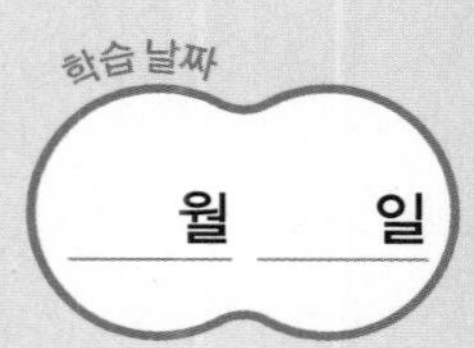


계산을 하시오. (1~16)

1 354 − 131 =

2 485 − 234 =

3 587 − 423 =

4 659 − 237 =

5 765 − 345 =

6 876 − 235 =

7 957 − 216 =

8 385 − 123 =

9 476 − 152 =

10 538 − 204 =

11 674 − 153 =

12 776 − 253 =

13 898 − 263 =

14 992 − 352 =

15 668 − 245 =

16 587 − 425 =

| 걸린 시간 | 1~8분 | 8~12분 | 12~16분 |
|---|---|---|---|
| 맞은 개수 | 29~32개 | 23~28개 | 1~22개 |
| 평가 | 참 잘했어요. | 잘했어요. | 좀더 노력해요. |

계산을 하시오. (17 ~ 32)

**17** 653−213=□

**18** 575−124=□

**19** 475−234=□

**20** 389−154=□

**21** 766−523=□

**22** 889−247=□

**23** 968−257=□

**24** 684−324=□

**25** 576−225=□

**26** 496−152=□

**27** 367−154=□

**28** 747−613=□

**29** 868−256=□

**30** 946−212=□

**31** 657−315=□

**32** 584−223=□

# 5 받아내림이 없는 (세 자리 수)-(세 자리 수)(3)

빈 곳에 알맞은 수를 써넣으시오. (1~12)

1
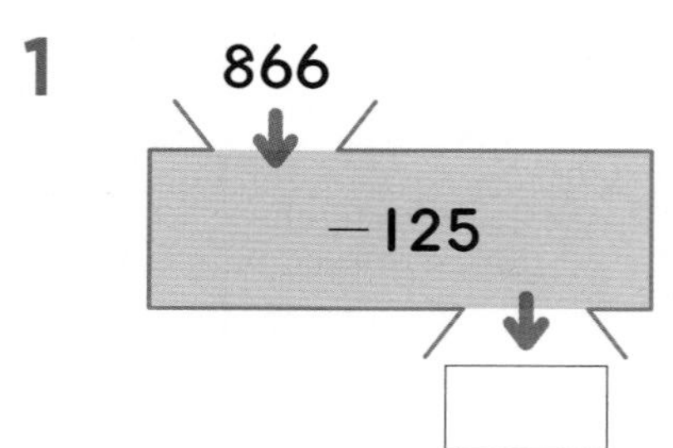


2
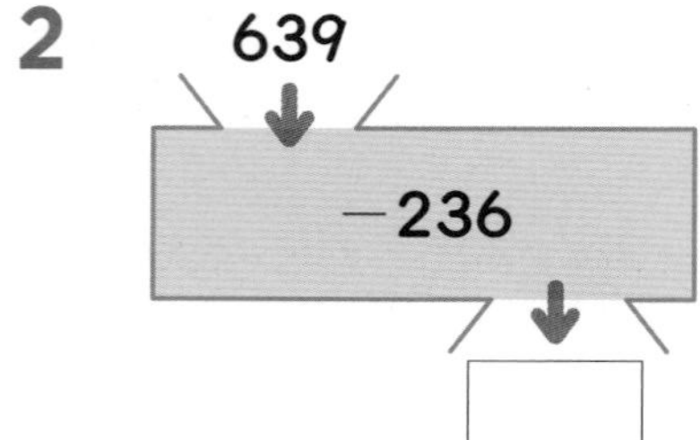


3
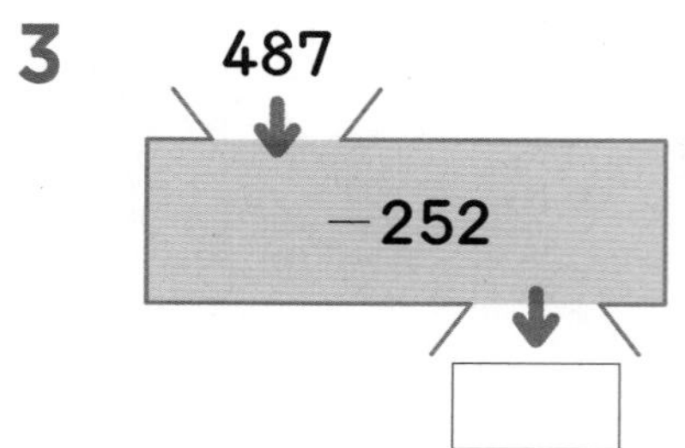


4
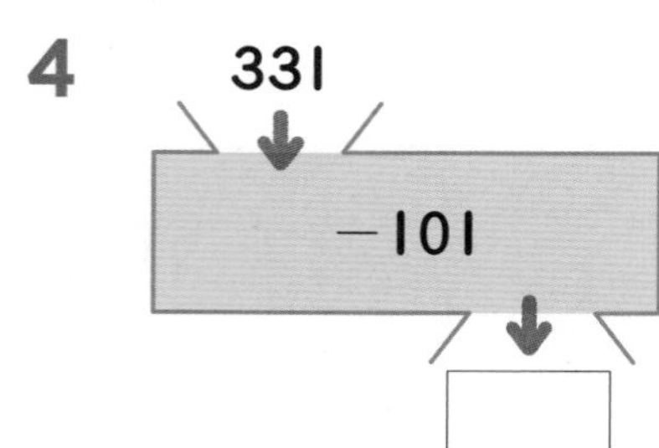


5
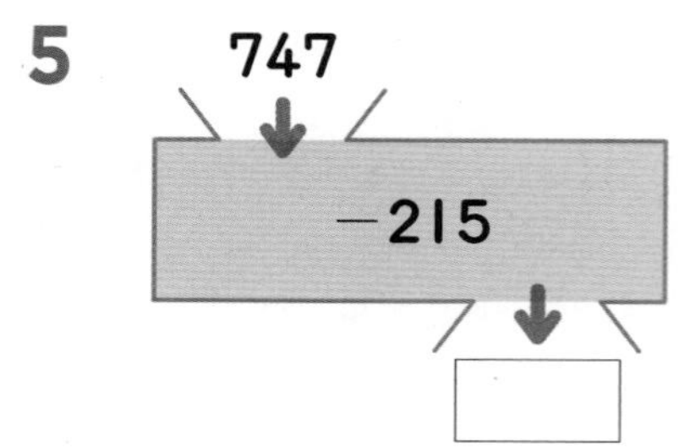


6
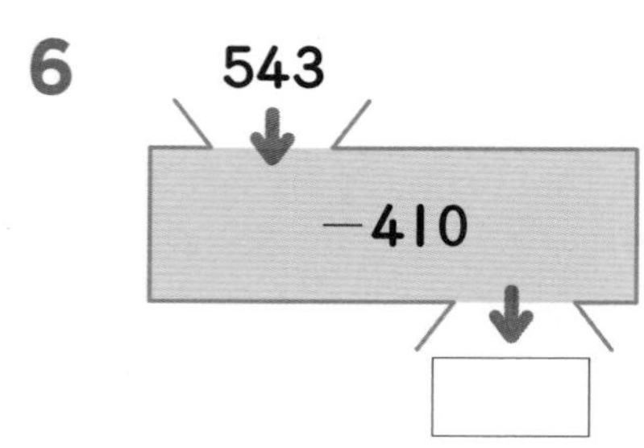


7
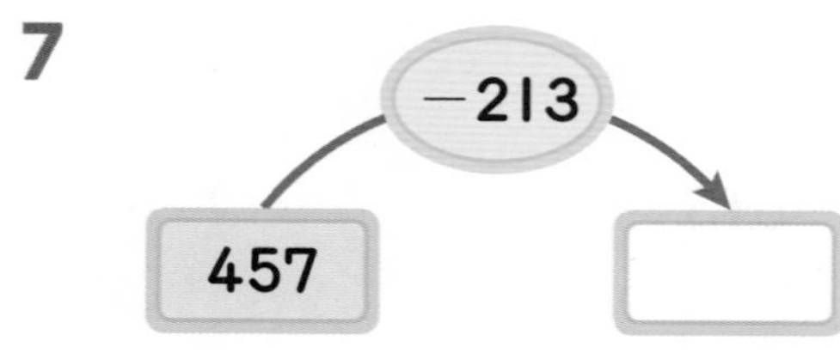


8
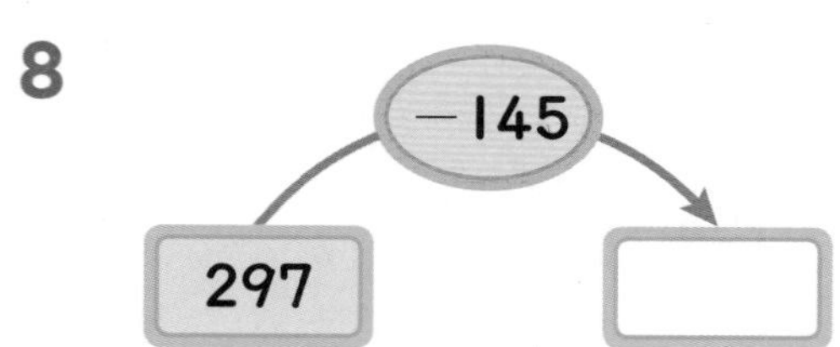


9
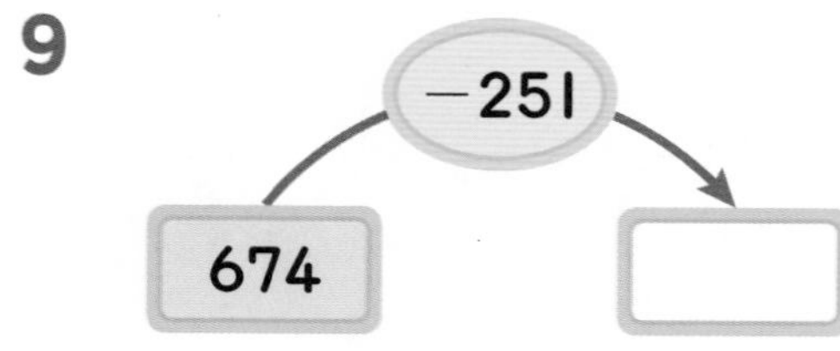


10
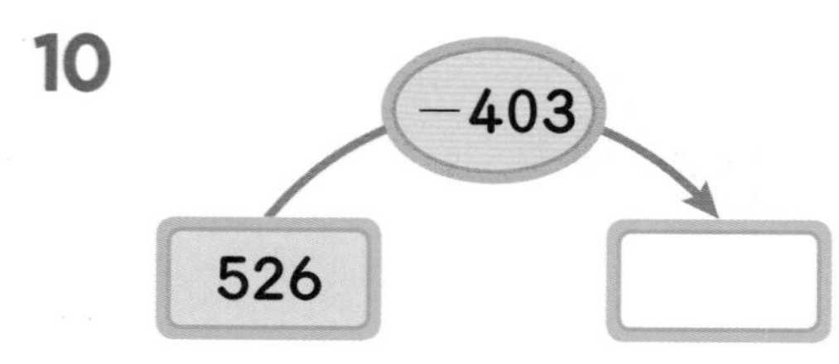


11
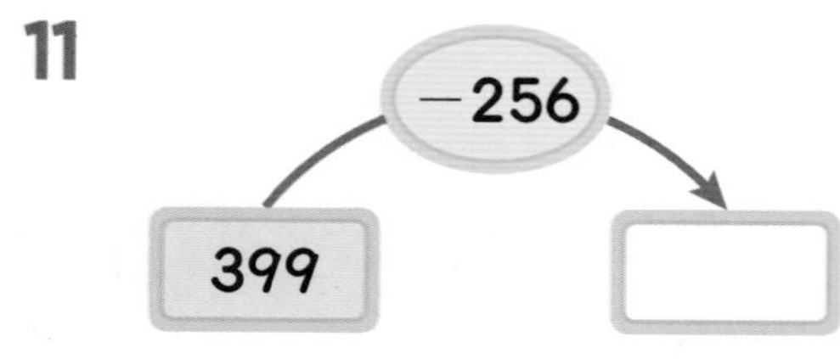


12
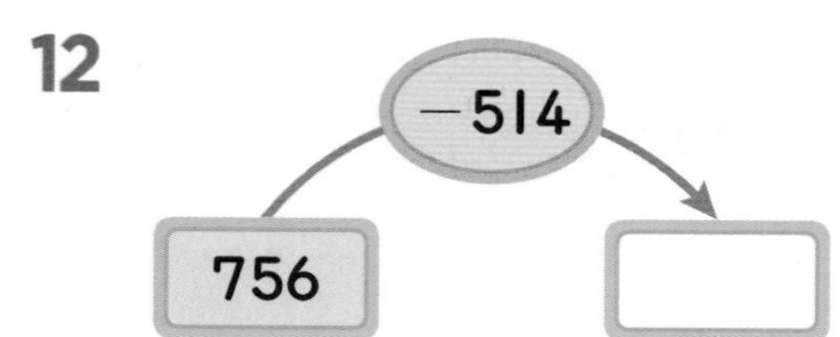

계산은 빠르고 정확하게!

| 걸린 시간 | 1~8분 | 8~12분 | 12~16분 |
|---|---|---|---|
| 맞은 개수 | 20~22개 | 16~19개 | 1~15개 |
| 평가 | 참 잘했어요. | 잘했어요. | 좀더 노력해요. |

빈 곳에 알맞은 수를 써넣으시오. (13 ~ 22)

**13**

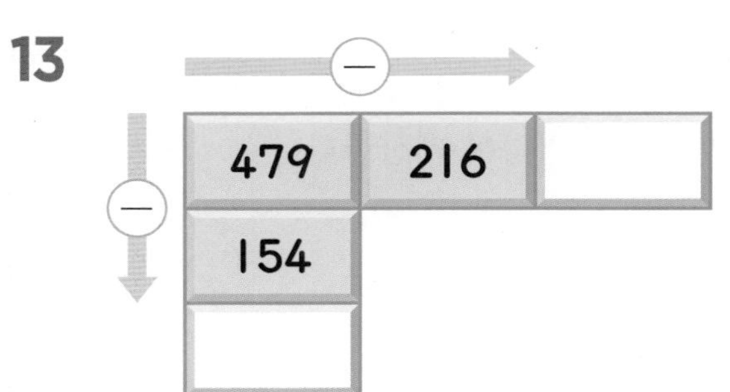


**14**

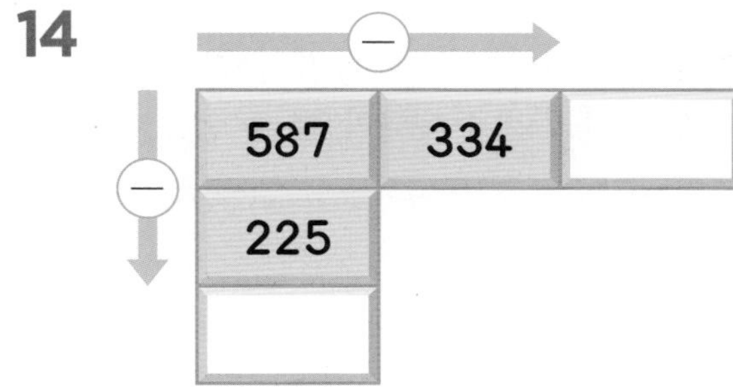


**15**

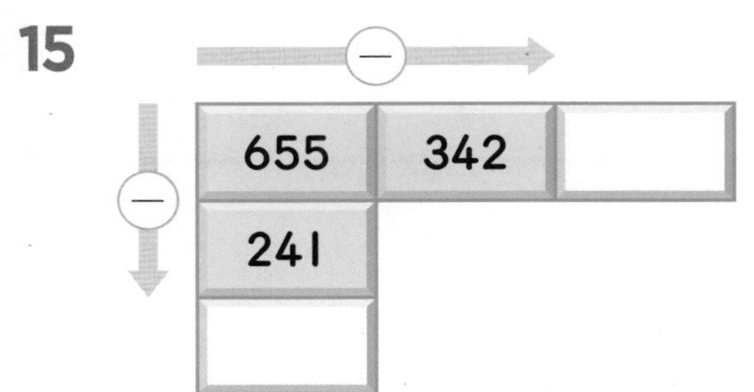


**16**

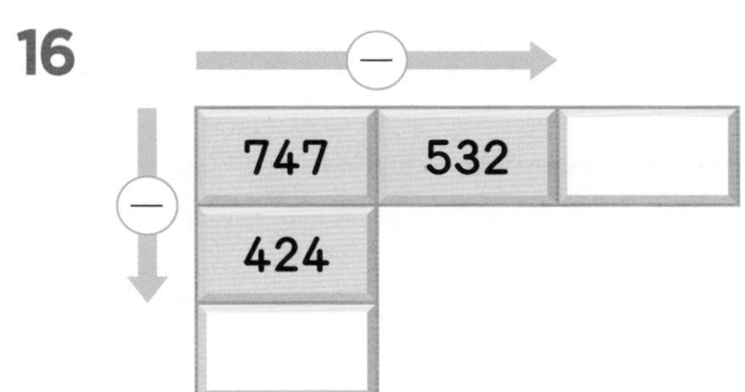


**17**

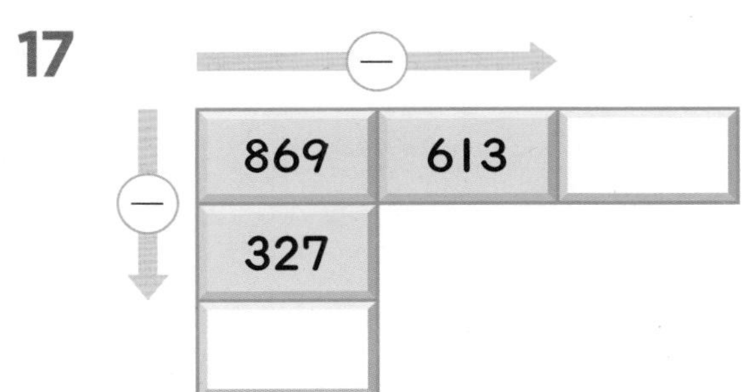


**18**

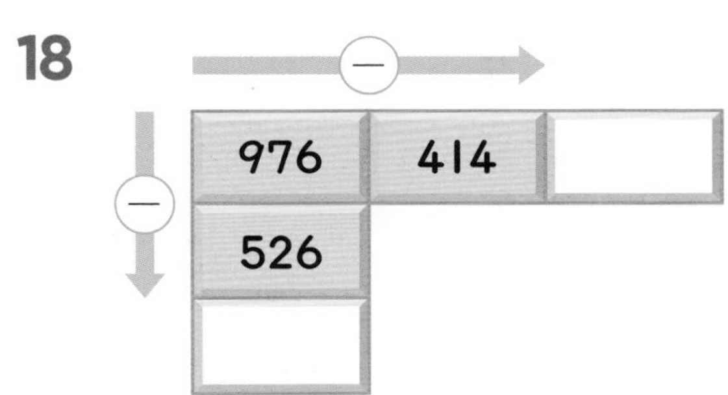


**19**

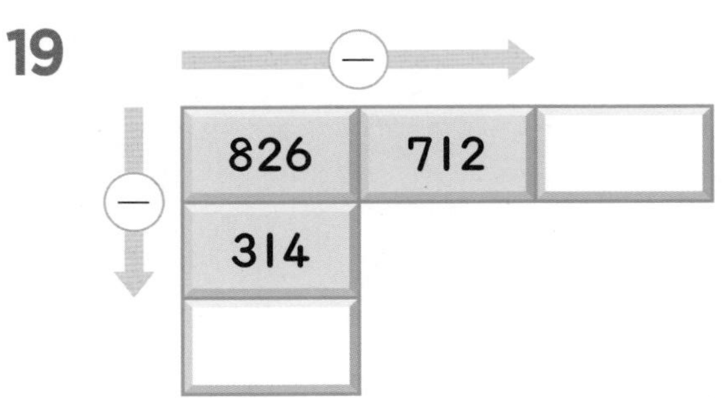


**20**

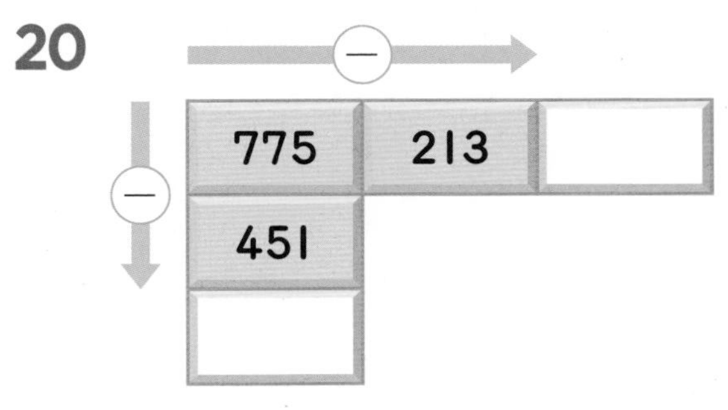


**21**

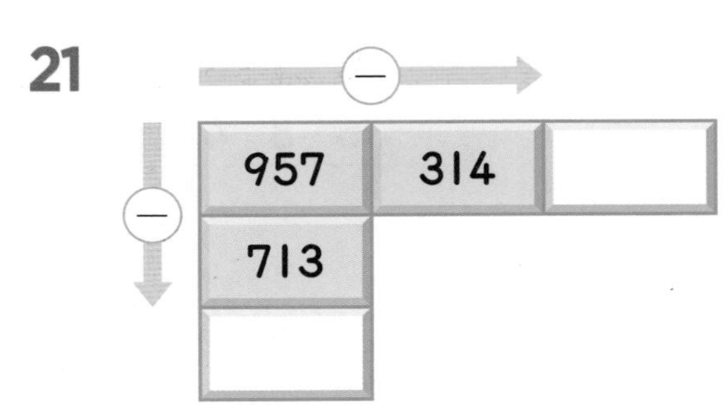


**22**

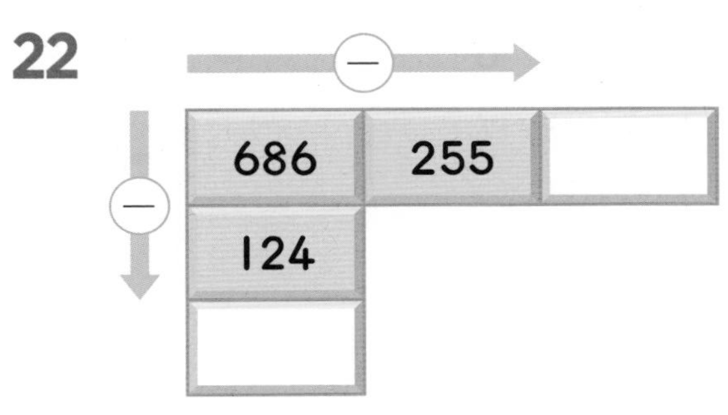

# 6 받아내림이 1번 있는 (세 자리 수)−(세 자리 수)(1)

**536−219의 계산**

- 일의 자리부터 차례로 계산합니다.
- 같은 자리의 숫자끼리 뺄 수 없으면 바로 윗자리에서 받아내림하여 계산합니다.

〈세로셈〉

|  | | 2 | 10 |
|---|---|---|---|
|  | 5 | ~~3~~ | 6 |
| − | 2 | 1 | 9 |
|  | 3 | 1 | 7 |

〈가로셈〉

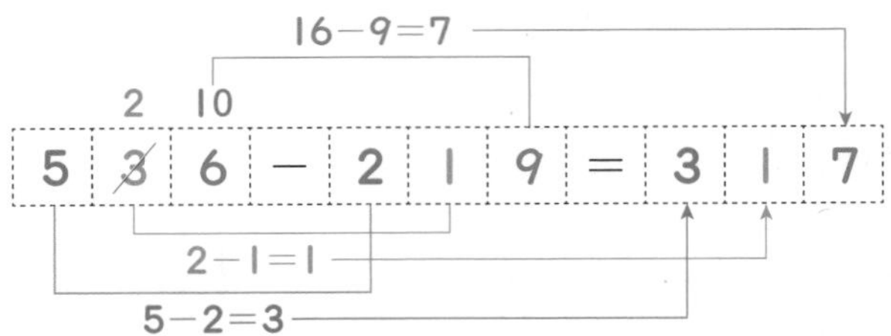


계산을 하시오. (1~9)

**1**

| | | | |
|---|---|---|---|
| | 8 | 5 | 3 |
| − | 4 | 2 | 7 |
| | | | |

**2**

| | | | |
|---|---|---|---|
| | 5 | 4 | 0 |
| − | 2 | 3 | 6 |
| | | | |

**3**

| | | | |
|---|---|---|---|
| | 6 | 9 | 2 |
| − | 3 | 7 | 4 |
| | | | |

**4**

| | | | |
|---|---|---|---|
| | 6 | 5 | 9 |
| − | 3 | 8 | 2 |
| | | | |

**5**

| | | | |
|---|---|---|---|
| | 7 | 4 | 7 |
| − | 2 | 6 | 4 |
| | | | |

**6**

| | | | |
|---|---|---|---|
| | 4 | 8 | 6 |
| − | 3 | 9 | 4 |
| | | | |

**7**

| | | | |
|---|---|---|---|
| | 8 | 5 | 6 |
| − | 5 | 4 | 9 |
| | | | |

**8**

| | | | |
|---|---|---|---|
| | 9 | 8 | 3 |
| − | 5 | 6 | 7 |
| | | | |

**9**

| | | | |
|---|---|---|---|
| | 8 | 7 | 8 |
| − | 6 | 8 | 4 |
| | | | |

| 걸린 시간 | 1~7분 | 7~10분 | 10~13분 |
|---|---|---|---|
| 맞은 개수 | 22~24개 | 17~21개 | 1~16개 |
| 평가 | 참 잘했어요. | 잘했어요. | 좀더 노력해요. |

계산을 하시오. (10 ~ 24)

**10**
$$\begin{array}{r} 473 \\ -\ 257 \\ \hline \square \end{array}$$

**11**
$$\begin{array}{r} 546 \\ -\ 128 \\ \hline \square \end{array}$$

**12**
$$\begin{array}{r} 638 \\ -\ 319 \\ \hline \square \end{array}$$

**13**
$$\begin{array}{r} 726 \\ -\ 453 \\ \hline \square \end{array}$$

**14**
$$\begin{array}{r} 854 \\ -\ 572 \\ \hline \square \end{array}$$

**15**
$$\begin{array}{r} 956 \\ -\ 284 \\ \hline \square \end{array}$$

**16**
$$\begin{array}{r} 574 \\ -\ 345 \\ \hline \square \end{array}$$

**17**
$$\begin{array}{r} 686 \\ -\ 429 \\ \hline \square \end{array}$$

**18**
$$\begin{array}{r} 753 \\ -\ 127 \\ \hline \square \end{array}$$

**19**
$$\begin{array}{r} 428 \\ -\ 256 \\ \hline \square \end{array}$$

**20**
$$\begin{array}{r} 547 \\ -\ 456 \\ \hline \square \end{array}$$

**21**
$$\begin{array}{r} 636 \\ -\ 152 \\ \hline \square \end{array}$$

**22**
$$\begin{array}{r} 756 \\ -\ 318 \\ \hline \square \end{array}$$

**23**
$$\begin{array}{r} 865 \\ -\ 483 \\ \hline \square \end{array}$$

**24**
$$\begin{array}{r} 925 \\ -\ 619 \\ \hline \square \end{array}$$

# 6 받아내림이 1번 있는 (세 자리 수)—(세 자리 수)(2)

계산을 하시오. (1 ~ 16)

1 364 − 127 =

2 645 − 252 =

3 456 − 329 =

4 764 − 471 =

5 573 − 248 =

6 859 − 386 =

7 682 − 453 =

8 936 − 562 =

9 795 − 626 =

10 326 − 175 =

11 843 − 528 =

12 417 − 354 =

13 947 − 429 =

14 503 − 282 =

15 636 − 218 =

16 678 − 285 =

| 걸린 시간 | 1~10분 | 10~15분 | 15~20분 |
|---|---|---|---|
| 맞은 개수 | 29~32개 | 23~28개 | 1~22개 |
| 평가 | 참 잘했어요. | 잘했어요. | 좀더 노력해요. |

계산을 하시오. (17 ~ 32)

17 435−217=☐

18 365−218=☐

19 586−193=☐

20 278−184=☐

21 625−317=☐

22 453−224=☐

23 707−435=☐

24 526−342=☐

25 853−517=☐

26 678−429=☐

27 944−653=☐

28 717−251=☐

29 548−175=☐

30 852−248=☐

31 438−357=☐

32 948−509=☐

# 6 받아내림이 1번 있는 (세 자리 수)－(세 자리 수)(3)

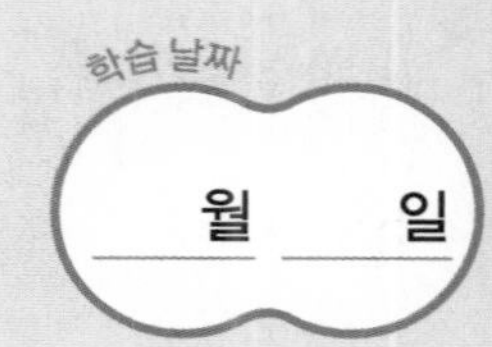


빈 곳에 알맞은 수를 써넣으시오. (1~12)

1
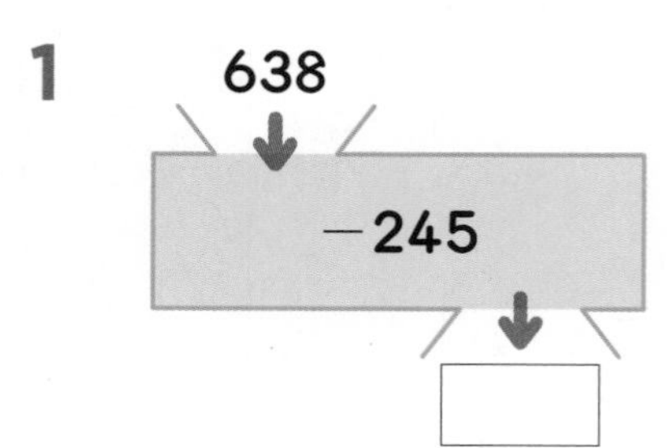


2
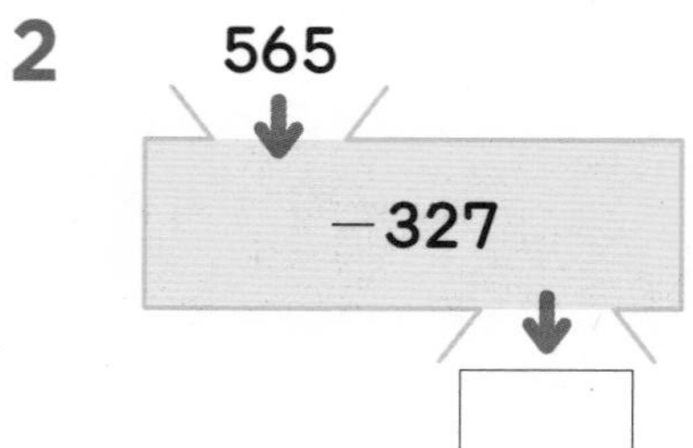


3
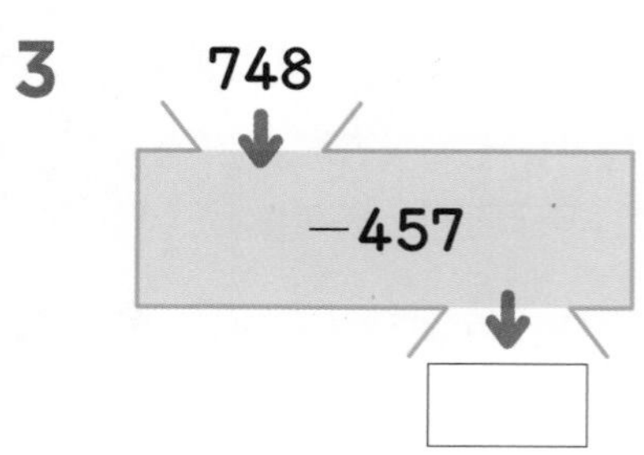


4
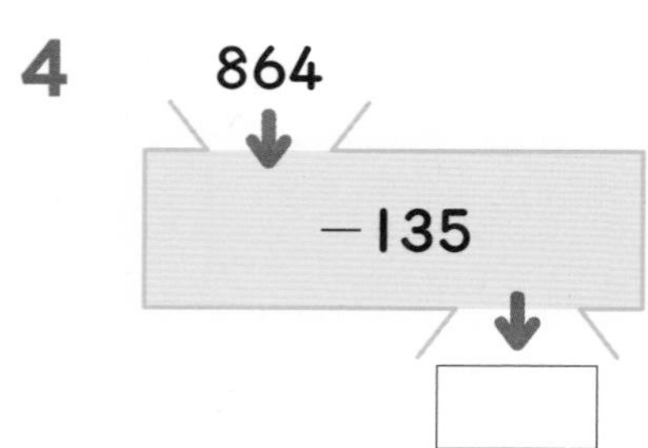


5
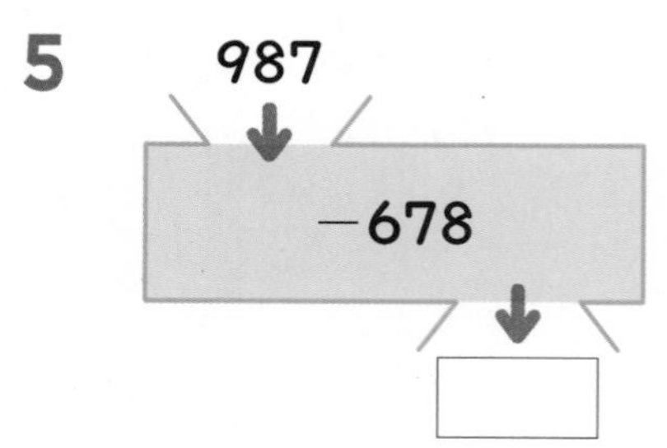


6
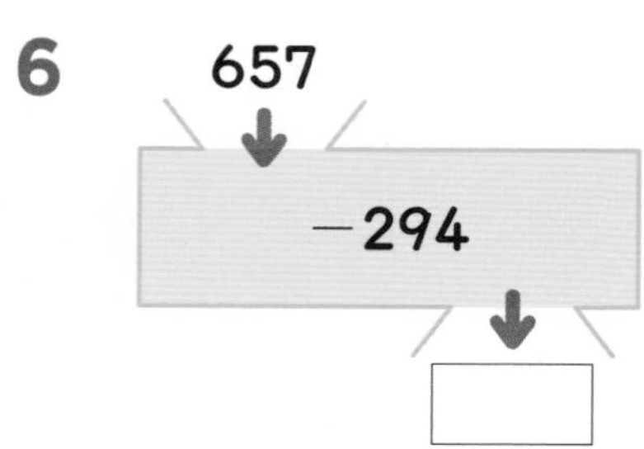


7
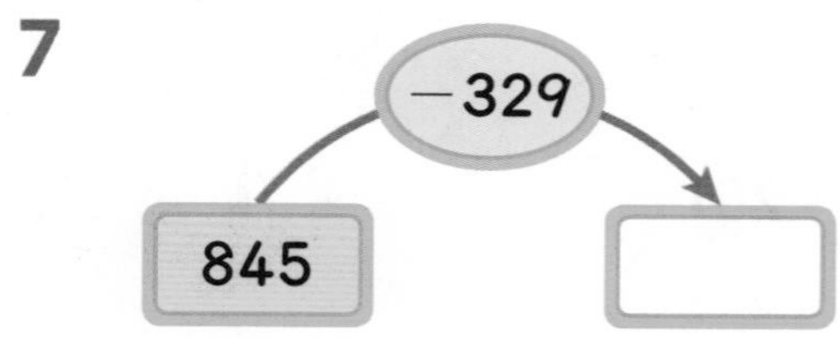


8
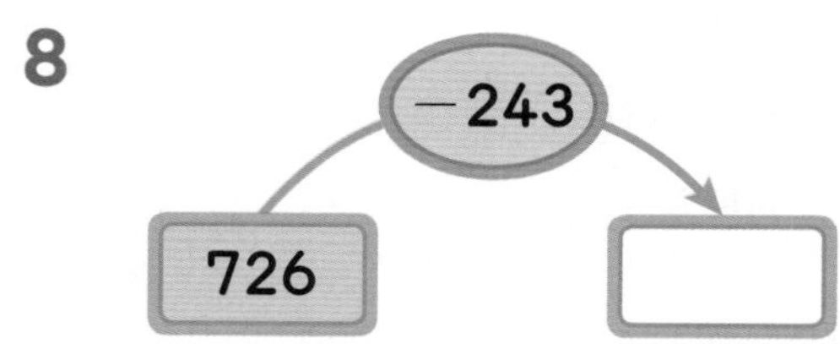


9
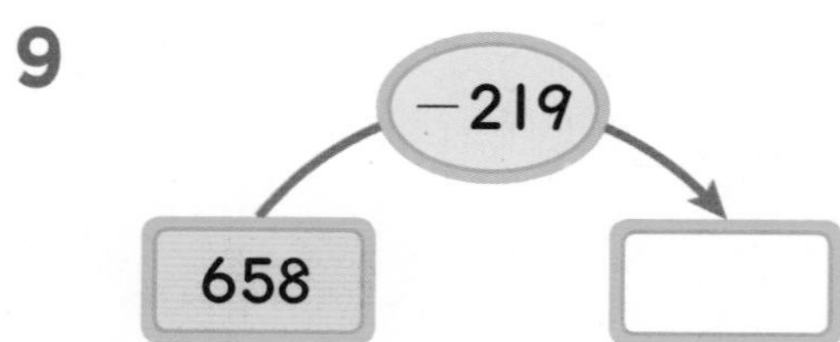


10
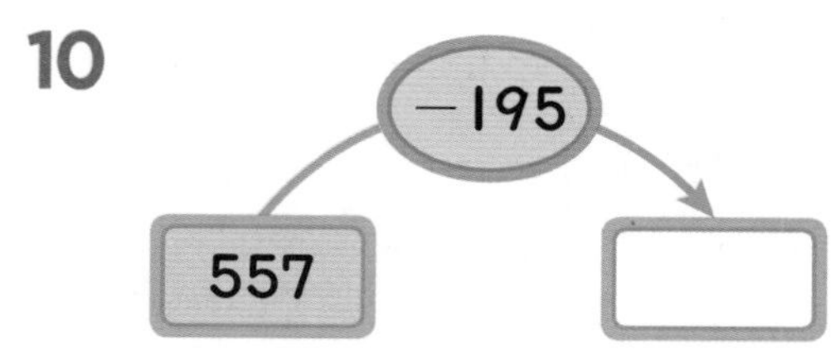


11
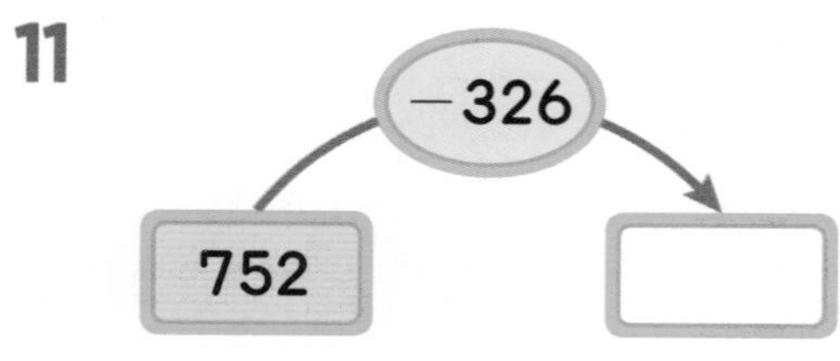


12
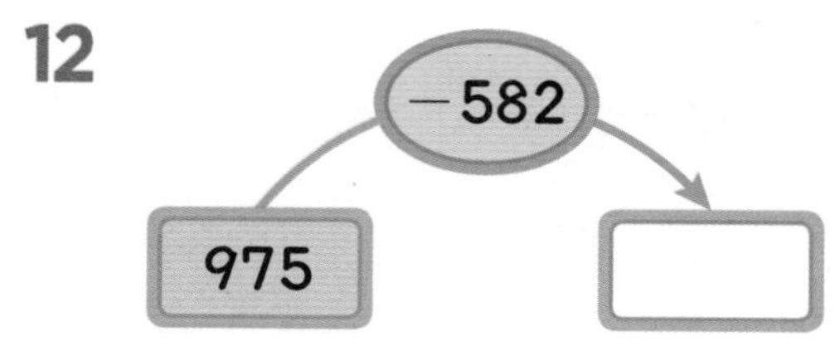

| 걸린 시간 | 1~8분 | 8~12분 | 12~16분 |
| --- | --- | --- | --- |
| 맞은 개수 | 20~22개 | 16~19개 | 1~15개 |
| 평가 | 참 잘했어요. | 잘했어요. | 좀더 노력해요. |

빈 곳에 알맞은 수를 써넣으시오. (13 ~ 22)

13
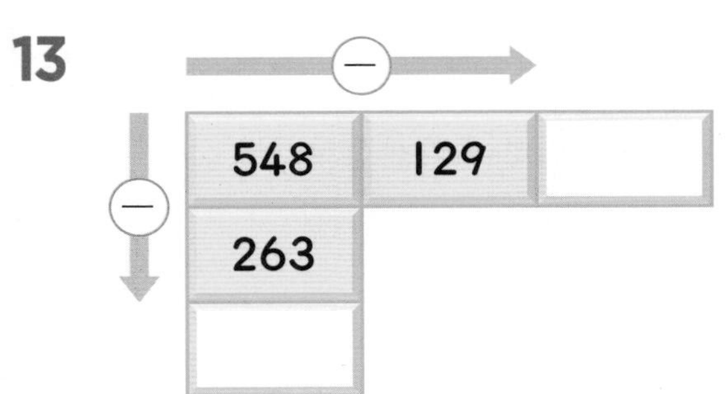


14
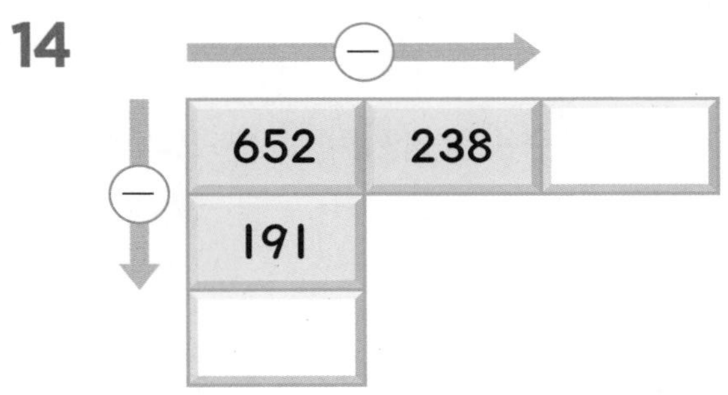


15
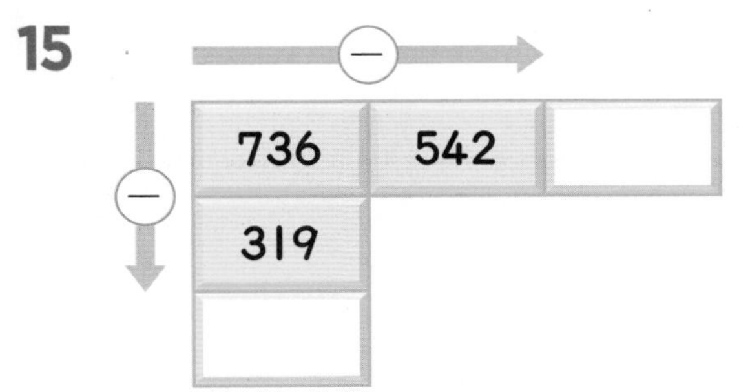


16
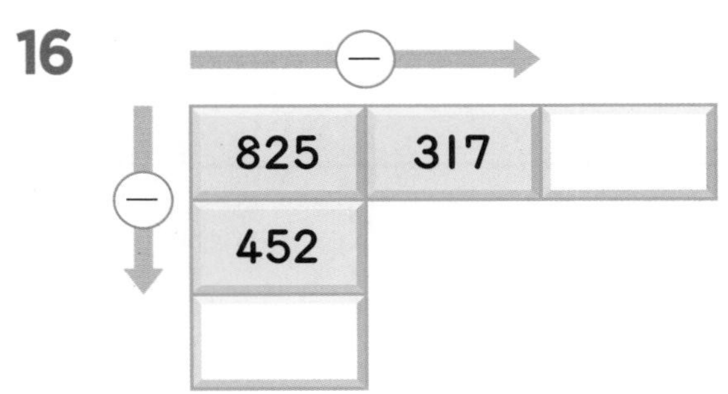


17
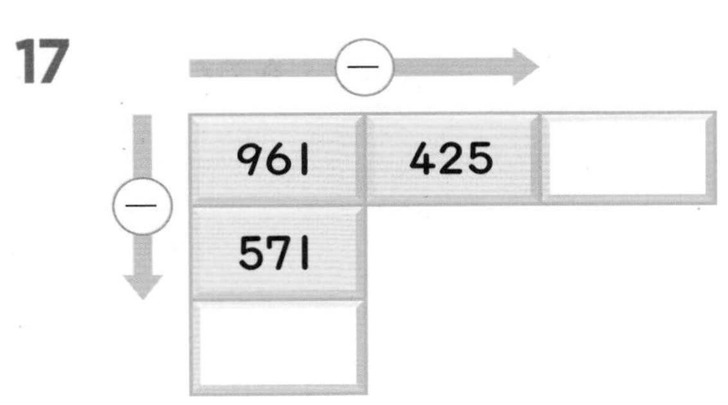


18
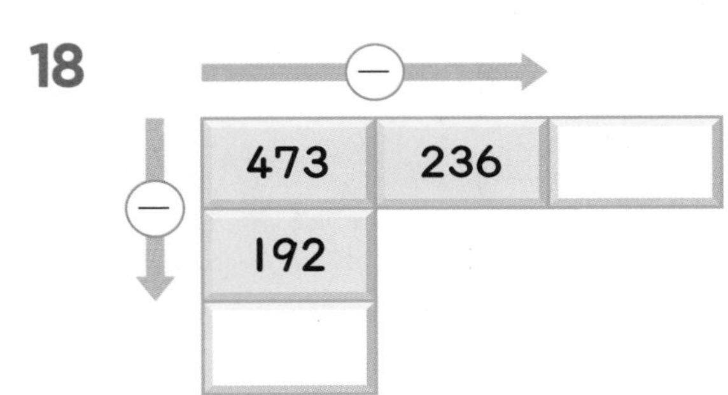


19
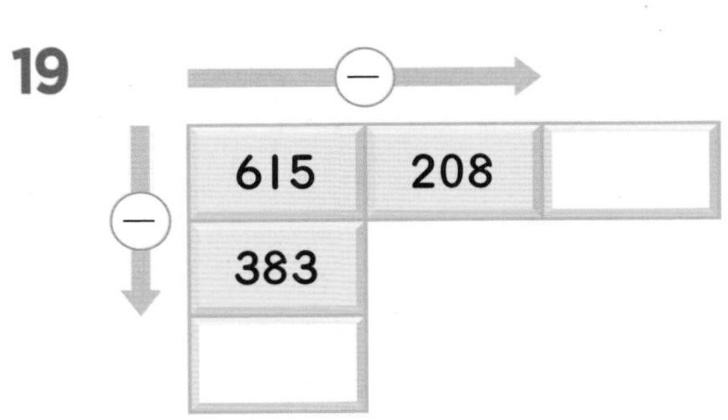


20
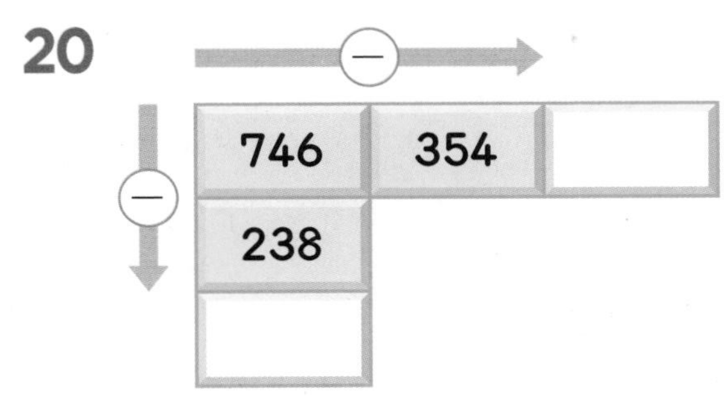


21
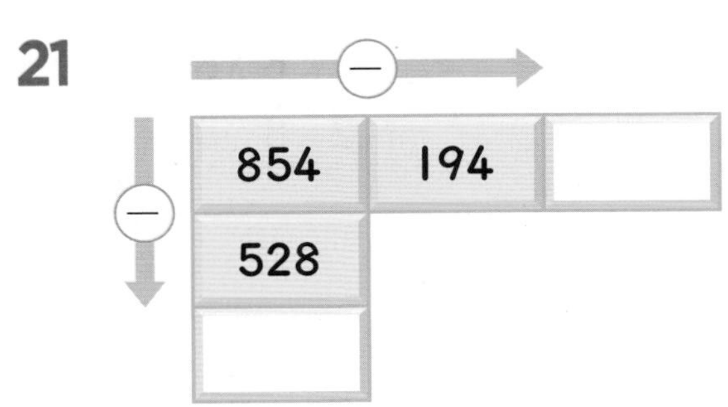


22
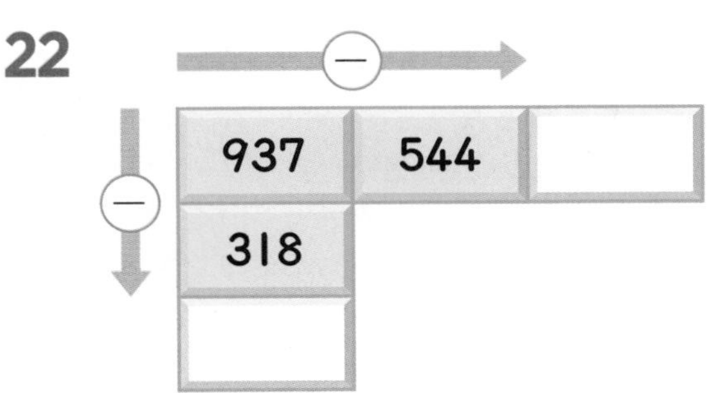

# 7 받아내림이 2번 있는 (세 자리 수)−(세 자리 수)(1)

426−248의 계산

- 일의 자리부터 차례로 계산합니다.
- 같은 자리의 숫자끼리 뺄 수 없으면 바로 윗자리에서 받아내림하여 계산합니다.

〈세로셈〉

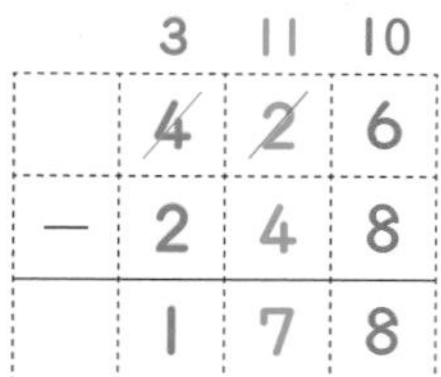

〈가로셈〉

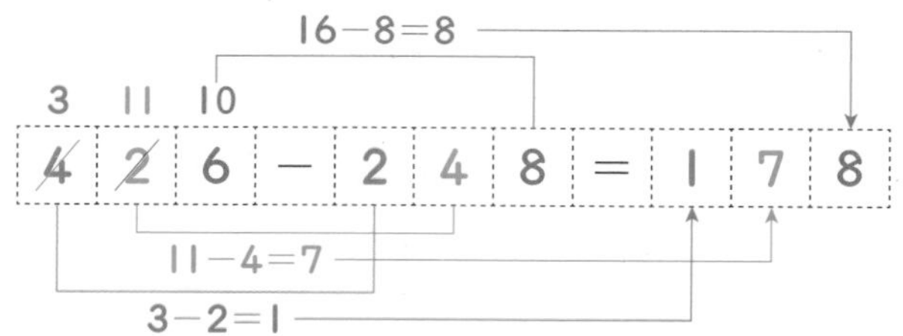

계산을 하시오. (1~9)

1

| | 6 | 8 | 5 |
|---|---|---|---|
| − | 3 | 9 | 7 |
| | | | |

2

| | 8 | 5 | 3 |
|---|---|---|---|
| − | 5 | 8 | 7 |
| | | | |

3

| | 9 | 5 | 2 |
|---|---|---|---|
| − | 2 | 8 | 4 |
| | | | |

4

| | 7 | 6 | 4 |
|---|---|---|---|
| − | 3 | 9 | 6 |
| | | | |

5

| | 6 | 4 | 7 |
|---|---|---|---|
| − | 5 | 7 | 8 |
| | | | |

6

| | 8 | 5 | 7 |
|---|---|---|---|
| − | 4 | 8 | 9 |
| | | | |

7

| | 8 | 5 | 2 |
|---|---|---|---|
| − | 5 | 9 | 6 |
| | | | |

8

| | 6 | 5 | 0 |
|---|---|---|---|
| − | 3 | 9 | 8 |
| | | | |

9

| | 4 | 8 | 6 |
|---|---|---|---|
| − | 2 | 8 | 8 |
| | | | |

| 걸린 시간 | 1~8분 | 8~12분 | 12~16분 |
|---|---|---|---|
| 맞은 개수 | 22~24개 | 17~21개 | 1~16개 |
| 평가 | 참 잘했어요. | 잘했어요. | 좀더 노력해요. |

계산을 하시오. (10 ~ 24)

10 $\begin{array}{r} 574 \\ -\ 285 \\ \hline \end{array}$ □

11 $\begin{array}{r} 645 \\ -\ 197 \\ \hline \end{array}$ □

12 $\begin{array}{r} 736 \\ -\ 359 \\ \hline \end{array}$ □

13 $\begin{array}{r} 453 \\ -\ 368 \\ \hline \end{array}$ □

14 $\begin{array}{r} 857 \\ -\ 489 \\ \hline \end{array}$ □

15 $\begin{array}{r} 921 \\ -\ 248 \\ \hline \end{array}$ □

16 $\begin{array}{r} 322 \\ -\ 156 \\ \hline \end{array}$ □

17 $\begin{array}{r} 535 \\ -\ 258 \\ \hline \end{array}$ □

18 $\begin{array}{r} 614 \\ -\ 536 \\ \hline \end{array}$ □

19 $\begin{array}{r} 745 \\ -\ 196 \\ \hline \end{array}$ □

20 $\begin{array}{r} 856 \\ -\ 469 \\ \hline \end{array}$ □

21 $\begin{array}{r} 473 \\ -\ 295 \\ \hline \end{array}$ □

22 $\begin{array}{r} 547 \\ -\ 378 \\ \hline \end{array}$ □

23 $\begin{array}{r} 638 \\ -\ 269 \\ \hline \end{array}$ □

24 $\begin{array}{r} 904 \\ -\ 456 \\ \hline \end{array}$ □

# 7 받아내림이 2번 있는 (세 자리 수)－(세 자리 수)(2)

계산을 하시오. (1~16)

1 $372-186=$

2 $464-278=$

3 $548-269=$

4 $657-379=$

5 $731-556=$

6 $823-447=$

7 $916-348=$

8 $333-244=$

9 $427-149=$

10 $564-268=$

11 $675-396=$

12 $766-469=$

13 $845-558=$

14 $954-577=$

15 $523-325=$

16 $631-256=$

계산은 빠르고 정확하게!

| 걸린 시간 | 1~10분 | 10~15분 | 15~20분 |
| --- | --- | --- | --- |
| 맞은 개수 | 29~32개 | 23~28개 | 1~22개 |
| 평가 | 참 잘했어요. | 잘했어요. | 좀더 노력해요. |

계산을 하시오. (17 ~ 32)

17 340−154=□

18 436−159=□

19 623−356=□

20 266−178=□

21 557−288=□

22 545−369=□

23 434−157=□

24 524−148=□

25 336−148=□

26 625−139=□

27 672−379=□

28 534−249=□

29 713−487=□

30 563−378=□

31 824−556=□

32 912−458=□

# 7 받아내림이 2번 있는 (세 자리 수)-(세 자리 수)(3)

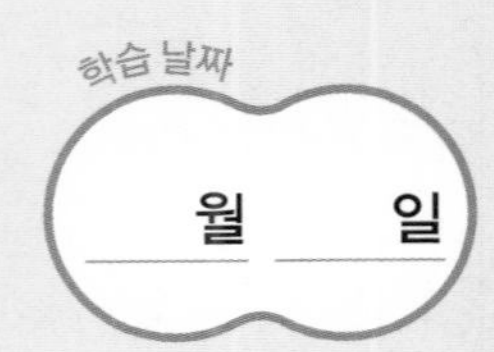


빈 곳에 알맞은 수를 써넣으시오. (1~12)

1
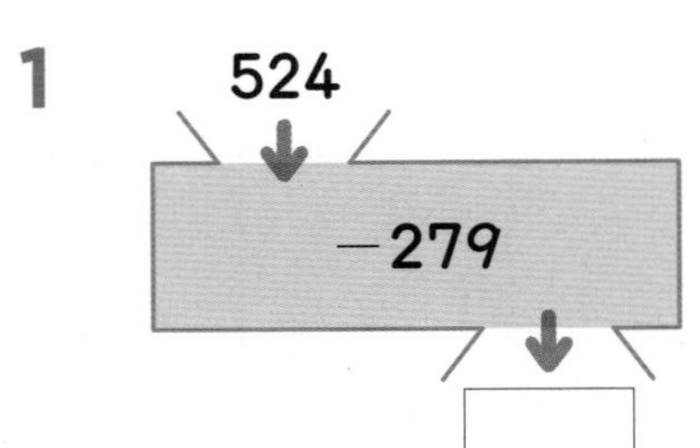


2
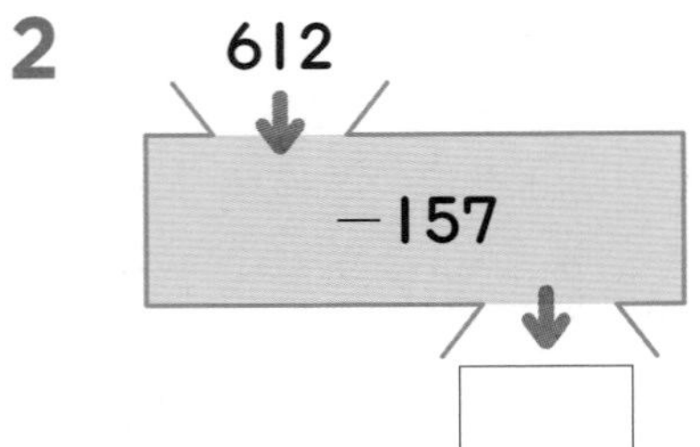


3
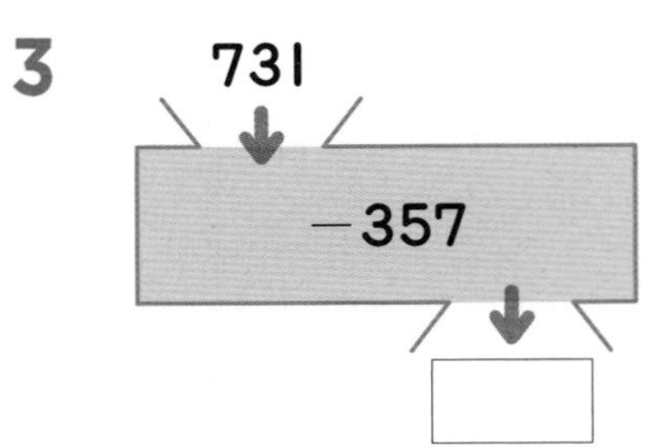


4
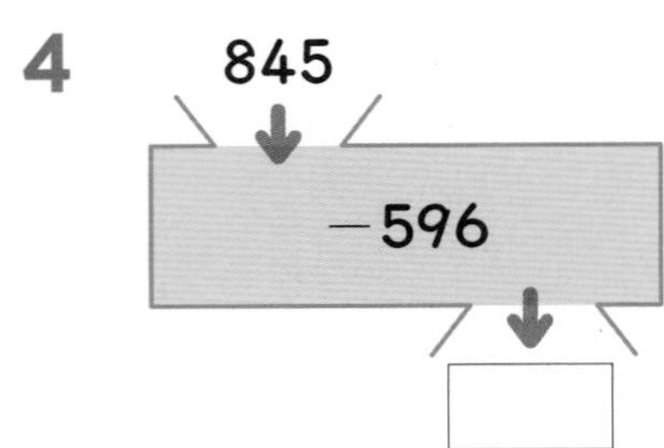


5
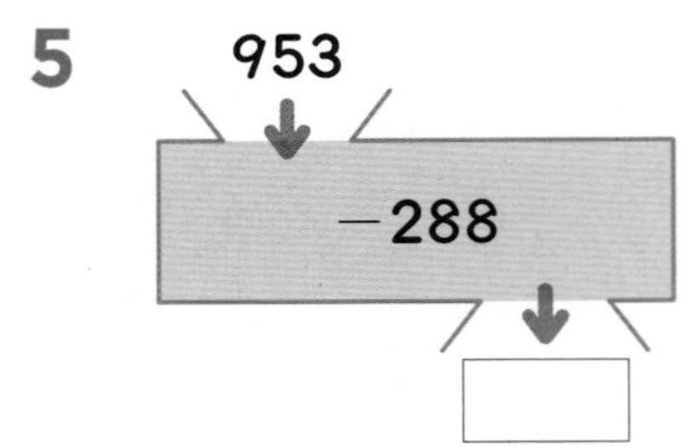


6
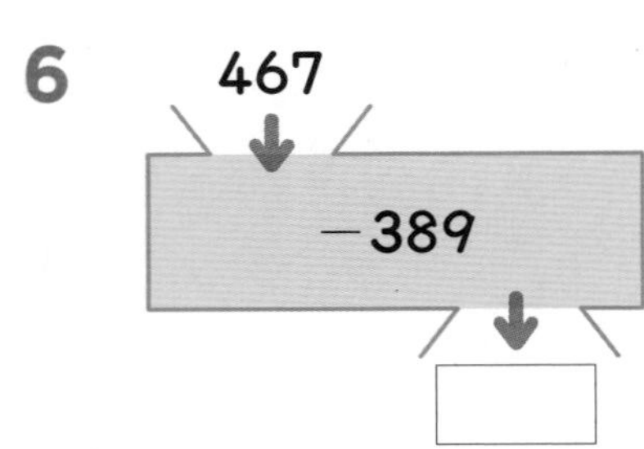


7
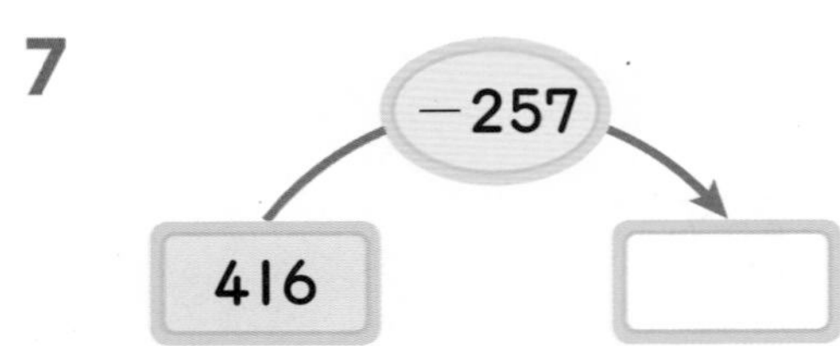


8
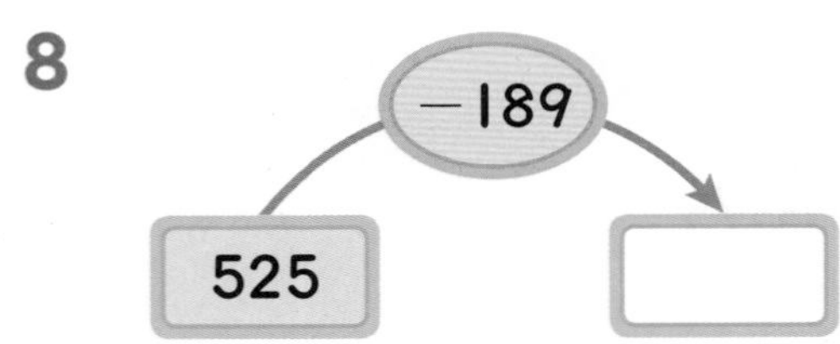


9
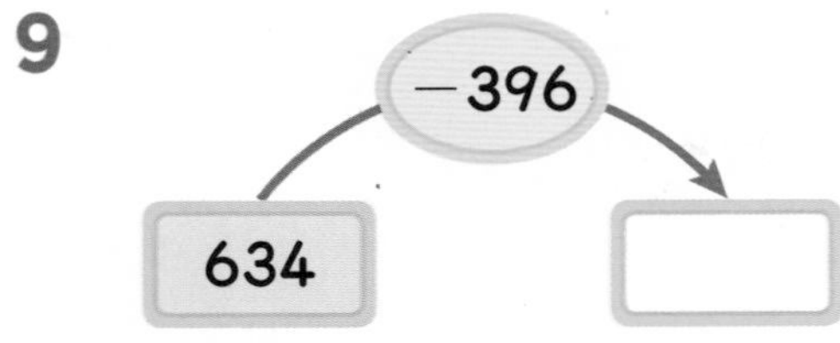


10
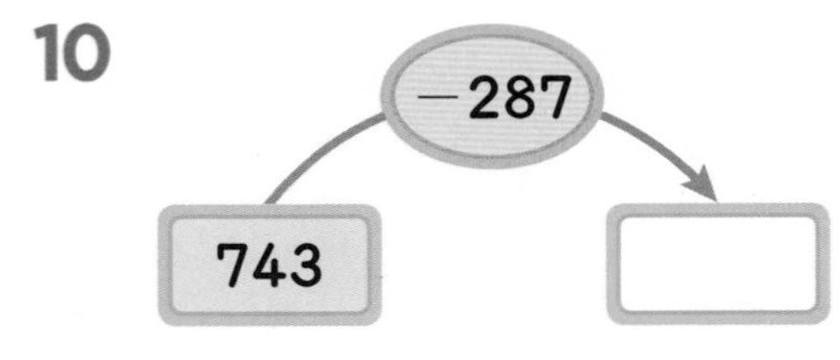


11
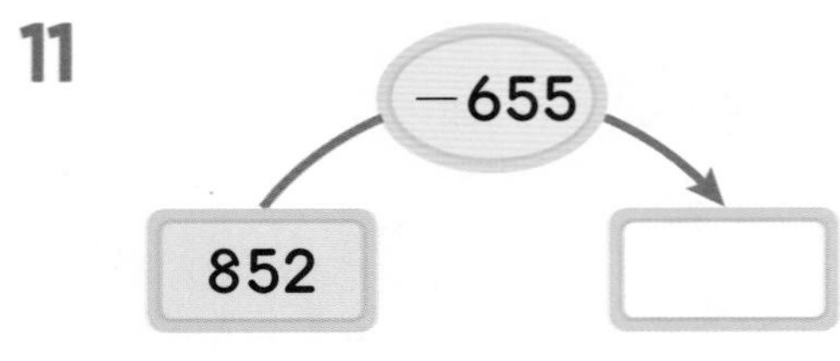


12
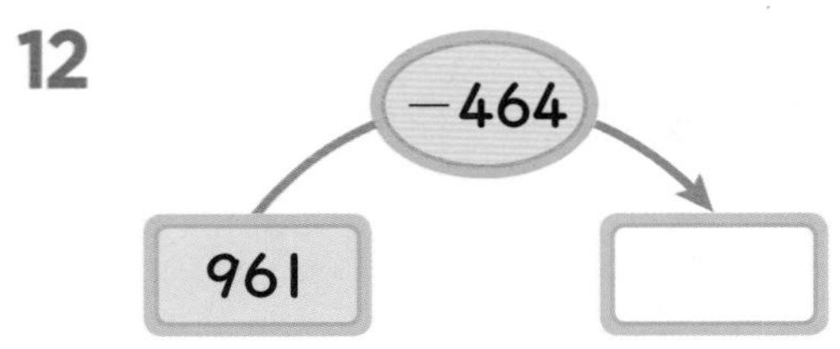

계산은 빠르고 정확하게!

| 걸린 시간 | 1~10분 | 10~15분 | 15~20분 |
|---|---|---|---|
| 맞은 개수 | 20~22개 | 16~19개 | 1~15개 |
| 평가 | 참 잘했어요. | 잘했어요. | 좀더 노력해요. |

빈 곳에 알맞은 수를 써넣으시오. (13 ~ 22)

13
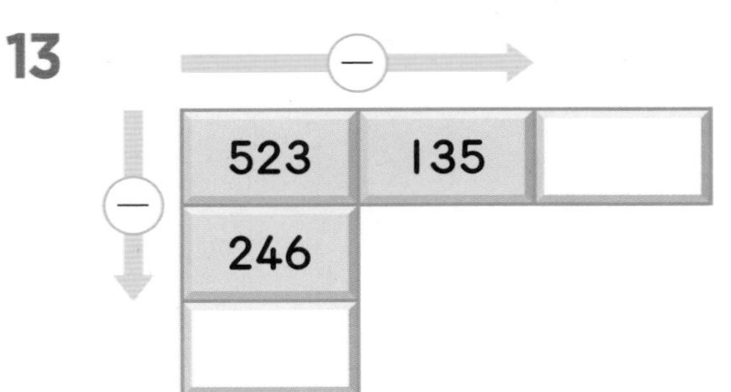


14
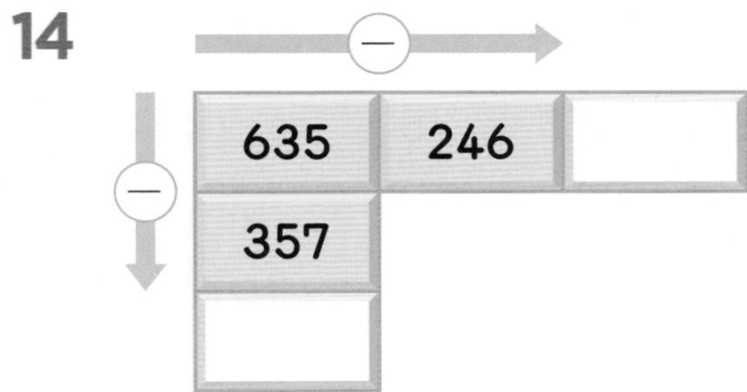


15
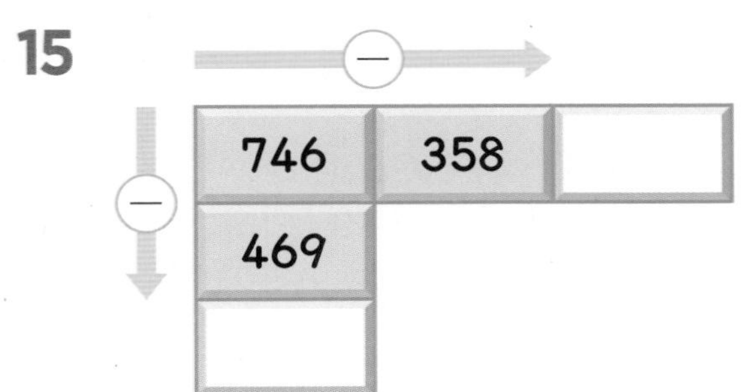


16
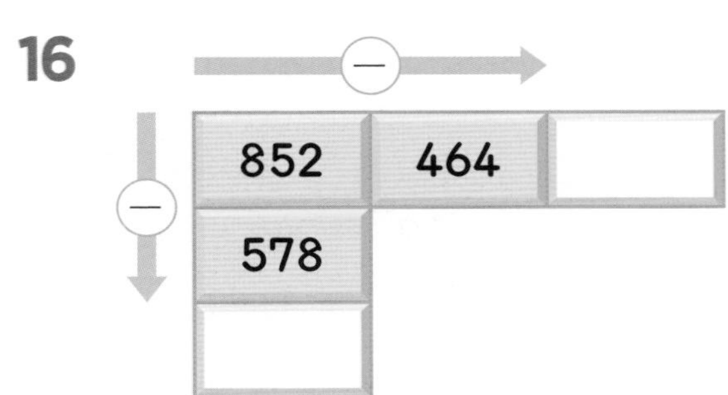


17
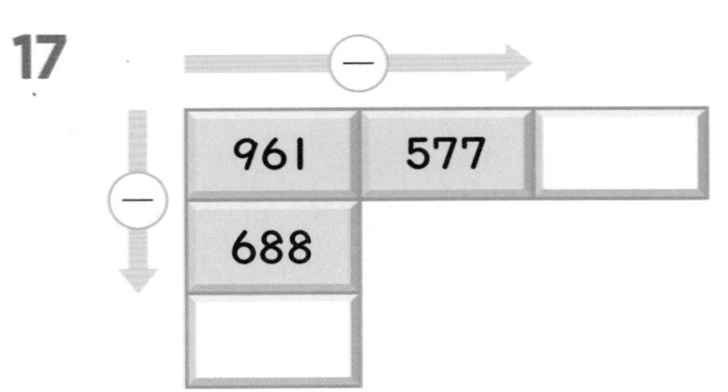


18
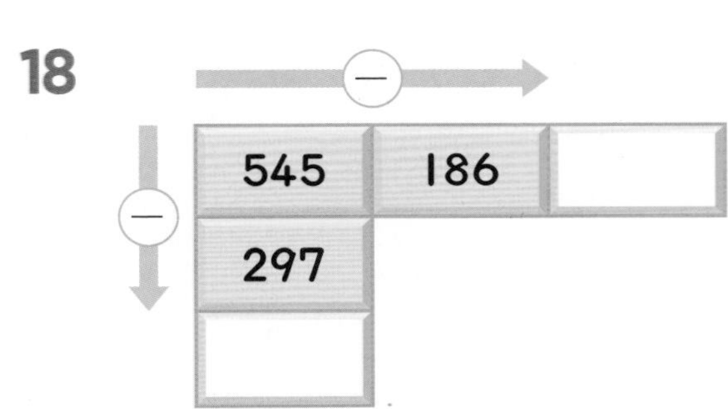


19
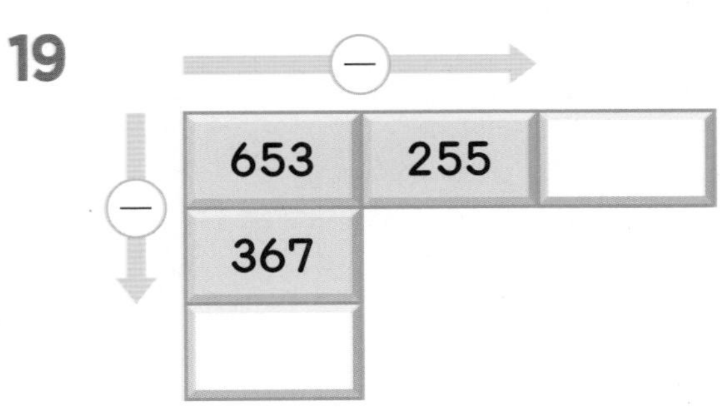


20
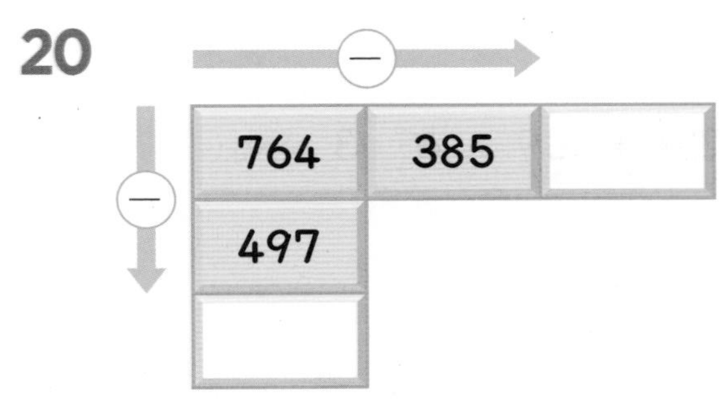


21
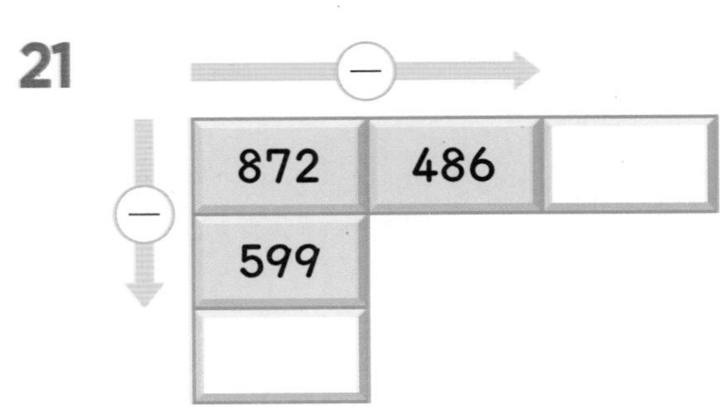


22
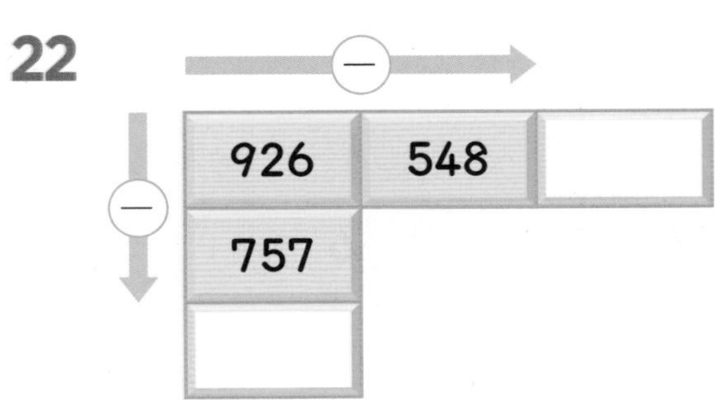

# 8 신기한 연산(1)

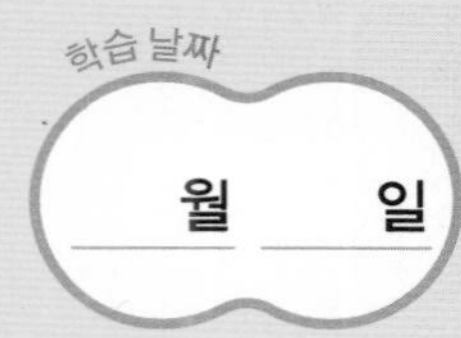


□ 안에 넣을 수 있는 숫자를 모두 구하시오. (1~8)

1 324+458 > 78□ ➡ (　　　　　　　　　　)

2 253+584 > 8□4 ➡ (　　　　　　　　　　)

3 165+359 < 52□ ➡ (　　　　　　　　　　)

4 486+291 < 7□8 ➡ (　　　　　　　　　　)

5 365+578 > 94□ ➡ (　　　　　　　　　　)

6 276+389 > 6□3 ➡ (　　　　　　　　　　)

7 457+296 < 75□ ➡ (　　　　　　　　　　)

8 579+395 < 9□6 ➡ (　　　　　　　　　　)

| 걸린 시간 | 1~10분 | 10~15분 | 15~20분 |
| --- | --- | --- | --- |
| 맞은 개수 | 18~19개 | 14~17개 | 1~13개 |
| 평가 | 참 잘했어요. | 잘했어요. | 좀더 노력해요. |

□ 안에 알맞은 수를 써넣으시오. (9 ~ 17)

**9**

|   | 4 | □ | □ |
| --- | --- | --- | --- |
| + | □ | 5 | 2 |
|   | 6 | 9 | 1 |

**10**

|   | □ | 4 | □ |
| --- | --- | --- | --- |
| + | 3 | □ | 6 |
|   | 8 | 2 | 8 |

**11**

|   | □ | □ | 3 |
| --- | --- | --- | --- |
| + | 3 | 4 | □ |
|   | 8 | 6 | 2 |

**12**

|   | 3 | □ | 4 |
| --- | --- | --- | --- |
| + | □ | 2 | □ |
|   | 5 | 8 | 3 |

**13**

|   | □ | 5 | 6 |
| --- | --- | --- | --- |
| + | 4 | □ | □ |
|   | 9 | 3 | 9 |

**14**

|   | 5 | 3 | □ |
| --- | --- | --- | --- |
| + | □ | □ | 3 |
|   | 8 | 1 | 8 |

**15**

|   | 5 | □ | 6 |
| --- | --- | --- | --- |
| + | □ | 7 | □ |
|   | 8 | 3 | 2 |

**16**

|   | 3 | □ | □ |
| --- | --- | --- | --- |
| + | □ | 4 | 8 |
|   | 6 | 4 | 4 |

**17**

|   | □ | 3 | □ |
| --- | --- | --- | --- |
| + | 4 | □ | 9 |
|   | 7 | 0 | 1 |

두 덧셈식이 성립하도록 ♥, ★, ▲, ■에 알맞은 숫자를 구하시오. (18 ~ 19)

**18**

|   | 5 | ♥ | 4 |
| --- | --- | --- | --- |
| + | 4 | 3 | ★ |
|   | 9 | 7 | ▲ |

|   | 4 | ♥ | 3 |
| --- | --- | --- | --- |
| + | 3 | 4 | ★ |
|   | 7 | ■ | 9 |

♥ (　　　　　　　　)
★ (　　　　　　　　)
▲ (　　　　　　　　)
■ (　　　　　　　　)

**19**

|   | ♥ | 2 | 8 |
| --- | --- | --- | --- |
| + | 3 | ★ | 4 |
|   | ▲ | 6 | 2 |

|   | 2 | 3 | ♥ |
| --- | --- | --- | --- |
| + | 6 | ★ | 2 |
|   | 8 | ■ | 7 |

♥ (　　　　　　　　)
★ (　　　　　　　　)
▲ (　　　　　　　　)
■ (　　　　　　　　)

# 8 신기한 연산(2)

학습 날짜 월 일

□ 안에 넣을 수 있는 숫자를 모두 구하시오. (1~8)

1 483−13□>347 ➡ (　　　　　　　　)

2 537−2□4>290 ➡ (　　　　　　　　)

3 645−12□<518 ➡ (　　　　　　　　)

4 726−3□4<385 ➡ (　　　　　　　　)

5 842−27□>565 ➡ (　　　　　　　　)

6 954−4□6>474 ➡ (　　　　　　　　)

7 661−27□<386 ➡ (　　　　　　　　)

8 723−5□7<135 ➡ (　　　　　　　　)

| 걸린 시간 | 1~15분 | 15~20분 | 20~25분 |
|---|---|---|---|
| 맞은 개수 | 18~20개 | 14~17개 | 1~13개 |
| 평가 | 참 잘했어요. | 잘했어요. | 좀더 노력해요. |

□ 안에 알맞은 수를 써넣으시오. (9 ~ 17)

**9**

　6 □ 3<br>− 2 5 6<br>　□ 2 □

**10**

　7 8 2<br>− 3 □ 7<br>　□ 3 □

**11**

　8 6 □<br>− □ 2 8<br>　2 □ 6

**12**

　5 □ 9<br>− 3 6 □<br>　□ 7 5

**13**

　4 1 □<br>− 1 □ 3<br>　□ 7 6

**14**

　9 □ 5<br>− □ 5 2<br>　4 8 □

**15**

　7 2 □<br>− 2 □ 9<br>　□ 7 4

**16**

　□ 6 5<br>− 3 □ 9<br>　5 7 □

**17**

　□ 2 6<br>− 3 5 □<br>　4 □ 7

두 뺄셈식이 성립하도록 ♥, ▲, ★에 알맞은 숫자를 구하시오. (18 ~ 20)

**18**

54♥−2▲7=★76

♥=□　▲=□　★=□

**19**

♥38−4▲9=35★

♥=□　▲=□　★=□

**20**

6♥2−▲56=26★

♥=□　▲=□　★=□

# 확인 평가

□ 안에 알맞은 수를 써넣으시오. (1~15)

1
$$\begin{array}{r} 325 \\ +\ 243 \\ \hline \square \end{array}$$

2
$$\begin{array}{r} 453 \\ +\ 326 \\ \hline \square \end{array}$$

3
$$\begin{array}{r} 516 \\ +\ 422 \\ \hline \square \end{array}$$

4
$$\begin{array}{r} 257 \\ +\ 328 \\ \hline \square \end{array}$$

5
$$\begin{array}{r} 463 \\ +\ 285 \\ \hline \square \end{array}$$

6
$$\begin{array}{r} 649 \\ +\ 237 \\ \hline \square \end{array}$$

7
$$\begin{array}{r} 475 \\ +\ 286 \\ \hline \square \end{array}$$

8
$$\begin{array}{r} 168 \\ +\ 257 \\ \hline \square \end{array}$$

9
$$\begin{array}{r} 547 \\ +\ 789 \\ \hline \square \end{array}$$

10 $253+124=\square$

11 $372+425=\square$

12 $536+249=\square$

13 $642+194=\square$

14 $276+587=\square$

15 $578+493=\square$

| 걸린 시간 | 1~15분 | 15~20분 | 20~25분 |
| --- | --- | --- | --- |
| 맞은 개수 | 36~40개 | 28~35개 | 1~27개 |
| 평가 | 참 잘했어요. | 잘했어요. | 좀더 노력해요. |

□ 안에 알맞은 수를 써넣으시오. (16 ~ 30)

**16** $\begin{array}{r} 658 \\ -\ 245 \\ \hline \square \end{array}$

**17** $\begin{array}{r} 749 \\ -\ 316 \\ \hline \square \end{array}$

**18** $\begin{array}{r} 876 \\ -\ 523 \\ \hline \square \end{array}$

**19** $\begin{array}{r} 564 \\ -\ 138 \\ \hline \square \end{array}$

**20** $\begin{array}{r} 675 \\ -\ 347 \\ \hline \square \end{array}$

**21** $\begin{array}{r} 927 \\ -\ 485 \\ \hline \square \end{array}$

**22** $\begin{array}{r} 725 \\ -\ 286 \\ \hline \square \end{array}$

**23** $\begin{array}{r} 834 \\ -\ 569 \\ \hline \square \end{array}$

**24** $\begin{array}{r} 923 \\ -\ 329 \\ \hline \square \end{array}$

**25** 586−242=□

**26** 678−416=□

**27** 732−218=□

**28** 846−375=□

**29** 957−289=□

**30** 473−387=□

## 확인 평가

빈 곳에 알맞은 수를 써넣으시오. (31 ~ 40)

31
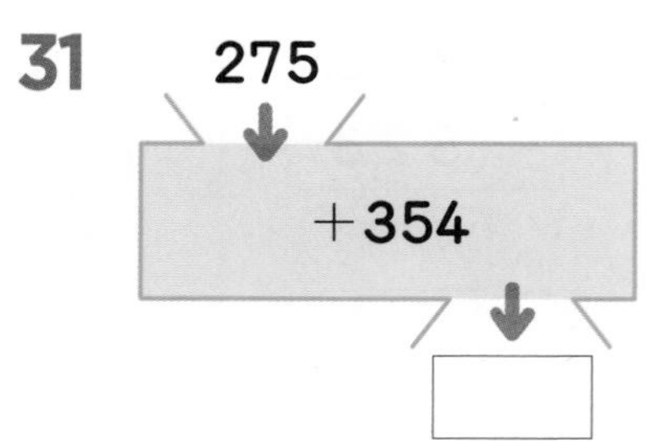


32
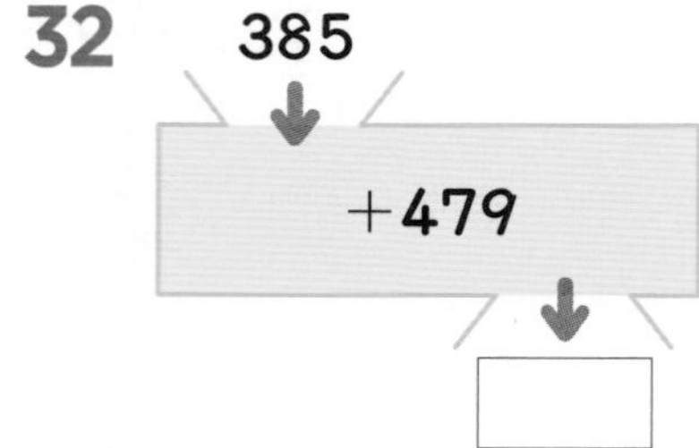


33
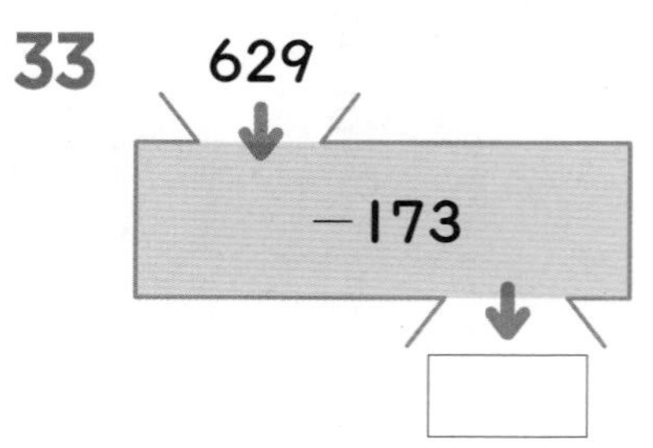


34
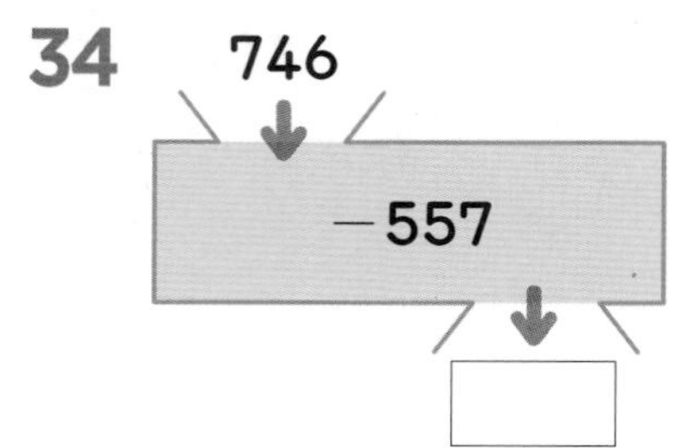


35
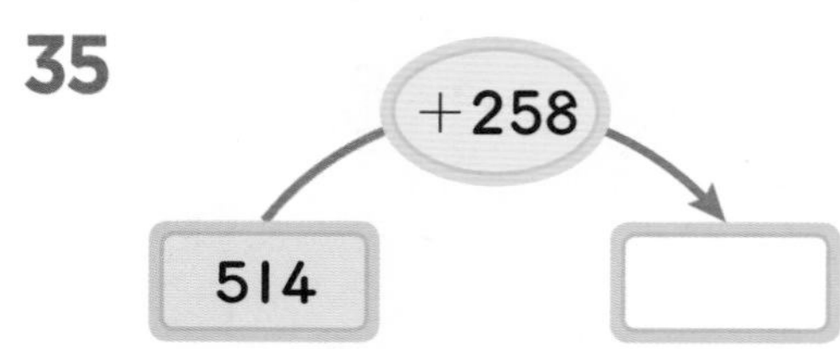


36
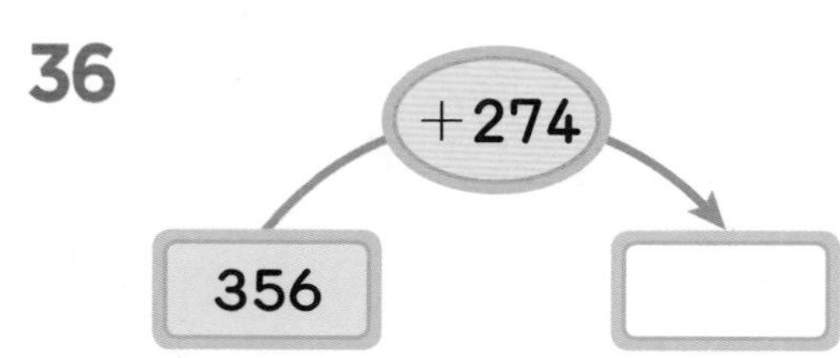


37
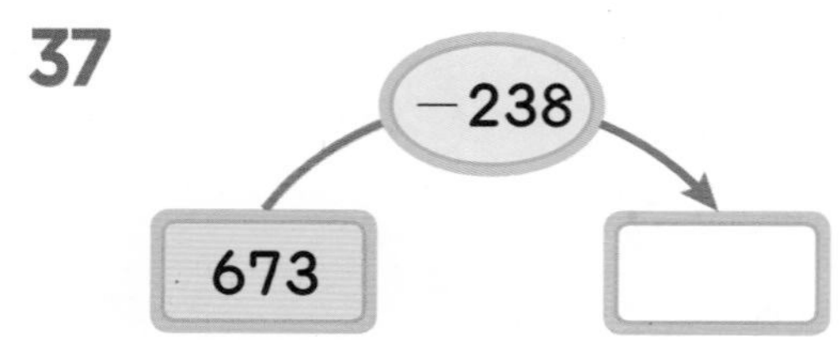


38
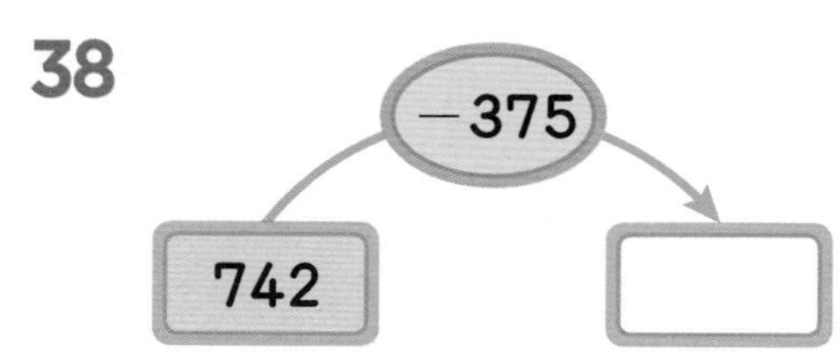


39
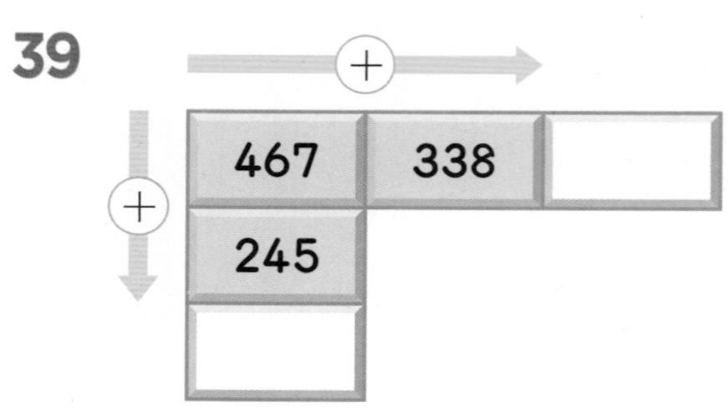


40
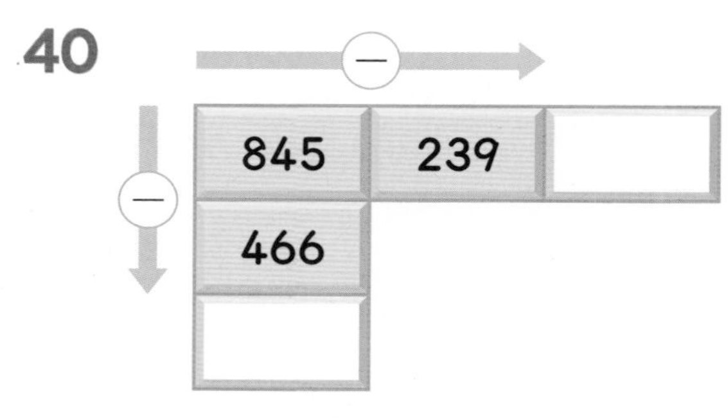

# 2

# 나눗셈과 곱셈

# 1 똑같이 나누기(1)

8÷4를 여러 가지로 나타내기

① 그림 그리기 :

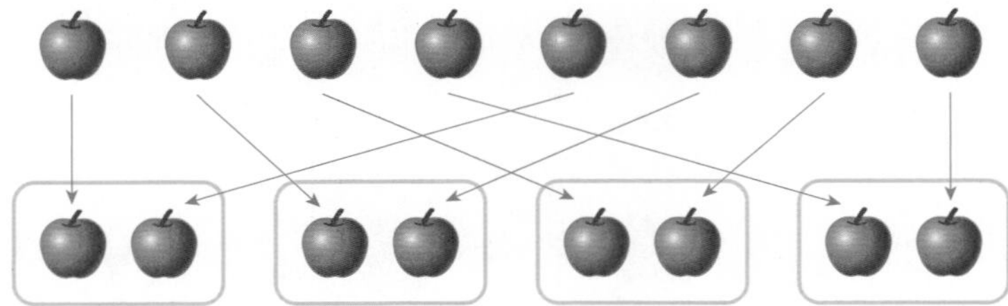

- 8을 4곳으로 똑같이 나누면 한 곳에 2씩 됩니다.
- 식으로 8÷4=2라 쓰고, '8 나누기 4는 2와 같습니다.'라고 읽습니다.
- 8÷4=2와 같은 식을 나눗셈식이라 합니다. 이때 2는 8을 4로 나눈 몫이라고 합니다.

② 문장 만들기 : 사과 8개를 학생 4명이 똑같이 나누어 가지면 한 사람이 2개씩 가질 수 있습니다.

나눗셈식을 보고 □ 안에 알맞은 수나 말을 써넣으시오. (1~3)

**1**

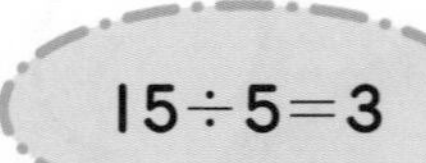


(1) 12를 □곳으로 똑같이 나누면 한 곳에 □씩 됩니다.

(2) 12 나누기 □은 □와 같습니다.

(3) 2는 12를 □으로 나눈 □입니다.

**2**

15÷5=3

(1) 15를 □곳으로 똑같이 나누면 한 곳에 □씩 됩니다.

(2) 15 나누기 □는 □과 같습니다.

(3) 3은 15를 □로 나눈 □입니다.

**3**

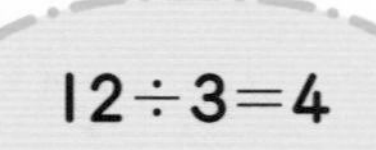


(1) □를 □곳으로 똑같이 나누면 한 곳에 □씩 됩니다.

(2) □ 나누기 □은 □와 같습니다.

(3) □는 □를 □으로 나눈 □입니다.

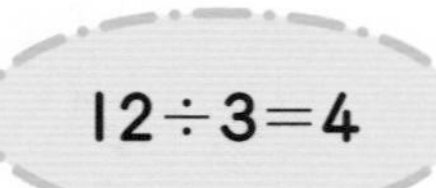

| 걸린 시간 | 1~4분 | 4~6분 | 6~8분 |
|---|---|---|---|
| 맞은 개수 | 8개 | 6~7개 | 1~5개 |
| 평가 | 참 잘했어요. | 잘했어요. | 좀더 노력해요. |

나눗셈식을 보고 □ 안에 알맞은 수나 말을 써넣으시오. (4~8)

**4**

18÷3=6

(1) □ 나누기 □은 □과 같습니다.

(2) □을 □으로 나누면 □이 됩니다.

(3) □은 □을 □으로 나눈 □입니다.

**5**

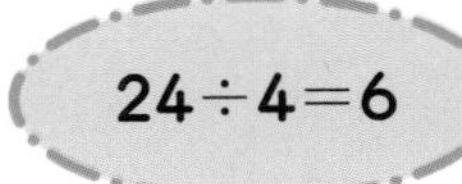


(1) □ 나누기 □는 □과 같습니다.

(2) □를 □로 나누면 □이 됩니다.

(3) □은 □를 □로 나눈 □입니다.

**6**

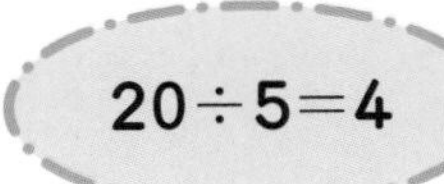


(1) □ 나누기 □는 □와 같습니다.

(2) □을 □로 나누면 □가 됩니다.

(3) □는 □을 □로 나눈 □입니다.

**7**

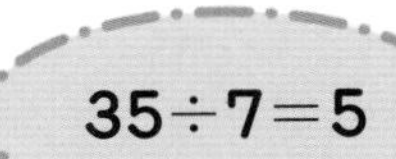


(1) □ 나누기 □은 □와 같습니다.

(2) □를 □로 나누면 □가 됩니다.

(3) □는 □를 □로 나눈 □입니다.

**8**

27÷9=3

(1) □ 나누기 □는 □과 같습니다.

(2) □을 □로 나누면 □이 됩니다.

(3) □은 □을 □로 나눈 □입니다.

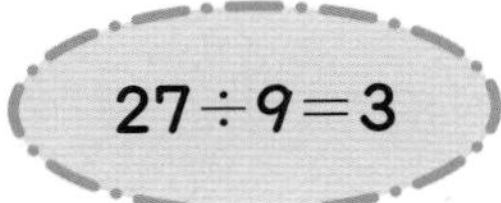

# 1 똑같이 나누기(2)

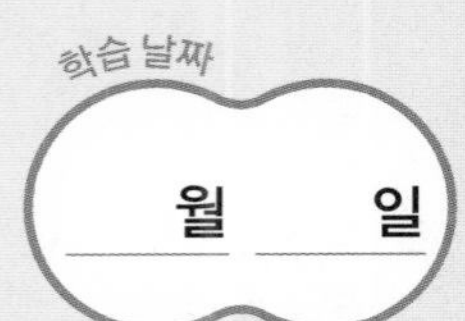


나눗셈식으로 나타내시오. (1~8)

1 14를 2곳으로 똑같이 나누면 한 곳에 7이 됩니다. ➡ ______

2 18을 3곳으로 똑같이 나누면 한 곳에 6이 됩니다. ➡ ______

3 20을 4곳으로 똑같이 나누면 한 곳에 5가 됩니다. ➡ ______

4 25를 5곳으로 똑같이 나누면 한 곳에 5가 됩니다. ➡ ______

5 24를 6곳으로 똑같이 나누면 한 곳에 4가 됩니다. ➡ ______

6 28을 7곳으로 똑같이 나누면 한 곳에 4가 됩니다. ➡ ______

7 24를 8곳으로 똑같이 나누면 한 곳에 3이 됩니다. ➡ ______

8 27을 9곳으로 똑같이 나누면 한 곳에 3이 됩니다. ➡ ______

| 걸린 시간 | 1~5분 | 5~8분 | 8~10분 |
|---|---|---|---|
| 맞은 개수 | 15~16개 | 11~14개 | 1~10개 |
| 평가 | 참 잘했어요. | 잘했어요. | 좀더 노력해요. |

주어진 사람 수대로 구슬을 똑같이 나누면 한 사람에게 몇 개씩 주어지는지 알아보시오. (9 ~ 16)

9
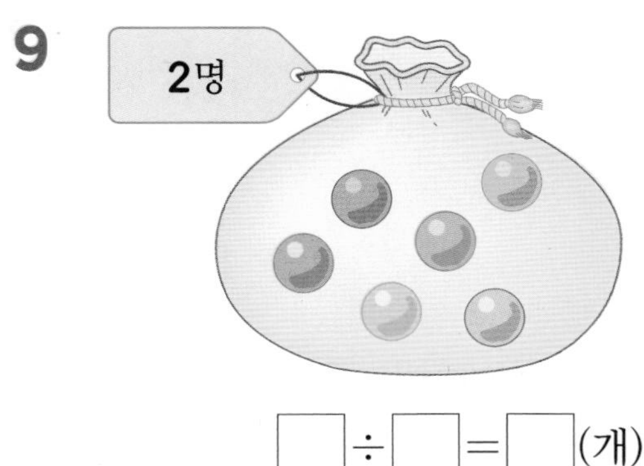


□÷□=□(개)

10
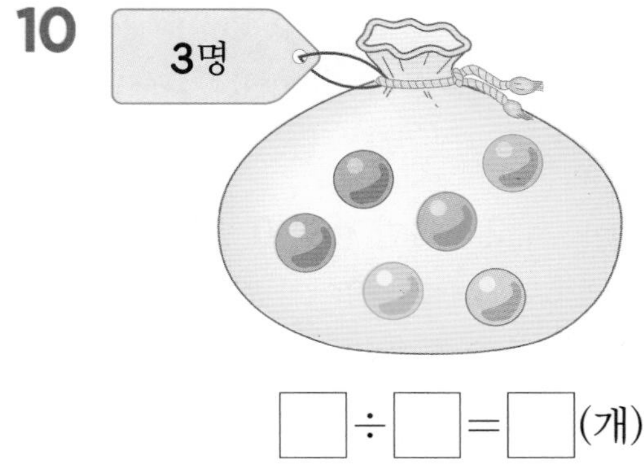


□÷□=□(개)

11
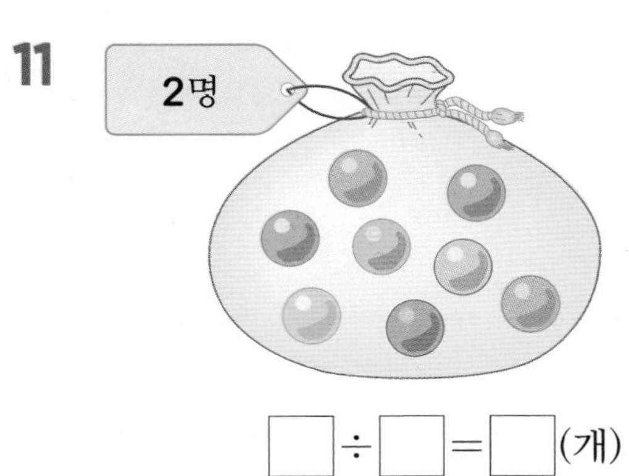


□÷□=□(개)

12
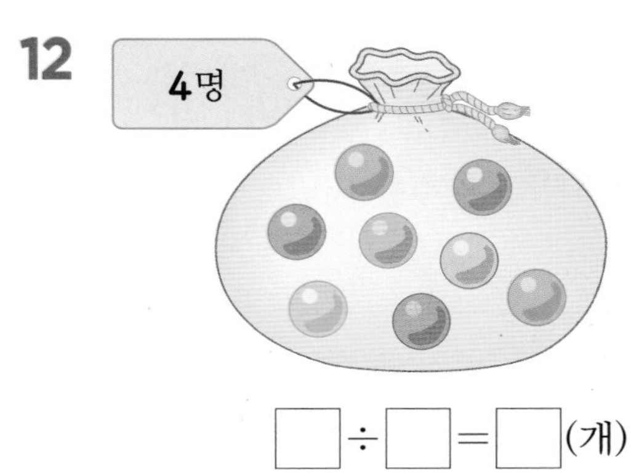


□÷□=□(개)

13
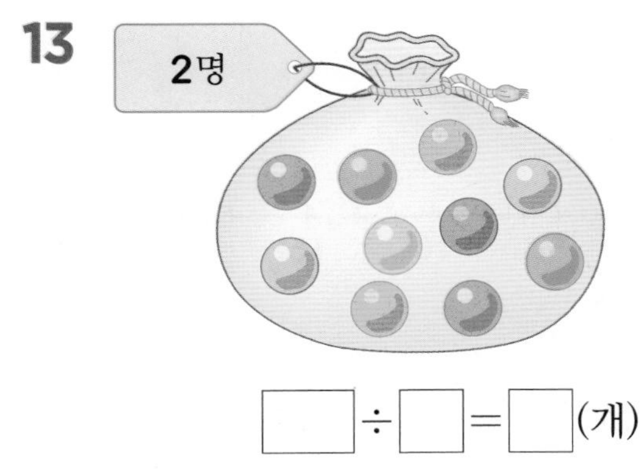


□÷□=□(개)

14
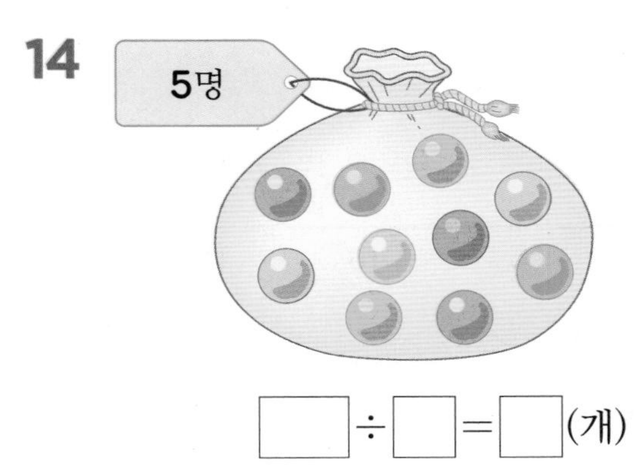


□÷□=□(개)

15
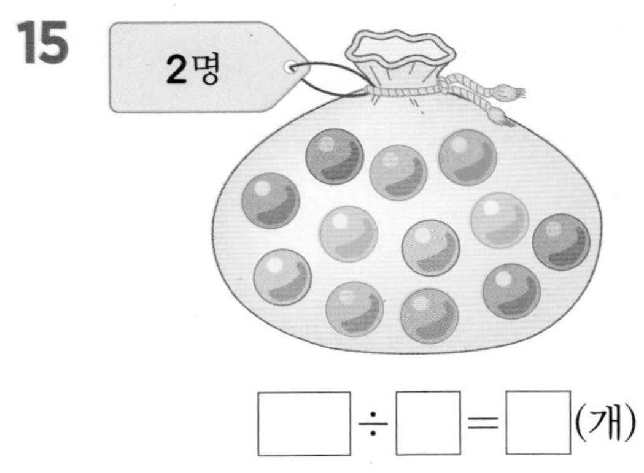


□÷□=□(개)

16
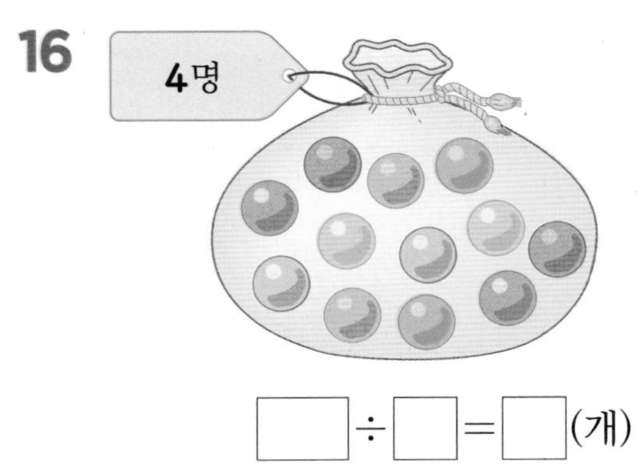


□÷□=□(개)

# 2 똑같이 묶어 덜어내기(1)

6÷2를 여러 가지로 나타내기

① 그림 그리기 :

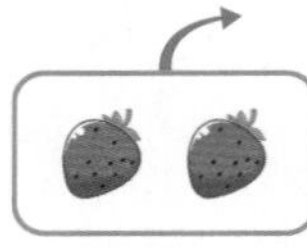 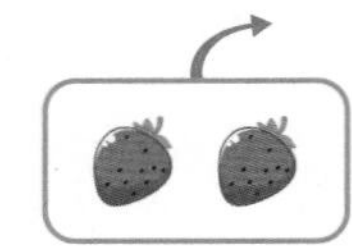 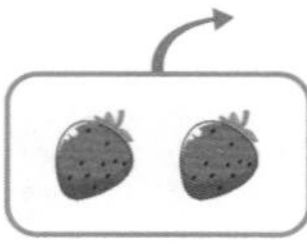

- 6에서 2씩 3번 빼면 0이 됩니다.
- 식으로 6÷2=3이라 쓰고, '6 나누기 2는 3과 같습니다.'라고 읽습니다.
- 6÷2=3과 같은 식을 나눗셈식이라 합니다. 이때 3은 6을 2로 나눈 몫이라고 합니다.

② 뺄셈식 쓰기 : 6−2−2−2=0

③ 문장 만들기 : 딸기 6개를 한 접시에 2개씩 담으면 3접시가 됩니다.

□ 안에 알맞은 수를 써넣으시오. (1~6)

**1**

0 5 10 15 20

뺄셈식 : 20−5−5−5−5=0

나눗셈식 : 20÷5=□

**2**

0 5 10 15 20

뺄셈식 : 20−4−4−4−4−4=0

나눗셈식 : □÷□=□

**3**

0 5 10 15 20

뺄셈식 : ______

나눗셈식 : □÷□=□

**4**

0 5 10 15 20 25

뺄셈식 : ______

나눗셈식 : □÷□=□

**5**

0 5 10 15 20 25

뺄셈식 : ______

나눗셈식 : □÷□=□

**6**

0 5 10 15 20 25

뺄셈식 : ______

나눗셈식 : □÷□=□

| 걸린 시간 | 1~5분 | 5~8분 | 8~10분 |
| --- | --- | --- | --- |
| 맞은 개수 | 10~11개 | 8~9개 | 1~7개 |
| 평가 | 참 잘했어요. | 잘했어요. | 좀더 노력해요. |

**나눗셈식을 보고 □ 안에 알맞은 수나 말을 써넣으시오. (7 ~ 11)**

**7**

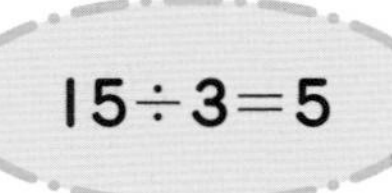


(1) 15 나누기 □은 □와 같습니다.

(2) 15에서 □씩 □번 덜어내면 0입니다.

(3) □는 15를 3으로 나눈 □입니다.

**8**

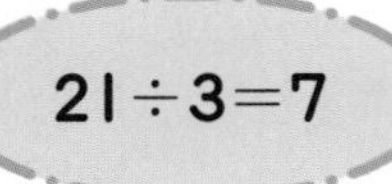


(1) □ 나누기 □은 □과 같습니다.

(2) □에서 □씩 □번 덜어내면 0입니다.

(3) □은 □을 □으로 나눈 □입니다.

**9**

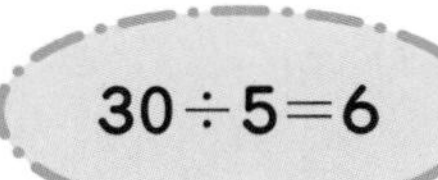


(1) □ 나누기 □는 □과 같습니다.

(2) □에서 □씩 □번 덜어내면 0입니다.

(3) □은 □을 □로 나눈 □입니다.

**10**

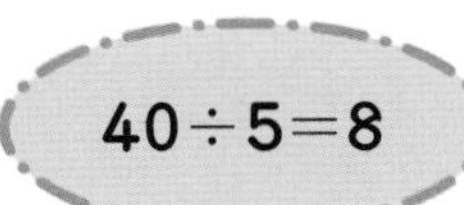


(1) □ 나누기 □는 □과 같습니다.

(2) □에서 □씩 □번 덜어내면 0입니다.

(3) □은 □을 □로 나눈 □입니다.

**11**

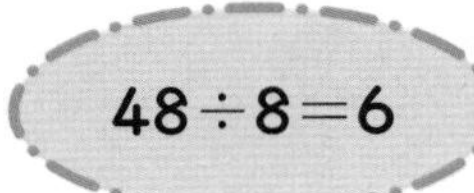


(1) □ 나누기 □은 □과 같습니다.

(2) □에서 □씩 □번 덜어내면 0입니다.

(3) □은 □을 □로 나눈 □입니다.

# 2 똑같이 묶어 덜어내기(2)

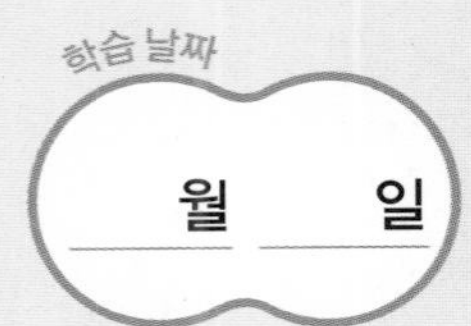


□ 안에 알맞은 수를 써넣으시오. (1~8)

1

$12 \div 2 = \square$

2

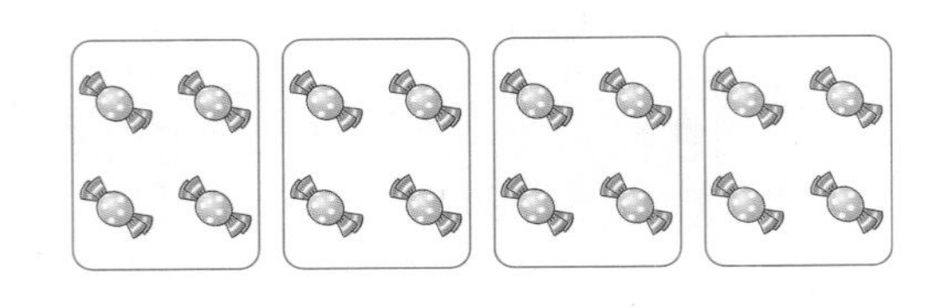

$16 \div 4 = \square$

3

$24 \div 6 = \square$

4

$21 \div 3 = \square$

5

$30 \div 5 = \square$

6

$32 \div 8 = \square$

7

$42 \div 6 = \square$

8

$42 \div 7 = \square$

계산은 빠르고 정확하게!

| 걸린 시간 | 1~5분 | 5~8분 | 8~10분 |
| --- | --- | --- | --- |
| 맞은 개수 | 15~16개 | 11~14개 | 1~10개 |
| 평가 | 참 잘했어요. | 잘했어요. | 좀더 노력해요. |

다음의 구슬을 주어진 수만큼씩 묶어서 덜어내면 몇 번을 덜어낼 수 있는지 알아보시오. (9 ~ 16)

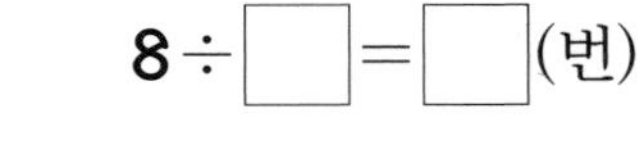

**9**

2개

8 ÷ □ = □(번)

**10**

4개

8 ÷ □ = □(번)

**11**

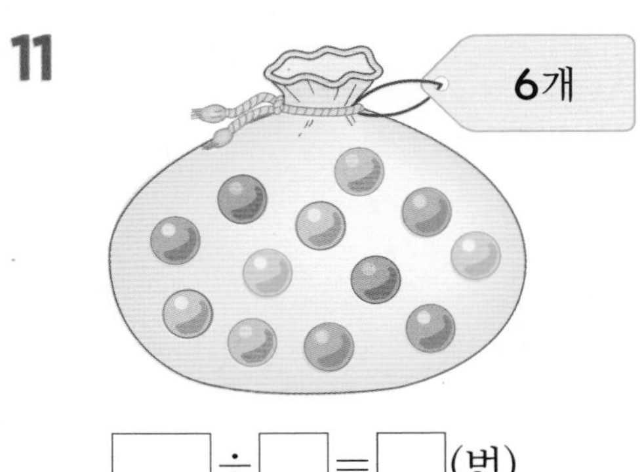


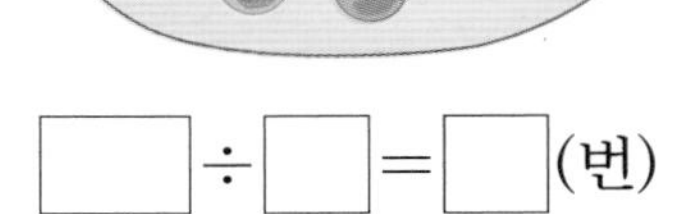

□ ÷ □ = □(번)

**12**

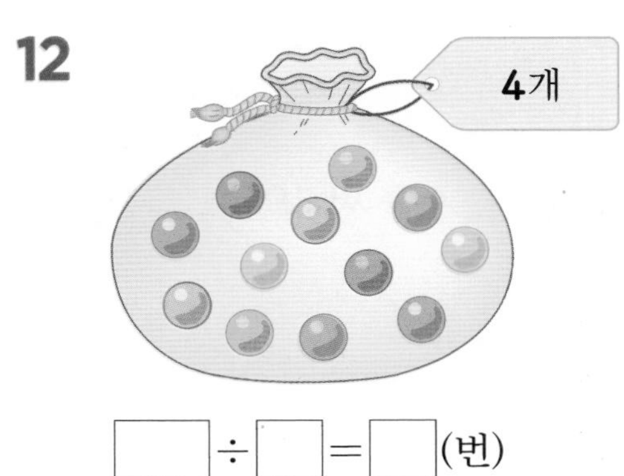


□ ÷ □ = □(번)

**13**

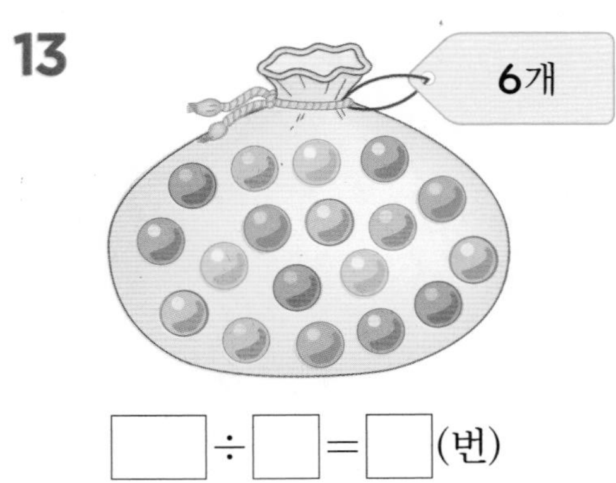


□ ÷ □ = □(번)

**14**

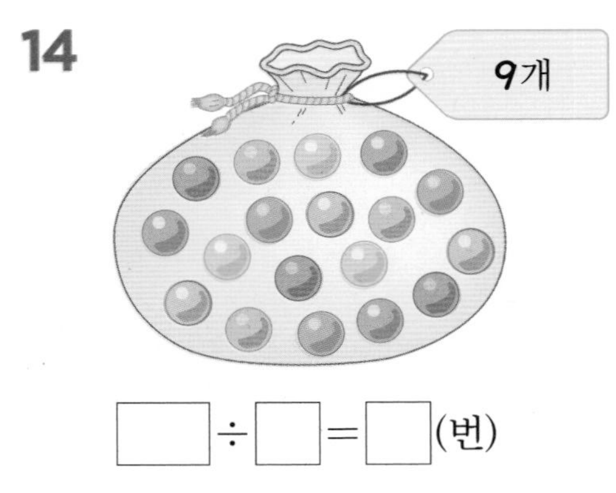


□ ÷ □ = □(번)

**15**

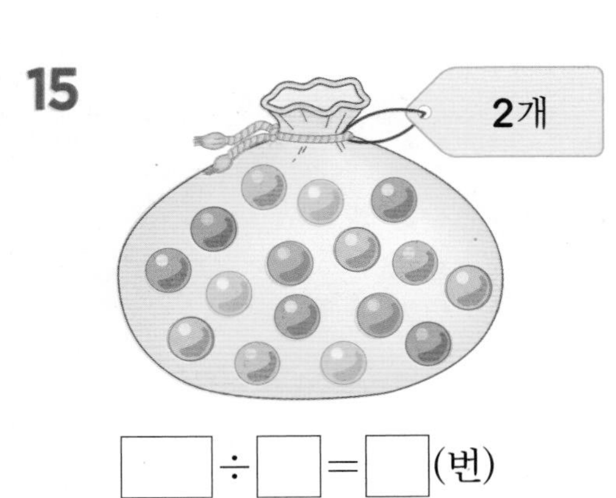


□ ÷ □ = □(번)

**16**

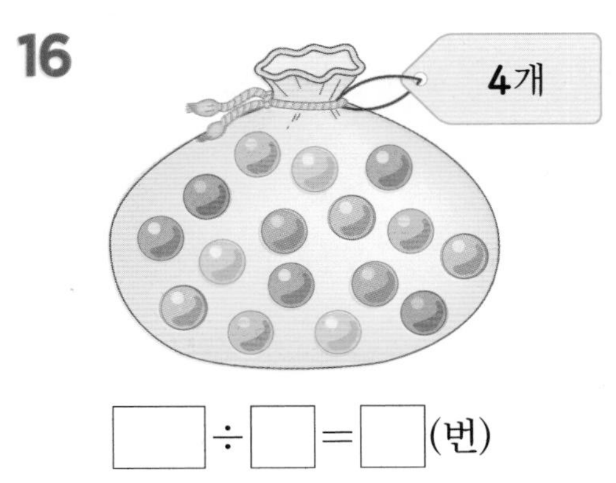


□ ÷ □ = □(번)

# 3 곱셈과 나눗셈의 관계(1)

그림을 보고 곱셈식과 나눗셈식 쓰기

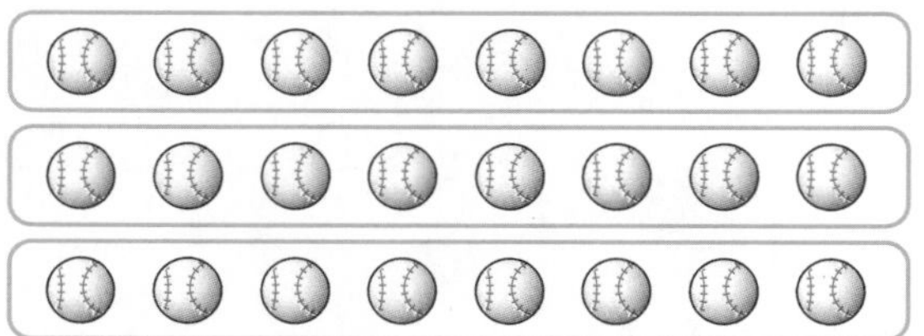

$8\times3=24$ → $24\div8=3$, $24\div3=8$

① **8**개씩 **3**줄이므로 곱셈식 **8×3=24**입니다.

② **24**개는 **8**개씩 **3**묶음이므로 나눗셈식 **24÷8=3**입니다.

③ **24**개를 **3**곳으로 똑같이 나누면 한 곳에 **8**개씩이므로 나눗셈식 **24÷3=8**입니다.

□ 안에 알맞은 수를 써넣으시오. (1~6)

**1**

$4\times2=8$ → $8\div4=\square$, $8\div2=\square$

**2**

$5\times2=10$ → $10\div5=\square$, $10\div2=\square$

**3**

$6\times2=12$ → $12\div6=\square$, $12\div\square=\square$

**4**

$7\times2=\square$ → $14\div7=\square$, $14\div\square=\square$

**5**

$7\times3=\square$ → $\square\div7=\square$, $\square\div3=\square$

**6**

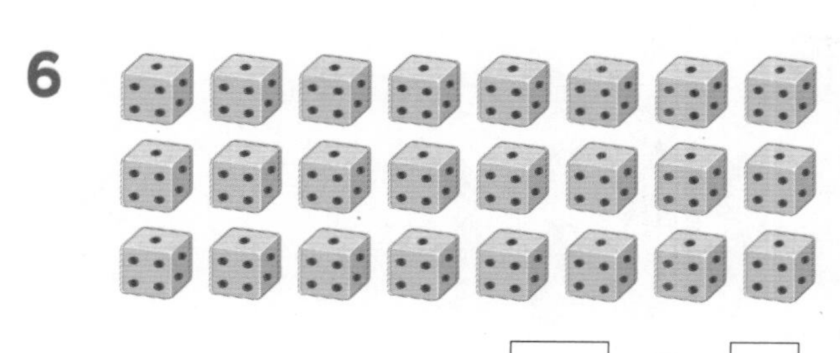

$8\times3=\square$ → $\square\div8=\square$, $\square\div3=\square$

| 걸린 시간 | 1~4분 | 4~6분 | 6~8분 |
|---|---|---|---|
| 맞은 개수 | 17~18개 | 13~16개 | 1~12개 |
| 평가 | 참 잘했어요. | 잘했어요. | 좀더 노력해요. |

□ 안에 알맞은 수를 써넣으시오. (7 ~ 18)

**7** $3\times5=15$ → $15\div3=\square$, $15\div\square=3$

**8** $4\times8=32$ → $32\div4=\square$, $32\div\square=4$

**9** $3\times9=27$ → $27\div\square=\square$, $27\div\square=\square$

**10** $4\times7=28$ → $28\div\square=\square$, $28\div\square=\square$

**11** $4\times6=24$ → $24\div\square=\square$, $24\div\square=\square$

**12** $8\times5=40$ → $40\div\square=\square$, $40\div\square=\square$

**13** $6\times7=42$ → $\square\div\square=\square$, $\square\div\square=\square$

**14** $5\times6=30$ → $\square\div\square=\square$, $\square\div\square=\square$

**15** $9\times4=36$ → $\square\div\square=\square$, $\square\div\square=\square$

**16** $8\times7=56$ → $\square\div\square=\square$, $\square\div\square=\square$

**17** $6\times8=48$ → $\square\div\square=\square$, $\square\div\square=\square$

**18** $9\times8=72$ → $\square\div\square=\square$, $\square\div\square=\square$

# 3 곱셈과 나눗셈의 관계(2)

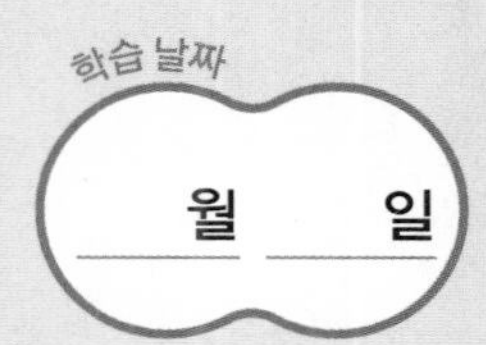


□ 안에 알맞은 수를 써넣으시오. (1~12)

1 $14 \div 2 = 7$ → $2 \times \square = \square$, $7 \times \square = \square$

2 $20 \div 5 = 4$ → $5 \times \square = \square$, $4 \times \square = \square$

3 $28 \div 4 = 7$ → $4 \times \square = \square$, $7 \times \square = \square$

4 $30 \div 5 = 6$ → $5 \times \square = \square$, $6 \times \square = \square$

5 $54 \div 6 = 9$ → $6 \times \square = \square$, $9 \times \square = \square$

6 $45 \div 9 = 5$ → $9 \times \square = \square$, $5 \times \square = \square$

7 $15 \div 3 = 5$ → $\square \times \square = \square$, $\square \times \square = \square$

8 $24 \div 4 = 6$ → $\square \times \square = \square$, $\square \times \square = \square$

9 $48 \div 8 = 6$ → $\square \times \square = \square$, $\square \times \square = \square$

10 $56 \div 7 = 8$ → $\square \times \square = \square$, $\square \times \square = \square$

11 $63 \div 9 = 7$ → $\square \times \square = \square$, $\square \times \square = \square$

12 $40 \div 5 = 8$ → $\square \times \square = \square$, $\square \times \square = \square$

| 걸린 시간 | 1~6분 | 6~9분 | 9~12분 |
|---|---|---|---|
| 맞은 개수 | 22~24개 | 17~21개 | 1~16개 |
| 평가 | 참 잘했어요. | 잘했어요. | 좀더 노력해요. |

□ 안에 알맞은 수를 써넣으시오. (13 ~ 24)

**13** $5\times\square=35$ → $35\div5=\square$, $35\div\square=5$

**14** $30\div6=\square$ → $6\times\square=30$, $\square\times6=30$

**15** $4\times\square=36$ → $36\div4=\square$, $36\div\square=4$

**16** $42\div6=\square$ → $6\times\square=42$, $\square\times6=42$

**17** $2\times\square=16$ → $16\div2=\square$, $16\div\square=2$

**18** $24\div3=\square$ → $3\times\square=24$, $\square\times3=24$

**19** $3\times\square=18$ → $18\div3=\square$, $18\div\square=3$

**20** $21\div3=\square$ → $3\times\square=21$, $\square\times3=21$

**21** $8\times\square=48$ → $48\div8=\square$, $48\div\square=8$

**22** $32\div4=\square$ → $4\times\square=32$, $\square\times4=32$

**23** $3\times\square=27$ → $27\div3=\square$, $27\div\square=3$

**24** $72\div9=\square$ → $9\times\square=72$, $\square\times9=72$

4

# 곱셈식에서 나눗셈의 몫 구하기(1)

곱셈식에서 나눗셈의 몫 구하는 방법

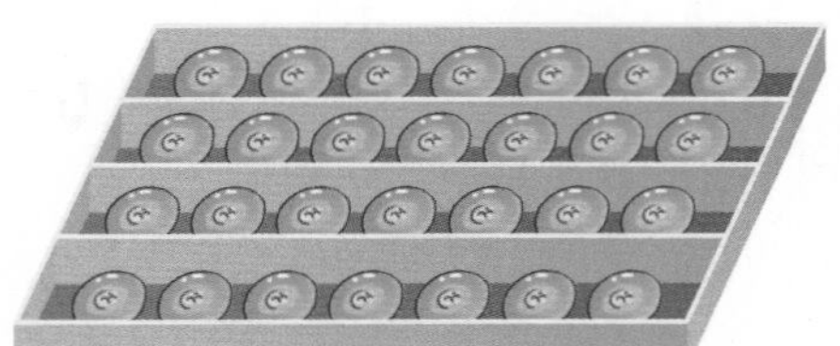

$7 \times \boxed{4} = 28$

⬇

$28 \div 7 = \boxed{4}$

- 상자에 담긴 빵의 수를 곱셈식으로 나타내면 $7 \times \boxed{4} = 28$입니다.
- 곱셈식을 나눗셈식으로 나타내면 $28 \div 7 = \boxed{4}$입니다.
- $7 \times \square = 28$에서 $\square$가 4일 때 28이 되므로 $28 \div 7$의 몫은 4입니다.

그림을 보고 곱셈식으로 나타내고, 나눗셈의 몫을 구하시오. (1~6)

**1**

$\square \times 3 = \square \leftrightarrow \square \div 3 = \square$

**2**

$\square \times 6 = \square \leftrightarrow \square \div 3 = \square$

**3**

$4 \times \square = \square \leftrightarrow \square \div 4 = \square$

**4**

$5 \times \square = \square \leftrightarrow \square \div 5 = \square$

**5**

$6 \times \square = \square \leftrightarrow \square \div 6 = \square$

**6**

$7 \times \square = \square \leftrightarrow \square \div 7 = \square$

| 걸린 시간 | 1~5분 | 5~7분 | 7~10분 |
|---|---|---|---|
| 맞은 개수 | 20~22개 | 16~19개 | 1~15개 |
| 평가 | 참 잘했어요. | 잘했어요. | 좀더 노력해요. |

곱셈식을 이용하여 나눗셈의 몫을 구하시오. (7 ~ 22)

**7** $6\times3=18$ ⟺ $18\div6=\square$

**8** $6\times5=30$ ⟺ $30\div6=\square$

**9** $4\times5=20$ ⟺ $20\div4=\square$

**10** $5\times7=35$ ⟺ $35\div5=\square$

**11** $5\times9=45$ ⟺ $45\div5=\square$

**12** $6\times7=42$ ⟺ $42\div6=\square$

**13** $6\times8=48$ ⟺ $48\div6=\square$

**14** $7\times4=28$ ⟺ $28\div7=\square$

**15** $7\times9=63$ ⟺ $63\div7=\square$

**16** $8\times5=40$ ⟺ $40\div8=\square$

**17** $8\times7=56$ ⟺ $56\div8=\square$

**18** $9\times6=54$ ⟺ $54\div9=\square$

**19** $9\times3=27$ ⟺ $27\div9=\square$

**20** $7\times6=42$ ⟺ $42\div7=\square$

**21** $6\times4=24$ ⟺ $24\div6=\square$

**22** $8\times9=72$ ⟺ $72\div8=\square$

# 곱셈식에서 나눗셈의 몫 구하기(2)

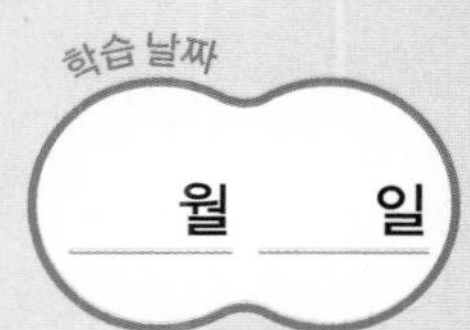


곱셈식을 이용하여 나눗셈의 몫을 구하시오. (1~14)

1 35÷7=□ ⟺ 7×□=35

2 30÷6=□ ⟺ 6×□=30

3 15÷5=□ ⟺ 5×□=15

4 72÷9=□ ⟺ 9×□=72

5 56÷8=□ ⟺ 8×□=56

6 54÷9=□ ⟺ 9×□=54

7 42÷7=□ ⟺ 7×□=42

8 40÷8=□ ⟺ 8×□=40

9 28÷7=□ ⟺ 7×□=28

10 49÷7=□ ⟺ 7×□=49

11 48÷6=□ ⟺ 6×□=48

12 36÷4=□ ⟺ 4×□=36

13 27÷3=□ ⟺ 3×□=27

14 63÷9=□ ⟺ 9×□=63

| 걸린 시간 | 1~5분 | 5~7분 | 7~10분 |
|---|---|---|---|
| 맞은 개수 | 24~26개 | 19~23개 | 1~18개 |
| 평가 | 참 잘했어요. | 잘했어요. | 좀더 노력해요. |

□ 안에 알맞은 수를 써넣으시오. (15 ~ 26)

**15** $12 \div 2 = \square$ → $2 \times \square = 12$, $6 \times \square = 12$

**16** $35 \div 5 = \square$ → $5 \times \square = 35$, $7 \times \square = 35$

**17** $21 \div 3 = \square$ → $3 \times \square = 21$, $7 \times \square = 21$

**18** $24 \div 6 = \square$ → $6 \times \square = 24$, $4 \times \square = 24$

**19** $20 \div 4 = \square$ → $4 \times \square = 20$, $5 \times \square = 20$

**20** $28 \div 7 = \square$ → $7 \times \square = 28$, $4 \times \square = 28$

**21** $42 \div 6 = \square$ → $6 \times \square = 42$, $\square \times 6 = 42$

**22** $72 \div 8 = \square$ → $8 \times \square = 72$, $\square \times 8 = 72$

**23** $63 \div 7 = \square$ → $7 \times \square = 63$, $\square \times 7 = 63$

**24** $54 \div 9 = \square$ → $9 \times \square = 54$, $\square \times 9 = 54$

**25** $56 \div 7 = \square$ → $7 \times \square = 56$, $\square \times 7 = 56$

**26** $36 \div 9 = \square$ → $9 \times \square = 36$, $\square \times 9 = 36$

# 5 곱셈구구로 나눗셈의 몫 구하기(1)

사탕 36개를 똑같이 나누기

① **4**명으로 나누기 (**4**의 단 곱셈구구 이용)

**36÷4=**9 ⟺ **4×**9**=36** ➡ 한 명당 9개씩 나눔

② **6**명으로 나누기 (**6**의 단 곱셈구구 이용)

**36÷6=**6 ⟺ **6×**6**=36** ➡ 한 명당 6개씩 나눔

③ **9**명으로 나누기 (**9**의 단 곱셈구구 이용)

**36÷9=**4 ⟺ **9×**4**=36** ➡ 한 명당 4개씩 나눔

그림을 보고 곱셈식으로 나타내고 나눗셈의 몫을 구하시오. (1~6)

**1**

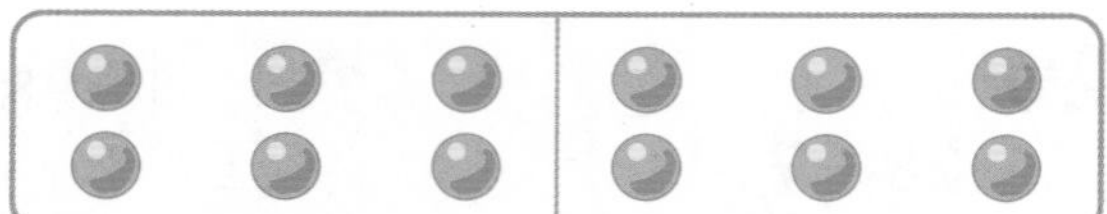

6×☐=☐ ⟺ 12÷6=☐

**2**

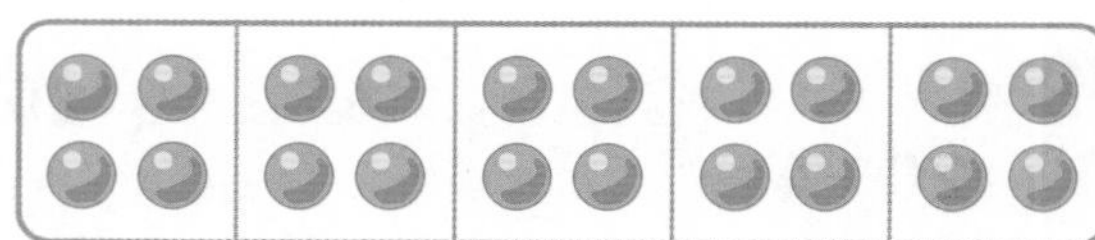

4×☐=☐ ⟺ 20÷4=☐

**3**

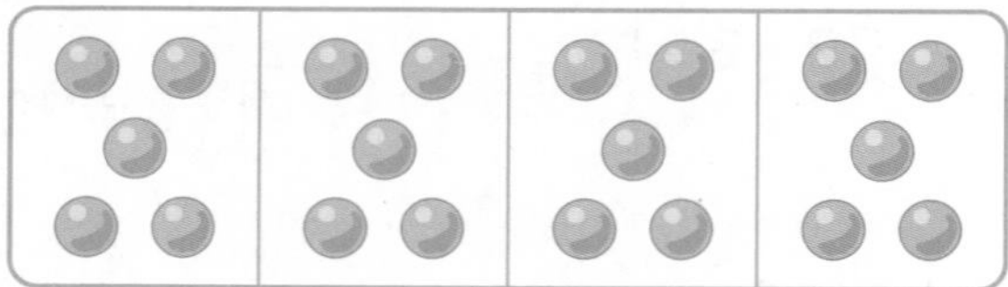

5×☐=☐ ⟺ 20÷5=☐

**4**

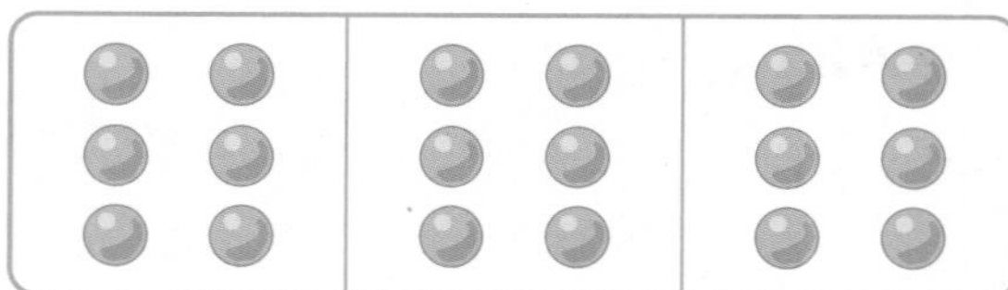

6×☐=☐ ⟺ 18÷6=☐

**5**

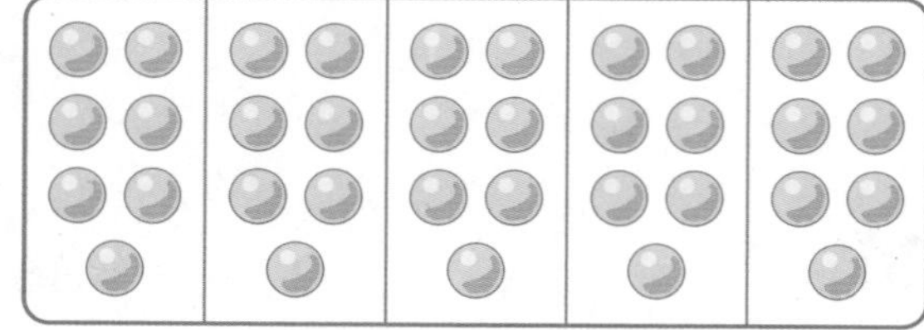

7×☐=☐ ⟺ 35÷7=☐

**6**

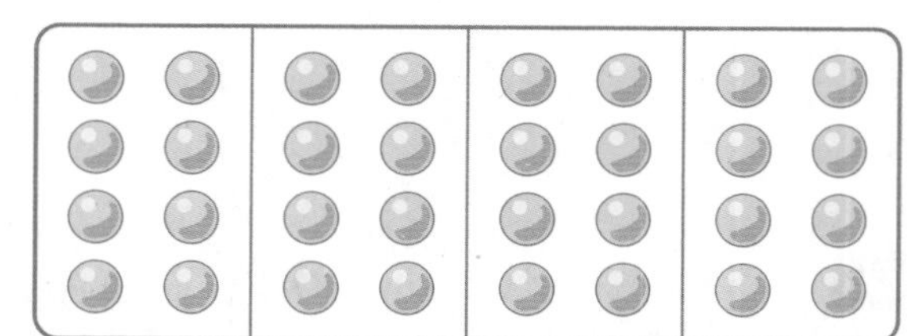

8×☐=☐ ⟺ 32÷8=☐

계산은 빠르고 정확하게!

| 걸린 시간 | 1~4분 | 4~6분 | 6~8분 |
| --- | --- | --- | --- |
| 맞은 개수 | 20~22개 | 16~19개 | 1~15개 |
| 평가 | 참 잘했어요. | 잘했어요. | 좀더 노력해요. |

곱셈식을 보고 나눗셈의 몫을 구하시오. (7 ~ 22)

**7** $3\times7=21$ ⟷ $21\div3=\square$

**8** $3\times9=27$ ⟷ $27\div3=\square$

**9** $4\times5=20$ ⟷ $20\div4=\square$

**10** $4\times7=28$ ⟷ $28\div4=\square$

**11** $5\times3=15$ ⟷ $15\div5=\square$

**12** $5\times8=40$ ⟷ $40\div5=\square$

**13** $6\times4=24$ ⟷ $24\div6=\square$

**14** $6\times7=42$ ⟷ $42\div6=\square$

**15** $7\times5=35$ ⟷ $35\div7=\square$

**16** $7\times8=56$ ⟷ $56\div7=\square$

**17** $8\times3=24$ ⟷ $24\div8=\square$

**18** $8\times6=48$ ⟷ $48\div8=\square$

**19** $9\times4=36$ ⟷ $36\div9=\square$

**20** $9\times7=63$ ⟷ $63\div9=\square$

**21** $6\times9=54$ ⟷ $54\div6=\square$

**22** $8\times9=72$ ⟷ $72\div8=\square$

# 5 곱셈구구로 나눗셈의 몫 구하기(2)

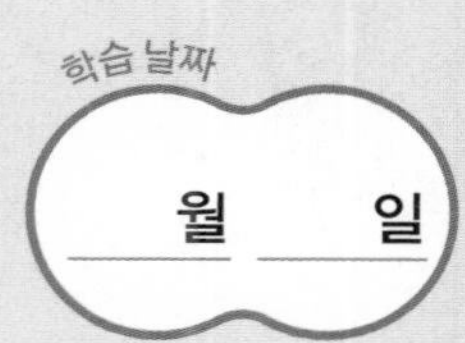


□ 안에 알맞은 수를 써넣으시오. (1~16)

1 $2\times\square=14$ ⟺ $14\div2=\square$

2 $2\times\square=18$ ⟺ $18\div2=\square$

3 $3\times\square=18$ ⟺ $18\div3=\square$

4 $3\times\square=24$ ⟺ $24\div3=\square$

5 $4\times\square=24$ ⟺ $24\div4=\square$

6 $4\times\square=32$ ⟺ $32\div4=\square$

7 $5\times\square=20$ ⟺ $20\div5=\square$

8 $5\times\square=35$ ⟺ $35\div5=\square$

9 $\square\times6=30$ ⟺ $30\div6=\square$

10 $\square\times6=42$ ⟺ $42\div6=\square$

11 $\square\times7=28$ ⟺ $28\div7=\square$

12 $\square\times7=49$ ⟺ $49\div7=\square$

13 $\square\times8=48$ ⟺ $48\div8=\square$

14 $\square\times8=64$ ⟺ $64\div8=\square$

15 $\square\times9=54$ ⟺ $54\div9=\square$

16 $\square\times9=81$ ⟺ $81\div9=\square$

| 걸린 시간 | 1~8분 | 8~12분 | 12~16분 |
|---|---|---|---|
| 맞은 개수 | 26~28개 | 20~25개 | 1~19개 |
| 평가 | 참 잘했어요. | 잘했어요. | 좀더 노력해요. |

□를 사용하여 나눗셈식으로 나타내고, □를 구하시오. (17 ~ 28)

**17** 어떤 수를 **4**로 나누면 **5**와 같습니다.

➡ ______________________

**18** 어떤 수를 **2**로 나누면 **9**와 같습니다.

➡ ______________________

**19** 어떤 수를 **5**로 나누면 **3**과 같습니다.

➡ ______________________

**20** **56**을 어떤 수로 나누면 **8**과 같습니다.

➡ ______________________

**21** **72**를 어떤 수로 나누면 **8**과 같습니다.

➡ ______________________

**22** **7**로 어떤 수를 나누면 **6**과 같습니다.

➡ ______________________

**23** **8**로 어떤 수를 나누면 **6**과 같습니다.

➡ ______________________

**24** **4**로 어떤 수를 나누면 **9**와 같습니다.

➡ ______________________

**25** 어떤 수를 **7**로 나누면 **4**와 같습니다.

➡ ______________________

**26** **32**를 어떤 수로 나누면 **4**와 같습니다.

➡ ______________________

**27** 어떤 수를 **6**으로 나누면 **7**과 같습니다.

➡ ______________________

**28** **63**을 어떤 수로 나누면 **9**와 같습니다.

➡ ______________________

# 6 나눗셈의 몫 구하기(1)

24÷3의 계산

〈가로셈〉

24÷3=8

나누어지는 수, 나누는 수, 몫

〈세로셈〉

$$\begin{array}{r} 8 \\ 3\overline{)24} \\ 24 \\ \hline 0 \end{array}$$

몫, 나누어지는 수, 나누는 수

□ 안에 알맞은 수를 써넣으시오. (1~6)

**1** 15÷5=□ ➡ □)□□

**2** 21÷3=□ ➡ □)□□

**3** 32÷8=□ ➡ □)□□

**4** 24÷4=□ ➡ □)□□

**5** 28÷7=□ ➡ □)□□

**6** 42÷6=□ ➡ □)□□

| 걸린 시간 | 1~6분 | 6~9분 | 9~12분 |
|---|---|---|---|
| 맞은 개수 | 15~16개 | 12~14개 | 1~11개 |
| 평가 | 참 잘했어요. | 잘했어요. | 좀더 노력해요. |

□ 안에 알맞은 수를 써넣으시오. (7 ~ 16)

**7**

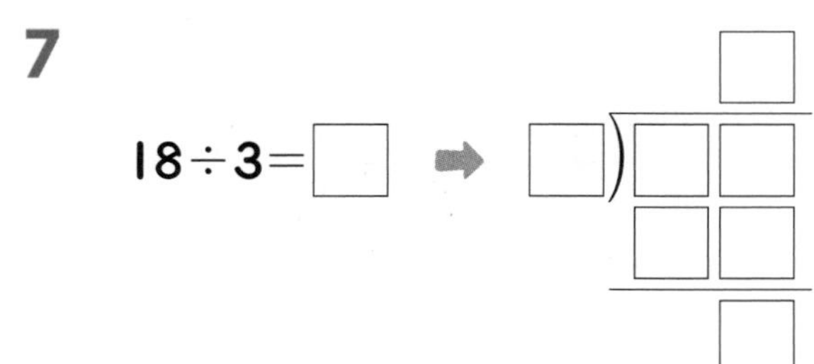

$18 \div 3 = \square$ ➡

**8**

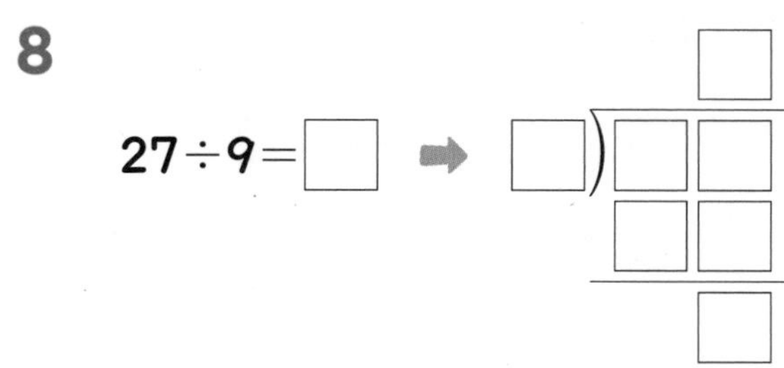

$27 \div 9 = \square$ ➡

**9**

$30 \div 5 = \square$ ➡

**10**

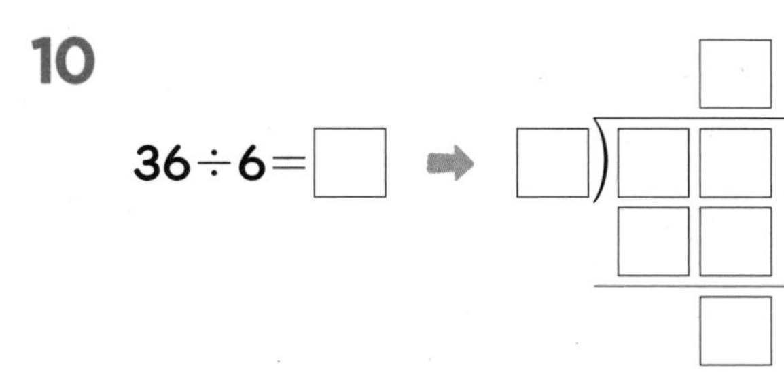

$36 \div 6 = \square$ ➡

**11**

$45 \div 9 = \square$ ➡

**12**

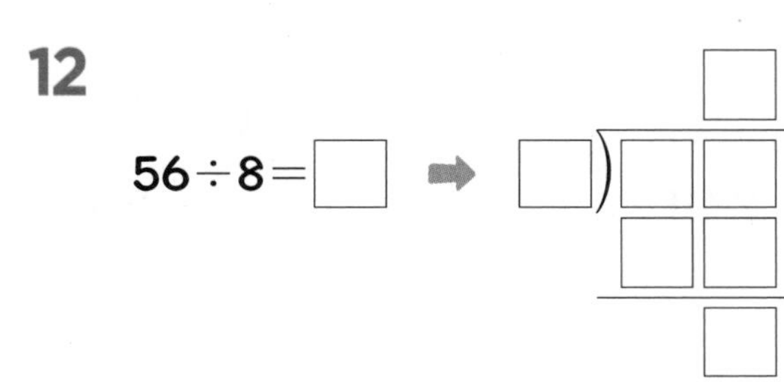

$56 \div 8 = \square$ ➡

**13**

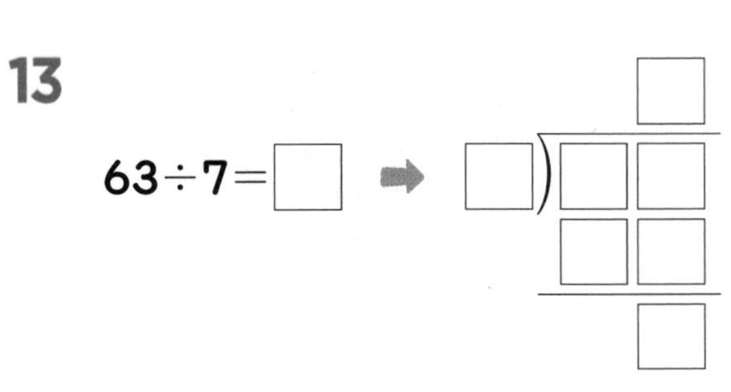

$63 \div 7 = \square$ ➡

**14**

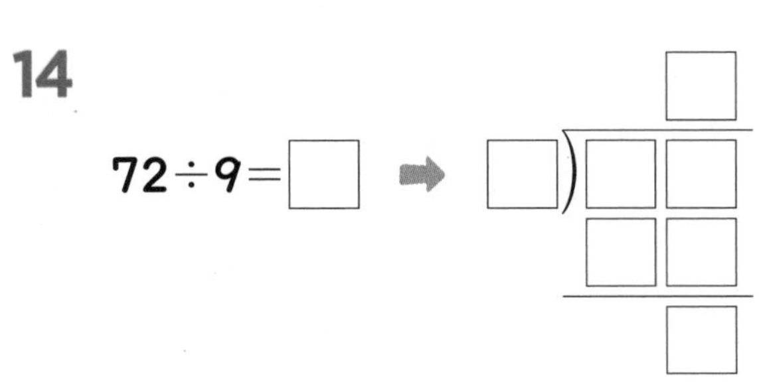

$72 \div 9 = \square$ ➡

**15**

$35 \div 5 = \square$ ➡

**16**

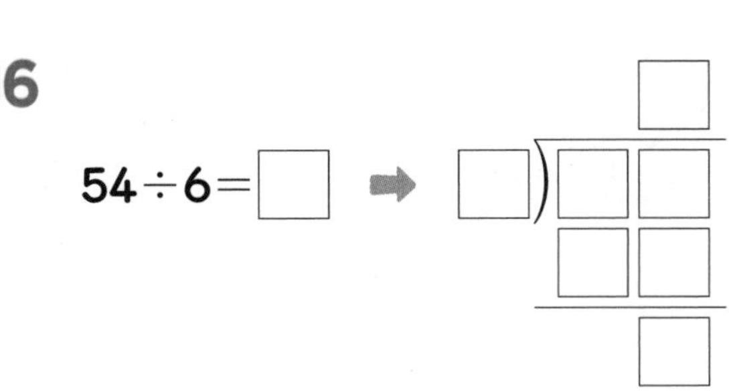

$54 \div 6 = \square$ ➡

# 6 나눗셈의 몫 구하기(2)

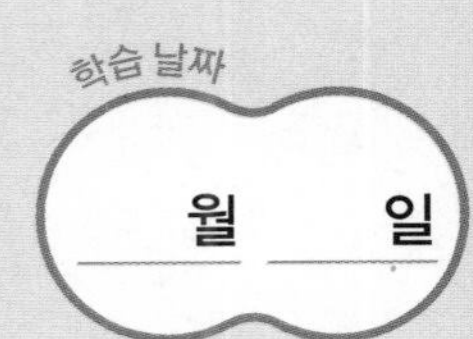


나눗셈을 하시오. (1~15)

1 $2\overline{)16}$

2 $6\overline{)30}$

3 $4\overline{)20}$

4 $8\overline{)64}$

5 $3\overline{)24}$

6 $4\overline{)36}$

7 $2\overline{)14}$

8 $7\overline{)56}$

9 $3\overline{)18}$

10 $7\overline{)42}$

11 $9\overline{)63}$

12 $8\overline{)40}$

13 $5\overline{)35}$

14 $9\overline{)27}$

15 $8\overline{)72}$

계산은 빠르고 정확하게!

| 걸린 시간 | 1~5분 | 5~7분 | 7~10분 |
|---|---|---|---|
| 맞은 개수 | 27~30개 | 21~26개 | 1~20개 |
| 평가 | 참 잘했어요. | 잘했어요. | 좀더 노력해요. |

나눗셈을 하시오. (16 ~ 30)

**16** 3)27

**17** 7)28

**18** 8)16

**19** 6)36

**20** 2)18

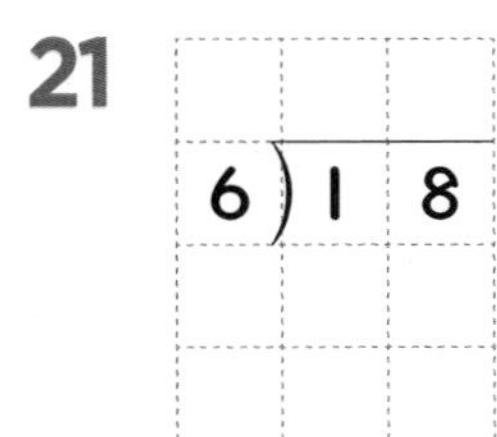

**21** 6)18

**22** 4)24

**23** 8)56

**24** 5)45

**25** 8)32

**26** 7)35

**27** 9)54

**28** 6)54

**29** 7)63

**30** 7)49

# 6 나눗셈의 몫 구하기(3)

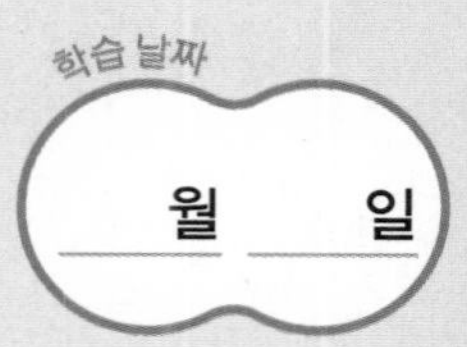


빈 곳에 알맞은 수를 써넣으시오. (1~12)

1
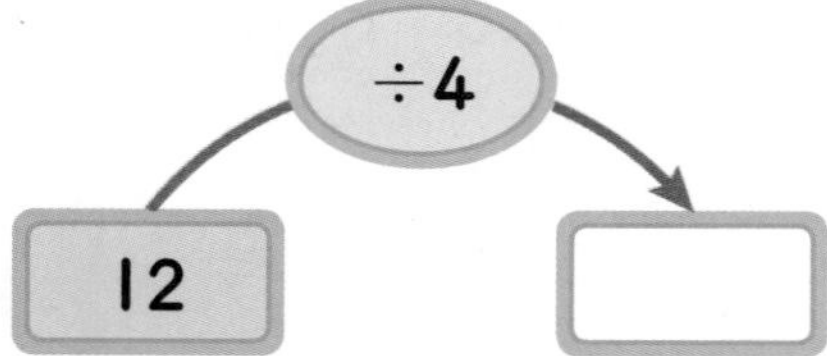


2
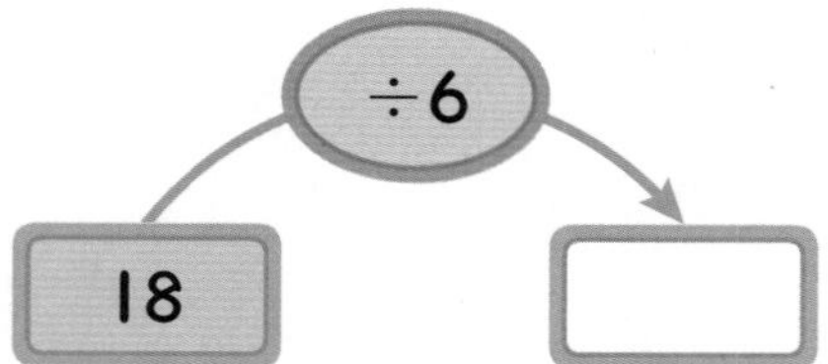


3
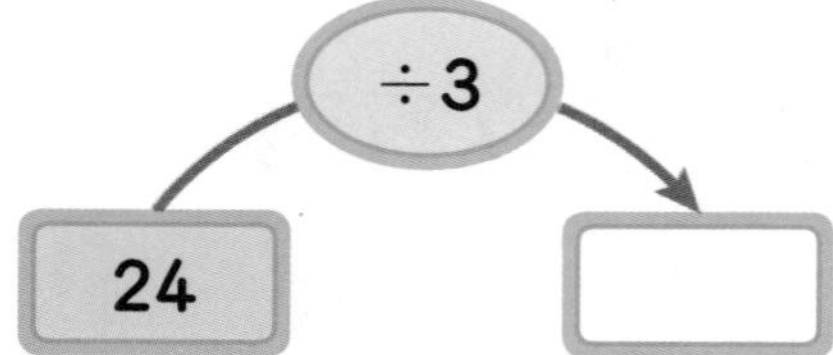


4
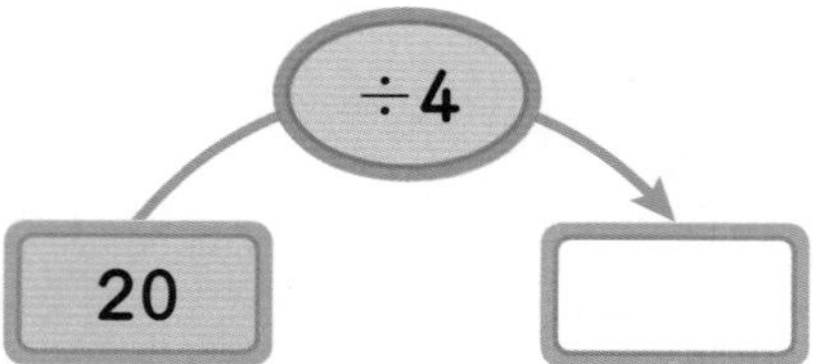


5
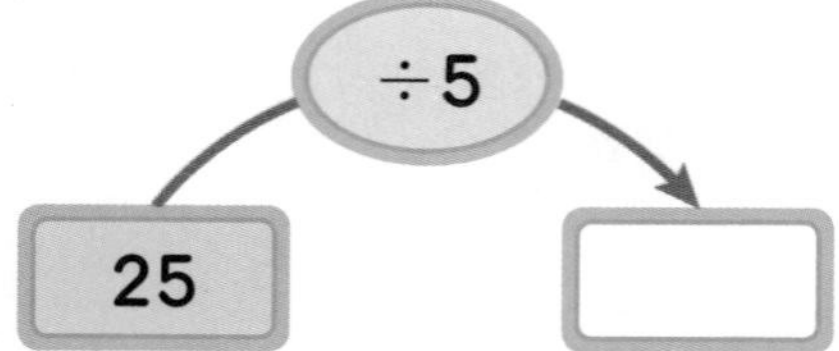


6
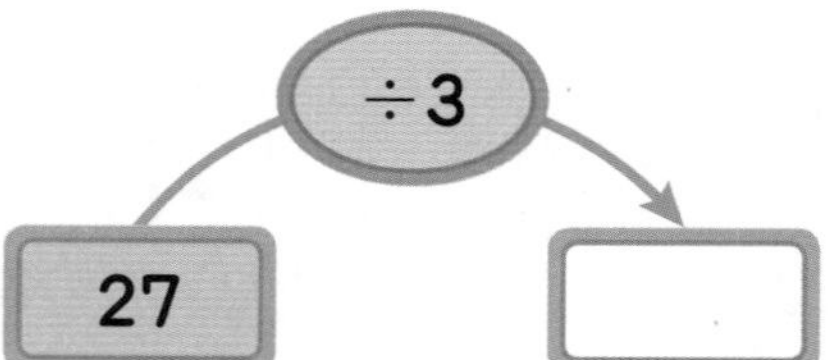


7
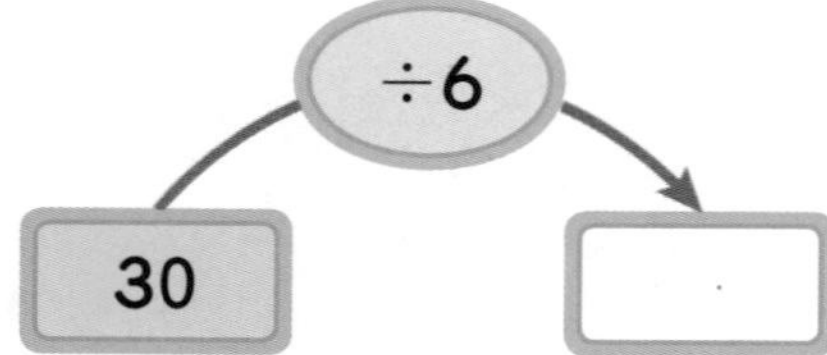


8
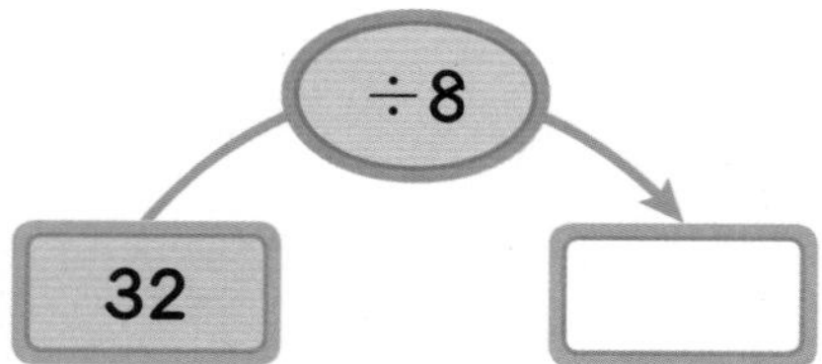


9
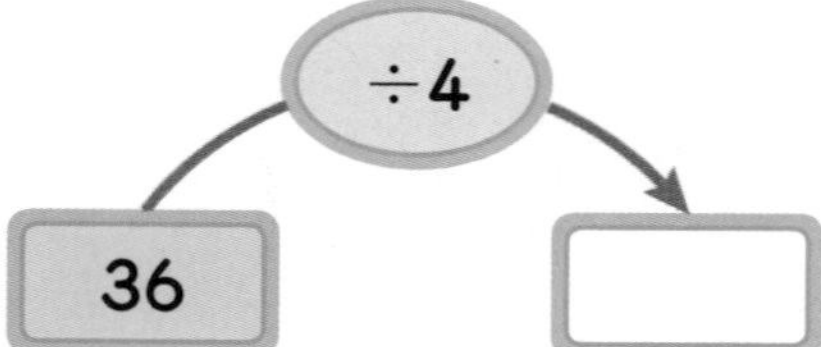


10
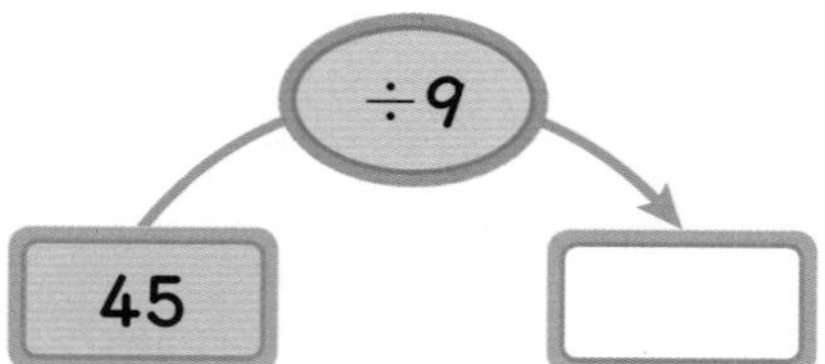


11
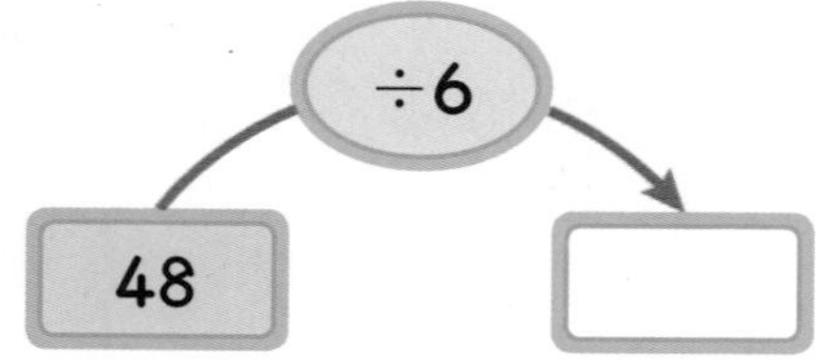


12
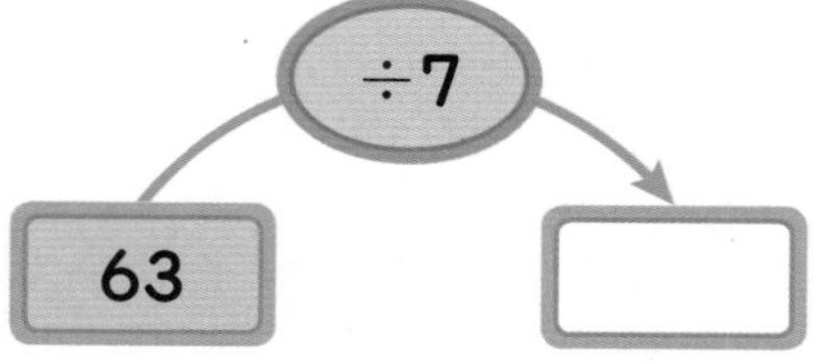

| 걸린 시간 | 1~6분 | 6~9분 | 9~12분 |
|---|---|---|---|
| 맞은 개수 | 18~20개 | 14~17개 | 1~13개 |
| 평가 | 참 잘했어요. | 잘했어요. | 좀더 노력해요. |

빈 곳에 알맞은 수를 써넣으시오. (13 ~ 20)

13

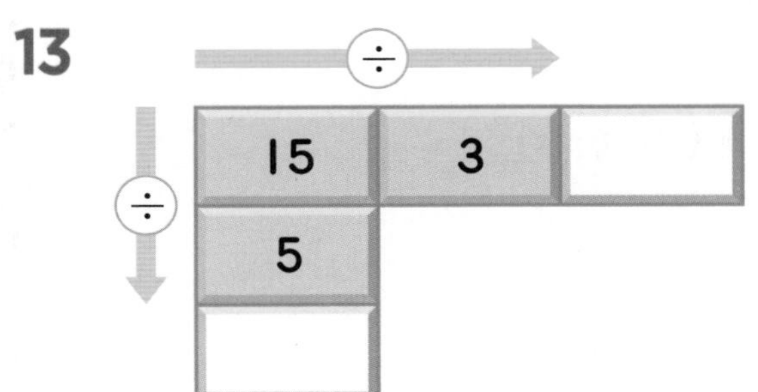


14

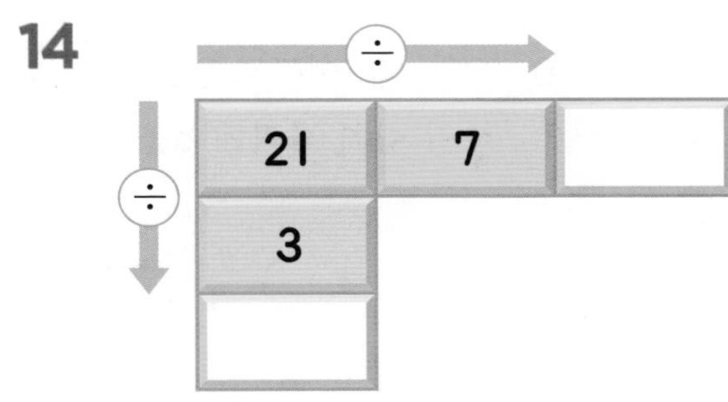


15

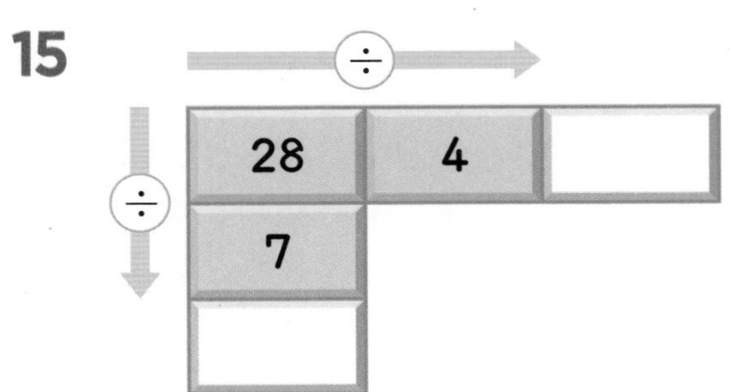


16

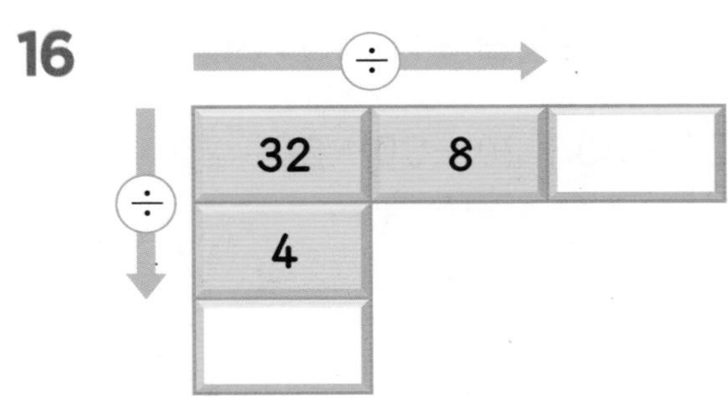


17

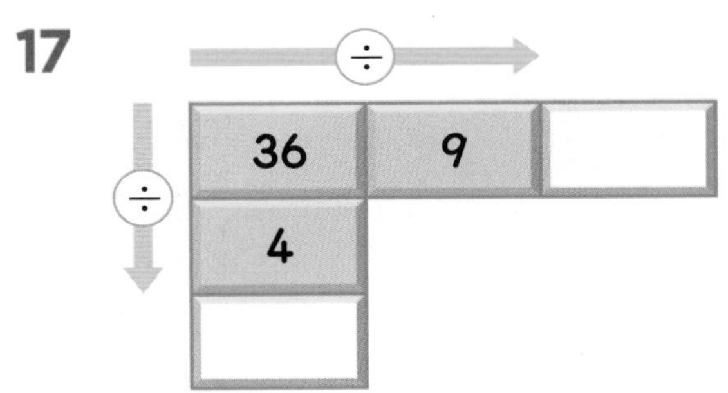


18

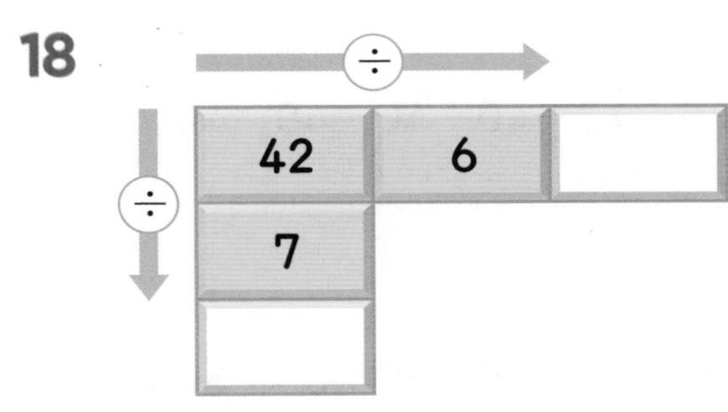


19

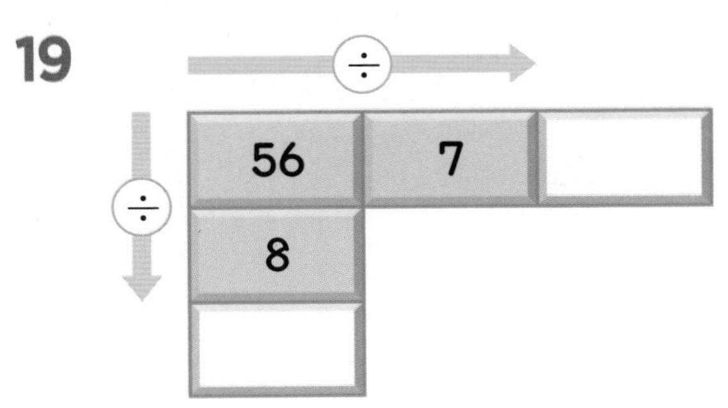


20

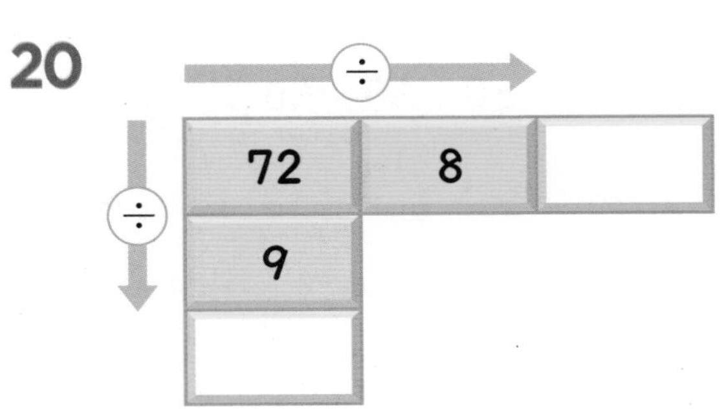

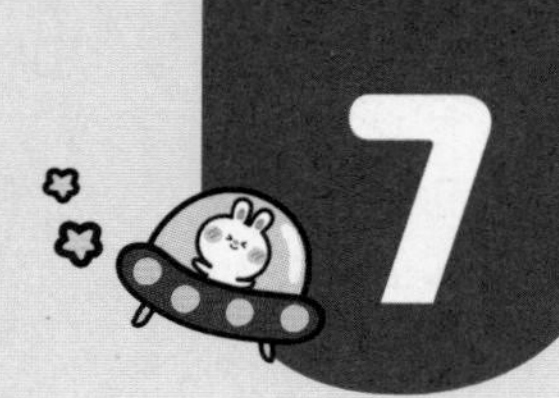

# 7 (몇십)×(몇)의 계산(1)

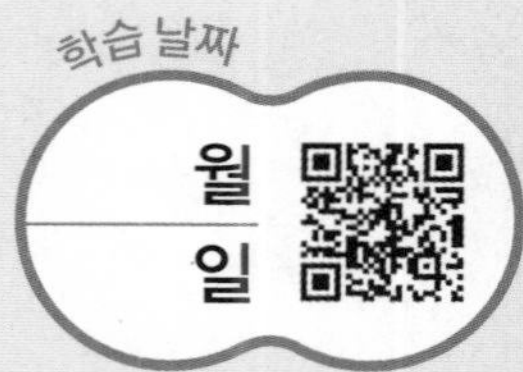


20×3의 계산

(1) 20+20+20=60이므로 20×3=60입니다.

(2) 2×3을 구하여 십의 자리에 6을 쓰고, 일의 자리에 0을 씁니다.

20×3=60 (2×3=6) ➡

| | 2 | 0 |
|---|---|---|
| × | | 3 |
| | 6 | 0 |

□ 안에 알맞은 수를 써넣으시오. (1~6)

1 20+20+20+20+20=20×□=□

2 30+30+30+30+30+30=30×□=□

3 40+40+40+40+40=40×□=□

4 50+50+50+50+50+50+50=50×□=□

5 60+60+60+60=60×□=□

6 70+70+70+70+70+70=70×□=□

계산은 빠르고 정확하게!

| 걸린 시간 | 1~6분 | 6~9분 | 9~12분 |
|---|---|---|---|
| 맞은 개수 | 17~18개 | 13~16개 | 1~12개 |
| 평가 | 참 잘했어요. | 잘했어요. | 좀더 노력해요. |

□ 안에 알맞은 수를 써넣으시오. (7 ~ 18)

7 $20 \times 6 = \square 0$, $2 \times 6 = \square$

8 $30 \times 5 = \square 0$, $3 \times 5 = \square$

9 $40 \times 7 = \square 0$, $4 \times 7 = \square$

10 $50 \times 4 = \square 0$, $5 \times 4 = \square$

11 $60 \times 3 = \square 0$, $6 \times 3 = \square$

12 $70 \times 2 = \square 0$, $7 \times 2 = \square$

13 $80 \times 4 = \square 0$, $8 \times 4 = \square$

14 $90 \times 3 = \square 0$, $9 \times 3 = \square$

15 $40 \times 9 = \square 0$, $4 \times 9 = \square$

16 $60 \times 7 = \square 0$, $6 \times 7 = \square$

17 $70 \times 8 = \square 0$, $7 \times 8 = \square$

18 $80 \times 6 = \square 0$, $8 \times 6 = \square$

# 7 (몇십)×(몇)의 계산(2)

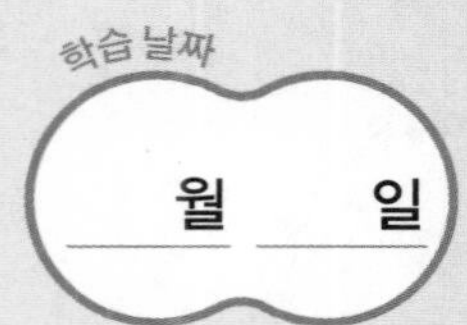


□ 안에 알맞은 수를 써넣으시오. (1~18)

1 $\begin{array}{r} 20 \\ \times\ \ 7 \\ \hline \square 0 \end{array}$

2 $\begin{array}{r} 30 \\ \times\ \ 4 \\ \hline \square 0 \end{array}$

3 $\begin{array}{r} 40 \\ \times\ \ 4 \\ \hline \square 0 \end{array}$

4 $\begin{array}{r} 50 \\ \times\ \ 5 \\ \hline \square 0 \end{array}$

5 $\begin{array}{r} 60 \\ \times\ \ 4 \\ \hline \square 0 \end{array}$

6 $\begin{array}{r} 70 \\ \times\ \ 6 \\ \hline \square 0 \end{array}$

7 $\begin{array}{r} 80 \\ \times\ \ 5 \\ \hline \square 0 \end{array}$

8 $\begin{array}{r} 90 \\ \times\ \ 6 \\ \hline \square 0 \end{array}$

9 $\begin{array}{r} 30 \\ \times\ \ 8 \\ \hline \square 0 \end{array}$

10 $\begin{array}{r} 30 \\ \times\ \ 6 \\ \hline \square \end{array}$

11 $\begin{array}{r} 40 \\ \times\ \ 7 \\ \hline \square \end{array}$

12 $\begin{array}{r} 50 \\ \times\ \ 7 \\ \hline \square \end{array}$

13 $\begin{array}{r} 60 \\ \times\ \ 7 \\ \hline \square \end{array}$

14 $\begin{array}{r} 70 \\ \times\ \ 3 \\ \hline \square \end{array}$

15 $\begin{array}{r} 80 \\ \times\ \ 7 \\ \hline \square \end{array}$

16 $\begin{array}{r} 90 \\ \times\ \ 7 \\ \hline \square \end{array}$

17 $\begin{array}{r} 40 \\ \times\ \ 9 \\ \hline \square \end{array}$

18 $\begin{array}{r} 70 \\ \times\ \ 9 \\ \hline \square \end{array}$

| 걸린 시간 | 1~6분 | 6~9분 | 9~12분 |
|---|---|---|---|
| 맞은 개수 | 31~34개 | 24~30개 | 1~23개 |
| 평가 | 참 잘했어요. | 잘했어요. | 좀더 노력해요. |

계산을 하시오. (19 ~ 34)

**19** $30\times5=$ □

**20** $40\times3=$ □

**21** $20\times9=$ □

**22** $50\times6=$ □

**23** $60\times3=$ □

**24** $70\times4=$ □

**25** $80\times6=$ □

**26** $90\times3=$ □

**27** $20\times8=$ □

**28** $30\times7=$ □

**29** $40\times5=$ □

**30** $50\times8=$ □

**31** $60\times6=$ □

**32** $70\times8=$ □

**33** $80\times4=$ □

**34** $90\times9=$ □

# 7 (몇십)×(몇)의 계산(3)

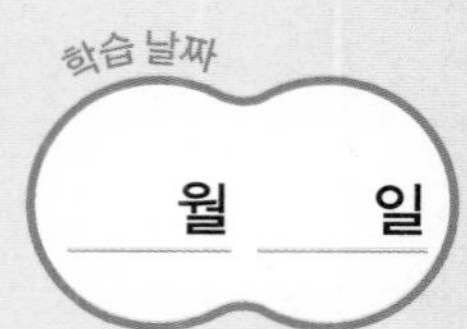


□ 안에 알맞은 수를 써넣으시오. (1~12)

1
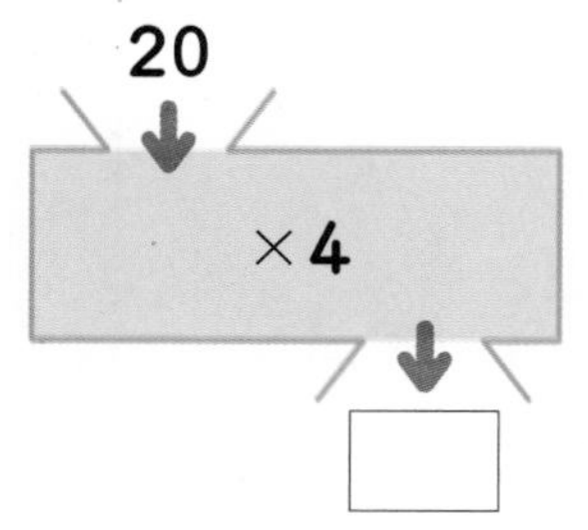


2
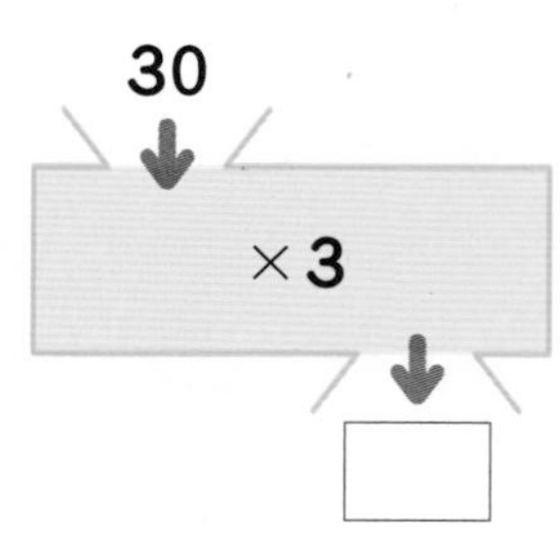


3
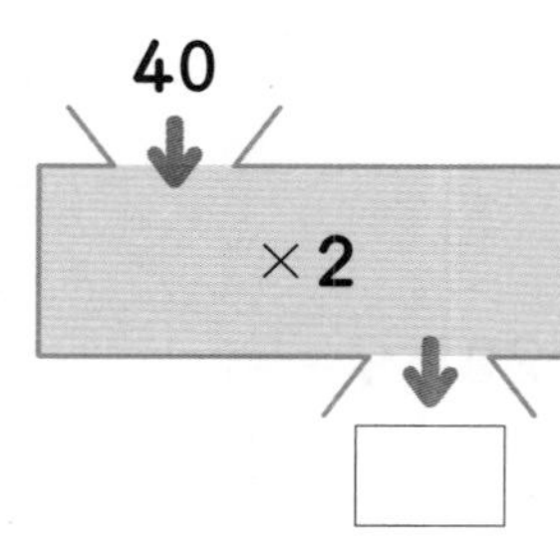


4
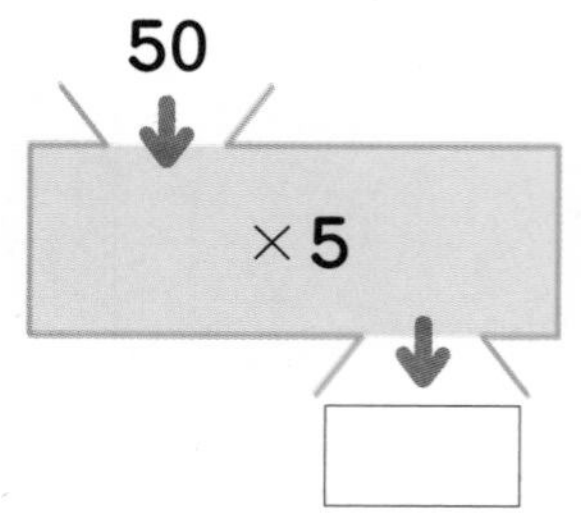


5
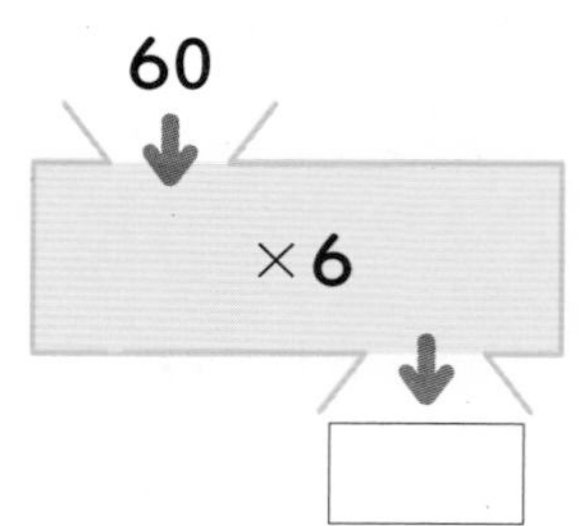


6
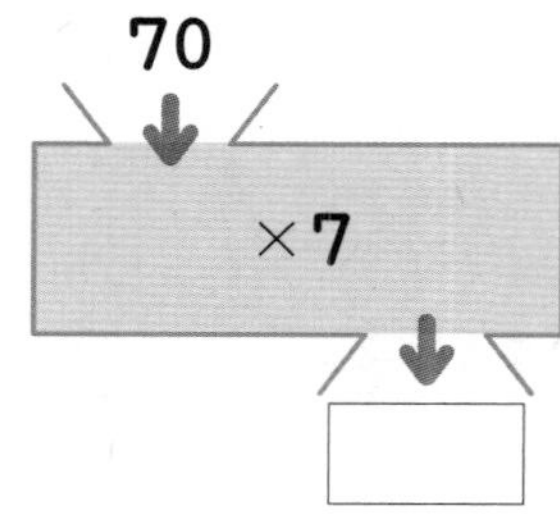


7
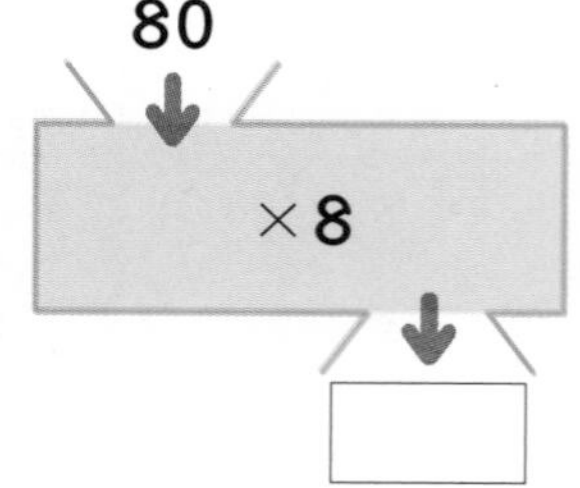


8
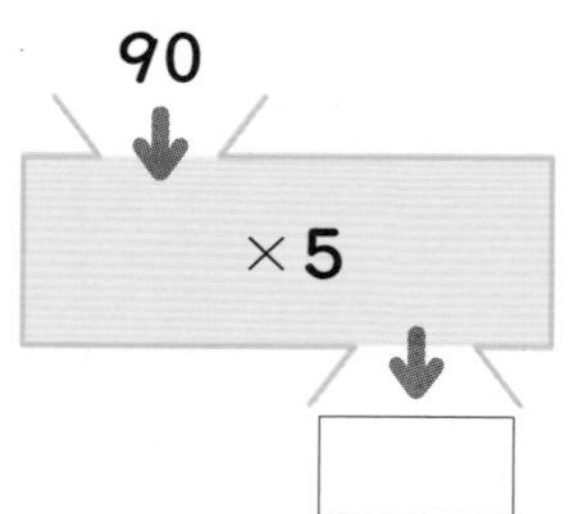


9
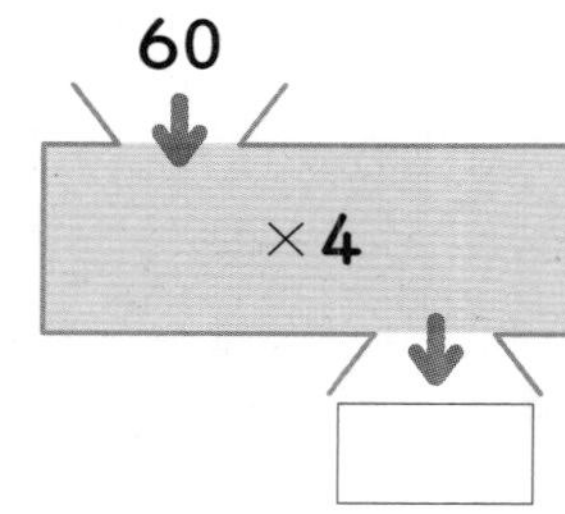


10
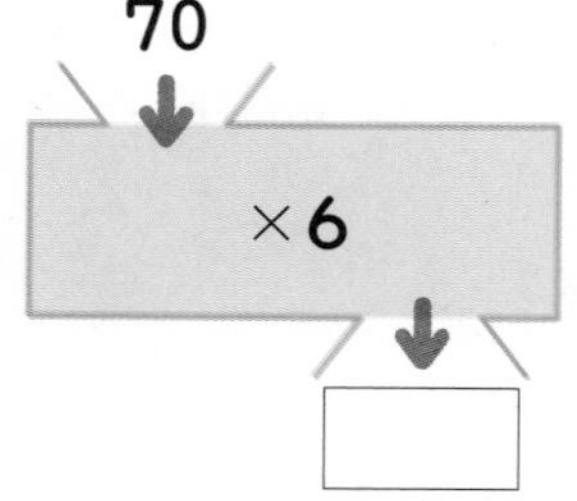


11
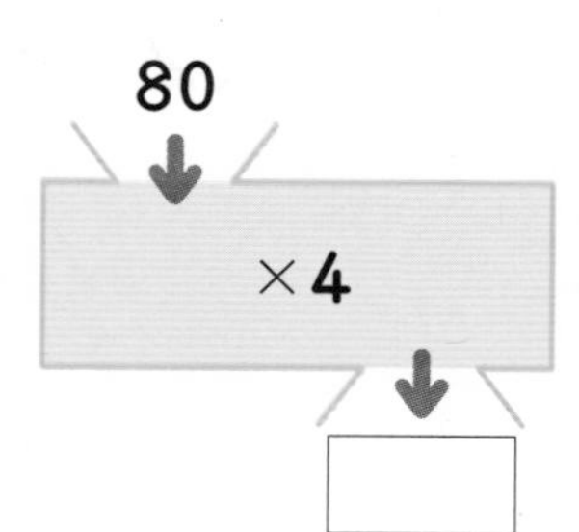


12
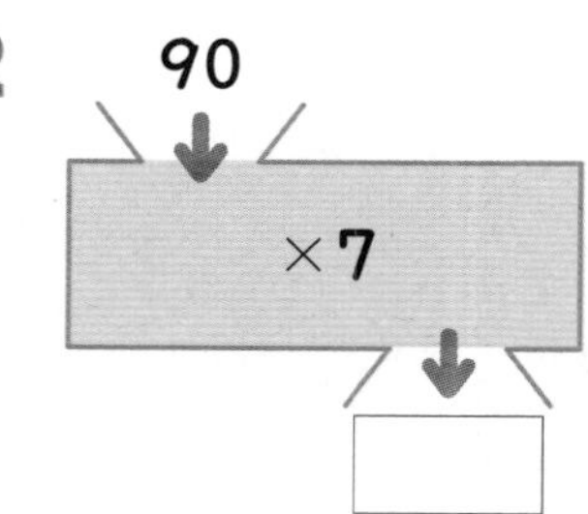

| 걸린 시간 | 1~5분 | 5~7분 | 7~10분 |
| --- | --- | --- | --- |
| 맞은 개수 | 22~24개 | 17~21개 | 1~16개 |
| 평가 | 참 잘했어요. | 잘했어요. | 좀더 노력해요. |

빈 곳에 알맞은 수를 써넣으시오. (13 ~ 24)

13

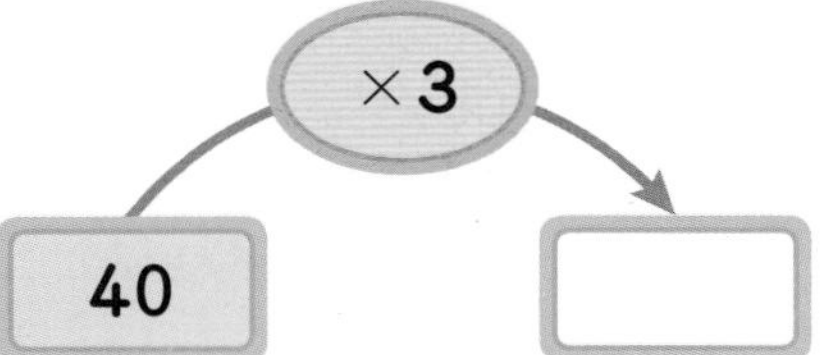


14

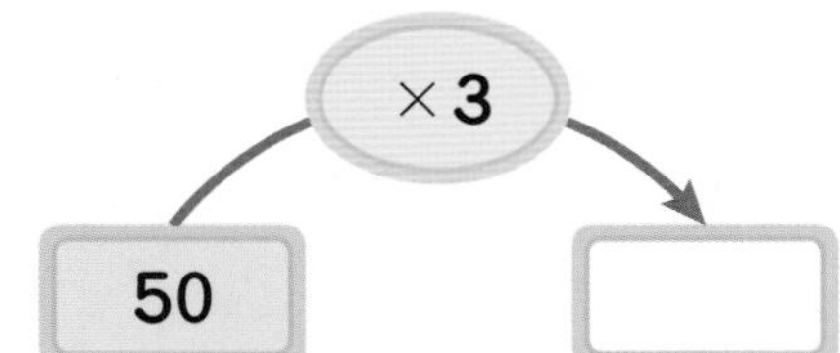


15

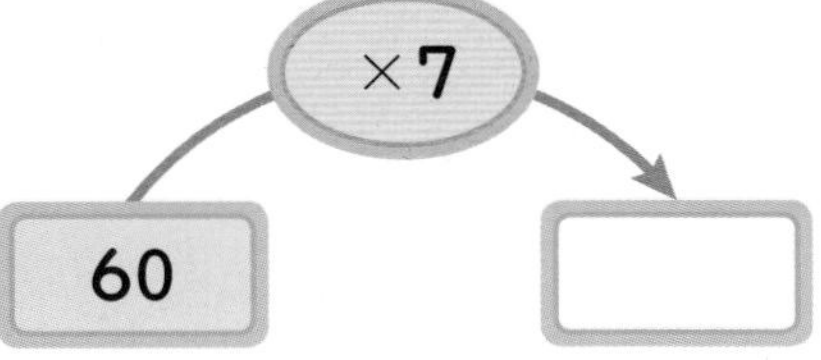


16

17

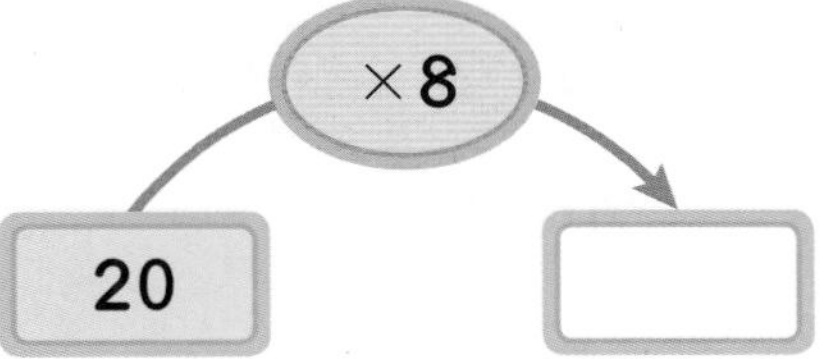


18

19

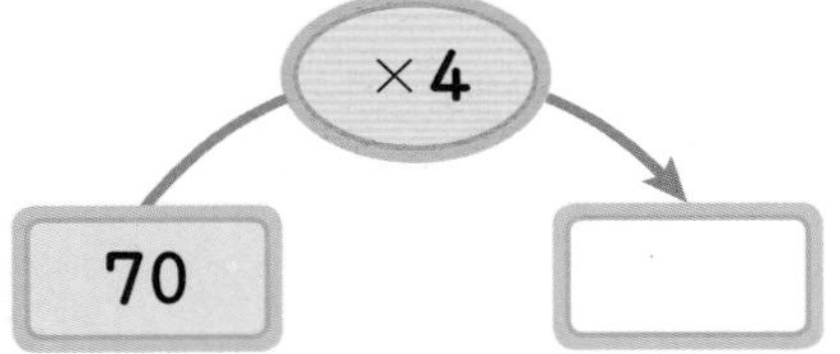


20

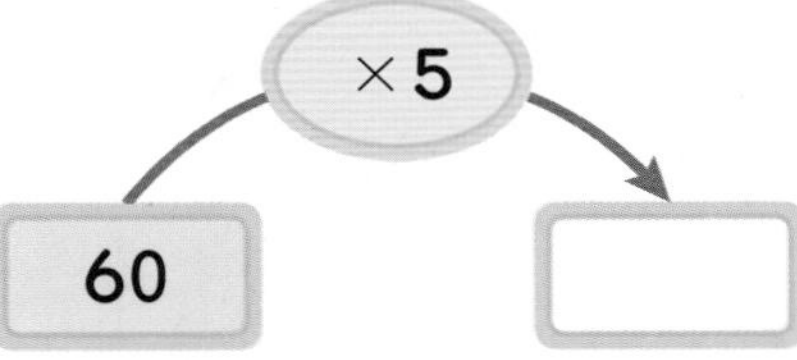


21

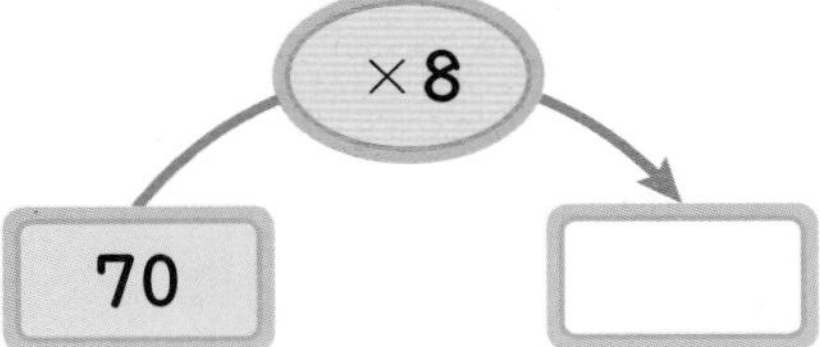


22

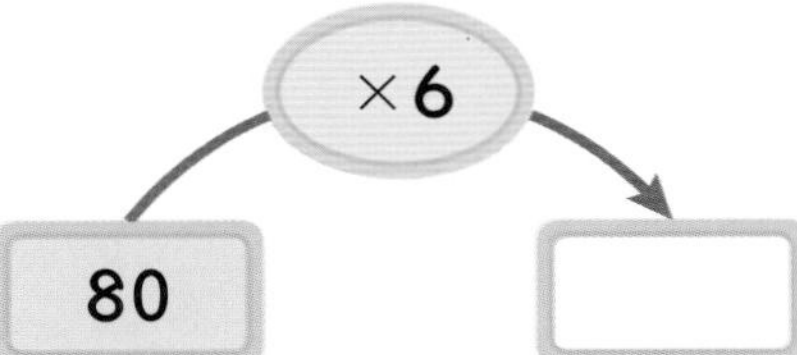


23

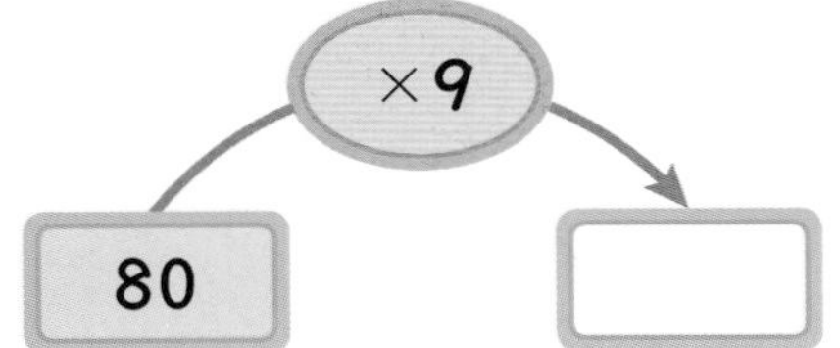


24

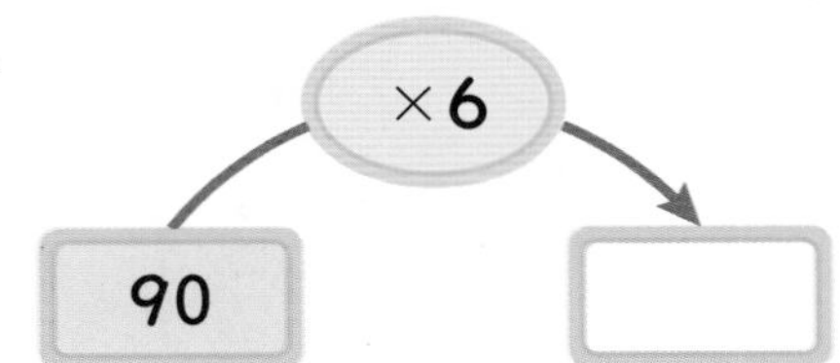

# 8 올림이 없는 (몇십몇)×(몇)의 계산(1)

12×3의 계산

(1) (몇)×(몇)의 값과 (몇십)×(몇)의 값을 더하여 계산합니다.

(2) (몇)×(몇)의 값을 일의 자리에 쓰고, (몇십)×(몇)의 값을 십의 자리에 씁니다.

| | 1 | 2 | |
|---|---|---|---|
| × | | 3 | |
| | | 6 | ← 2×3=6 |
| | 3 | 0 | ← 10×3=30 |
| | 3 | 6 | ← 6+30=36 |

| | 1 | 2 |
|---|---|---|
| × | | 3 |
| | 3 | 6 |

6 ← 2×3=6, 3 ← 1×3=3

12×3=36 (① 2×3, ② 1×3)

□ 안에 알맞은 수를 써넣으시오. (1~6)

**1** 31×3 — 1×3=□, 30×3=□ → □

**2** 23×2 — 3×2=□, 20×2=□ → □

**3** 42×2 — □×2=□, □×2=□ → □

**4** 32×3 — 2×□=□, 30×□=□ → □

**5** 22×4 — □×4=□, □×4=□ → □

**6** 43×2 — 3×□=□, 40×□=□ → □

계산은 빠르고 정확하게!

| 걸린 시간 | 1~6분 | 6~9분 | 9~12분 |
|---|---|---|---|
| 맞은 개수 | 17~18개 | 13~16개 | 1~12개 |
| 평가 | 참 잘했어요. | 잘했어요. | 좀더 노력해요. |

계산을 하시오. (7 ~ 18)

7
$$\begin{array}{r} 12 \\ \times\ \ 4 \\ \hline 8 \\ 40 \\ \hline \end{array}$$

8
$$\begin{array}{r} 13 \\ \times\ \ 2 \\ \hline \end{array}$$

9
$$\begin{array}{r} 14 \\ \times\ \ 2 \\ \hline \end{array}$$

10
$$\begin{array}{r} 21 \\ \times\ \ 4 \\ \hline \end{array}$$

11
$$\begin{array}{r} 22 \\ \times\ \ 3 \\ \hline \end{array}$$

12
$$\begin{array}{r} 24 \\ \times\ \ 2 \\ \hline \end{array}$$

13
$$\begin{array}{r} 31 \\ \times\ \ 2 \\ \hline \end{array}$$

14
$$\begin{array}{r} 33 \\ \times\ \ 3 \\ \hline \end{array}$$

15
$$\begin{array}{r} 34 \\ \times\ \ 2 \\ \hline \end{array}$$

16
$$\begin{array}{r} 41 \\ \times\ \ 2 \\ \hline \end{array}$$

17
$$\begin{array}{r} 44 \\ \times\ \ 2 \\ \hline \end{array}$$

18
$$\begin{array}{r} 46 \\ \times\ \ 1 \\ \hline \end{array}$$

# 8 올림이 없는 (몇십몇)×(몇)의 계산(2)

계산을 하시오. (1 ~ 15)

1
$$\begin{array}{r} 14 \\ \times \quad 2 \\ \hline \end{array}$$

2
$$\begin{array}{r} 11 \\ \times \quad 6 \\ \hline \end{array}$$

3
$$\begin{array}{r} 23 \\ \times \quad 3 \\ \hline \end{array}$$

4
$$\begin{array}{r} 12 \\ \times \quad 4 \\ \hline \end{array}$$

5
$$\begin{array}{r} 22 \\ \times \quad 3 \\ \hline \end{array}$$

6
$$\begin{array}{r} 11 \\ \times \quad 8 \\ \hline \end{array}$$

7
$$\begin{array}{r} 33 \\ \times \quad 3 \\ \hline \end{array}$$

8
$$\begin{array}{r} 21 \\ \times \quad 3 \\ \hline \end{array}$$

9
$$\begin{array}{r} 32 \\ \times \quad 2 \\ \hline \end{array}$$

10
$$\begin{array}{r} 13 \\ \times \quad 3 \\ \hline \end{array}$$

11
$$\begin{array}{r} 11 \\ \times \quad 9 \\ \hline \end{array}$$

12
$$\begin{array}{r} 24 \\ \times \quad 2 \\ \hline \end{array}$$

13
$$\begin{array}{r} 31 \\ \times \quad 3 \\ \hline \end{array}$$

14
$$\begin{array}{r} 42 \\ \times \quad 2 \\ \hline \end{array}$$

15
$$\begin{array}{r} 22 \\ \times \quad 4 \\ \hline \end{array}$$

| 걸린 시간 | 1~6분 | 6~9분 | 9~12분 |
|---|---|---|---|
| 맞은 개수 | 28~31개 | 23~27개 | 1~22개 |
| 평가 | 참 잘했어요. | 잘했어요. | 좀더 노력해요. |

계산을 하시오. (16 ~ 31)

16 $12 \times 3 =$

17 $21 \times 4 =$

18 $34 \times 2 =$

19 $41 \times 2 =$

20 $57 \times 1 =$

21 $13 \times 3 =$

22 $13 \times 2 =$

23 $21 \times 2 =$

24 $12 \times 2 =$

25 $32 \times 3 =$

26 $44 \times 2 =$

27 $11 \times 7 =$

28 $11 \times 5 =$

29 $69 \times 1 =$

30 $23 \times 2 =$

31 $33 \times 2 =$

# 8 올림이 없는 (몇십몇)×(몇)의 계산(3)

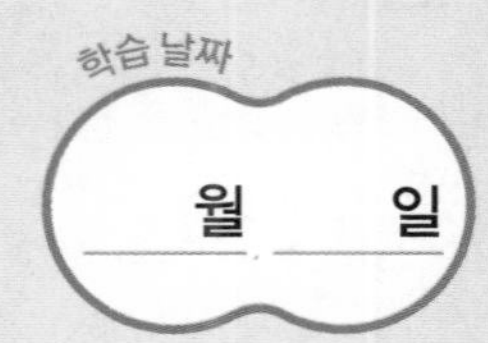


□ 안에 알맞은 수를 써넣으시오. (1~12)

1
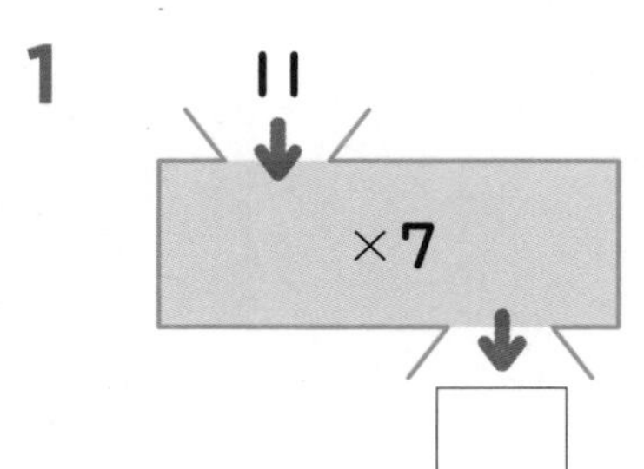


2
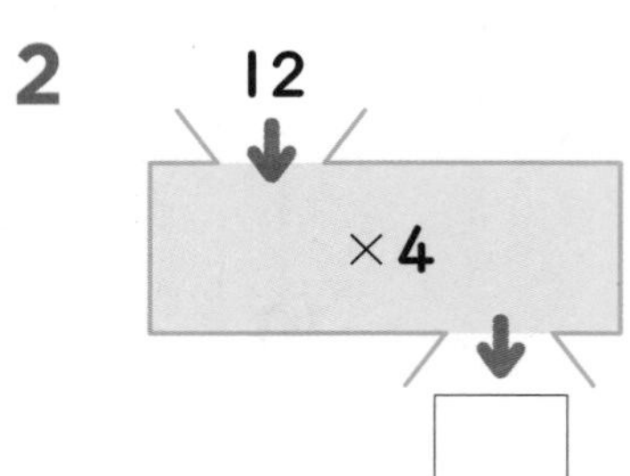


3
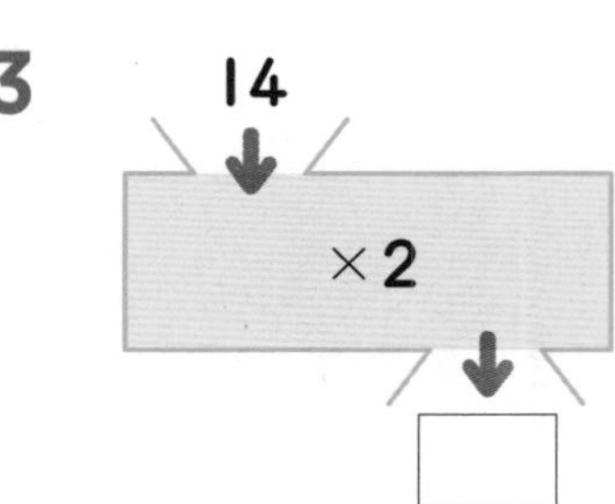


4
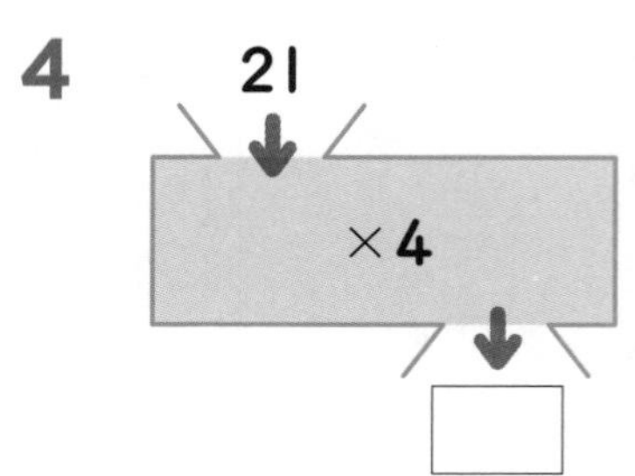


5
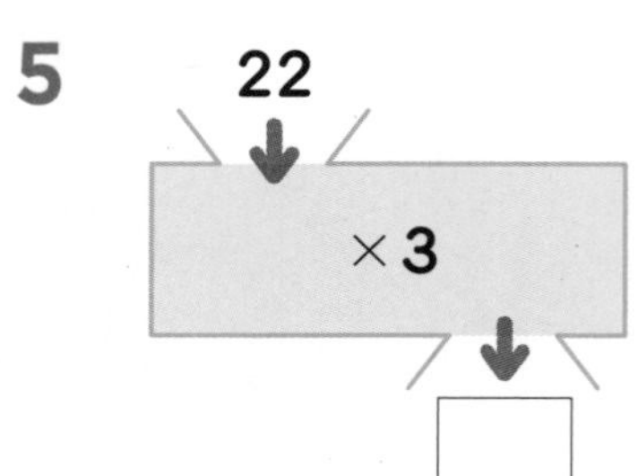


6
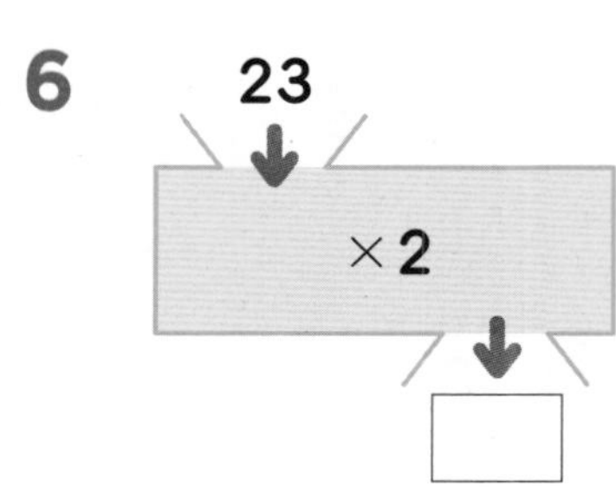


7
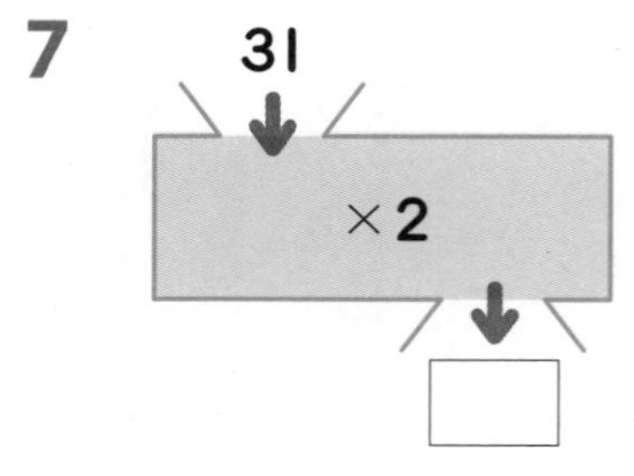


8
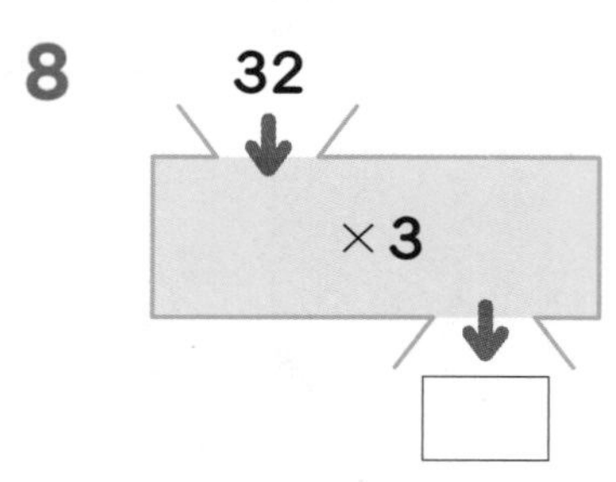


9
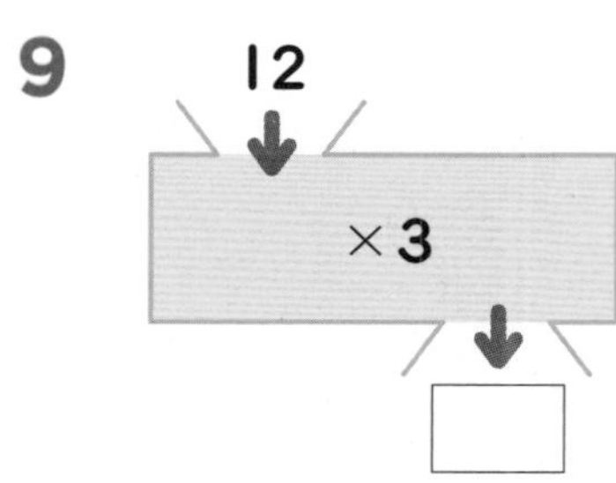


10
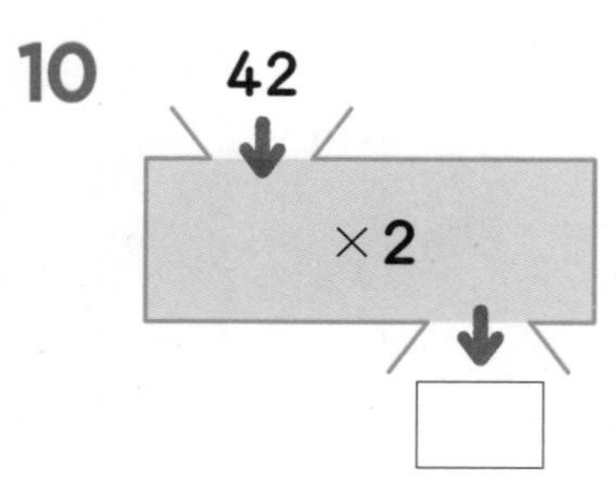


11
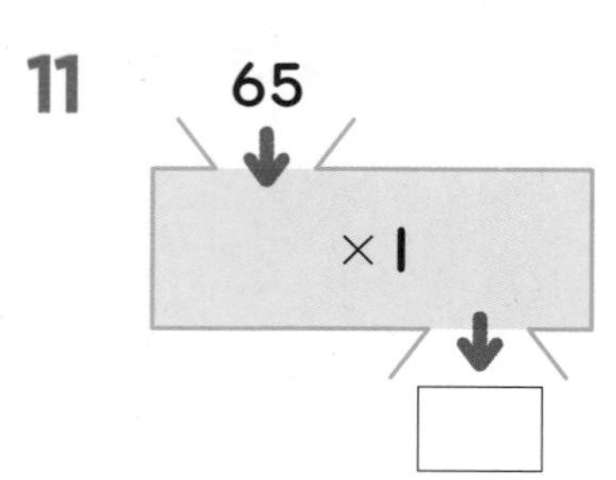


12
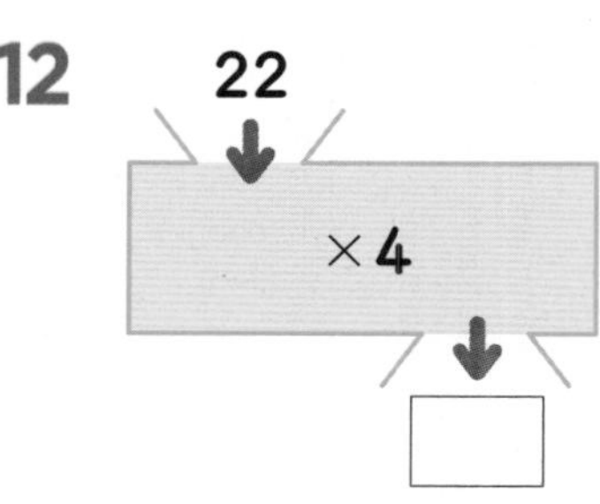

계산은 빠르고 정확하게!

| 걸린 시간 | 1~5분 | 5~8분 | 8~10분 |
| --- | --- | --- | --- |
| 맞은 개수 | 22~24개 | 17~21개 | 1~16개 |
| 평가 | 참 잘했어요. | 잘했어요. | 좀더 노력해요. |

빈 곳에 알맞은 수를 써넣으시오. (13 ~ 24)

13
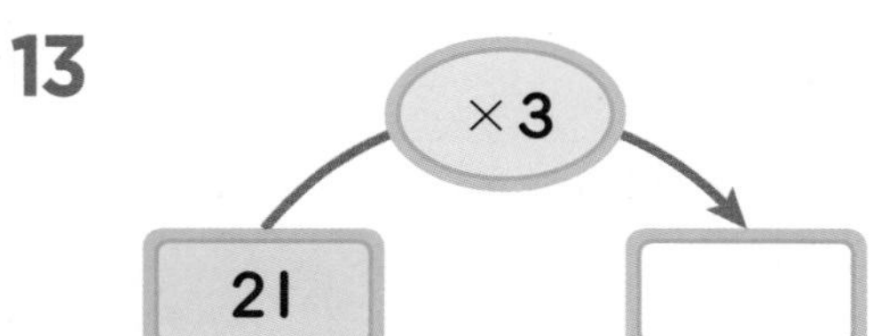


14
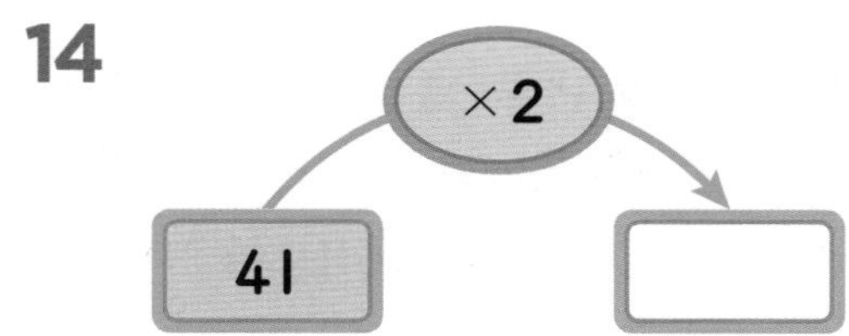


15
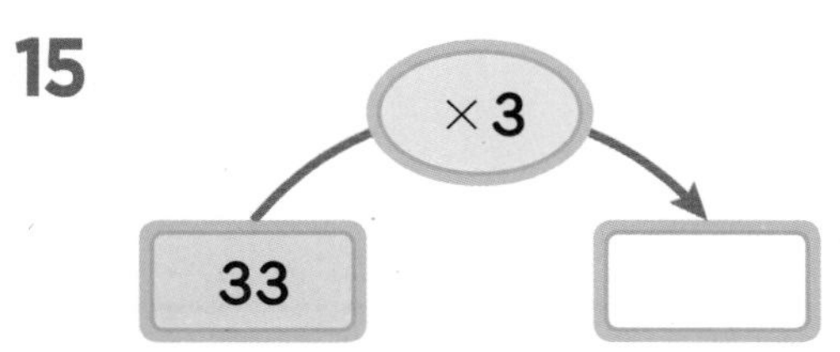


16
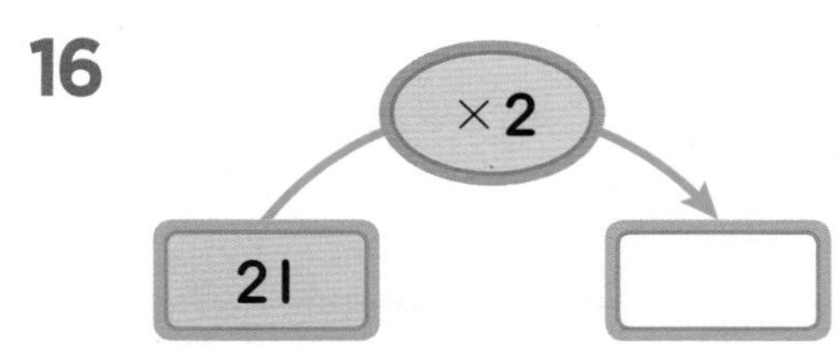


17
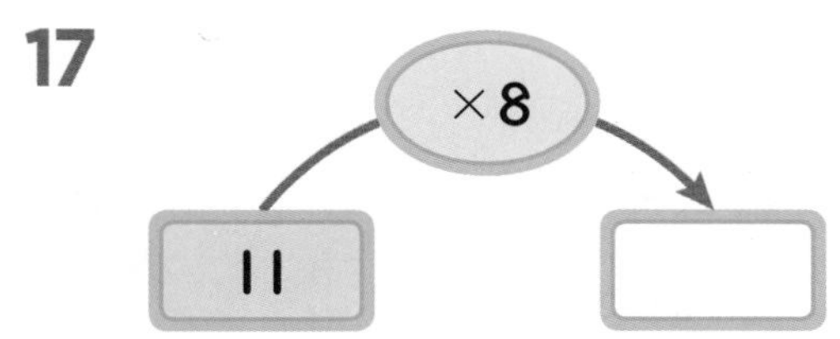


18
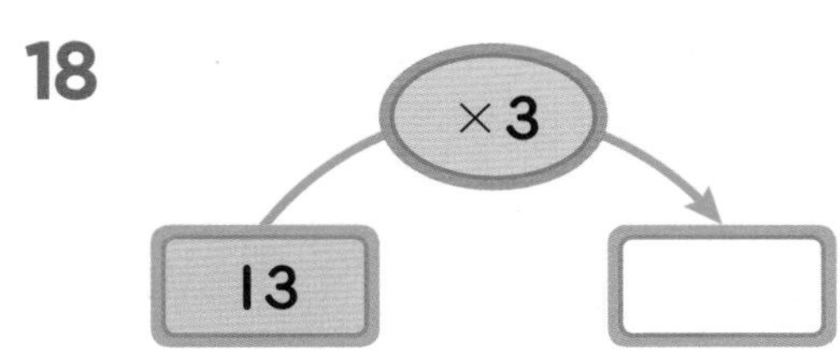


19
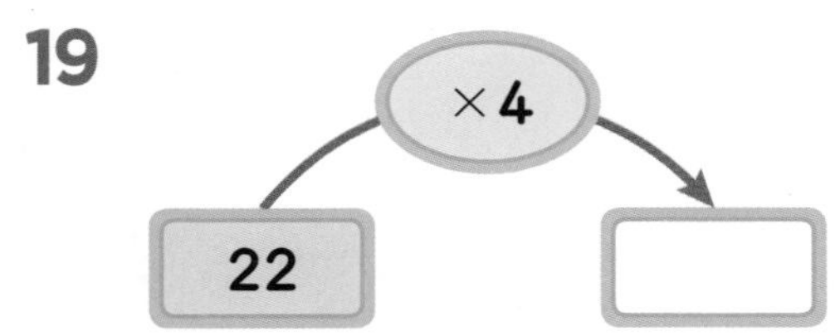


20
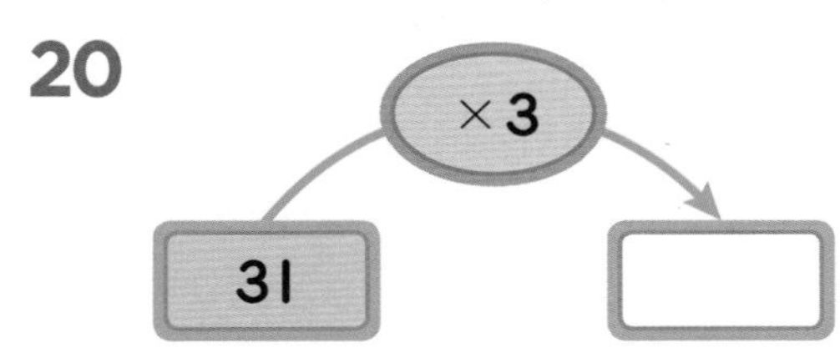


21
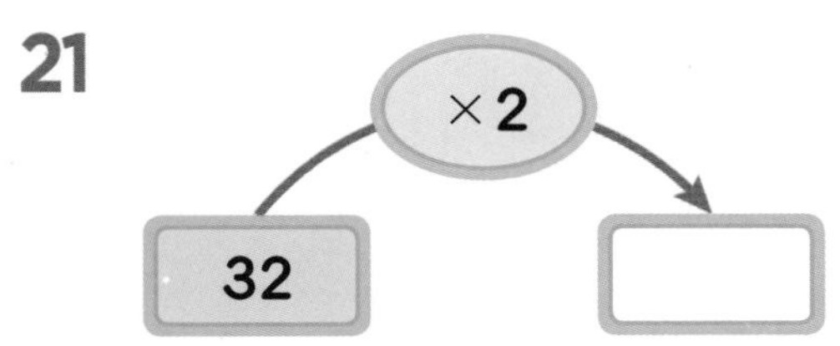


22
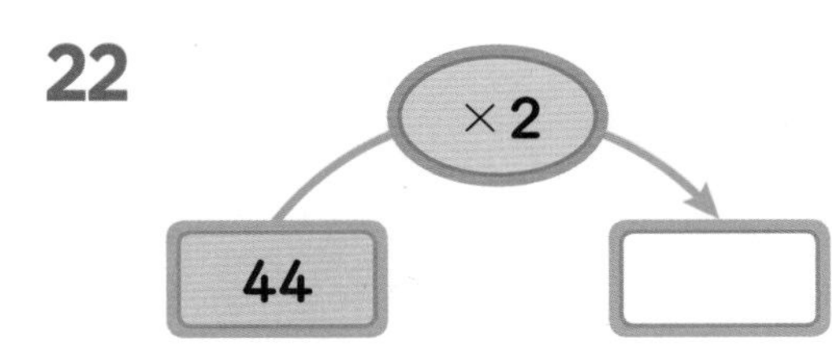


23
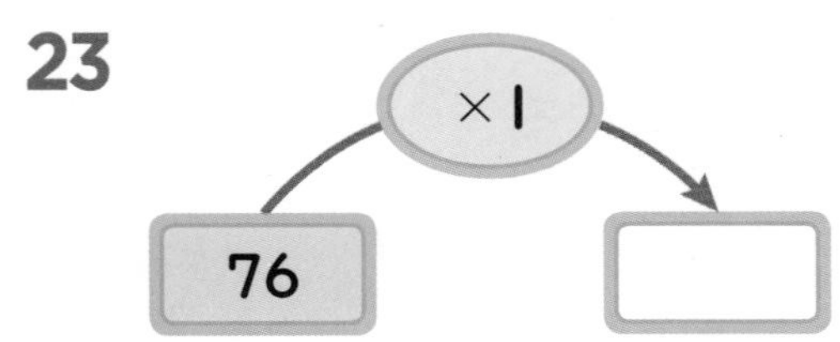


24
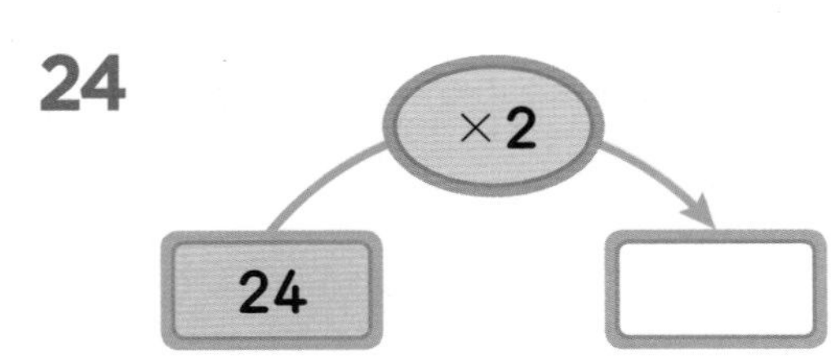

# 9 십의 자리에서 올림이 있는 (몇십몇)×(몇)의 계산(1)

**31×6의 계산**

(1) (몇)×(몇)의 값과 (몇십)×(몇)의 값을 더하여 계산합니다.

(2) (몇)×(몇)의 값을 일의 자리에 쓰고, (몇십)×(몇)의 값을 십의 자리에 씁니다. 십의 자리 계산에서 100이거나 100보다 크면 올림한 수를 백의 자리에 씁니다.

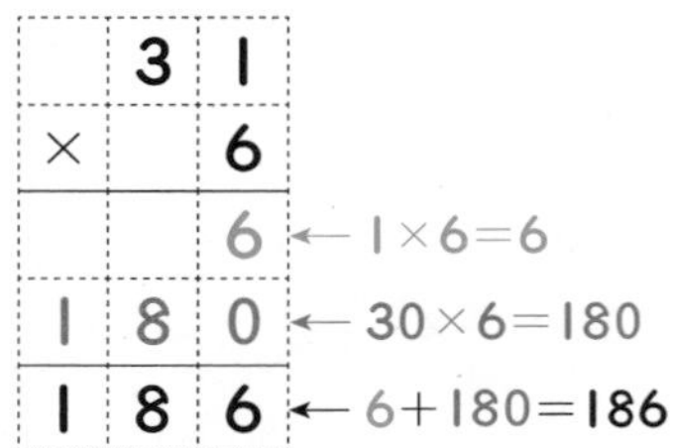


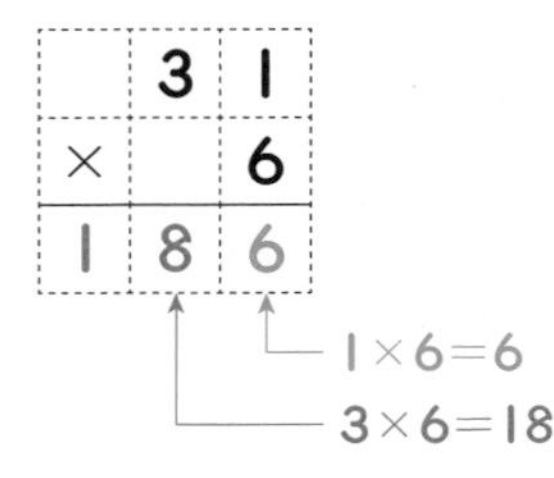


1×6 ①
31×6=186
3×6 ②

□ 안에 알맞은 수를 써넣으시오. (1~6)

**1** 21×5 ─ 1×5=□, 20×5=□ ─ □

**2** 63×2 ─ 3×2=□, 60×2=□ ─ □

**3** 42×4 ─ □×4=□, □×4=□ ─ □

**4** 31×6 ─ □×6=□, □×6=□ ─ □

**5** 21×8 ─ 1×□=□, 20×□=□ ─ □

**6** 73×3 ─ 3×□=□, 70×□=□ ─ □

계산은 빠르고 정확하게!

| 걸린 시간 | 1~6분 | 6~9분 | 9~12분 |
|---|---|---|---|
| 맞은 개수 | 17~18개 | 13~16개 | 1~12개 |
| 평가 | 참 잘했어요. | 잘했어요. | 좀더 노력해요. |

계산을 하시오. (7 ~ 18)

**7**

| | 2 | 1 |
|---|---|---|
| × | | 6 |
| | | 6 |
| 1 | 2 | 0 |
| | | |

**8**

| | 8 | 2 |
|---|---|---|
| × | | 4 |
| | | |
| | | |
| | | |

**9**

| | 6 | 3 |
|---|---|---|
| × | | 3 |
| | | |
| | | |
| | | |

**10**

| | 3 | 2 |
|---|---|---|
| × | | 4 |
| | | |
| | | |
| | | |

**11**

| | 4 | 2 |
|---|---|---|
| × | | 3 |
| | | |
| | | |
| | | |

**12**

| | 7 | 2 |
|---|---|---|
| × | | 2 |
| | | |
| | | |
| | | |

**13**

| | 3 | 1 |
|---|---|---|
| × | | 8 |
| | | |
| | | |
| | | |

**14**

| | 4 | 3 |
|---|---|---|
| × | | 3 |
| | | |
| | | |
| | | |

**15**

| | 5 | 2 |
|---|---|---|
| × | | 3 |
| | | |
| | | |
| | | |

**16**

| | 6 | 2 |
|---|---|---|
| × | | 4 |
| | | |
| | | |
| | | |

**17**

| | 7 | 2 |
|---|---|---|
| × | | 3 |
| | | |
| | | |
| | | |

**18**

| | 8 | 1 |
|---|---|---|
| × | | 5 |
| | | |
| | | |
| | | |

# 9 십의 자리에서 올림이 있는 (몇십몇)×(몇)의 계산(2)

계산을 하시오. (1 ~ 18)

1

| | 2 | 1 |
|---|---|---|
| × | | 7 |
| | | |

2

| | 7 | 2 |
|---|---|---|
| × | | 4 |
| | | |

3

| | 6 | 2 |
|---|---|---|
| × | | 3 |
| | | |

4

| | 4 | 2 |
|---|---|---|
| × | | 4 |
| | | |

5

| | 5 | 2 |
|---|---|---|
| × | | 3 |
| | | |

6

| | 7 | 3 |
|---|---|---|
| × | | 3 |
| | | |

7

| | 8 | 1 |
|---|---|---|
| × | | 5 |
| | | |

8

| | 5 | 1 |
|---|---|---|
| × | | 4 |
| | | |

9

| | 6 | 2 |
|---|---|---|
| × | | 4 |
| | | |

10

| | 7 | 1 |
|---|---|---|
| × | | 6 |
| | | |

11

| | 8 | 2 |
|---|---|---|
| × | | 4 |
| | | |

12

| | 9 | 3 |
|---|---|---|
| × | | 3 |
| | | |

13

| | 9 | 2 |
|---|---|---|
| × | | 4 |
| | | |

14

| | 8 | 4 |
|---|---|---|
| × | | 2 |
| | | |

15

| | 6 | 4 |
|---|---|---|
| × | | 2 |
| | | |

16

| | 7 | 4 |
|---|---|---|
| × | | 2 |
| | | |

17

| | 9 | 1 |
|---|---|---|
| × | | 3 |
| | | |

18

| | 5 | 4 |
|---|---|---|
| × | | 2 |
| | | |

| 걸린 시간 | 1~8분 | 8~12분 | 12~16분 |
|---|---|---|---|
| 맞은 개수 | 31~34개 | 23~30개 | 1~22개 |
| 평가 | 참 잘했어요. | 잘했어요. | 좀더 노력해요. |

계산을 하시오. (19 ~ 34)

**19** 21 × 7 =

**20** 73 × 3 =

**21** 41 × 8 =

**22** 83 × 2 =

**23** 63 × 3 =

**24** 71 × 8 =

**25** 91 × 5 =

**26** 42 × 4 =

**27** 52 × 4 =

**28** 42 × 3 =

**29** 71 × 4 =

**30** 81 × 9 =

**31** 93 × 3 =

**32** 53 × 3 =

**33** 92 × 4 =

**34** 73 × 2 =

# 십의 자리에서 올림이 있는 (몇십몇)×(몇)의 계산(3)

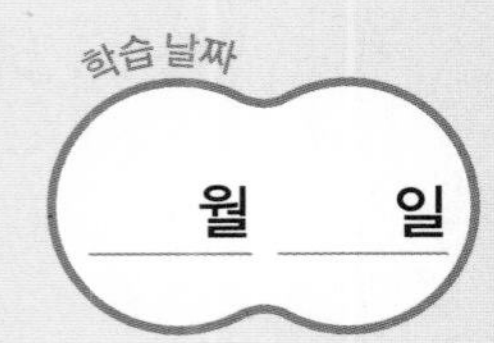


□ 안에 알맞은 수를 써넣으시오. (1~12)

1
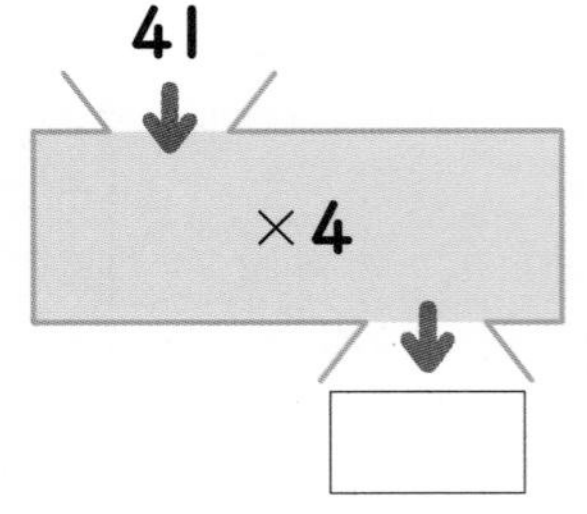


2
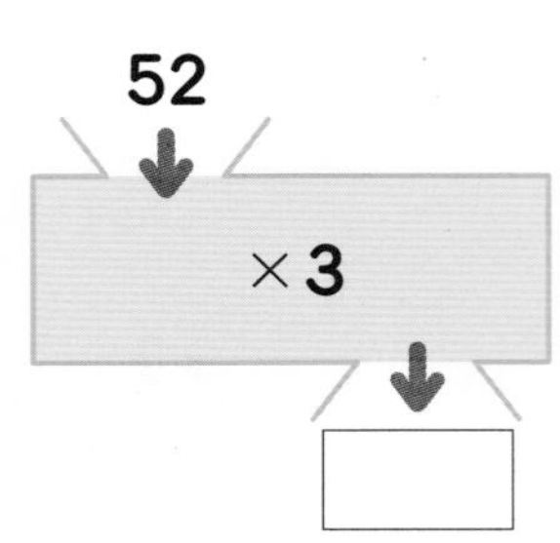


3
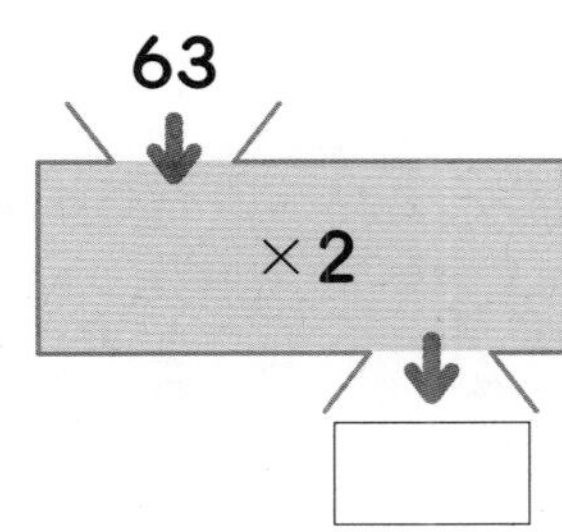


4
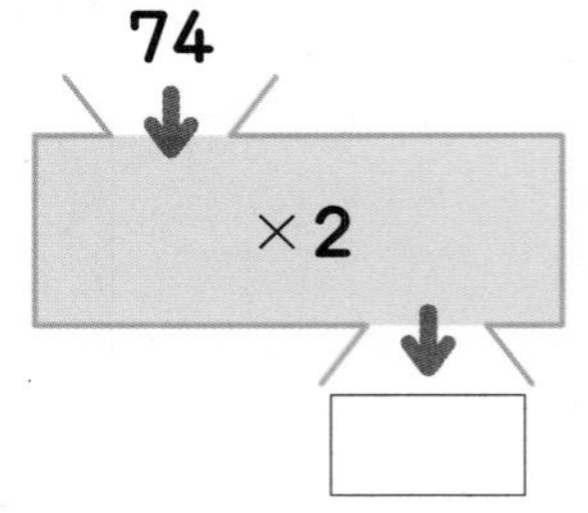


5
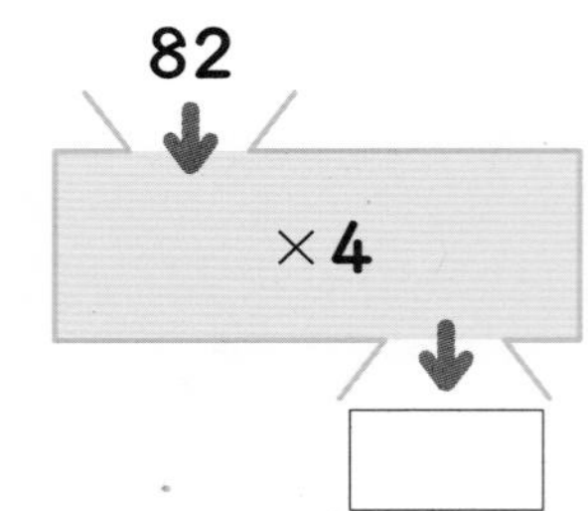


6
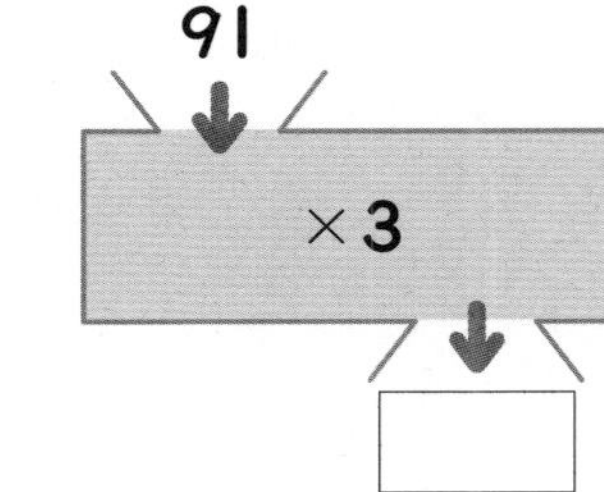


7
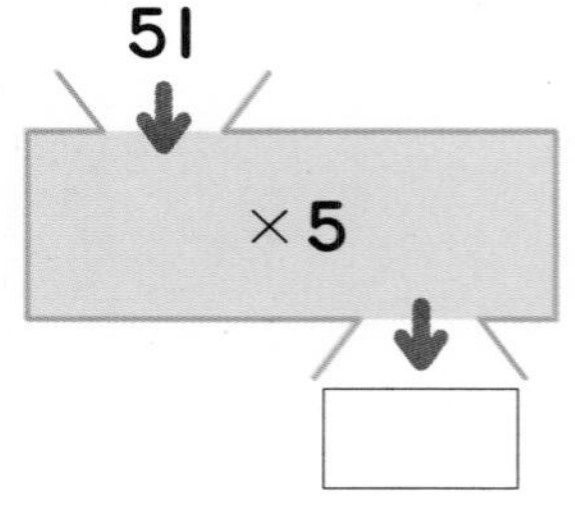


8
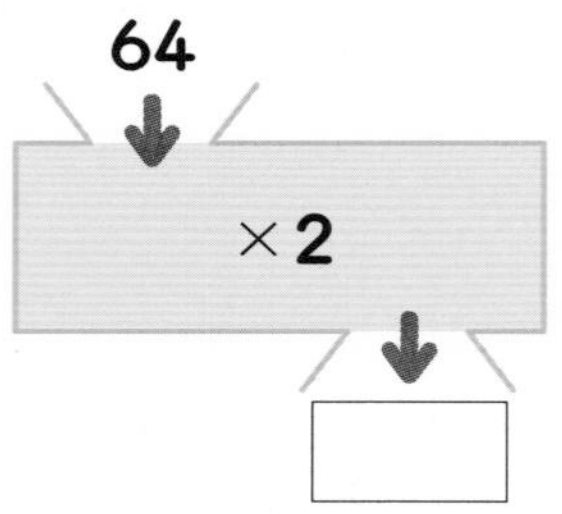


9
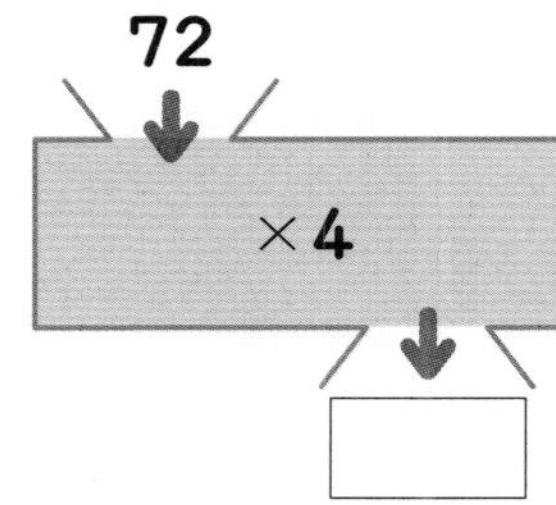


10
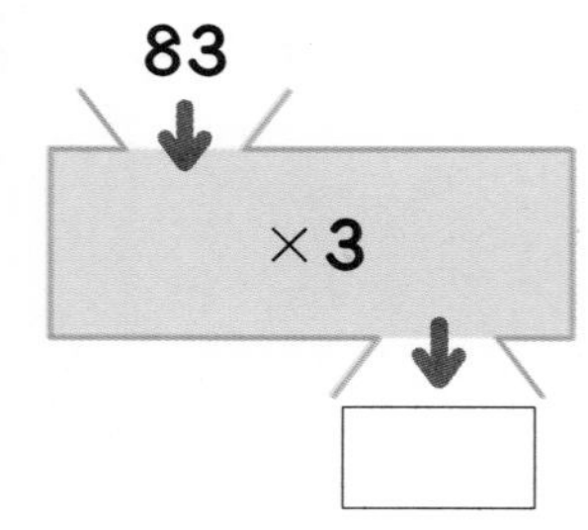


11
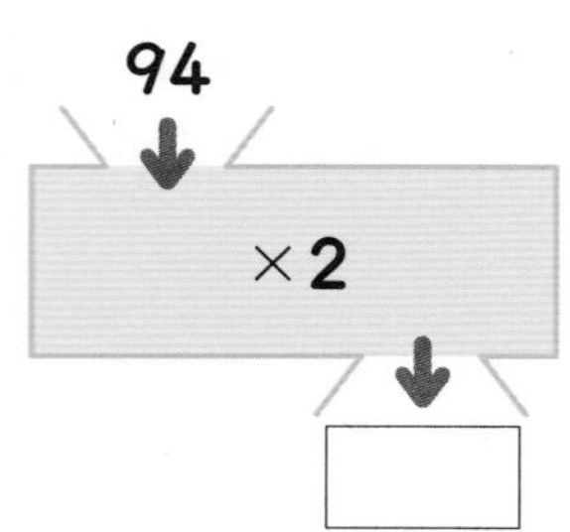


12
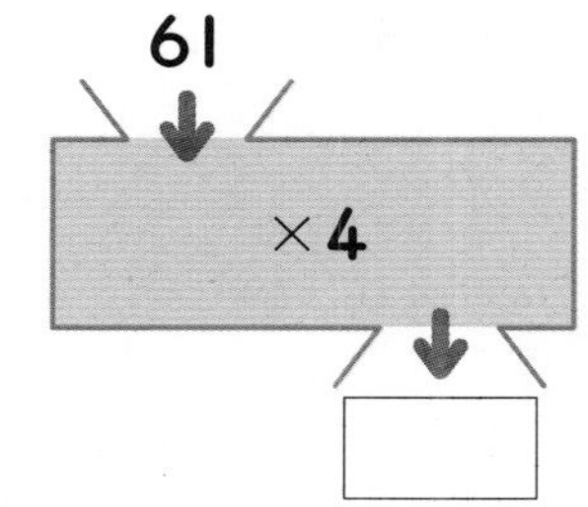

계산은 빠르고 정확하게!

| 걸린 시간 | 1~6분 | 6~9분 | 9~12분 |
|---|---|---|---|
| 맞은 개수 | 22~24개 | 17~21개 | 1~16개 |
| 평가 | 참 잘했어요. | 잘했어요. | 좀더 노력해요. |

빈 곳에 알맞은 수를 써넣으시오. (13 ~ 24)

13
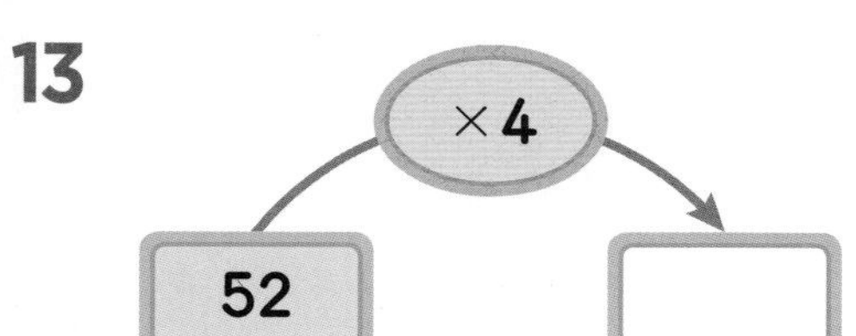


14
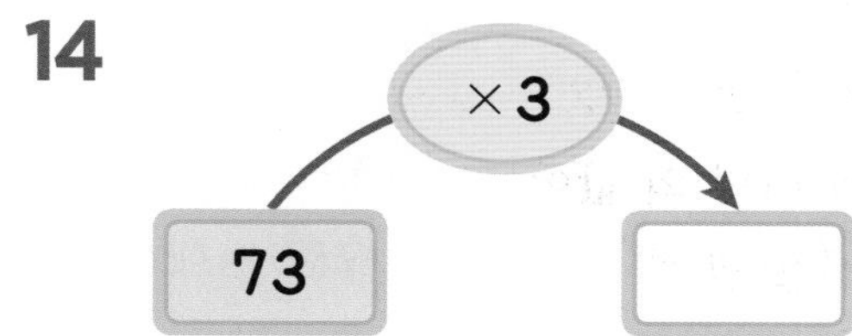


15
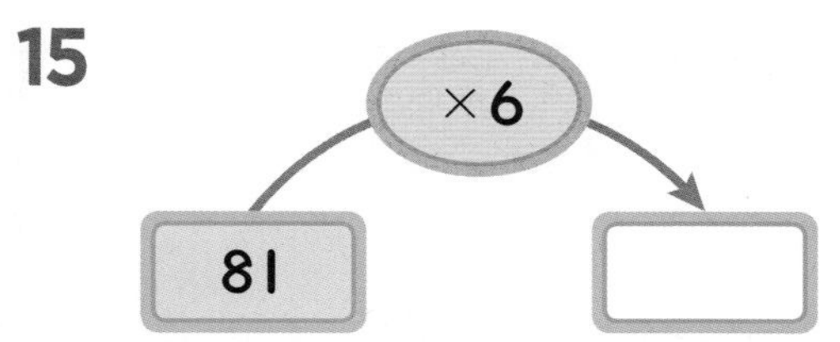


16
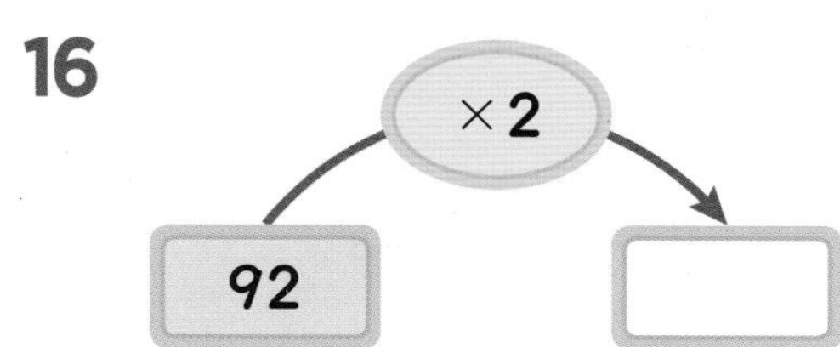


17
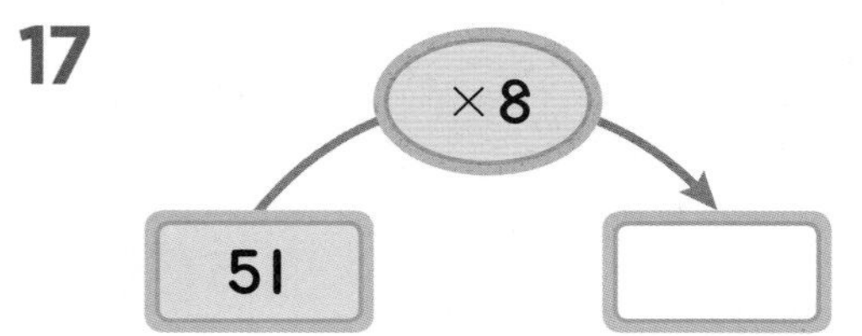


18
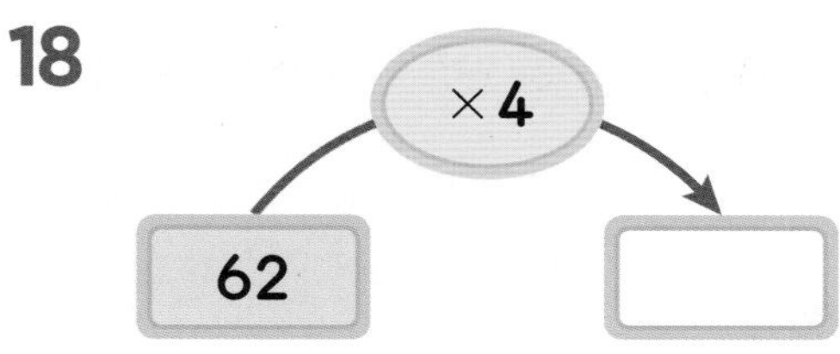


19
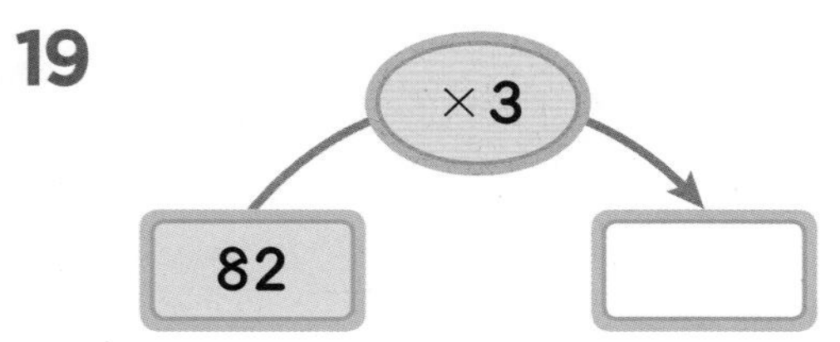


20
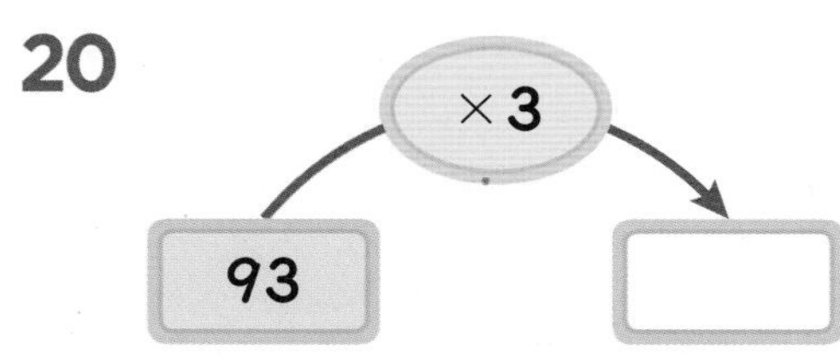


21
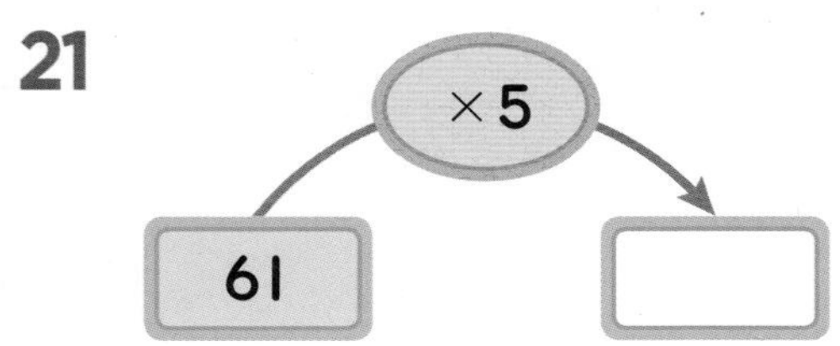


22
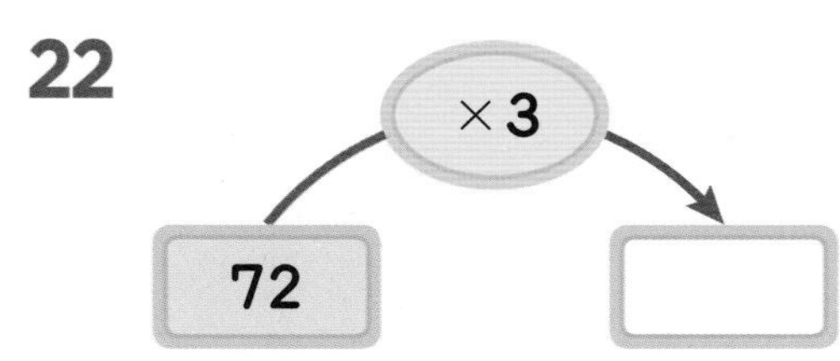


23
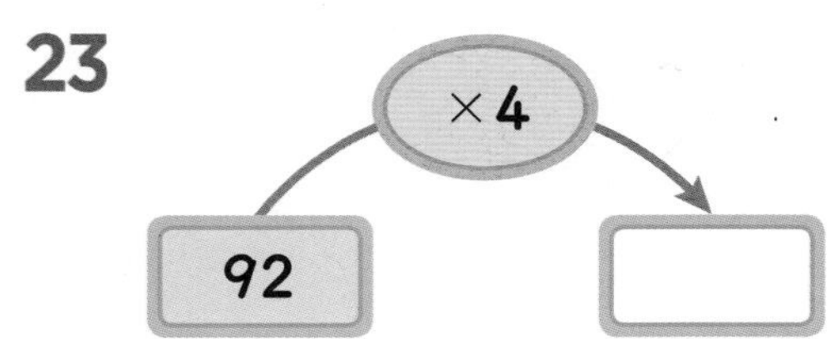


24
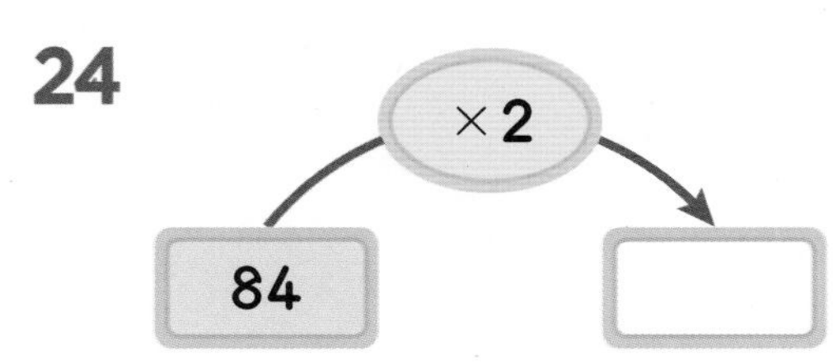

# 일의 자리에서 올림이 있는 (몇십몇)×(몇)의 계산(1)

26×3의 계산

(1) (몇)×(몇)의 값과 (몇십)×(몇)의 값을 더하여 계산합니다.

(2) (몇)×(몇)의 값이 10이거나 10보다 크면 십의 자리에 올림한 수를 작게 쓰고, 십의 자리 계산을 할 때 이 올림한 수를 더해서 계산합니다.

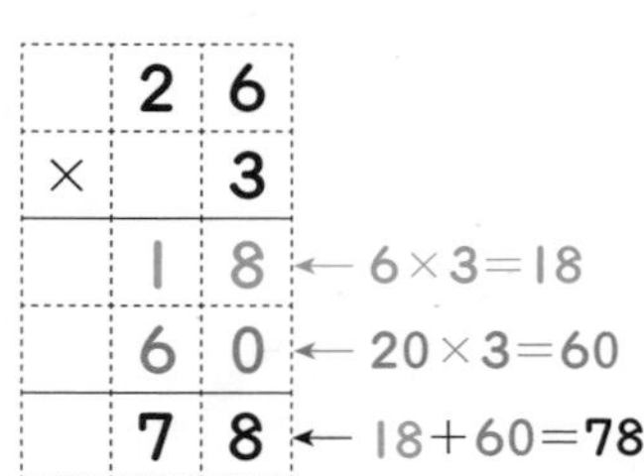


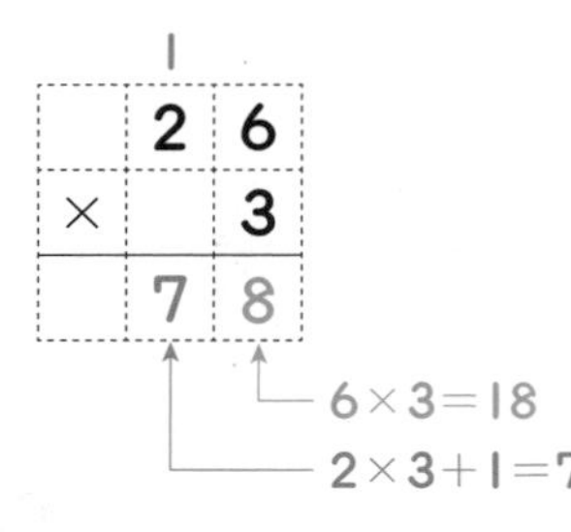


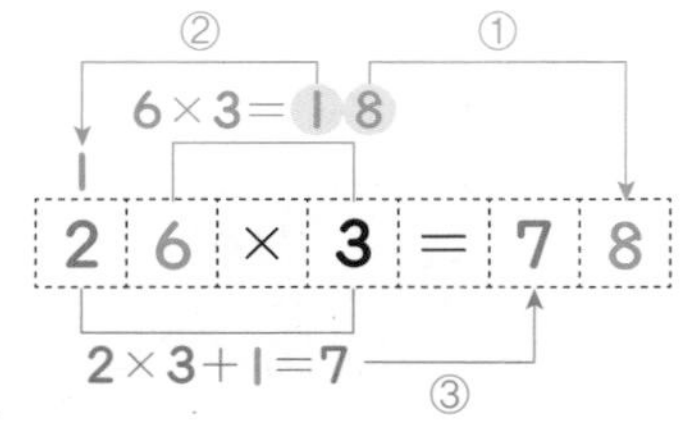


□ 안에 알맞은 수를 써넣으시오. (1~6)

**1** 16×4 ─ 6×4=□, 10×4=□ ─ □

**2** 25×3 ─ 5×3=□, 20×3=□ ─ □

**3** 38×2 ─ □×2=□, □×2=□ ─ □

**4** 17×5 ─ □×5=□, □×5=□ ─ □

**5** 29×3 ─ 9×□=□, 20×□=□ ─ □

**6** 14×6 ─ 4×□=□, 10×□=□ ─ □

| 걸린 시간 | 1~6분 | 6~9분 | 9~12분 |
|---|---|---|---|
| 맞은 개수 | 16~18개 | 11~15개 | 1~10개 |
| 평가 | 참 잘했어요. | 잘했어요. | 좀더 노력해요. |

계산을 하시오. (7 ~ 18)

**7**

| | 1 | 5 |
|---|---|---|
| × | | 4 |

**8**

| | 1 | 9 |
|---|---|---|
| × | | 5 |

**9**

| | 1 | 4 |
|---|---|---|
| × | | 7 |

**10**

| | 2 | 4 |
|---|---|---|
| × | | 3 |

**11**

| | 2 | 6 |
|---|---|---|
| × | | 2 |

**12**

| | 2 | 9 |
|---|---|---|
| × | | 3 |

**13**

| | 3 | 7 |
|---|---|---|
| × | | 2 |

**14**

| | 1 | 5 |
|---|---|---|
| × | | 5 |

**15**

| | 1 | 6 |
|---|---|---|
| × | | 6 |

**16**

| | 2 | 7 |
|---|---|---|
| × | | 3 |

**17**

| | 2 | 3 |
|---|---|---|
| × | | 4 |

**18**

| | 4 | 9 |
|---|---|---|
| × | | 2 |

# 일의 자리에서 올림이 있는 (몇십몇)×(몇)의 계산(2)

계산을 하시오. (1 ~ 18)

1

| | 1 | 3 |
|---|---|---|
| × | | 4 |
| | | |

2

| | 1 | 2 |
|---|---|---|
| × | | 6 |
| | | |

3

| | 1 | 4 |
|---|---|---|
| × | | 5 |
| | | |

4

| | 2 | 4 |
|---|---|---|
| × | | 4 |
| | | |

5

| | 2 | 6 |
|---|---|---|
| × | | 3 |
| | | |

6

| | 2 | 8 |
|---|---|---|
| × | | 2 |
| | | |

7

| | 3 | 6 |
|---|---|---|
| × | | 2 |
| | | |

8

| | 3 | 9 |
|---|---|---|
| × | | 2 |
| | | |

9

| | 4 | 6 |
|---|---|---|
| × | | 2 |
| | | |

10

| | 1 | 7 |
|---|---|---|
| × | | 4 |
| | | |

11

| | 1 | 8 |
|---|---|---|
| × | | 5 |
| | | |

12

| | 1 | 9 |
|---|---|---|
| × | | 4 |
| | | |

13

| | 2 | 6 |
|---|---|---|
| × | | 2 |
| | | |

14

| | 2 | 8 |
|---|---|---|
| × | | 3 |
| | | |

15

| | 2 | 5 |
|---|---|---|
| × | | 3 |
| | | |

16

| | 3 | 8 |
|---|---|---|
| × | | 2 |
| | | |

17

| | 4 | 7 |
|---|---|---|
| × | | 2 |
| | | |

18

| | 1 | 6 |
|---|---|---|
| × | | 5 |
| | | |

| 걸린 시간 | 1~10분 | 10~15분 | 15~20분 |
|---|---|---|---|
| 맞은 개수 | 30~34개 | 23~29개 | 1~22개 |
| 평가 | 참 잘했어요. | 잘했어요. | 좀더 노력해요. |

계산을 하시오. (19 ~ 34)

19 $12 \times 7 =$

20 $13 \times 5 =$

21 $15 \times 6 =$

22 $14 \times 7 =$

23 $23 \times 4 =$

24 $24 \times 3 =$

25 $27 \times 3 =$

26 $35 \times 2 =$

27 $37 \times 2 =$

28 $48 \times 2 =$

29 $16 \times 4 =$

30 $17 \times 5 =$

31 $18 \times 4 =$

32 $26 \times 3 =$

33 $29 \times 3 =$

34 $19 \times 5 =$

# 일의 자리에서 올림이 있는 (몇십몇)×(몇)의 계산(3)

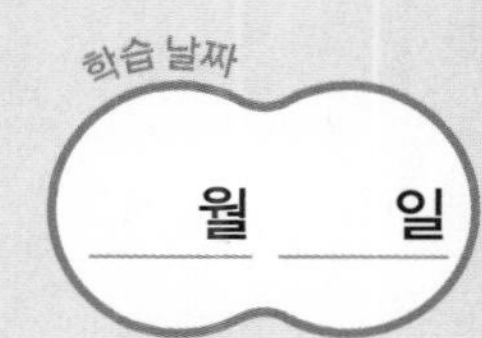


□ 안에 알맞은 수를 써넣으시오. (1~12)

1
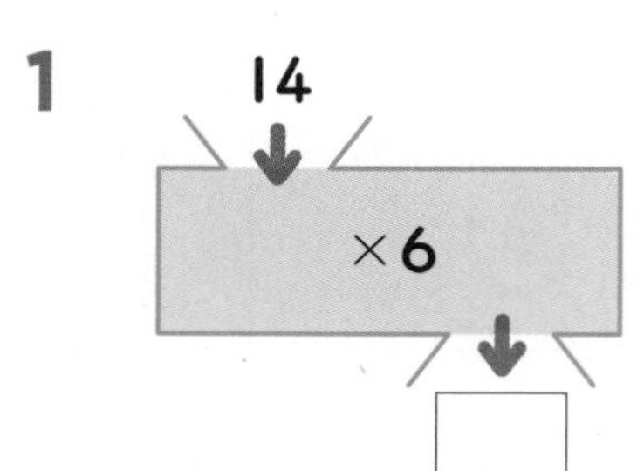


2
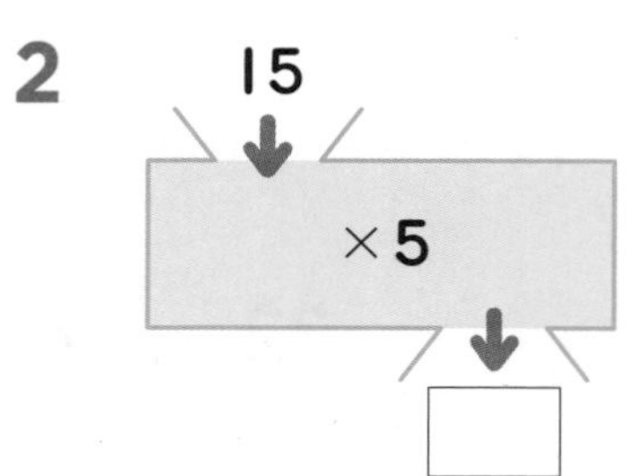


3
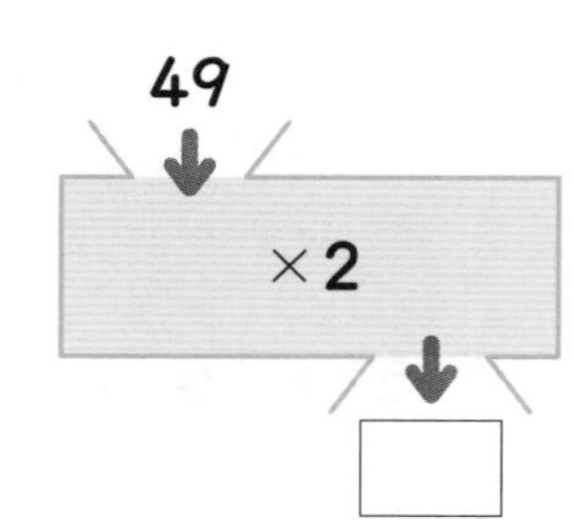


4
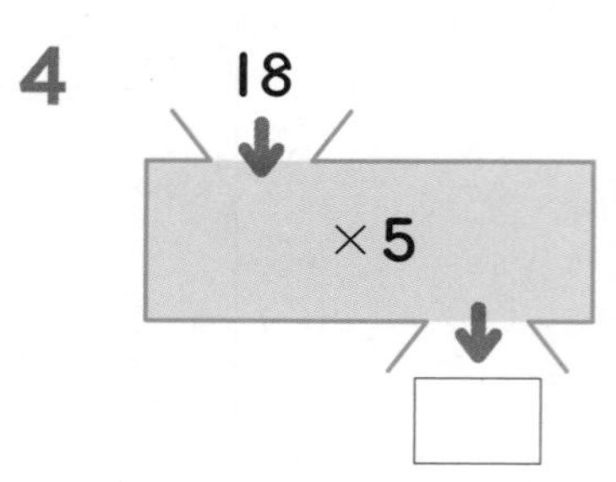


5
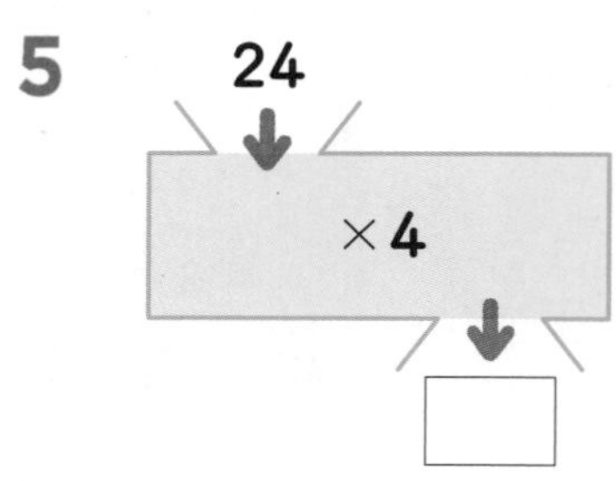


6
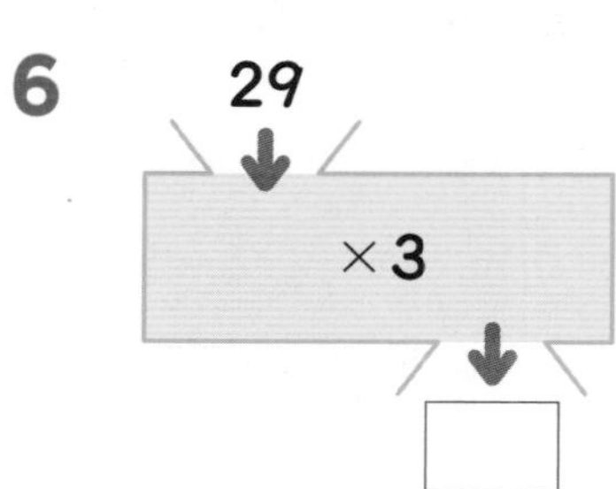


7

14

×7

8
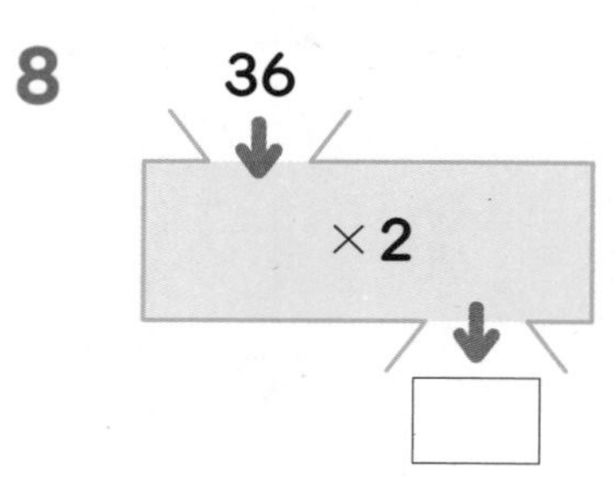


9
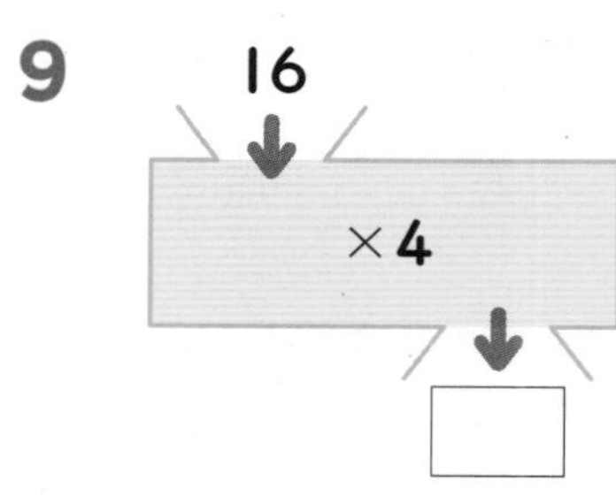


10
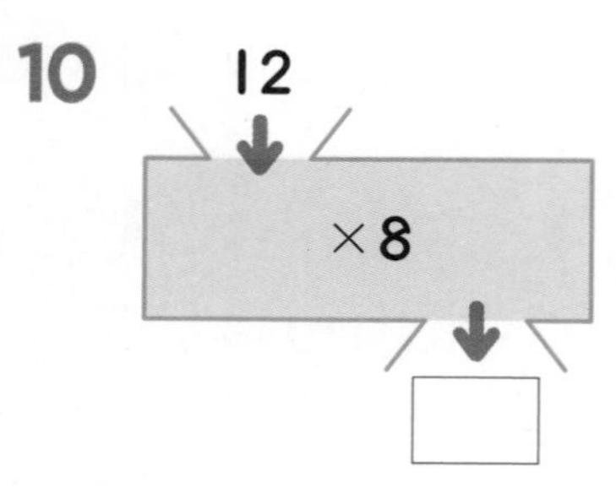


11
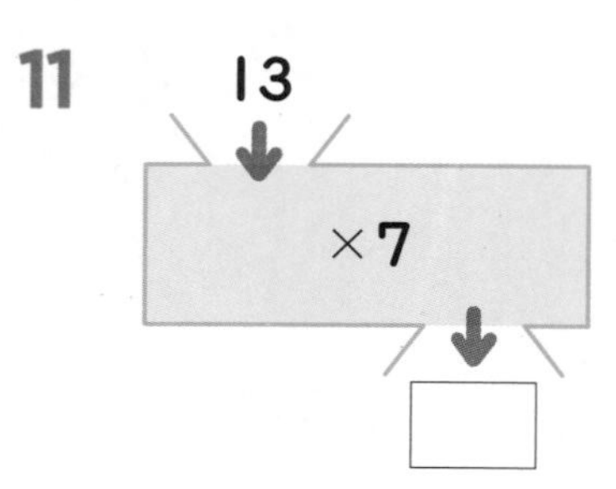


12
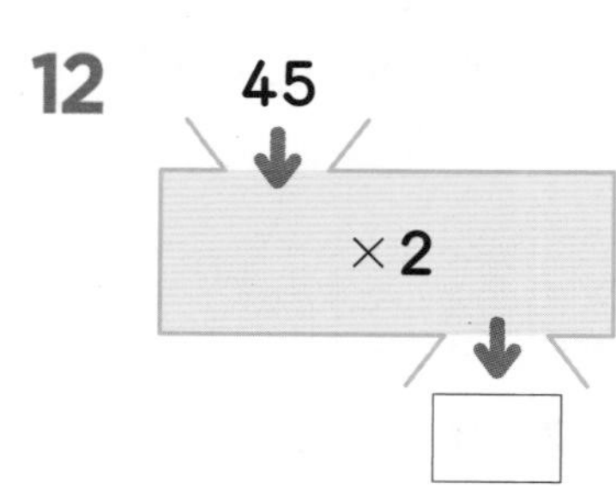

계산은 빠르고 정확하게!

| 걸린 시간 | 1~7분 | 7~10분 | 10~13분 |
| --- | --- | --- | --- |
| 맞은 개수 | 22~24개 | 17~21개 | 1~16개 |
| 평가 | 참 잘했어요. | 잘했어요. | 좀더 노력해요. |

빈 곳에 알맞은 수를 써넣으시오. (13 ~ 24)

**13**

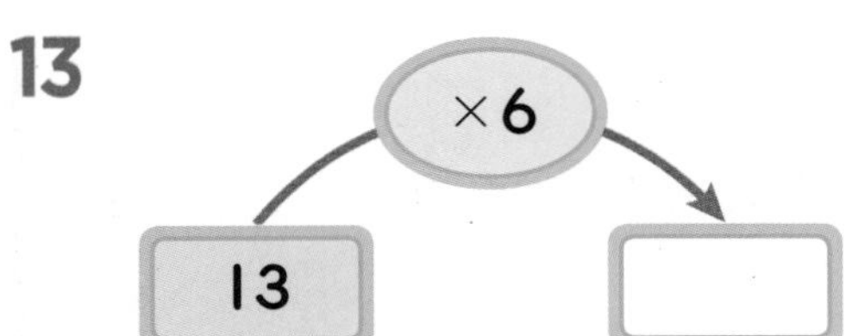


**14**

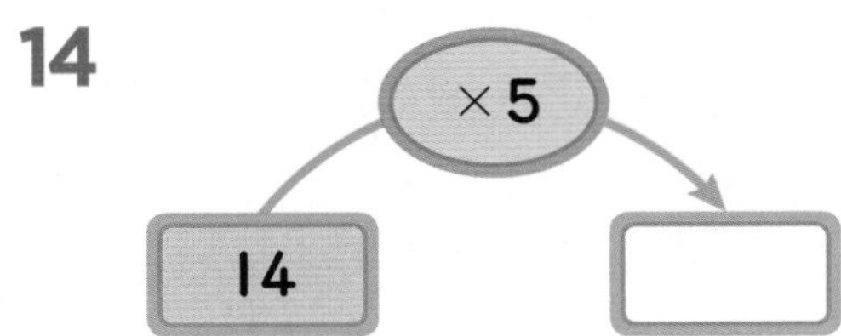


**15**

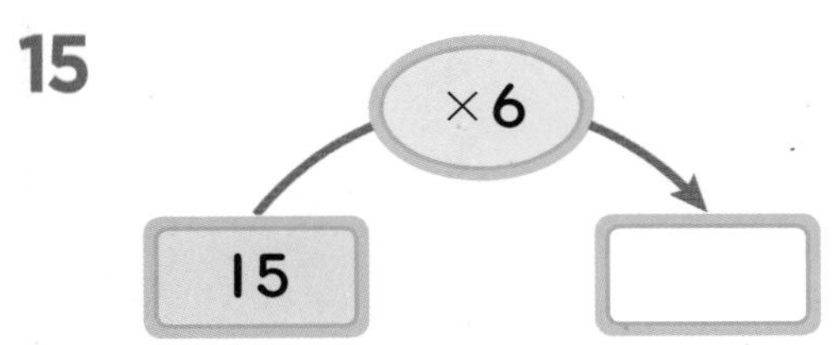


**16**

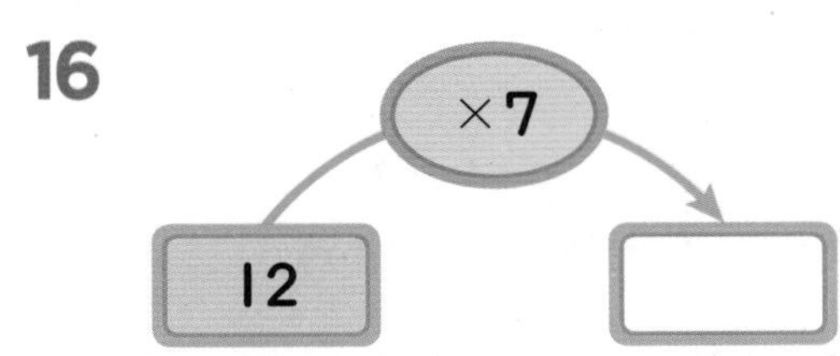


**17**

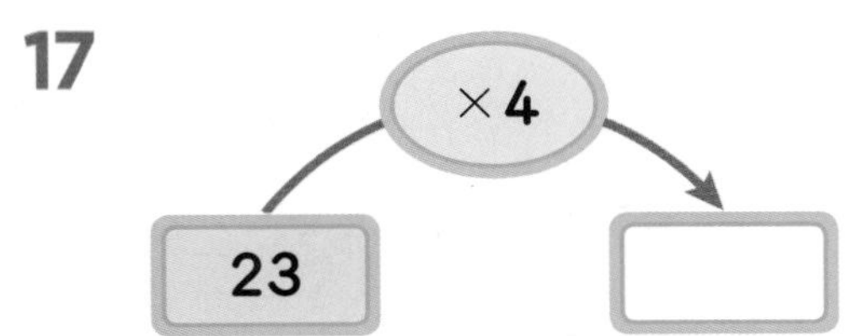


**18**

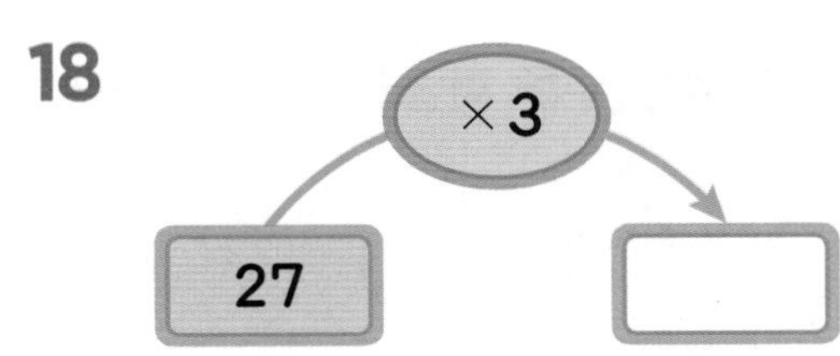


**19**

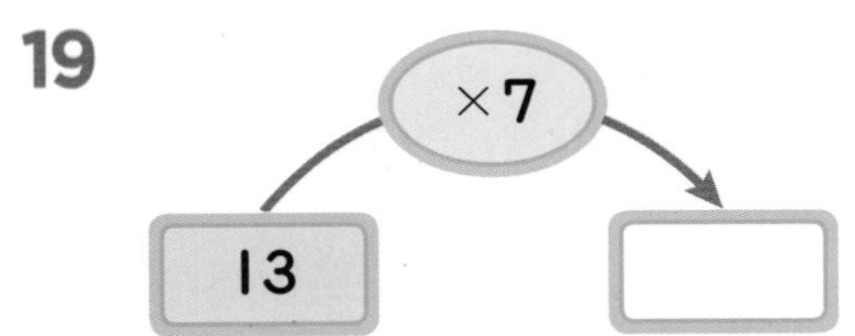


**20**

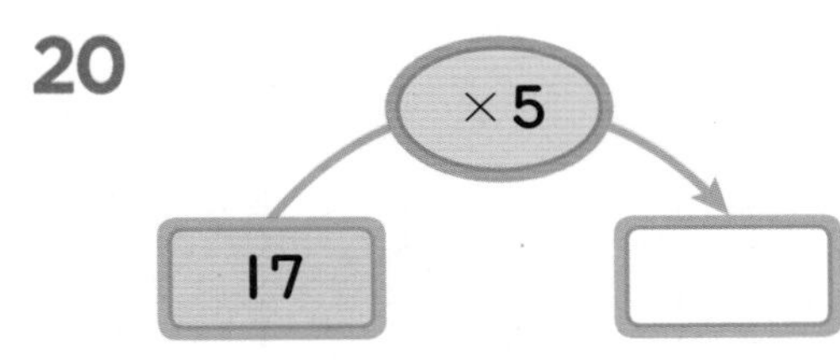


**21**

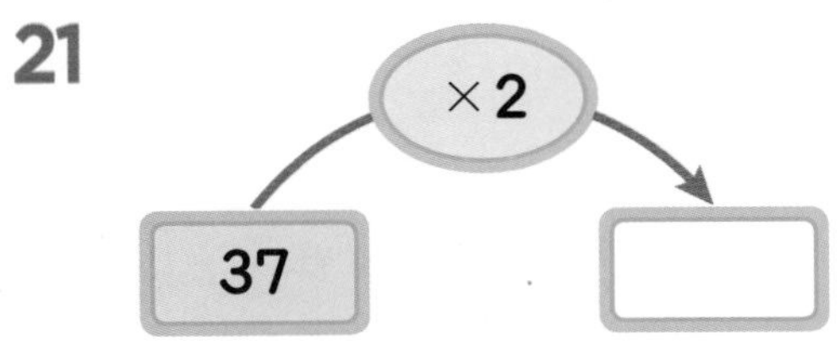


**22**

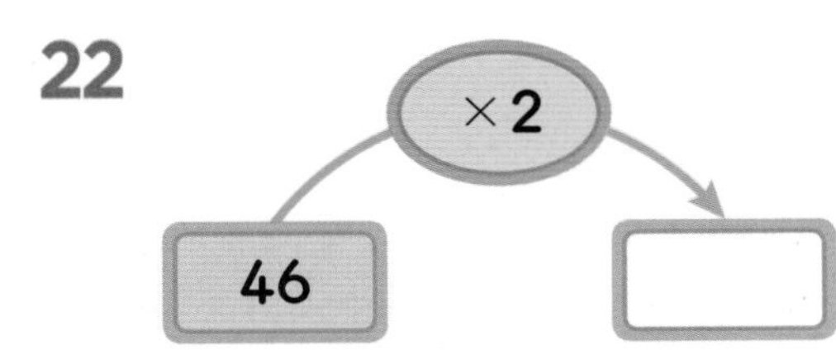


**23**

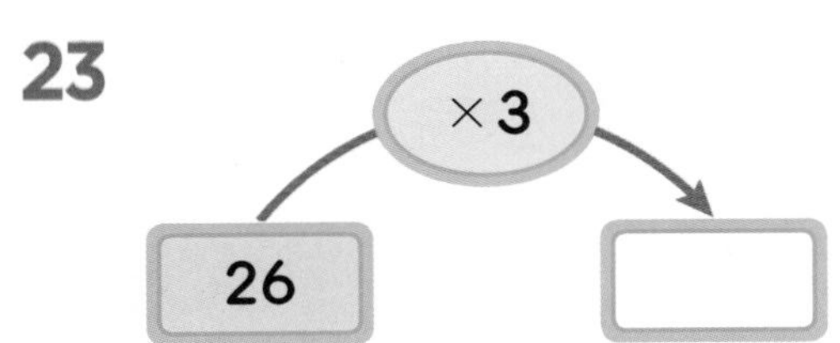


**24**

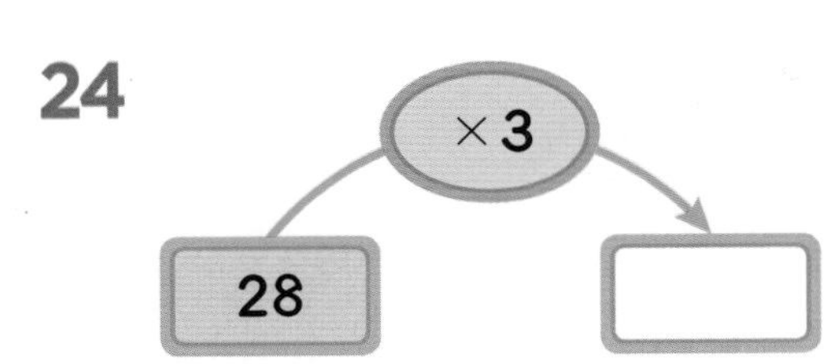

# 11 올림이 두 번 있는 (몇십몇)×(몇)의 계산(1)

36×4의 계산

(1) (몇)×(몇)의 값과 (몇십)×(몇)의 값을 더하여 계산합니다.

(2) 일의 자리 계산에서 올림한 수는 십의 자리 위에 작게 쓰고, 십의 자리 계산에서 올림한 수는 백의 자리에 써서 계산합니다.

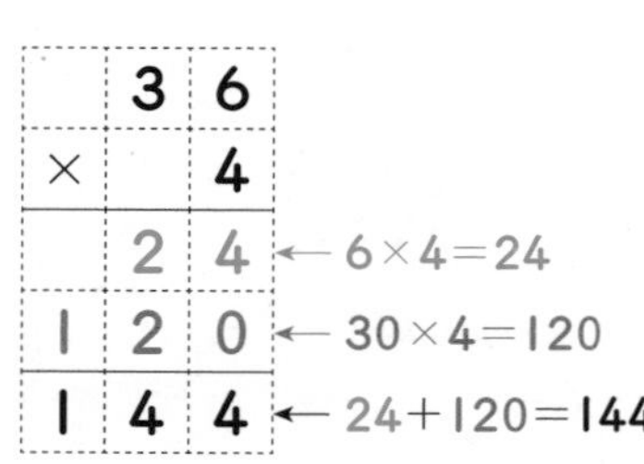


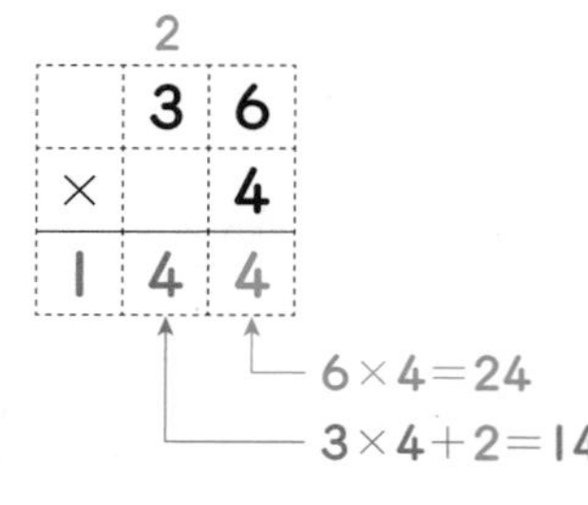


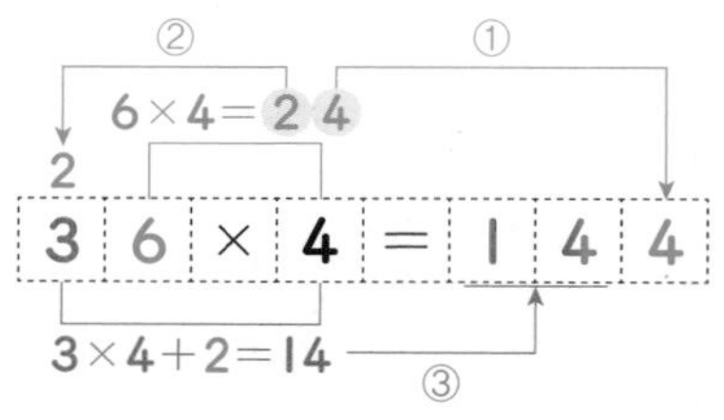


□ 안에 알맞은 수를 써넣으시오. (1~6)

**1** 36×7 — 6×7=□, 30×7=□ → □

**2** 45×5 — 5×5=□, 40×5=□ → □

**3** 53×4 — □×4=□, □×4=□ → □

**4** 64×6 — □×6=□, □×6=□ → □

**5** 72×8 — 2×□=□, 70×□=□ → □

**6** 83×9 — 3×□=□, 80×□=□ → □

계산은 빠르고 정확하게!

| 걸린 시간 | 1~6분 | 6~9분 | 9~12분 |
|---|---|---|---|
| 맞은 개수 | 17~18개 | 13~16개 | 1~12개 |
| 평가 | 참 잘했어요. | 잘했어요. | 좀더 노력해요. |

계산을 하시오. (7 ~ 18)

7
| | 2 | 3 |
|---|---|---|
| × | | 6 |
| | 1 | 8 |
| 1 | 2 | 0 |
| | | |

8
| | 3 | 4 |
|---|---|---|
| × | | 7 |

9
| | 4 | 5 |
|---|---|---|
| × | | 8 |

10
| | 5 | 6 |
|---|---|---|
| × | | 4 |

11
| | 6 | 7 |
|---|---|---|
| × | | 5 |

12
| | 7 | 8 |
|---|---|---|
| × | | 3 |

13
| | 8 | 9 |
|---|---|---|
| × | | 3 |

14
| | 3 | 6 |
|---|---|---|
| × | | 5 |

15
| | 4 | 7 |
|---|---|---|
| × | | 6 |

16
| | 5 | 8 |
|---|---|---|
| × | | 7 |

17
| | 6 | 9 |
|---|---|---|
| × | | 8 |

18
| | 7 | 4 |
|---|---|---|
| × | | 9 |

# 올림이 두 번 있는 (몇십몇)×(몇)의 계산(2)

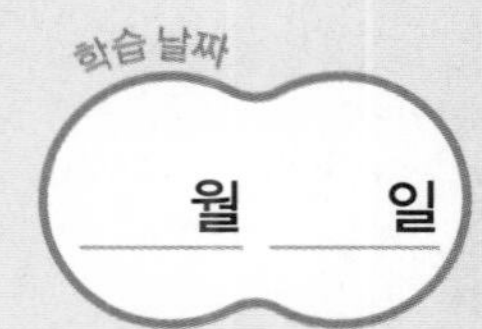


계산을 하시오. (1 ~ 18)

1

| | 3 | 5 |
|---|---|---|
| × | | 6 |
| | | |

2

| | 4 | 4 |
|---|---|---|
| × | | 7 |
| | | |

3

| | 5 | 2 |
|---|---|---|
| × | | 8 |
| | | |

4

| | 6 | 3 |
|---|---|---|
| × | | 6 |
| | | |

5

| | 7 | 3 |
|---|---|---|
| × | | 7 |
| | | |

6

| | 8 | 6 |
|---|---|---|
| × | | 8 |
| | | |

7

| | 2 | 7 |
|---|---|---|
| × | | 5 |
| | | |

8

| | 3 | 8 |
|---|---|---|
| × | | 6 |
| | | |

9

| | 4 | 9 |
|---|---|---|
| × | | 7 |
| | | |

10

| | 5 | 4 |
|---|---|---|
| × | | 8 |
| | | |

11

| | 6 | 5 |
|---|---|---|
| × | | 9 |
| | | |

12

| | 7 | 6 |
|---|---|---|
| × | | 6 |
| | | |

13

| | 8 | 7 |
|---|---|---|
| × | | 5 |
| | | |

14

| | 9 | 8 |
|---|---|---|
| × | | 4 |
| | | |

15

| | 6 | 7 |
|---|---|---|
| × | | 3 |
| | | |

16

| | 7 | 8 |
|---|---|---|
| × | | 7 |
| | | |

17

| | 6 | 9 |
|---|---|---|
| × | | 4 |
| | | |

18

| | 5 | 7 |
|---|---|---|
| × | | 6 |
| | | |

| 걸린 시간 | 1~10분 | 10~15분 | 15~20분 |
|---|---|---|---|
| 맞은 개수 | 31~34개 | 23~30개 | 1~22개 |
| 평가 | 참 잘했어요. | 잘했어요. | 좀더 노력해요. |

계산을 하시오. (19 ~ 34)

19 $34 \times 5 =$

20 $45 \times 6 =$

21 $56 \times 7 =$

22 $67 \times 8 =$

23 $78 \times 9 =$

24 $24 \times 6 =$

25 $35 \times 7 =$

26 $46 \times 8 =$

27 $57 \times 9 =$

28 $97 \times 6 =$

29 $86 \times 5 =$

30 $75 \times 4 =$

31 $64 \times 3 =$

32 $54 \times 6 =$

33 $65 \times 7 =$

34 $76 \times 8 =$

# 올림이 두 번 있는 (몇십몇)×(몇)의 계산(3)

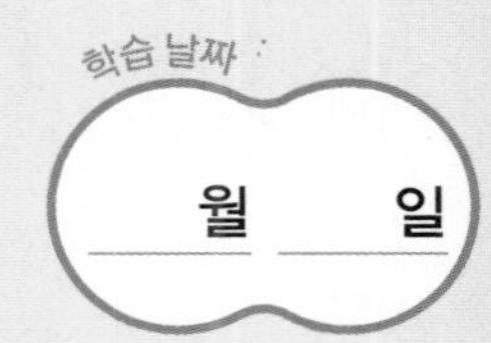


□ 안에 알맞은 수를 써넣으시오. (1 ~ 12)

1
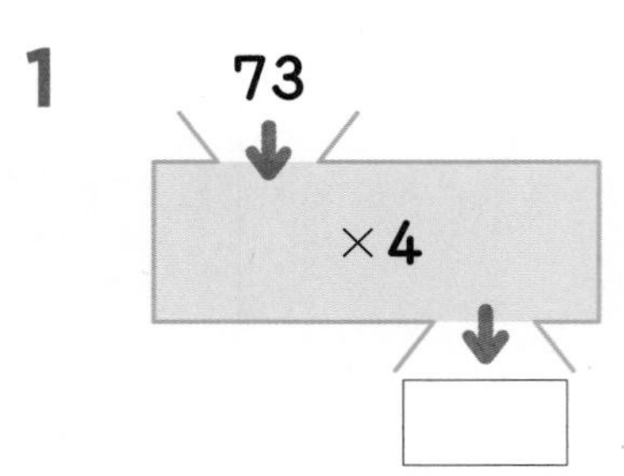


2
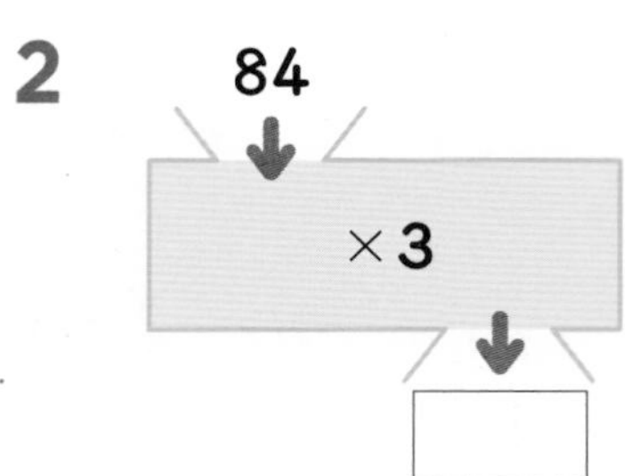


3
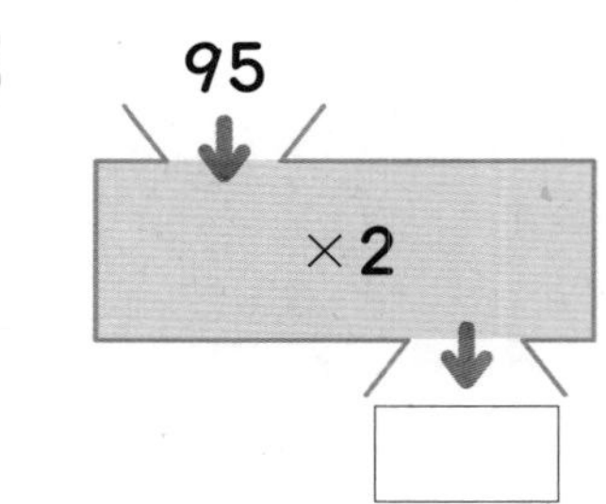


4
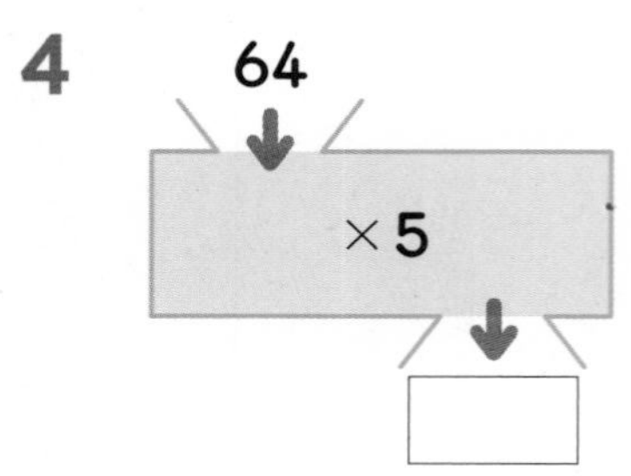


5
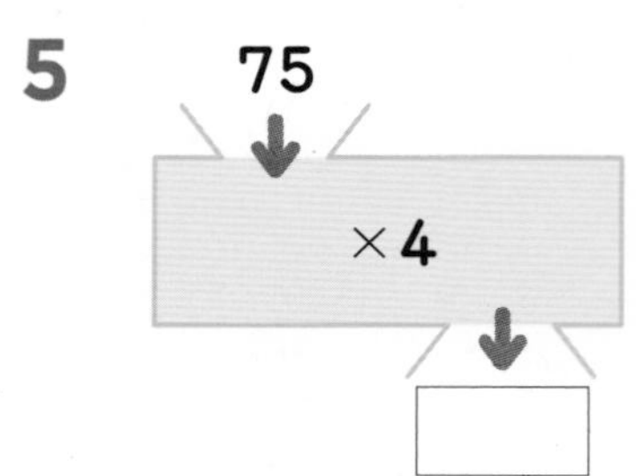


6
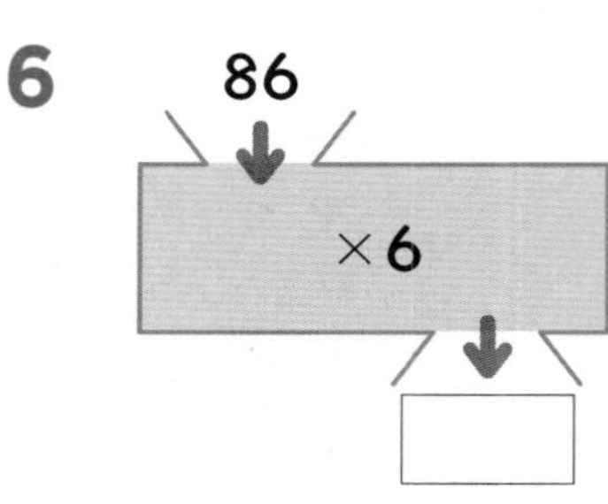


7
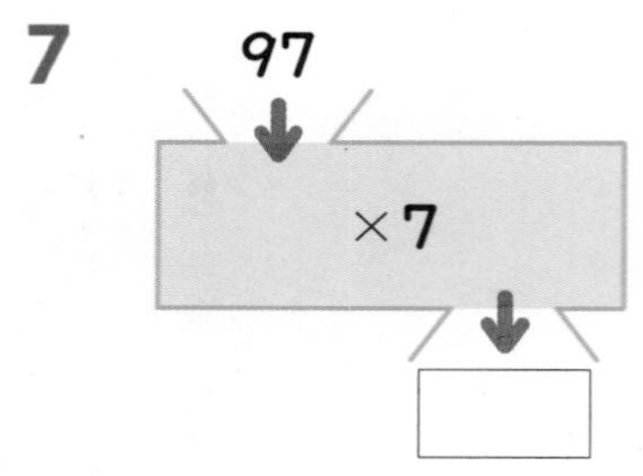


8
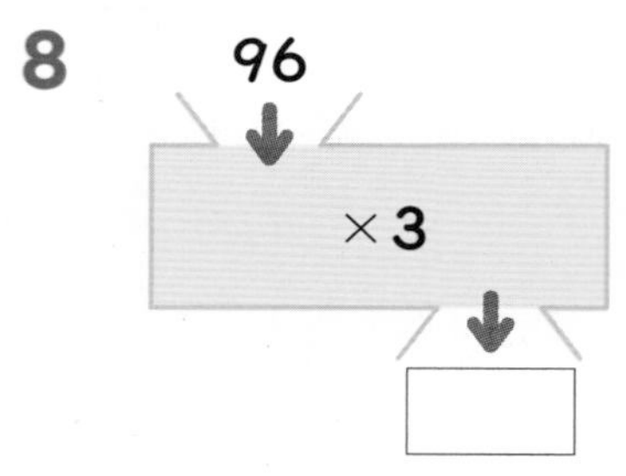


9
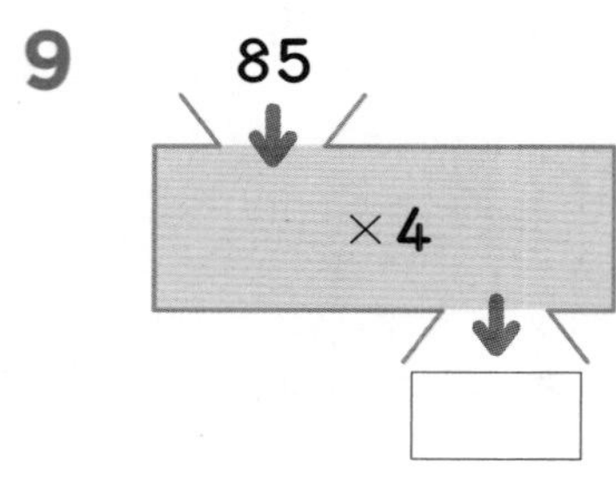


10
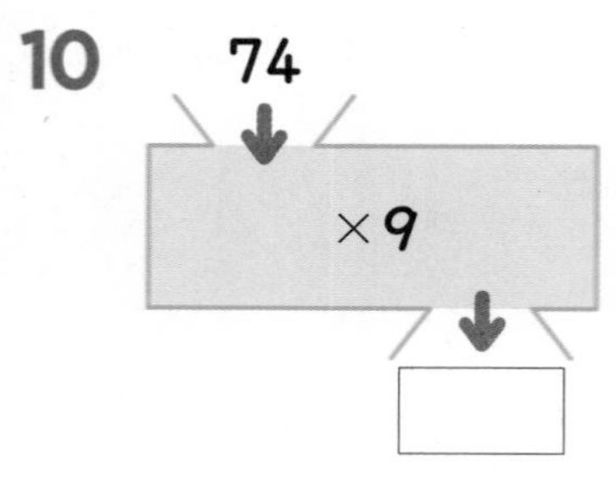


11
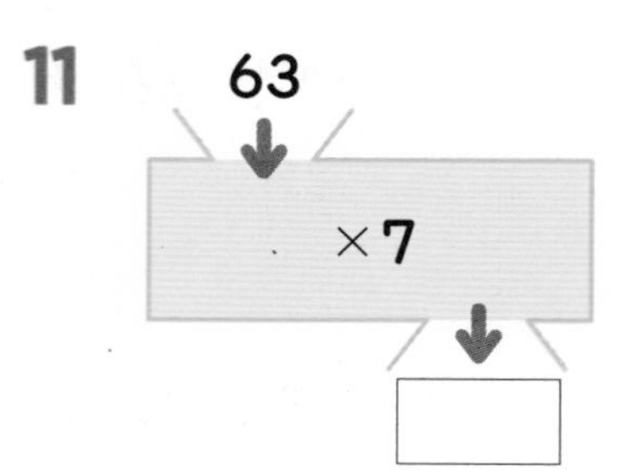


12
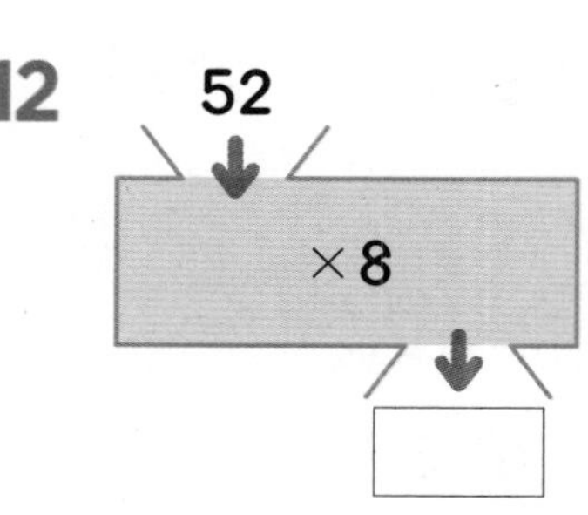

| 걸린 시간 | 1~8분 | 8~12분 | 12~16분 |
|---|---|---|---|
| 맞은 개수 | 22~24개 | 17~21개 | 1~16개 |
| 평가 | 참 잘했어요. | 잘했어요. | 좀더 노력해요. |

빈 곳에 알맞은 수를 써넣으시오. (13 ~ 24)

13
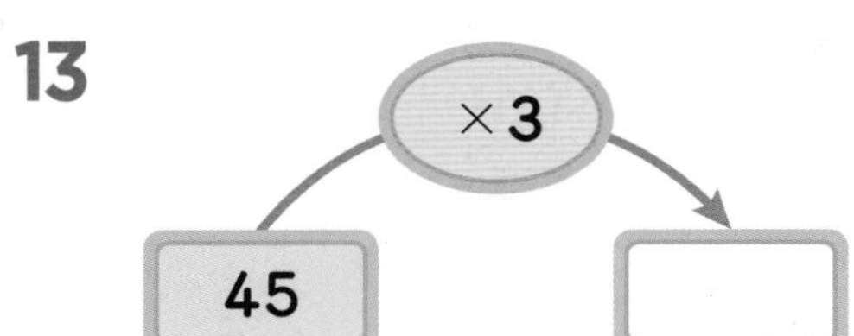


14
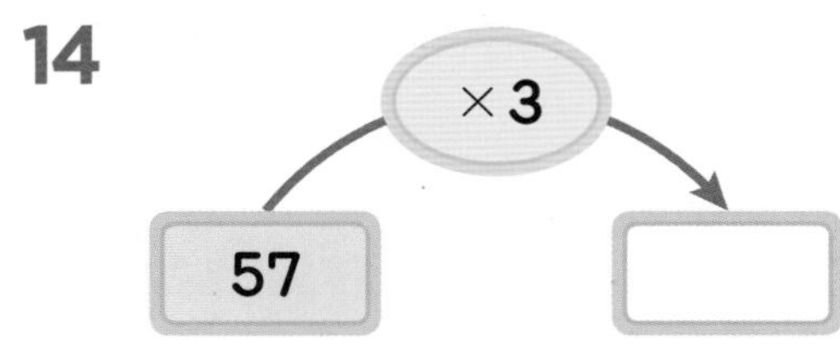


15
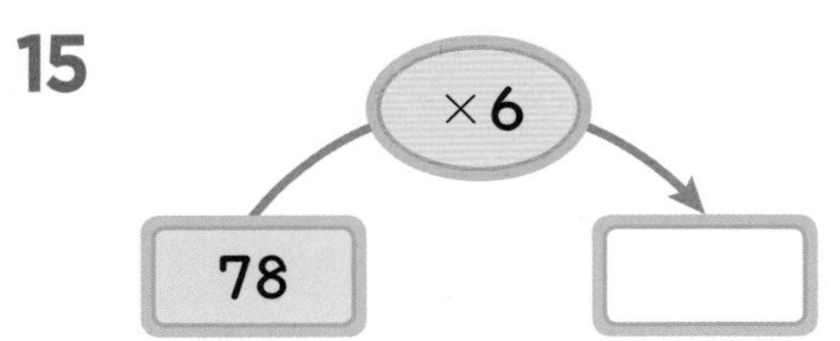


16
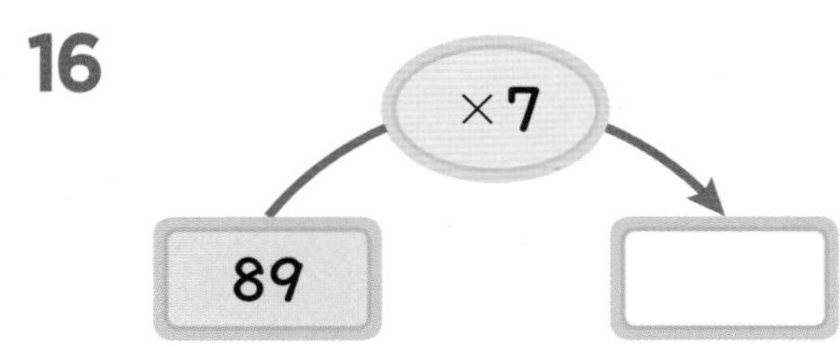


17
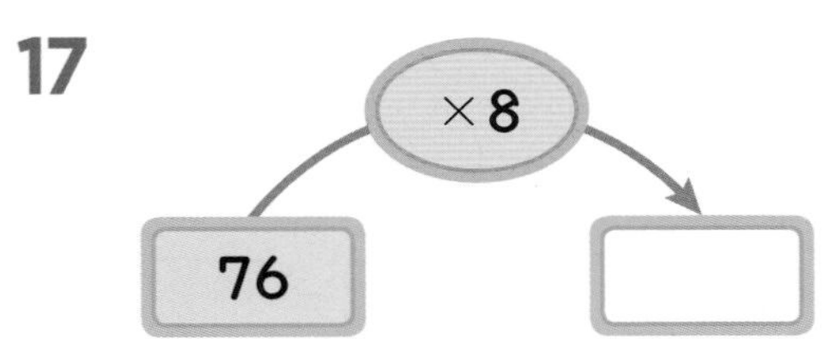


18
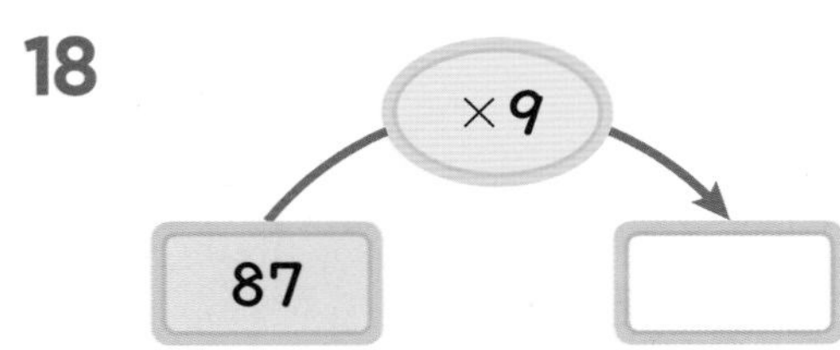


19
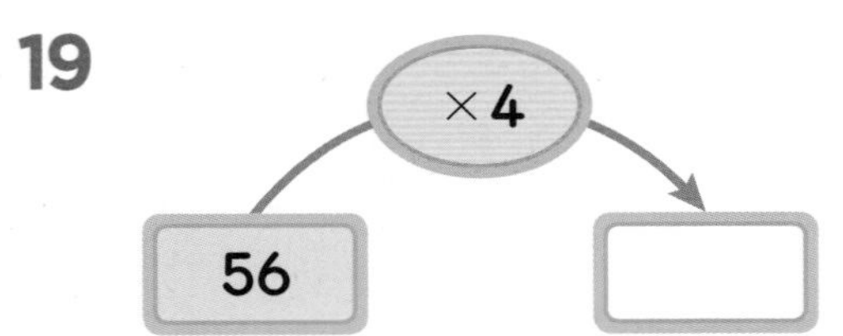


20
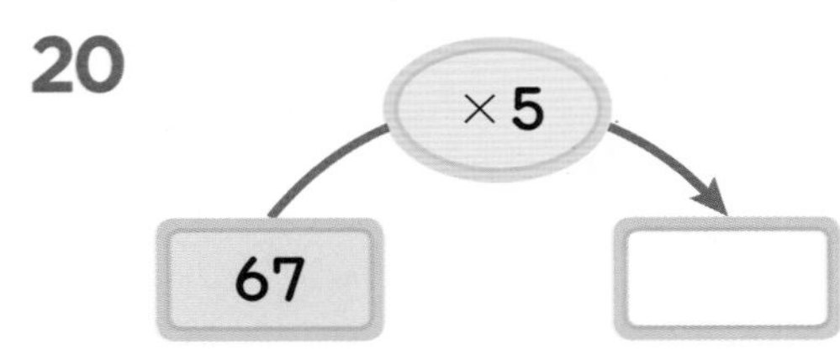


21
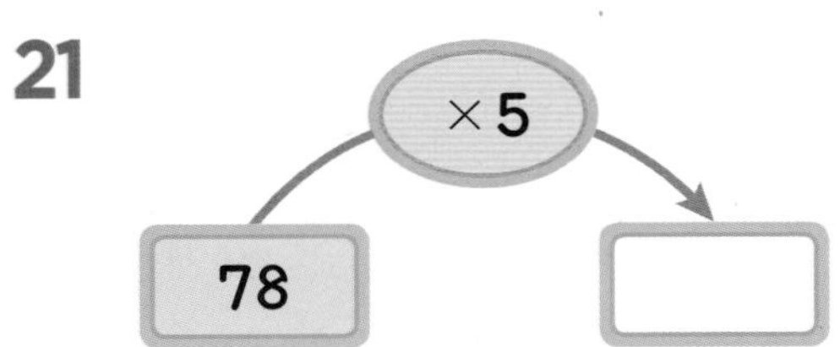


22
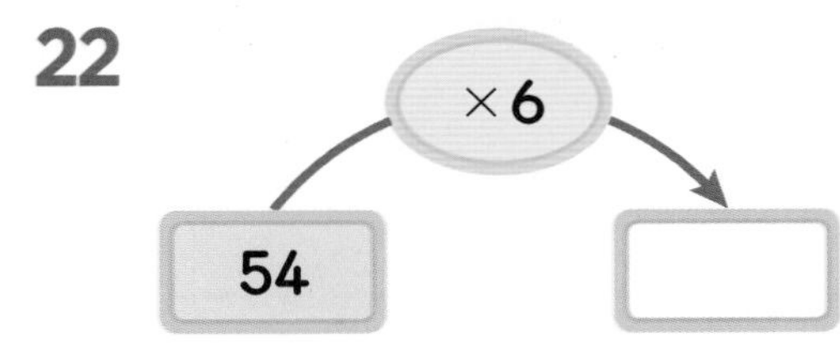


23
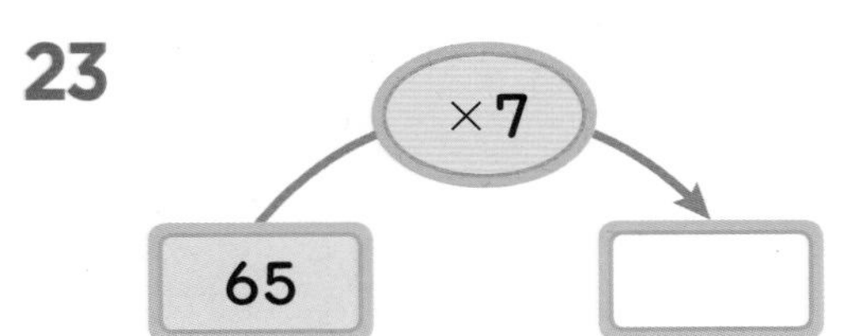


24
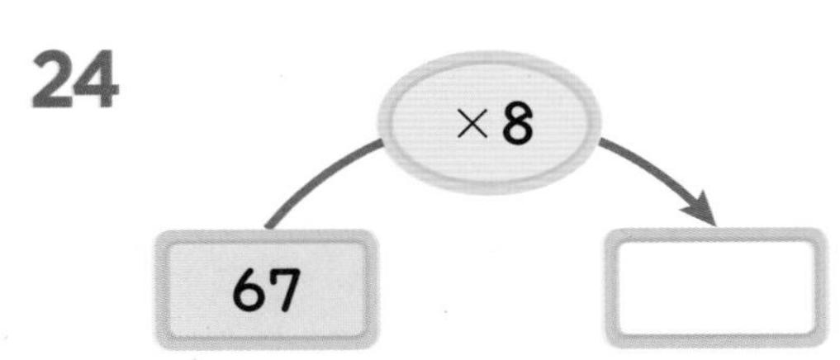

# 12 신기한 연산

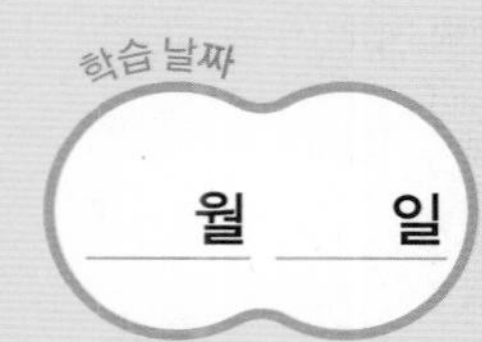


주어진 조건에서 ▲는 얼마를 나타내는지 구하시오. (1~8)

**1** ♥×5=45  ▲÷♥=5  ▲=□

**2** ♥×6=24  ▲÷♥=7  ▲=□

**3** ♥×4=32  ▲÷♥=9  ▲=□

**4** ♥×6=54  ▲÷♥=7  ▲=□

**5** ♥×♥=36  ▲÷♥=8  ▲=□

**6** ♥×♥=49  ▲÷♥=6  ▲=□

**7** ♥×♥+20=56  ▲÷♥=5  ▲=□

**8** ♥×♥−16=65  ▲÷♥=4  ▲=□

| 걸린 시간 | 1~10분 | 10~15분 | 15~20분 |
|---|---|---|---|
| 맞은 개수 | 21~23개 | 15~20개 | 1~14개 |
| 평가 | 참 잘했어요. | 잘했어요. | 좀더 노력해요. |

□ 안에 알맞은 수를 써넣으시오. (9 ~ 23) 

**9**
```
   1 8
×    □
  □ 2
```

**10**
```
   2 3
×    □
  □ 2
```

**11**
```
   3 8
×    □
  □ 6
```

**12**
```
   9 4
×    □
1 □ 8
```

**13**
```
   6 2
×    □
□ 4 8
```

**14**
```
   5 3
×    □
□ □ 9
```

**15**
```
   □ 3
×    □
□ 4 6
```

**16**
```
   □ 2
×    □
□ 3 4
```

**17**
```
   □ 3
×    □
□ 4 9
```

**18**
```
   4 □
×    7
□ □ 5
```

**19**
```
   6 □
×    3
□ □ 8
```

**20**
```
   4 □
×    9
□ □ 3
```

**21**
```
   □ 3
×    □
3 7 1
```

**22**
```
   □ 6
×    □
4 8 0
```

**23**
```
   □ 4
×    □
4 4 4
```

# 확인 평가

□ 안에 알맞은 수를 써넣으시오. (1~18)

**1** $28\div4=7$ → $4\times\square=\square$, $7\times\square=\square$

**2** $45\div5=9$ → $5\times\square=\square$, $9\times\square=\square$

**3** $63\div9=7$ → $9\times\square=\square$, $7\times\square=\square$

**4** $72\div8=9$ → $8\times\square=\square$, $9\times\square=\square$

**5** $54\div6=\square$ ⟺ $6\times\square=54$

**6** $48\div8=\square$ ⟺ $8\times\square=48$

**7** $56\div7=\square$ ⟺ $7\times\square=56$

**8** $35\div5=\square$ ⟺ $5\times\square=35$

**9** $2\times\square=16$ ⟺ $16\div2=\square$

**10** $4\times\square=28$ ⟺ $28\div4=\square$

**11** $9\times\square=81$ ⟺ $81\div9=\square$

**12** $7\times\square=49$ ⟺ $49\div7=\square$

**13** $12\div3=\square$

**14** $21\div7=\square$

**15** $32\div4=\square$

**16** $36\div9=\square$

**17** $42\div7=\square$

**18** $56\div8=\square$

| 걸린 시간 | 1~15분 | 15~20분 | 20~25분 |
| --- | --- | --- | --- |
| 맞은 개수 | 46~51개 | 36~45개 | 1~35개 |
| 평가 | 참 잘했어요. | 잘했어요. | 좀더 노력해요. |

계산을 하시오. (19 ~ 33)

**19** $4\overline{)24}$

**20** $3\overline{)27}$

**21** $5\overline{)40}$

**22** $6\overline{)30}$

**23** $7\overline{)42}$

**24** $8\overline{)72}$

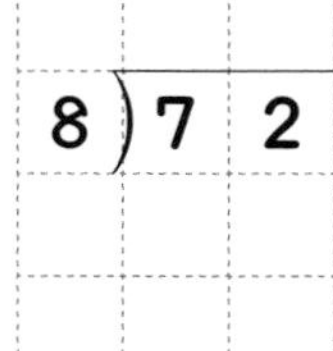

**25** $\begin{array}{r} 13 \\ \times\ \ 2 \\ \hline \end{array}$

**26** $\begin{array}{r} 12 \\ \times\ \ 4 \\ \hline \end{array}$

**27** $\begin{array}{r} 21 \\ \times\ \ 3 \\ \hline \end{array}$

**28** $\begin{array}{r} 22 \\ \times\ \ 4 \\ \hline \end{array}$

**29** $\begin{array}{r} 14 \\ \times\ \ 2 \\ \hline \end{array}$

**30** $\begin{array}{r} 23 \\ \times\ \ 3 \\ \hline \end{array}$

**31** $\begin{array}{r} 31 \\ \times\ \ 3 \\ \hline \end{array}$

**32** $\begin{array}{r} 42 \\ \times\ \ 2 \\ \hline \end{array}$

**33** $\begin{array}{r} 33 \\ \times\ \ 3 \\ \hline \end{array}$

# 확인 평가

계산을 하시오. (34 ~ 51)

34

| | 4 | 1 |
|---|---|---|
| × | | 3 |
| | | |

35

| | 5 | 2 |
|---|---|---|
| × | | 4 |
| | | |

36

| | 6 | 3 |
|---|---|---|
| × | | 2 |
| | | |

37

| | 7 | 2 |
|---|---|---|
| × | | 4 |
| | | |

38

| | 8 | 3 |
|---|---|---|
| × | | 3 |
| | | |

39

| | 9 | 2 |
|---|---|---|
| × | | 2 |
| | | |

40

| | 2 | 4 |
|---|---|---|
| × | | 3 |
| | | |

41

| | 4 | 7 |
|---|---|---|
| × | | 2 |
| | | |

42

| | 2 | 5 |
|---|---|---|
| × | | 3 |
| | | |

43

| | 3 | 6 |
|---|---|---|
| × | | 4 |
| | | |

44

| | 4 | 3 |
|---|---|---|
| × | | 5 |
| | | |

45

| | 5 | 7 |
|---|---|---|
| × | | 6 |
| | | |

46 $23 \times 3 =$

47 $62 \times 4 =$

48 $73 \times 3 =$

49 $45 \times 5 =$

50 $37 \times 6 =$

51 $59 \times 7 =$

# 3

# 길이와 시간

# 1 I cm보다 작은 단위(1)

• I cm에는 작은 눈금 10칸이 똑같이 나누어져 있습니다.
이 작은 눈금 한 칸의 길이를 I mm라 쓰고 I 밀리미터라고 읽습니다.

I cm=10 mm

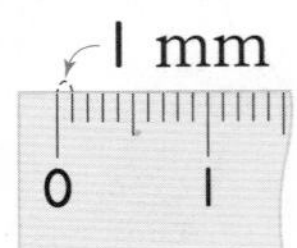

• 4 cm보다 2 mm 더 긴 것을 4 cm 2 mm라 쓰고 4 센티미터 2 밀리미터라고 읽습니다.
4 cm 2 mm는 42 mm입니다.

4 cm 2 mm=42 mm

길이를 읽어 보시오. (1~4)

1 8 mm

➡ (　　　　　　　　　　)

2 25 mm

➡ (　　　　　　　　　　)

3 3 cm 6 mm

➡ (　　　　　　　　　　)

4 8 cm 5 mm

➡ (　　　　　　　　　　)

길이를 써 보시오. (5~8)

5 9 밀리미터

➡ (　　　　　　　　　　)

6 16 밀리미터

➡ (　　　　　　　　　　)

7 5 센티미터 8 밀리미터

➡ (　　　　　　　　　　)

8 12 센티미터 4 밀리미터

➡ (　　　　　　　　　　)

계산은 빠르고 정확하게!

| 걸린 시간 | 1~4분 | 4~6분 | 6~8분 |
| --- | --- | --- | --- |
| 맞은 개수 | 18~20개 | 14~17개 | 1~13개 |
| 평가 | 참 잘했어요. | 잘했어요. | 좀더 노력해요. |

 □ 안에 알맞은 수를 써넣으시오. (9 ~ 20)

9
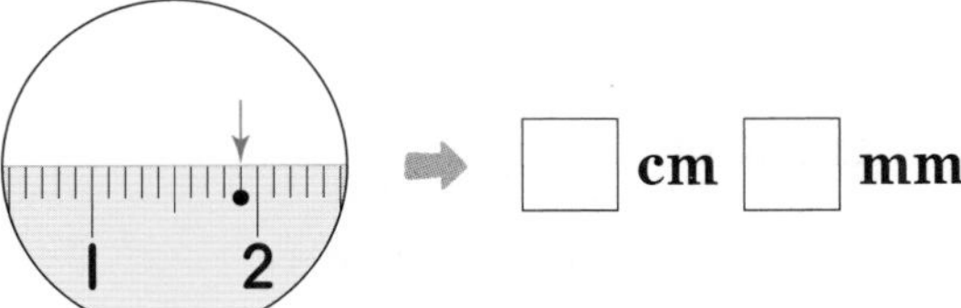


10
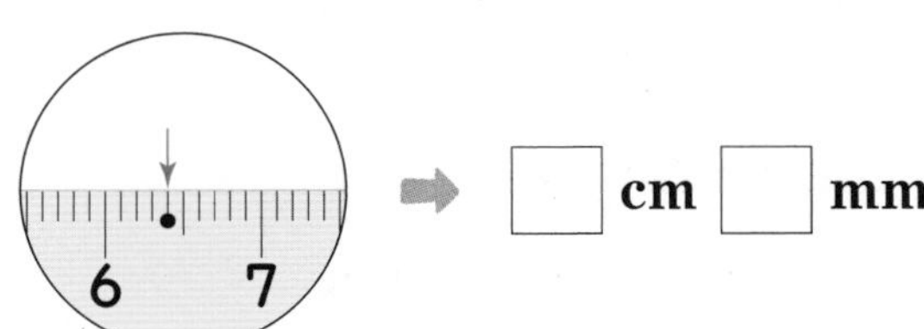


11
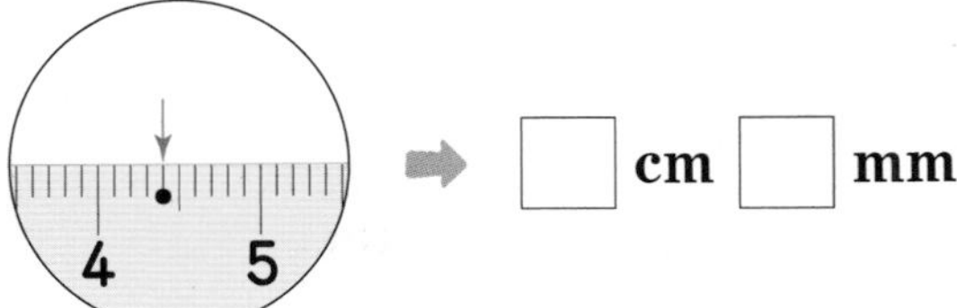


12
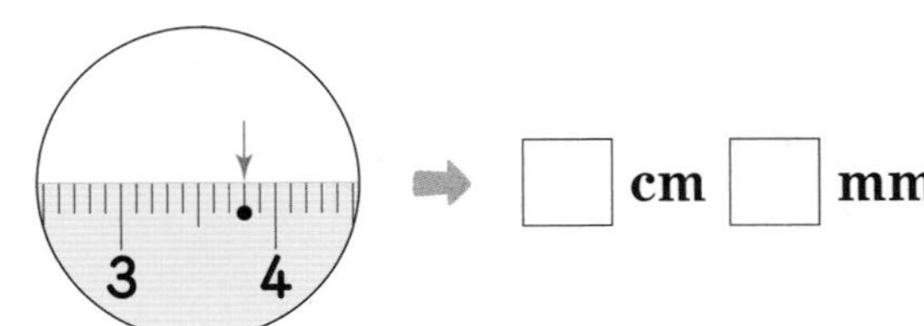


13
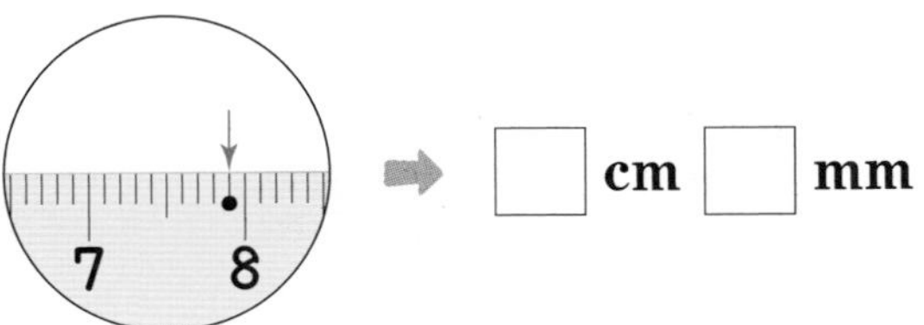


14
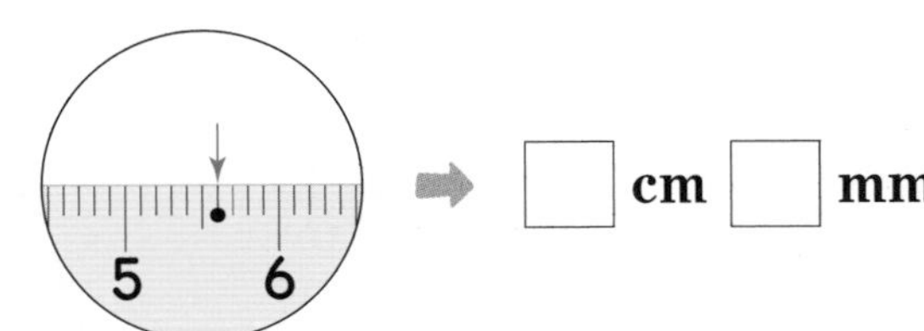


15
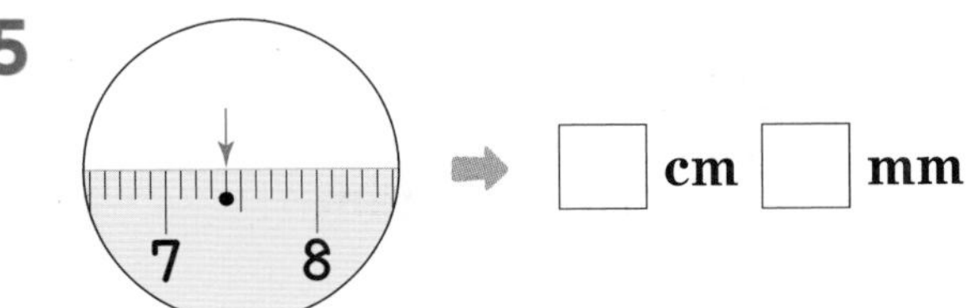


16
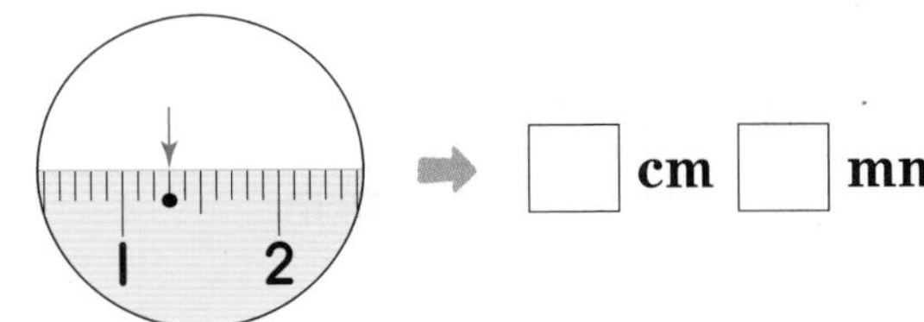


17
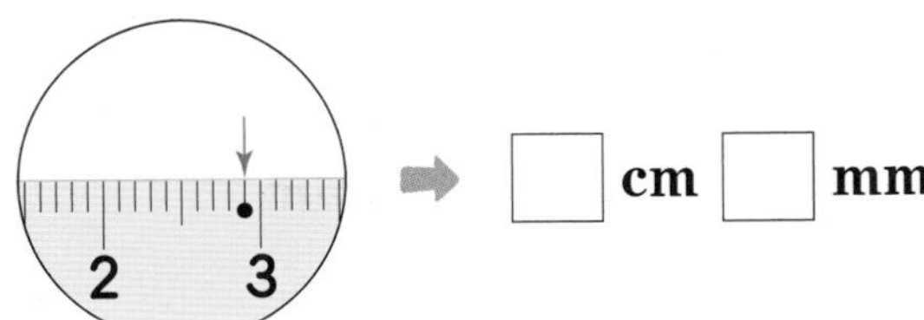


18
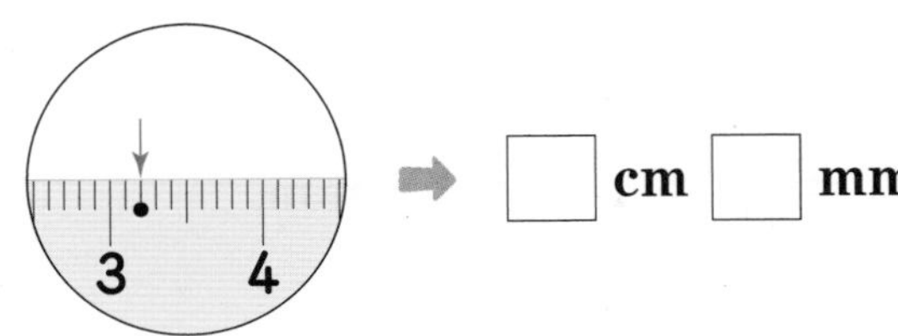


19
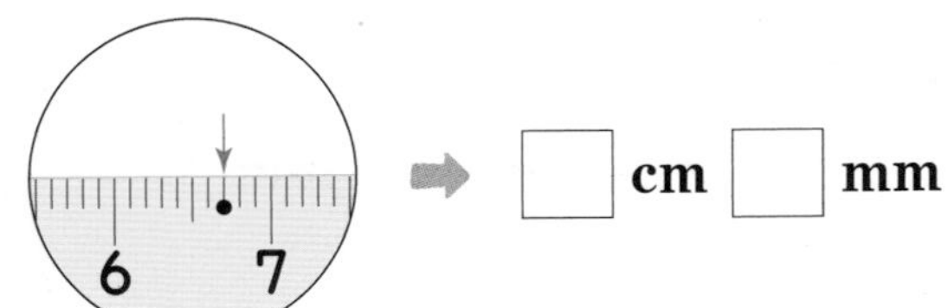


20
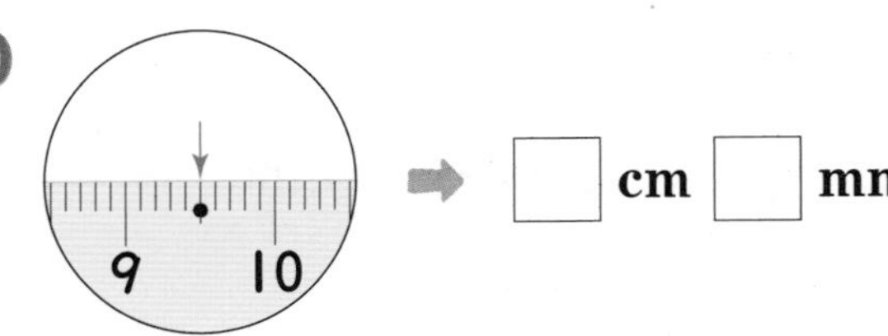

# 1 l cm보다 작은 단위(2)

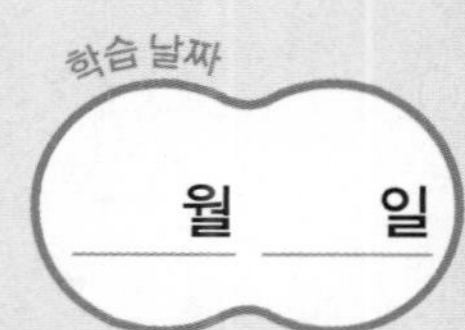


□ 안에 알맞은 수를 써넣으시오. (1~12)

1 2 cm 6 mm
=□ mm+6 mm
=□ mm

2 63 mm
=□ mm+3 mm
=□ cm 3 mm

3 3 cm 7 mm
=□ mm+7 mm
=□ mm

4 84 mm
=□ mm+4 mm
=□ cm 4 mm

5 24 cm 3 mm
=□ mm+□ mm
=□ mm

6 167 mm
=□ mm+□ mm
=□ cm □ mm

7 4 cm 8 mm
=□ mm+□ mm
=□ mm

8 72 mm
=□ mm+□ mm
=□ cm □ mm

9 6 cm 5 mm
=□ mm+□ mm
=□ mm

10 96 mm
=□ mm+□ mm
=□ cm □ mm

11 32 cm 8 mm
=□ mm+□ mm
=□ mm

12 257 mm
=□ mm+□ mm
=□ cm □ mm

| 걸린 시간 | 1~5분 | 5~8분 | 8~10분 |
|---|---|---|---|
| 맞은 개수 | 26~28개 | 20~25개 | 1~19개 |
| 평가 | 참 잘했어요. | 잘했어요. | 좀더 노력해요. |

□ 안에 알맞은 수를 써넣으시오. (13 ~ 28)

13 4 cm=□ mm

14 7 cm 5 mm=□ mm

15 6 cm 3 mm=□ mm

16 9 cm 8 mm=□ mm

17 8 cm 7 mm=□ mm

18 7 cm 8 mm=□ mm

19 10 cm 6 mm=□ mm

20 13 cm 9 mm=□ mm

21 50 mm=□ cm

22 62 mm=□ cm □ mm

23 81 mm=□ cm □ mm

24 93 mm=□ cm □ mm

25 57 mm=□ cm □ mm

26 108 mm=□ cm □ mm

27 127 mm=□ cm □ mm

28 225 mm=□ cm □ mm

# 2 1 m보다 큰 단위(1)

• 1000 m를 1 km라 쓰고 1 킬로미터라고 읽습니다.

1000 m=1 km

• 3 km보다 400 m 더 긴 것을 3 km 400 m라 쓰고 3 킬로미터 400 미터라고 읽습니다.

3 km 400 m=3400 m

길이를 읽어 보시오. (1~6)

1 8 km

➡ (　　　　　　　　)

2 30 km

➡ (　　　　　　　　)

3 4 km 300 m

➡ (　　　　　　　　)

4 8 km 500 m

➡ (　　　　　　　　)

5 12 km 40 m

➡ (　　　　　　　　)

6 26 km 35 m

➡ (　　　　　　　　)

길이를 써 보시오. (7~10)

7 6 킬로미터

➡ (　　　　　　　　)

8 84 킬로미터

➡ (　　　　　　　　)

9 2 킬로미터 30 미터

➡ (　　　　　　　　)

10 15 킬로미터 45 미터

➡ (　　　　　　　　)

| 걸린 시간 | 1~5분 | 5~8분 | 8~10분 |
|---|---|---|---|
| 맞은 개수 | 22~24개 | 17~21개 | 1~16개 |
| 평가 | 참 잘했어요. | 잘했어요. | 좀더 노력해요. |

□ 안에 알맞은 수를 써넣으시오. (11～24)

**11** 2 km=□ m

**12** 4000 m=□ km

**13** 5 km=□ m

**14** 9000 m=□ km

**15** 7 km=□ m

**16** 3000 m=□ km

**17** 8 km=□ m

**18** 6000 m=□ km

**19** 3 km 300 m
=□ km+300 m
=□ m+300 m
=□ m

**20** 6800 m
=□ m+800 m
=□ km+800 m
=□ km □ m

**21** 8 km 750 m
=□ km+□ m
=□ m+□ m
=□ m

**22** 9450 m
=□ m+□ m
=□ km+□ m
=□ km □ m

**23** 7 km 40 m
=□ km+□ m
=□ m+□ m
=□ m

**24** 9050 m
=□ m+□ m
=□ km+□ m
=□ km □ m

# 2 1 m보다 큰 단위(2)

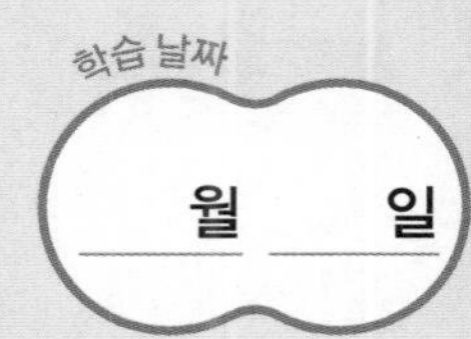


□ 안에 알맞은 수를 써넣으시오. (1~16)

1 3 km=□ m

2 6 km=□ m

3 7 km=□ m

4 9 km=□ m

5 4 km=□ m

6 5 km=□ m

7 4 km 300 m=□ m

8 7 km 800 m=□ m

9 5 km 500 m=□ m

10 3 km 20 m=□ m

11 9 km 50 m=□ m

12 7 km 5 m=□ m

13 2 km 45 m=□ m

14 4 km 10 m=□ m

15 8 km 7 m=□ m

16 8 km 60 m=□ m

| 걸린 시간 | 1~5분 | 5~8분 | 8~10분 |
| --- | --- | --- | --- |
| 맞은 개수 | 29~32개 | 23~28개 | 1~22개 |
| 평가 | 참 잘했어요. | 잘했어요. | 좀더 노력해요. |

□ 안에 알맞은 수를 써넣으시오. (17 ~ 32)

**17** 2000 m=□ km

**18** 5000 m=□ km

**19** 7000 m=□ km

**20** 9000 m=□ km

**21** 4500 m=□ km □ m

**22** 2700 m=□ km □ m

**23** 3540 m=□ km □ m

**24** 1030 m=□ km □ m

**25** 6800 m=□ km □ m

**26** 7260 m=□ km □ m

**27** 4020 m=□ km □ m

**28** 5055 m=□ km □ m

**29** 1005 m=□ km □ m

**30** 2050 m=□ km □ m

**31** 8100 m=□ km □ m

**32** 9080 m=□ km □ m

# 3 길이의 덧셈(1)

✿ 3 cm 5 mm+4 cm 9 mm의 계산

|   | 1 (②) |   |
|---|---|---|
|   | 3 cm | 5 mm |
| + | 4 cm | 9 mm |
|   | 8 cm | 4 mm (①) |

5+9=14

• mm 단위끼리의 합이 10이거나 10보다 크면 10 mm를 1 cm로 받아올림합니다.

✿ 2 km 400 m+5 km 800 m의 계산

|   | 1 (②) |   |
|---|---|---|
|   | 2 km | 400 m |
| + | 5 km | 800 m |
|   | 8 km | 200 m (①) |

400+800=1200

• m 단위끼리의 합이 1000이거나 1000보다 크면 1000 m를 1 km로 받아올림합니다.

길이의 합을 구하시오. (1~8)

**1**

|   |   |   |
|---|---|---|
|   | 2 cm | 2 mm |
| + | 4 cm | 4 mm |
|   | cm | mm |

**2**

|   |   |   |
|---|---|---|
|   | 8 cm | 2 mm |
| + | 7 cm | 5 mm |
|   | cm | mm |

**3**

|   |   |   |
|---|---|---|
|   | 15 cm | 3 mm |
| + | 18 cm | 4 mm |
|   | cm | mm |

**4**

|   |   |   |
|---|---|---|
|   | 6 cm | 8 mm |
| + | 16 cm | 7 mm |
|   | cm | mm |

**5**

|   |   |   |
|---|---|---|
|   | 4 cm | 9 mm |
| + | 5 cm | 3 mm |
|   | cm | mm |

**6**

|   |   |   |
|---|---|---|
|   | 8 cm | 5 mm |
| + | 3 cm | 8 mm |
|   | cm | mm |

**7**

|   |   |   |
|---|---|---|
|   | 5 cm | 6 mm |
| + | 28 cm | 9 mm |
|   | cm | mm |

**8**

|   |   |   |
|---|---|---|
|   | 9 cm | 8 mm |
| + | 16 cm | 9 mm |
|   | cm | mm |

계산은 빠르고 정확하게!

| 걸린 시간 | 1~6분 | 6~9분 | 9~12분 |
| --- | --- | --- | --- |
| 맞은 개수 | 21~23개 | 16~20개 | 1~15개 |
| 평가 | 참 잘했어요. | 잘했어요. | 좀더 노력해요. |

□ 안에 알맞은 수를 써넣으시오. (9 ~ 23)

**9**
  2 cm 4 mm
+ 3 cm 4 mm
□ cm □ mm

**10**
  9 cm 4 mm
+ 4 cm 3 mm
□ cm □ mm

**11**
  5 cm 6 mm
+ 8 cm 2 mm
□ cm □ mm

**12**
  4 cm 8 mm
+ 6 cm 4 mm
□ cm □ mm

**13**
  6 cm 7 mm
+ 1 cm 9 mm
□ cm □ mm

**14**
  3 cm 3 mm
+ 7 cm 8 mm
□ cm □ mm

**15**
  18 cm 9 mm
+ 3 cm 3 mm
□ cm □ mm

**16**
  25 cm 4 mm
+ 3 cm 8 mm
□ cm □ mm

**17**
  31 cm 7 mm
+ 4 cm 8 mm
□ cm □ mm

**18** 3 cm 5 mm+4 cm 1 mm
=□ cm □ mm

**19** 6 cm 3 mm+3 cm 5 mm
=□ cm □ mm

**20** 12 cm 3 mm+2 cm 4 mm
=□ cm □ mm

**21** 3 cm 9 mm+4 cm 6 mm
=□ cm □ mm

**22** 11 cm 4 mm+5 cm 8 mm
=□ cm □ mm

**23** 7 cm 6 mm+23 cm 7 mm
=□ cm □ mm

# 3 길이의 덧셈(2)

길이의 합을 구하시오. (1~12)

**1**

| | 3 km | 440 m |
|---|---|---|
| + | 6 km | 260 m |
| | km | m |

**2**

| | 4 km | 530 m |
|---|---|---|
| + | 6 km | 190 m |
| | km | m |

**3**

| | 8 km | 370 m |
|---|---|---|
| + | 2 km | 450 m |
| | km | m |

**4**

| | 9 km | 540 m |
|---|---|---|
| + | 14 km | 280 m |
| | km | m |

**5**

| | 18 km | 480 m |
|---|---|---|
| + | 6 km | 840 m |
| | km | m |

**6**

| | 32 km | 650 m |
|---|---|---|
| + | 13 km | 480 m |
| | km | m |

**7**

| | 26 km | 635 m |
|---|---|---|
| + | 7 km | 805 m |
| | km | m |

**8**

| | 38 km | 365 m |
|---|---|---|
| + | 9 km | 840 m |
| | km | m |

**9**

| | 13 km | 940 m |
|---|---|---|
| + | 27 km | 260 m |
| | km | m |

**10**

| | 24 km | 320 m |
|---|---|---|
| + | 9 km | 790 m |
| | km | m |

**11**

| | 16 km | 700 m |
|---|---|---|
| + | 23 km | 450 m |
| | km | m |

**12**

| | 18 km | 940 m |
|---|---|---|
| + | 14 km | 370 m |
| | km | m |

| 걸린 시간 | 1~8분 | 8~10분 | 10~12분 |
| --- | --- | --- | --- |
| 맞은 개수 | 25~27개 | 19~24개 | 1~18개 |
| 평가 | 참 잘했어요. | 잘했어요. | 좀더 노력해요. |

☐ 안에 알맞은 수를 써넣으시오. (13 ~ 27)

**13**
$$\begin{array}{r} 4\text{ km } 720\text{ m} \\ +\ 2\text{ km } 100\text{ m} \\ \hline \square\text{ km } \square\text{ m} \end{array}$$

**14**
$$\begin{array}{r} 5\text{ km } 300\text{ m} \\ +\ 3\text{ km } 250\text{ m} \\ \hline \square\text{ km } \square\text{ m} \end{array}$$

**15**
$$\begin{array}{r} 6\text{ km } 325\text{ m} \\ +\ 2\text{ km } 410\text{ m} \\ \hline \square\text{ km } \square\text{ m} \end{array}$$

**16**
$$\begin{array}{r} 13\text{ km } 450\text{ m} \\ +\ 4\text{ km } 281\text{ m} \\ \hline \square\text{ km } \square\text{ m} \end{array}$$

**17**
$$\begin{array}{r} 4\text{ km } 200\text{ m} \\ +\ 8\text{ km } 900\text{ m} \\ \hline \square\text{ km } \square\text{ m} \end{array}$$

**18**
$$\begin{array}{r} 7\text{ km } 400\text{ m} \\ +\ 4\text{ km } 710\text{ m} \\ \hline \square\text{ km } \square\text{ m} \end{array}$$

**19**
$$\begin{array}{r} 4\text{ km } 750\text{ m} \\ +\ 12\text{ km } 700\text{ m} \\ \hline \square\text{ km } \square\text{ m} \end{array}$$

**20**
$$\begin{array}{r} 6\text{ km } 560\text{ m} \\ +\ 3\text{ km } 530\text{ m} \\ \hline \square\text{ km } \square\text{ m} \end{array}$$

**21**
$$\begin{array}{r} 18\text{ km } 826\text{ m} \\ +\ 13\text{ km } 454\text{ m} \\ \hline \square\text{ km } \square\text{ m} \end{array}$$

**22** 4 km 200 m + 3 km 600 m
= ☐ km ☐ m

**23** 6 km 420 m + 2 km 350 m
= ☐ km ☐ m

**24** 5 km 490 m + 4 km 260 m
= ☐ km ☐ m

**25** 2 km 800 m + 5 km 488 m
= ☐ km ☐ m

**26** 3 km 740 m + 15 km 510 m
= ☐ km ☐ m

**27** 10 km 271 m + 13 km 826 m
= ☐ km ☐ m

# 3 길이의 덧셈(3)

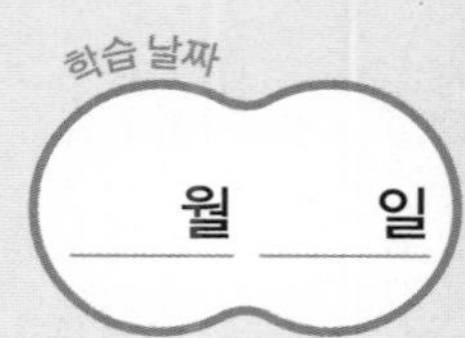


□ 안에 알맞은 수를 써넣으시오. (1~8)

1 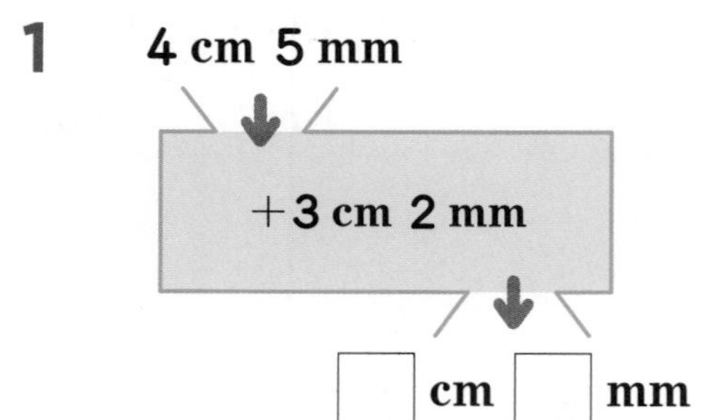


2 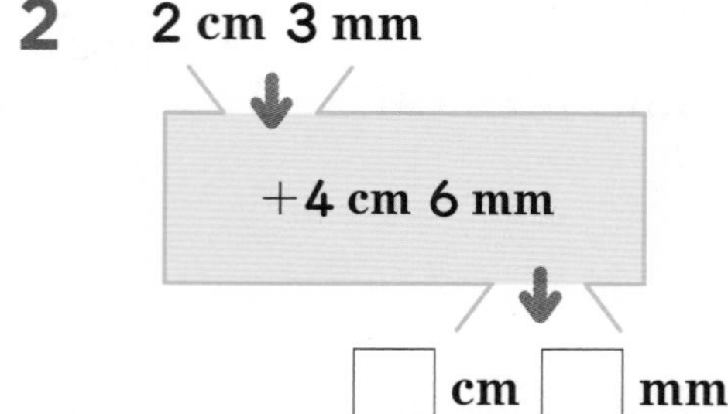


3 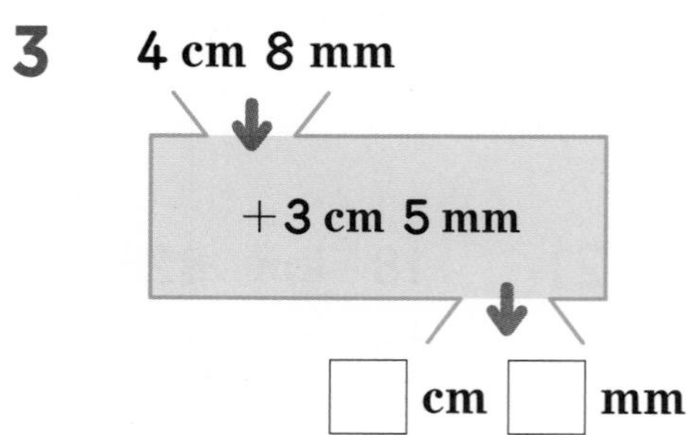


4 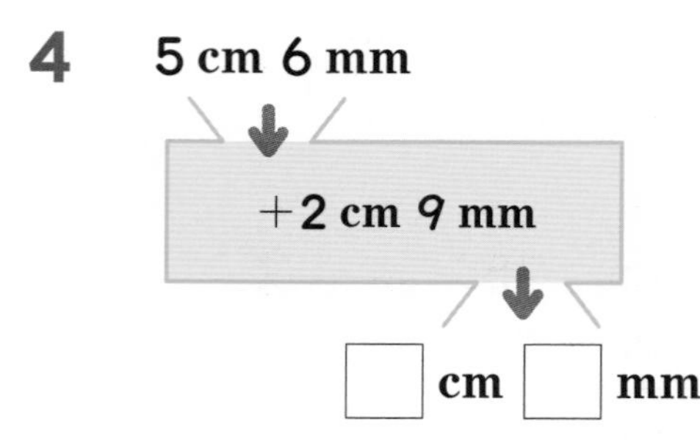


5 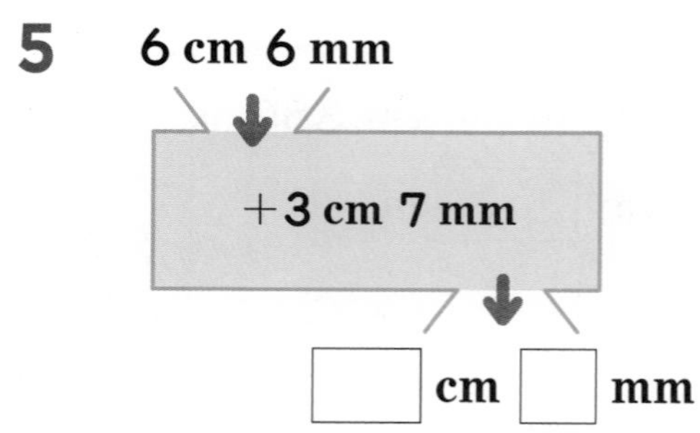


6 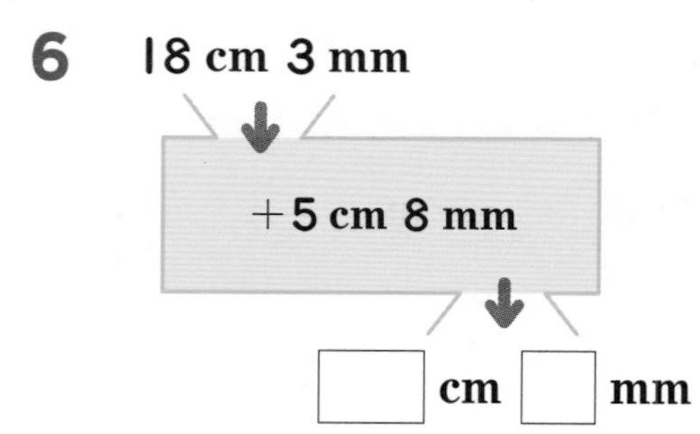


7 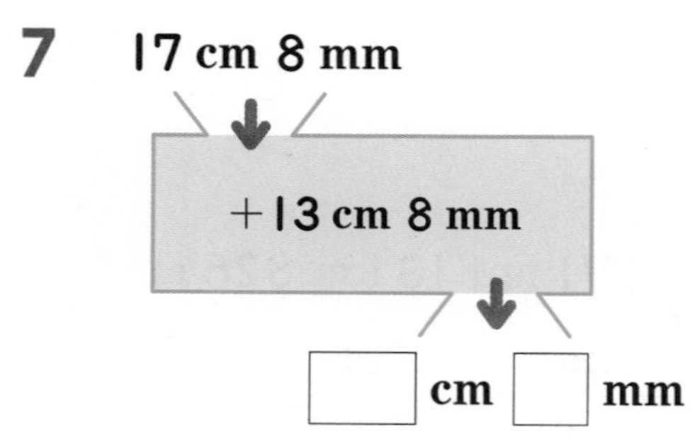


8 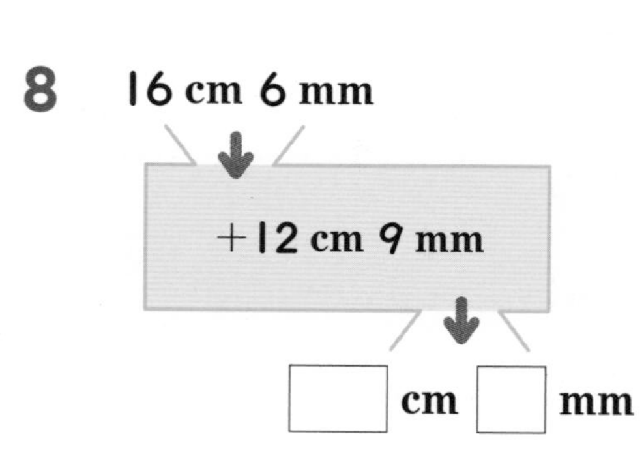

계산은 빠르고 정확하게!

| 걸린 시간 | 1~5분 | 5~8분 | 8~10분 |
|---|---|---|---|
| 맞은 개수 | 15~16개 | 12~14개 | 1~11개 |
| 평가 | 참 잘했어요. | 잘했어요. | 좀더 노력해요. |

□ 안에 알맞은 수를 써넣으시오. (9 ~ 16)

9
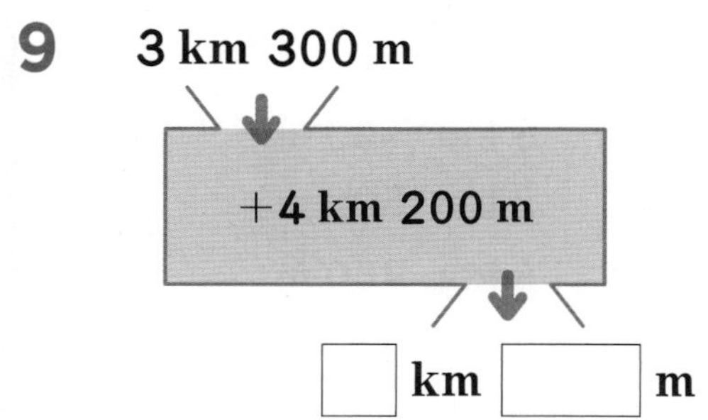


10
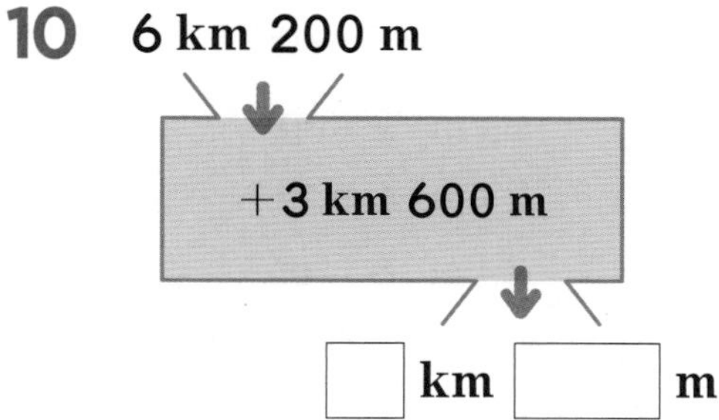


11
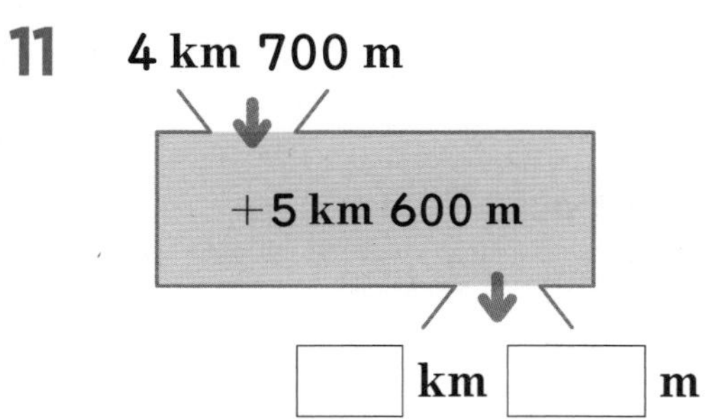


12
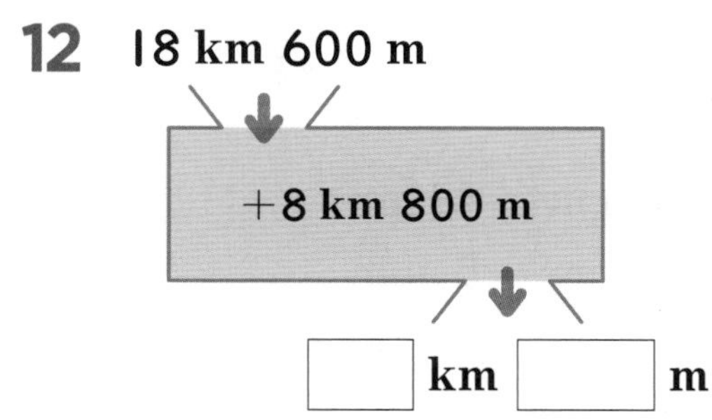


13
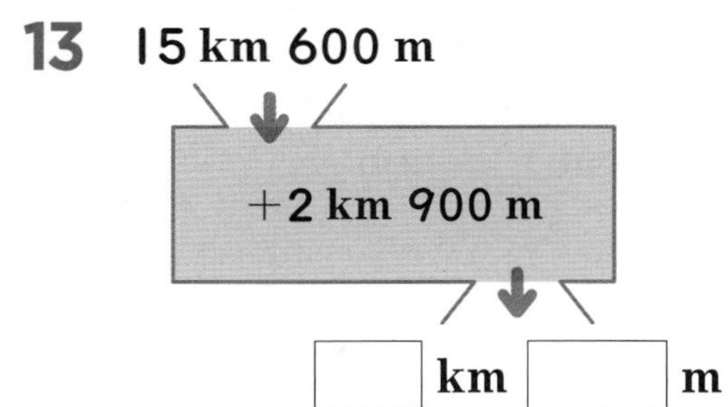


14
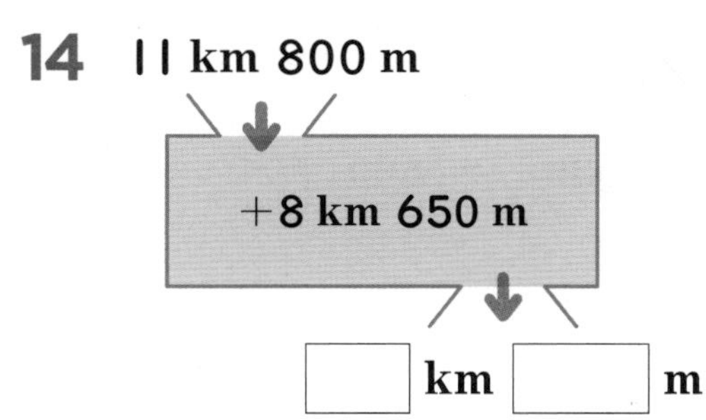


15
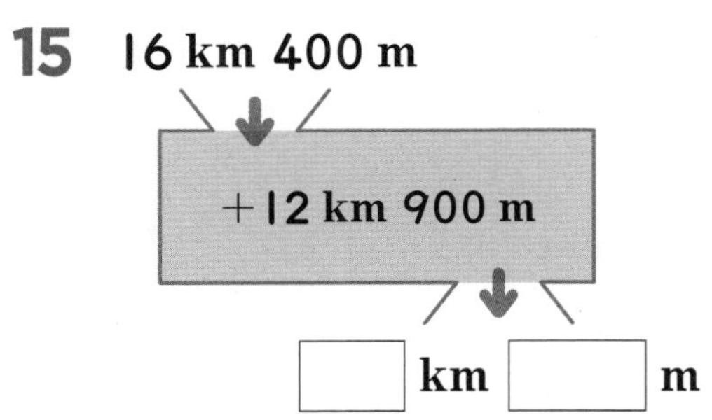


16
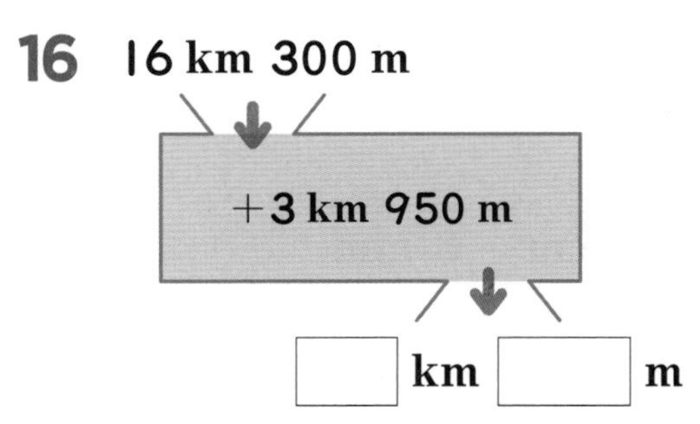

# 4 길이의 빼셈(1)

**6 cm 2 mm−2 cm 6 mm의 계산**

| | 5 | 10 |
|---|---|---|
| | ~~6~~ cm | 2 mm |
| − | 2 cm | 6 mm |
| | 3 cm | 6 mm |

• mm 단위끼리 뺄 수 없을 때에는 1 cm를 10 mm로 받아내림합니다.

**8 km 400 m−3 km 500 m의 계산**

| | 7 | 1000 |
|---|---|---|
| | ~~8~~ km | 400 m |
| − | 3 km | 500 m |
| | 4 km | 900 m |

• m 단위끼리 뺄 수 없을 때에는 1 km를 1000 m로 받아내림합니다.

길이의 차를 구하시오. (1~8)

**1**

| | | |
|---|---|---|
| | 16 cm | 8 mm |
| − | 3 cm | 5 mm |
| | cm | mm |

**2**

| | | |
|---|---|---|
| | 23 cm | 7 mm |
| − | 7 cm | 3 mm |
| | cm | mm |

**3**

| | | |
|---|---|---|
| | 32 cm | 6 mm |
| − | 8 cm | 9 mm |
| | cm | mm |

**4**

| | | |
|---|---|---|
| | 26 cm | 4 mm |
| − | 18 cm | 8 mm |
| | cm | mm |

**5**

| | | |
|---|---|---|
| | 28 cm | 5 mm |
| − | 9 cm | 7 mm |
| | cm | mm |

**6**

| | | |
|---|---|---|
| | 20 cm | 3 mm |
| − | 7 cm | 9 mm |
| | cm | mm |

**7**

| | | |
|---|---|---|
| | 25 cm | 6 mm |
| − | 8 cm | 8 mm |
| | cm | mm |

**8**

| | | |
|---|---|---|
| | 20 cm | |
| − | 3 cm | 6 mm |
| | cm | mm |

계산은 빠르고 정확하게!

| 걸린 시간 | 1~6분 | 6~9분 | 9~12분 |
| --- | --- | --- | --- |
| 맞은 개수 | 21~23개 | 16~20개 | 1~15개 |
| 평가 | 참 잘했어요. | 잘했어요. | 좀더 노력해요. |

□ 안에 알맞은 수를 써넣으시오. (9 ~ 23)

**9**
  4 cm 6 mm
− 2 cm 3 mm
□ cm □ mm

**10**
  18 cm 8 mm
− 4 cm 6 mm
□ cm □ mm

**11**
  20 cm 7 mm
− 4 cm 3 mm
□ cm □ mm

**12**
  38 cm 5 mm
− 12 cm 1 mm
□ cm □ mm

**13**
  18 cm 2 mm
− 1 cm 5 mm
□ cm □ mm

**14**
  10 cm 4 mm
− 5 cm 5 mm
□ cm □ mm

**15**
  25 cm 3 mm
− 4 cm 7 mm
□ cm □ mm

**16**
  30 cm 4 mm
− 2 cm 5 mm
□ cm □ mm

**17**
  44 cm 5 mm
− 3 cm 9 mm
□ cm □ mm

**18** 9 cm 5 mm − 4 cm 2 mm
= □ cm □ mm

**19** 5 cm 9 mm − 4 cm 3 mm
= □ cm □ mm

**20** 16 cm 6 mm − 3 cm 5 mm
= □ cm □ mm

**21** 6 cm 5 mm − 1 cm 9 mm
= □ cm □ mm

**22** 13 cm 2 mm − 2 cm 3 mm
= □ cm □ mm

**23** 21 cm 3 mm − 5 cm 7 mm
= □ cm □ mm

# 4 길이의 뺄셈(2)

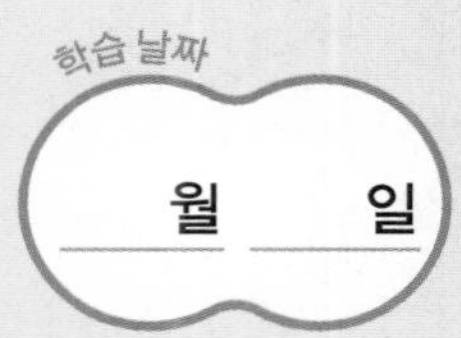


길이의 차를 구하시오. (1~12)

1

| | 8 km | 870 m |
|---|---|---|
| − | 3 km | 160 m |
| | km | m |

2

| | 7 km | 280 m |
|---|---|---|
| − | 4 km | 175 m |
| | km | m |

3

| | 24 km | 440 m |
|---|---|---|
| − | 16 km | 360 m |
| | km | m |

4

| | 15 km | 850 m |
|---|---|---|
| − | 8 km | 620 m |
| | km | m |

5

| | 45 km | 80 m |
|---|---|---|
| − | 18 km | 210 m |
| | km | m |

6

| | 16 km | 240 m |
|---|---|---|
| − | 7 km | 465 m |
| | km | m |

7

| | 34 km | 250 m |
|---|---|---|
| − | 27 km | 980 m |
| | km | m |

8

| | 52 km | 20 m |
|---|---|---|
| − | 16 km | 650 m |
| | km | m |

9

| | 43 km | 130 m |
|---|---|---|
| − | 17 km | 340 m |
| | km | m |

10

| | 45 km | 40 m |
|---|---|---|
| − | 27 km | 365 m |
| | km | m |

11

| | 24 km | 550 m |
|---|---|---|
| − | 19 km | 970 m |
| | km | m |

12

| | 54 km | 320 m |
|---|---|---|
| − | 26 km | 750 m |
| | km | m |

| 걸린 시간 | 1~9분 | 9~14분 | 14~18분 |
|---|---|---|---|
| 맞은 개수 | 25~27개 | 19~24개 | 1~18개 |
| 평가 | 참 잘했어요. | 잘했어요. | 좀더 노력해요. |

□ 안에 알맞은 수를 써넣으시오. (13 ~ 27)

**13**
  6 km 400 m
− 2 km 300 m
□ km □ m

**14**
  7 km 750 m
− 1 km 200 m
□ km □ m

**15**
  8 km 350 m
− 2 km 100 m
□ km □ m

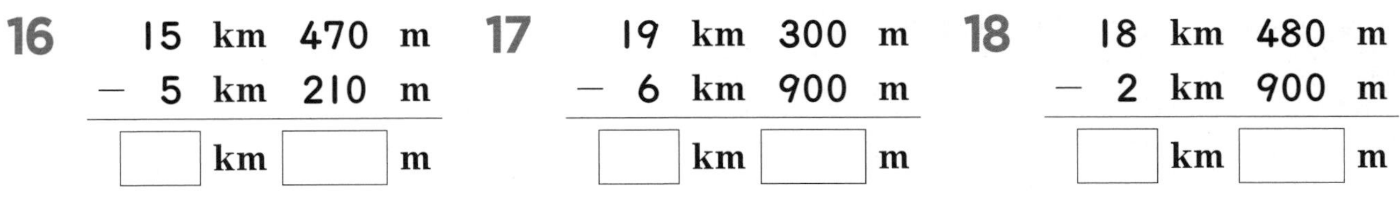

**16**
  15 km 470 m
− 5 km 210 m
□ km □ m

**17**
  19 km 300 m
− 6 km 900 m
□ km □ m

**18**
  18 km 480 m
− 2 km 900 m
□ km □ m

**19**
  12 km 120 m
− 3 km 400 m
□ km □ m

**20**
  20 km 400 m
− 2 km 500 m
□ km □ m

**21**
  37 km 250 m
− 4 km 300 m
□ km □ m

**22** 8 km 900 m − 3 km 200 m
= □ km □ m

**23** 9 km 620 m − 4 km 500 m
= □ km □ m

**24** 14 km 820 m − 3 km 570 m
= □ km □ m

**25** 26 km 100 m − 13 km 700 m
= □ km □ m

**26** 18 km 550 m − 11 km 700 m
= □ km □ m

**27** 12 km 320 m − 5 km 950 m
= □ km □ m

# 4 길이의 뺄셈(3)

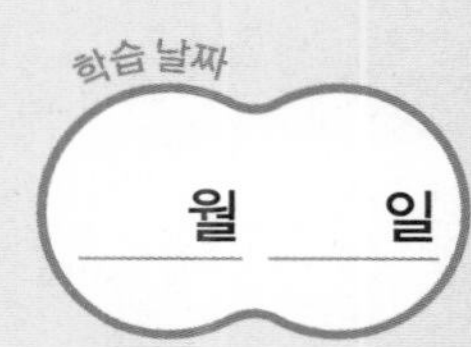


□ 안에 알맞은 수를 써넣으시오. (1~8)

1

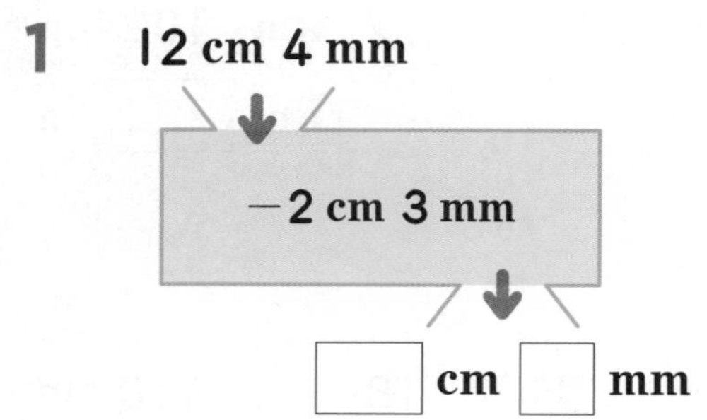


2

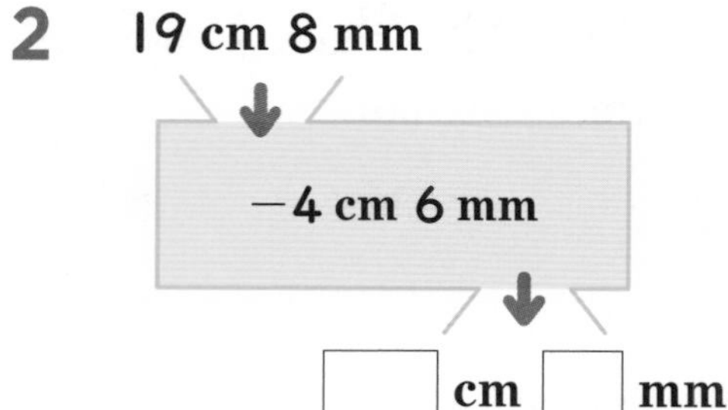


3

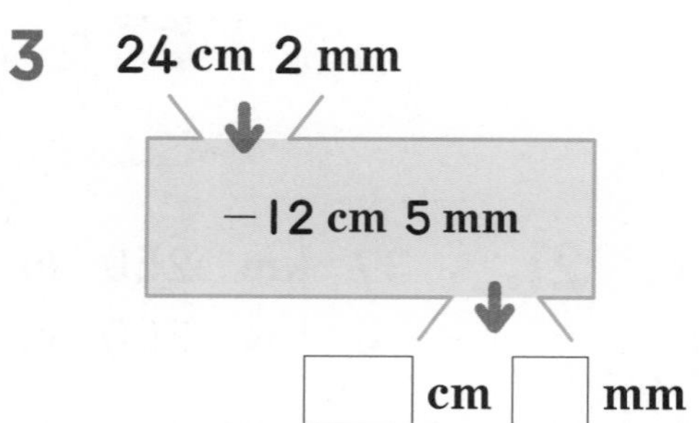


4

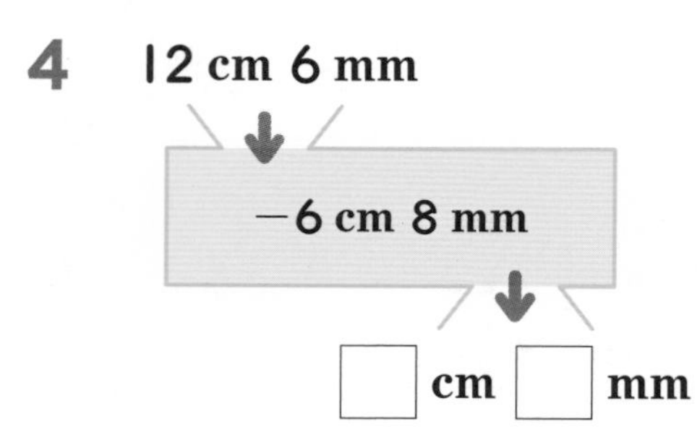


5

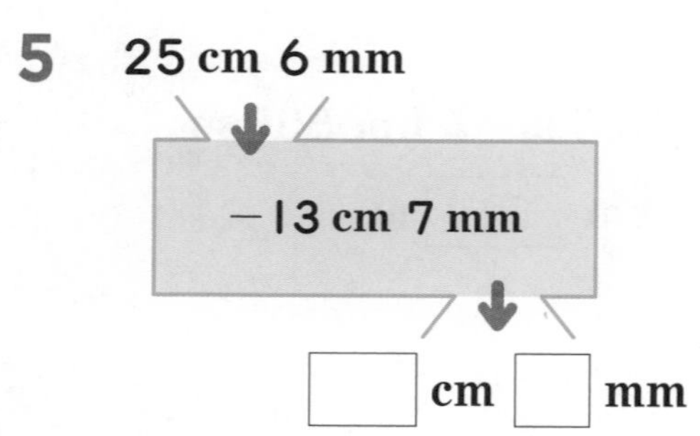


6

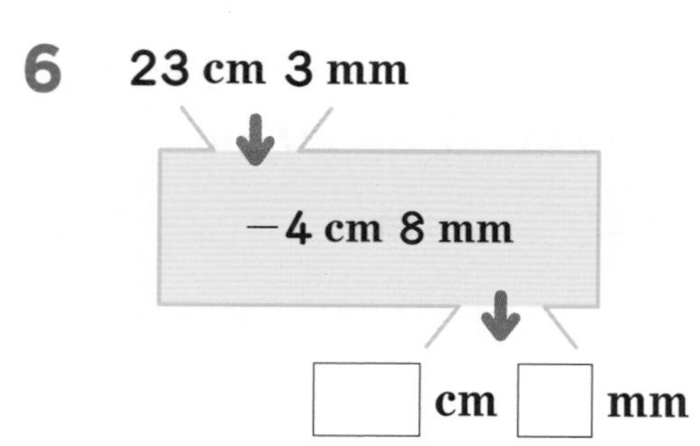


7

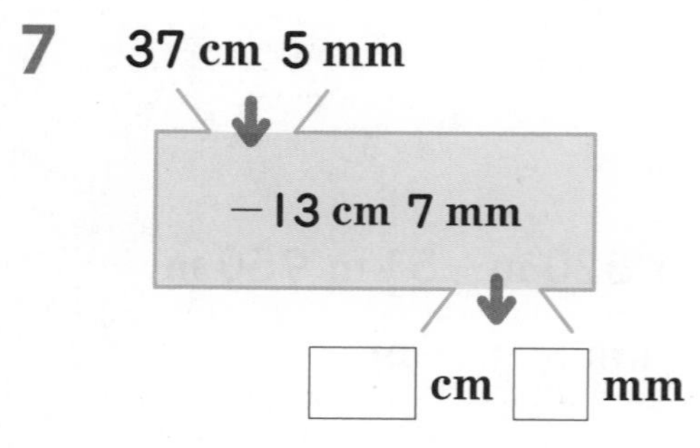


8

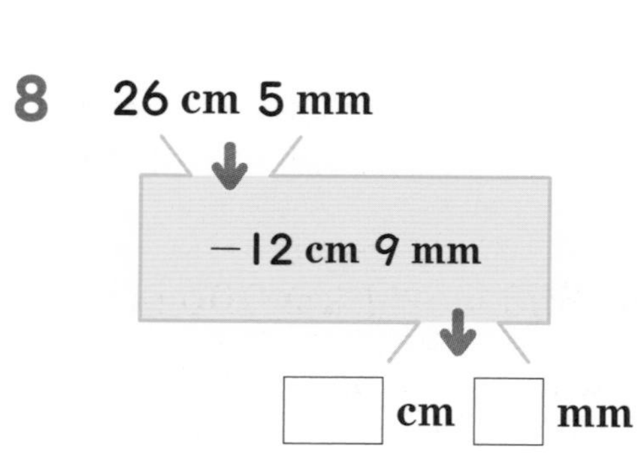

| 걸린 시간 | 1~5분 | 5~8분 | 8~10분 |
|---|---|---|---|
| 맞은 개수 | 15~16개 | 11~14개 | 1~10개 |
| 평가 | 참 잘했어요. | 잘했어요. | 좀더 노력해요. |

□ 안에 알맞은 수를 써넣으시오. (9 ~ 16)

**9**

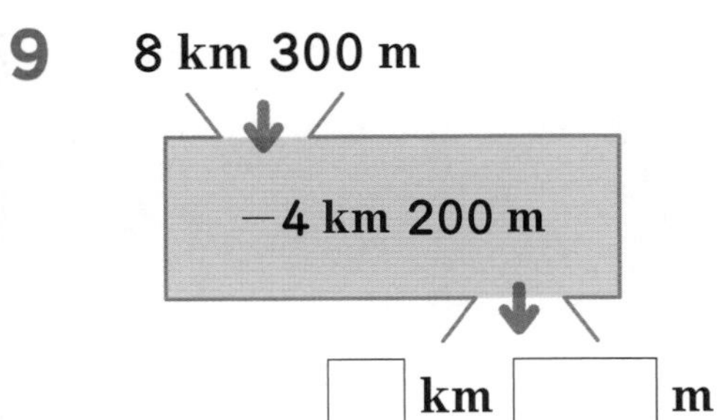


**10**

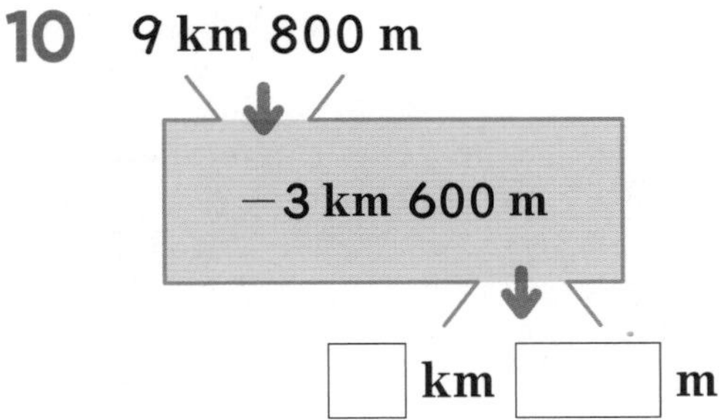


**11**

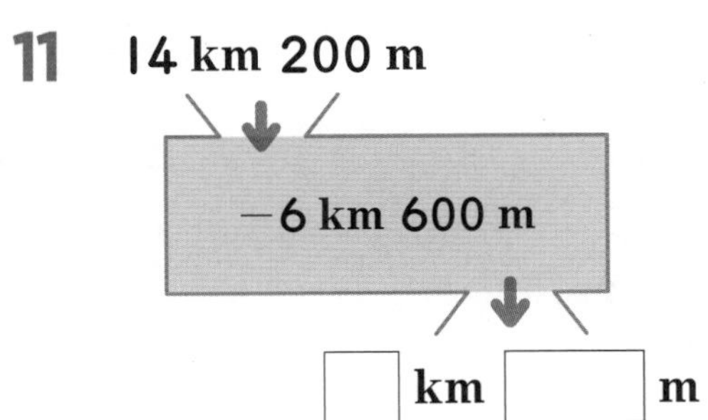


**12**

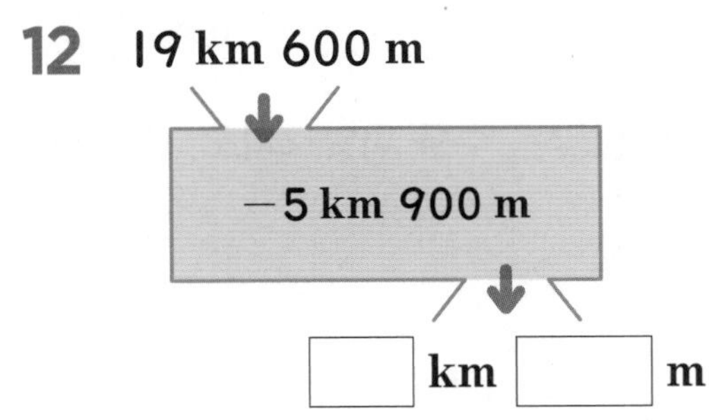


**13**

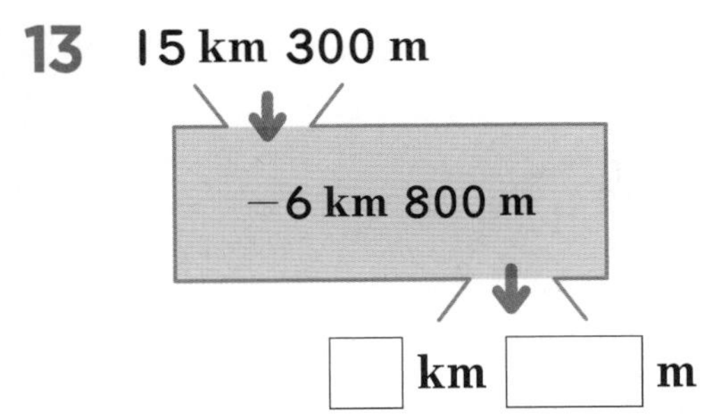


**14**

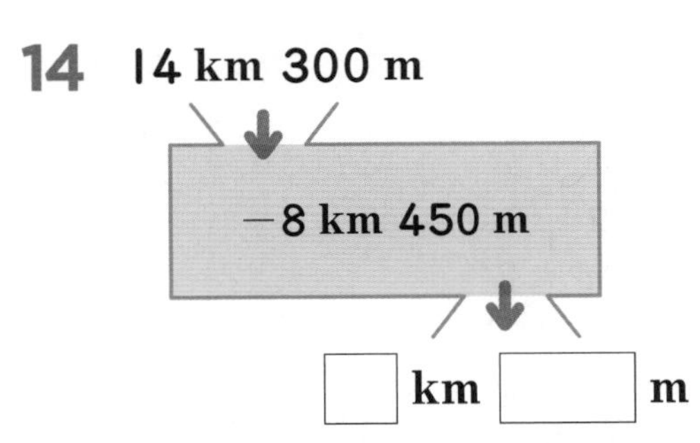


**15**

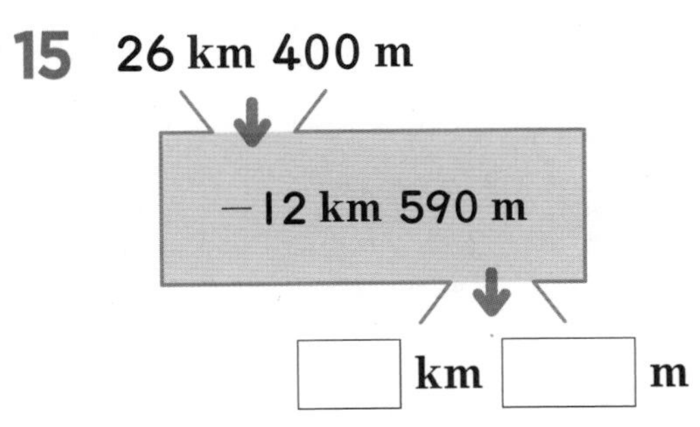


**16**

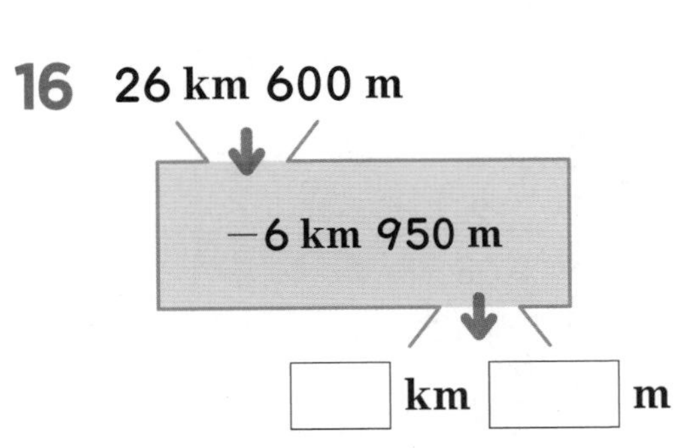

# 5 1분보다 작은 단위(1)

• 초바늘이 작은 눈금 한 칸을 지나는 데 걸리는 시간을 1초라고 합니다.

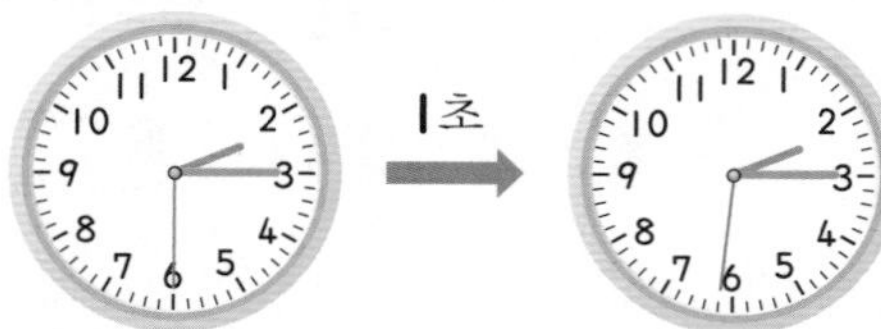


• 초바늘이 시계를 한 바퀴 도는 데 걸리는 시간은 60초입니다.

1분=60초

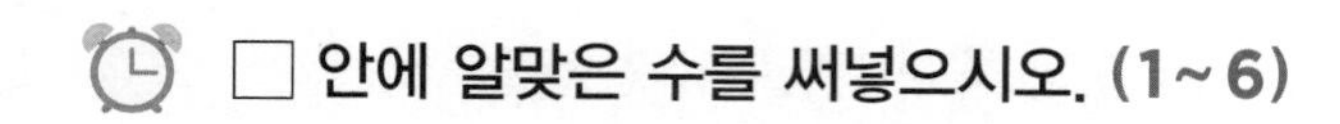

□ 안에 알맞은 수를 써넣으시오. (1~6)

**1**

➡ □시 □분 □초

**2**

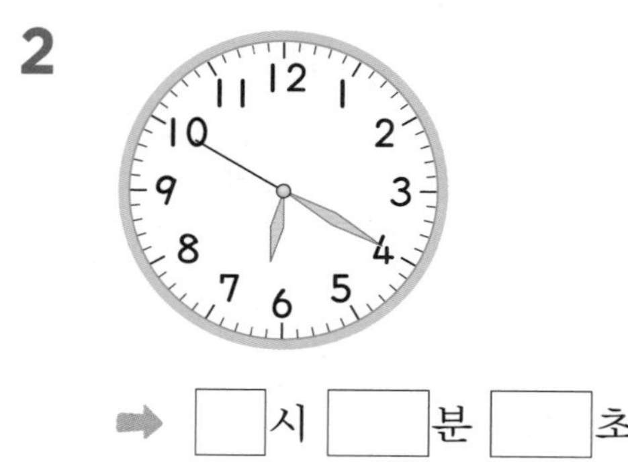

➡ □시 □분 □초

**3**

➡ □시 □분 □초

**4**

➡ □시 □분 □초

**5**

➡ □시 □분 □초

**6**

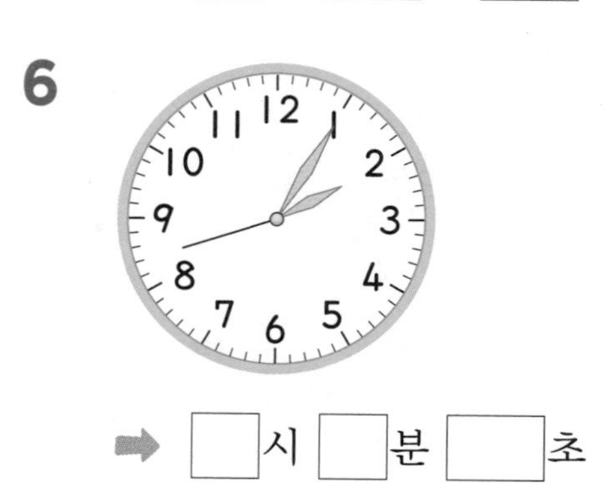

➡ □시 □분 □초

| 걸린 시간 | 1~4분 | 4~6분 | 6~8분 |
|---|---|---|---|
| 맞은 개수 | 13~14개 | 10~12개 | 1~9개 |
| 평가 | 참 잘했어요. | 잘했어요. | 좀더 노력해요. |

**시계에 초바늘을 알맞게 그려 넣으시오. (7 ~ 14)**

**7**

2시 30분 45초

**8**

3시 25분 40초

**9**

1시 35분 20초

**10**

6시 15분 55초

**11**

8시 23분 30초

**12**

10시 12분 25초

**13**

5시 48분 32초

**14**

9시 20분 13초

# 5 1분보다 작은 단위(2)

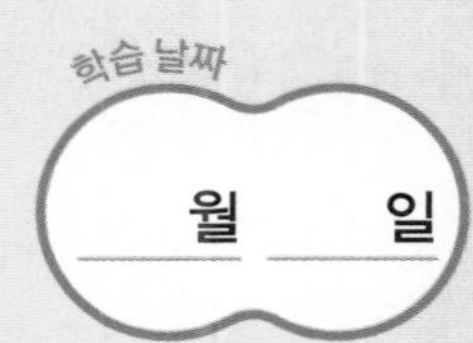


□ 안에 알맞은 수를 써넣으시오. (1~16)

1 1분 50초

➡ 60×□+50 ➡ □초

2 1분 25초

➡ 60×□+25 ➡ □초

3 2분 15초

➡ 60×□+□ ➡ □초

4 3분 35초

➡ 60×□+□ ➡ □초

5 4분 20초

➡ 60×□+□ ➡ □초

6 5분 45초

➡ 60×□+□ ➡ □초

7 6분 5초

➡ 60×□+□ ➡ □초

8 8분 52초

➡ 60×□+□ ➡ □초

9 2분 30초 ➡ □초

10 3분 14초 ➡ □초

11 4분 28초 ➡ □초

12 5분 36초 ➡ □초

13 6분 55초 ➡ □초

14 7분 30초 ➡ □초

15 8분 25초 ➡ □초

16 9분 45초 ➡ □초

계산은 빠르고 정확하게!

| 걸린 시간 | 1~10분 | 10~15분 | 15~20분 |
| --- | --- | --- | --- |
| 맞은 개수 | 29~32개 | 23~28개 | 1~22개 |
| 평가 | 참 잘했어요. | 잘했어요. | 좀더 노력해요. |

□ 안에 알맞은 수를 써넣으시오. (17 ~ 32)

**17** 80초

➡ 60×1+□ ➡ □분 □초

**18** 130초

➡ 60×2+□ ➡ □분 □초

**19**

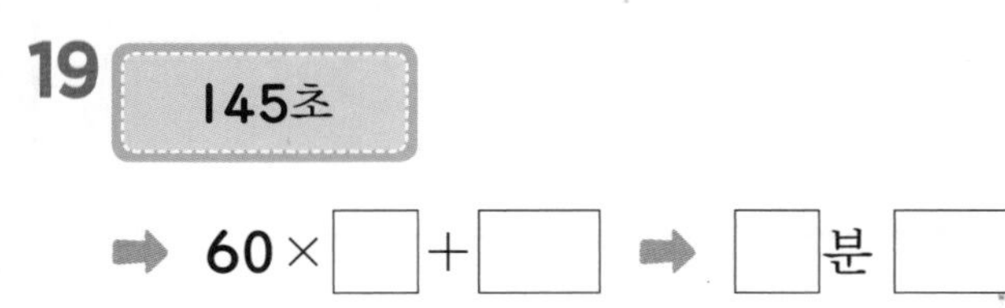

145초

➡ 60×□+□ ➡ □분 □초

**20**

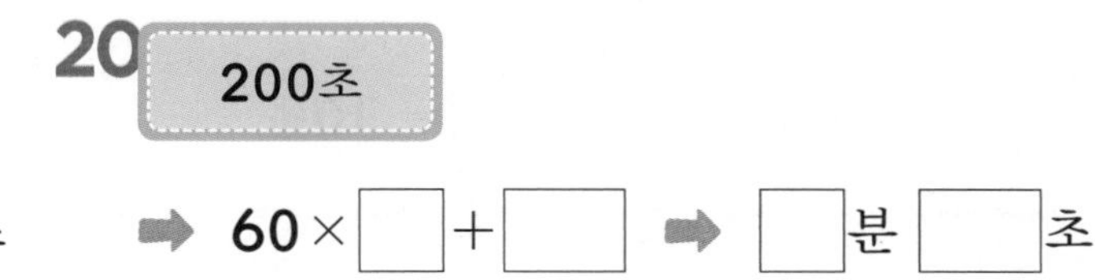

200초

➡ 60×□+□ ➡ □분 □초

**21**

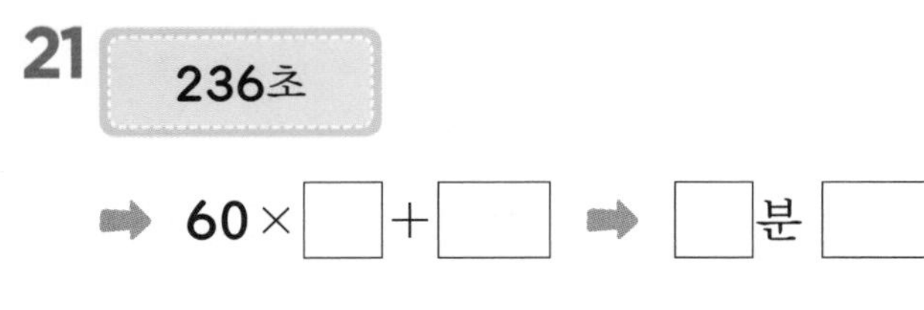

236초

➡ 60×□+□ ➡ □분 □초

**22**

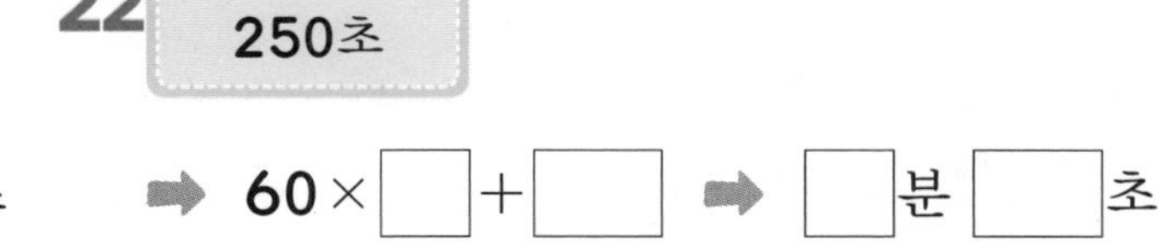

250초

➡ 60×□+□ ➡ □분 □초

**23**

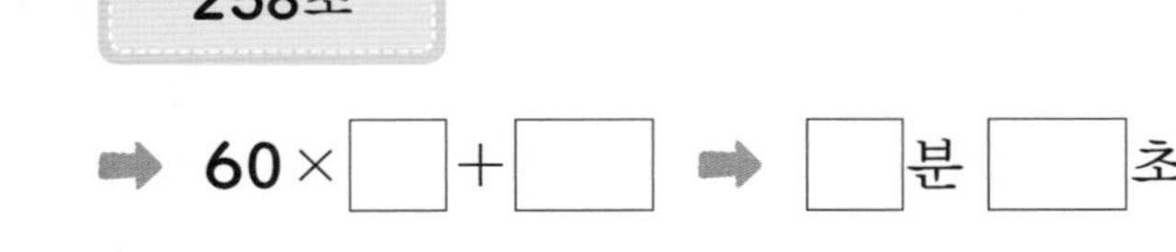

258초

➡ 60×□+□ ➡ □분 □초

**24**

325초

➡ 60×□+□ ➡ □분 □초

**25** 90초 ➡ □분 □초

**26** 125초 ➡ □분 □초

**27** 100초 ➡ □분 □초

**28** 150초 ➡ □분 □초

**29** 220초 ➡ □분 □초

**30** 245초 ➡ □분 □초

**31** 400초 ➡ □분 □초

**32** 500초 ➡ □분 □초

# 6 시간의 덧셈(1)

7시 35분 40초+1시간 40분 30초의 계산

| | 7시 | 35분 | 40초 |
|---|---|---|---|
| + | 1시간 | 40분 | 30초 |
| | 8시 | 75분 | 70초 |
| | | + 1분 ← | − 60 초 |
| | 8시 | 76분 | 10초 |
| | + 1 시간 ← | − 60 분 | |
| | 9시 | 16분 | 10초 |

• 초 단위, 분 단위끼리의 합이 60이거나 60보다 크면 60초를 1분으로, 60분을 1시간으로 받아올립니다.

(시각)+(시간)=(시각)

(시간)+(시간)=(시간)

□ 안에 알맞은 수를 써넣으시오. (1~6)

**1**

| | | |
|---|---|---|
| | 5 분 | 30 초 |
| + | 3 분 | 20 초 |
| | □분 | □초 |

**2**

| | | | |
|---|---|---|---|
| | 2 시 | 45 분 | |
| + | | 10 분 | 36 초 |
| | □시 | □분 | □초 |

**3**

| | | |
|---|---|---|
| | 23 분 | 25 초 |
| + | 14 분 | 20 초 |
| | □분 | □초 |

**4**

| | | | |
|---|---|---|---|
| | 2 시 | 45 분 | 42 초 |
| + | | | 38 초 |
| | □시 | □분 | □초 |
| | | + □ 분 ← | −60초 |
| | □시 | □분 | □초 |

**5**

| | | |
|---|---|---|
| | 48 분 | 58 초 |
| + | 4 분 | 18 초 |
| | □분 | □초 |
| | +1 분 ← | − □초 |
| | □분 | □초 |

**6**

| | | | |
|---|---|---|---|
| | 5 시 | 25 분 | 56 초 |
| + | | 48 분 | 45 초 |
| | □시 | □분 | □초 |
| | | + 1분 ← | − □초 |
| + | □시간 ← | −60분 | |
| | □시 | □분 | □초 |

계산은 빠르고 정확하게!

| 걸린 시간 | 1~8분 | 8~12분 | 12~16분 |
|---|---|---|---|
| 맞은 개수 | 17~18개 | 13~16개 | 1~12개 |
| 평가 | 참 잘했어요. | 잘했어요. | 좀더 노력해요. |

계산을 하시오. (7 ~ 18)

**7**

| | | |
|---|---|---|
| | 18분 | 22초 |
| + | 8분 | 30초 |
| | 분 | 초 |

**8**

| | | | |
|---|---|---|---|
| | 1시 | 25분 | 28초 |
| + | 3시간 | 16분 | 15초 |
| | 시 | 분 | 초 |

**9**

| | | |
|---|---|---|
| | 9분 | 28초 |
| + | 38분 | 27초 |
| | 분 | 초 |

**10**

| | | | |
|---|---|---|---|
| | 6시 | 14분 | 20초 |
| + | 1시간 | 25분 | 32초 |
| | 시 | 분 | 초 |

**11**

| | | |
|---|---|---|
| | 21분 | 15초 |
| + | 32분 | 26초 |
| | 분 | 초 |

**12**

| | | | |
|---|---|---|---|
| | 5시 | 26분 | 23초 |
| + | 3시간 | 31분 | 29초 |
| | 시 | 분 | 초 |

**13**

| | | |
|---|---|---|
| | 23분 | 50초 |
| + | 28분 | 42초 |
| | 분 | 초 |

**14**

| | | | |
|---|---|---|---|
| | 3시 | 36분 | 50초 |
| + | 4시간 | 5분 | 45초 |
| | 시 | 분 | 초 |

**15**

| | | |
|---|---|---|
| | 24분 | 47초 |
| + | 16분 | 35초 |
| | 분 | 초 |

**16**

| | | | |
|---|---|---|---|
| | 6시 | 44분 | 29초 |
| + | 2시간 | 26분 | 50초 |
| | 시 | 분 | 초 |

**17**

| | | |
|---|---|---|
| | 38분 | 28초 |
| + | 13분 | 39초 |
| | 분 | 초 |

**18**

| | | | |
|---|---|---|---|
| | 7시 | 36분 | 42초 |
| + | 2시간 | 48분 | 37초 |
| | 시 | 분 | 초 |

# 6 시간의 덧셈(2)

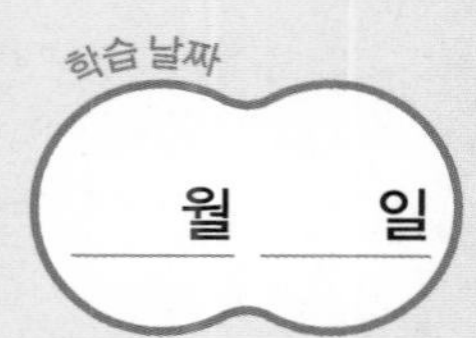


계산을 하시오. (1 ~ 12)

1

| | 1시간 | 15분 | 20초 |
|---|---|---|---|
| + | 2시간 | 40분 | 36초 |
| | 시간 | 분 | 초 |

2

| | 2시간 | 18분 | 25초 |
|---|---|---|---|
| + | 2시간 | 32분 | 30초 |
| | 시간 | 분 | 초 |

3

| | 5시간 | 32분 | 26초 |
|---|---|---|---|
| + | 1시간 | 15분 | 27초 |
| | 시간 | 분 | 초 |

4

| | 2시간 | 25분 | 15초 |
|---|---|---|---|
| + | 7시간 | 28분 | 30초 |
| | 시간 | 분 | 초 |

5

| | 2시간 | 15분 | 30초 |
|---|---|---|---|
| + | 3시간 | 20분 | 38초 |
| | 시간 | 분 | 초 |

6

| | 2시간 | 38분 | 45초 |
|---|---|---|---|
| + | 2시간 | 12분 | 40초 |
| | 시간 | 분 | 초 |

7

| | 5시간 | 22분 | 56초 |
|---|---|---|---|
| + | 1시간 | 35분 | 47초 |
| | 시간 | 분 | 초 |

8

| | 2시간 | 15분 | 25초 |
|---|---|---|---|
| + | 7시간 | 38분 | 50초 |
| | 시간 | 분 | 초 |

9

| | 4시간 | 35분 | 30초 |
|---|---|---|---|
| + | 3시간 | 20분 | 36초 |
| | 시간 | 분 | 초 |

10

| | 2시간 | 18분 | 45초 |
|---|---|---|---|
| + | 2시간 | 32분 | 48초 |
| | 시간 | 분 | 초 |

11

| | 5시간 | 34분 | 56초 |
|---|---|---|---|
| + | 2시간 | 15분 | 48초 |
| | 시간 | 분 | 초 |

12

| | 2시간 | 19분 | 28초 |
|---|---|---|---|
| + | 7시간 | 17분 | 56초 |
| | 시간 | 분 | 초 |

| 걸린 시간 | 1~10분 | 10~15분 | 15~20분 |
|---|---|---|---|
| 맞은 개수 | 22~24개 | 17~21개 | 1~16개 |
| 평가 | 참 잘했어요. | 잘했어요. | 좀더 노력해요. |

계산을 하시오. (13 ~ 24)

**13**

| | 4시간 | 29분 | 37초 |
|---|---|---|---|
| + | 2시간 | 40분 | 38초 |
| | 시간 | 분 | 초 |

**14**

| | 3시간 | 48분 | 35초 |
|---|---|---|---|
| + | 3시간 | 25분 | 27초 |
| | 시간 | 분 | 초 |

**15**

| | 2시간 | 35분 | 28초 |
|---|---|---|---|
| + | 5시간 | 48분 | 56초 |
| | 시간 | 분 | 초 |

**16**

| | 4시간 | 24분 | 50초 |
|---|---|---|---|
| + | 2시간 | 48분 | 28초 |
| | 시간 | 분 | 초 |

**17**

| | 3시간 | 39분 | 37초 |
|---|---|---|---|
| + | 2시간 | 56분 | 28초 |
| | 시간 | 분 | 초 |

**18**

| | 2시간 | 28분 | 55초 |
|---|---|---|---|
| + | 3시간 | 37분 | 47초 |
| | 시간 | 분 | 초 |

**19**

| | 2시간 | 25분 | 27초 |
|---|---|---|---|
| + | 3시간 | 49분 | 58초 |
| | 시간 | 분 | 초 |

**20**

| | 1시간 | 34분 | 56초 |
|---|---|---|---|
| + | 2시간 | 48분 | 38초 |
| | 시간 | 분 | 초 |

**21**

| | 4시간 | 29분 | 45초 |
|---|---|---|---|
| + | 3시간 | 40분 | 39초 |
| | 시간 | 분 | 초 |

**22**

| | 3시간 | 43분 | 25초 |
|---|---|---|---|
| + | 2시간 | 27분 | 37초 |
| | 시간 | 분 | 초 |

**23**

| | 2시간 | 36분 | 29초 |
|---|---|---|---|
| + | 4시간 | 45분 | 57초 |
| | 시간 | 분 | 초 |

**24**

| | 1시간 | 24분 | 39초 |
|---|---|---|---|
| + | 3시간 | 46분 | 28초 |
| | 시간 | 분 | 초 |

# 6 시간의 덧셈(3)

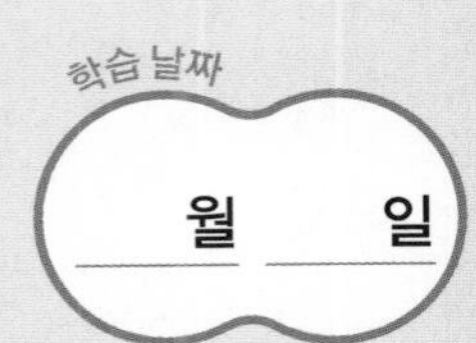


계산을 하시오. (1~16)

1
3시 10분
\+ 20분
[ ]

2
4시 35분
\+ 1시간 40분
[ ]

3
5시 40분
\+ 3시간 30분
[ ]

4
3시 25분
\+ 50분
[ ]

5
4시 50분
\+ 2시간 44분
[ ]

6
5시 37분
\+ 5시간 55분
[ ]

7
2시 12분 39초
\+ 5시간 18분 16초
[ ]

8
5시 43분 25초
\+ 1시간 35분 12초
[ ]

9
8시 25분 40초
\+ 2시간 15분 48초
[ ]

10
6시 39분 52초
\+ 4시간 30분 16초
[ ]

11 2시 20분+20분
=[ ]

12 3시 10분+1시간 30분
=[ ]

13 8시 25분+2시간 10분
=[ ]

14 4시 35분+40분
=[ ]

15 5시 30분 20초+2시간 40분 30초
=[ ]

16 3시 42분 25초+3시간 55분 45초
=[ ]

계산은 빠르고 정확하게!

| 걸린 시간 | 1~12분 | 12~18분 | 18~24분 |
|---|---|---|---|
| 맞은 개수 | 29~32개 | 23~28개 | 1~22개 |
| 평가 | 참 잘했어요. | 잘했어요. | 좀더 노력해요. |

계산을 하시오. (17 ~ 32)

**17**

  2시간 30분
+ 20분

□

**18**

  3시간 30분
+ 1시간 15분

□

**19**

  4시간 12분
+ 2시간 45분

□

**20**

  3시간 40분
+ 2시간 20분

□

**21**

  4시간 27분
+ 3시간 50분

□

**22**

  5시간 56분
+ 4시간 29분

□

**23**

  2시간 21분 18초
+ 6시간 16분 35초

□

**24**

  3시간 45분 20초
+ 53분 18초

□

**25**

  4시간 38분 43초
+ 2시간 10분 30초

□

**26**

  3시간 19분 42초
+ 5시간 51분 33초

□

**27** 2시간 20분+10분
=□

**28** 1시간 15분+2시간 5분
=□

**29** 3시간 14분+3시간 28분
=□

**30** 2시간 32분+1시간 30분
=□

**31** 3시간 45분 15초+4시간 25분 35초
=□

**32** 4시간 53분 33초+7시간 31분 54초
=□

# 6 시간의 덧셈(4)

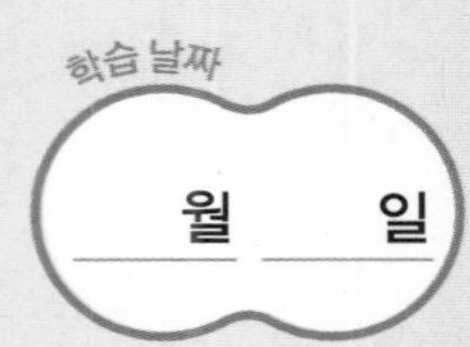

□ 안에 알맞은 시각이나 시간을 써넣으시오. (1~8)

1 3시 17분 36초

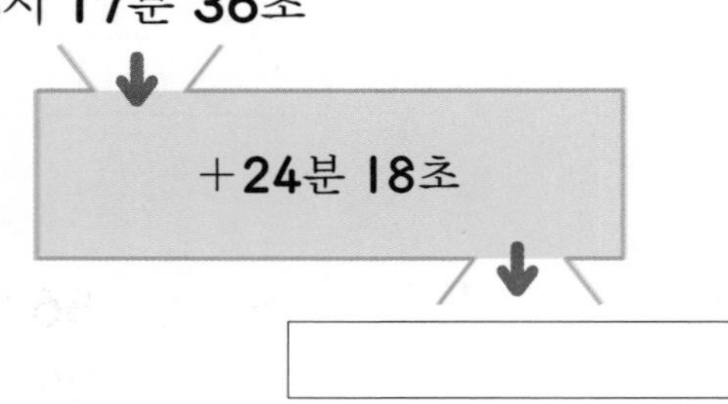


2 9시간 26분 14초

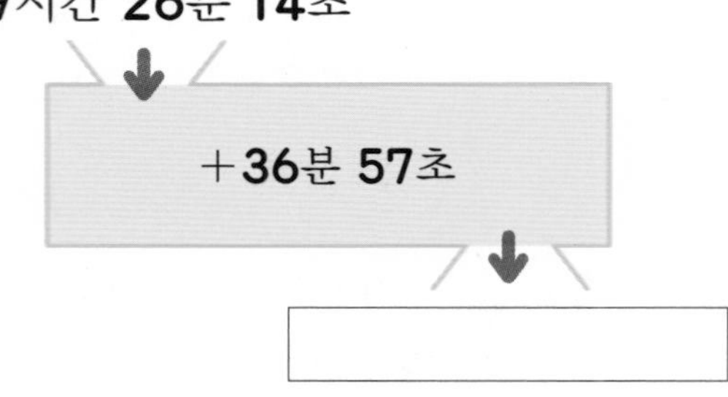


3 8시 54분 25초

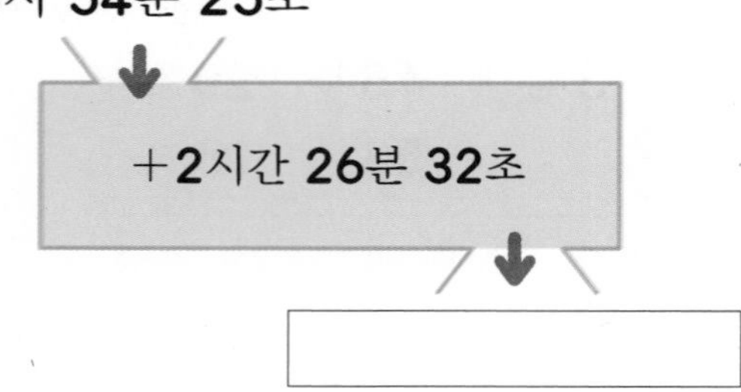


4 2시간 46분 58초

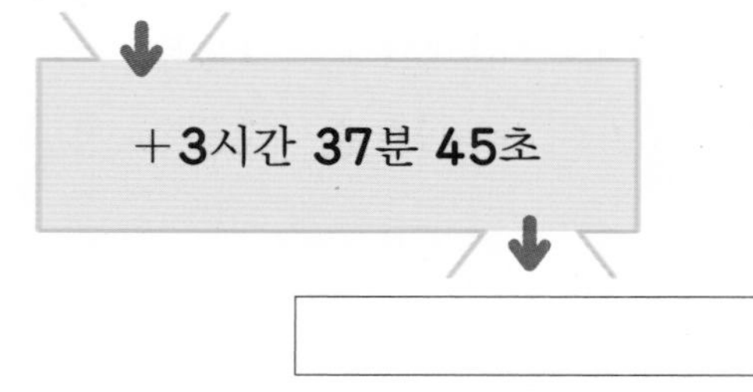


5 6시 43분 50초

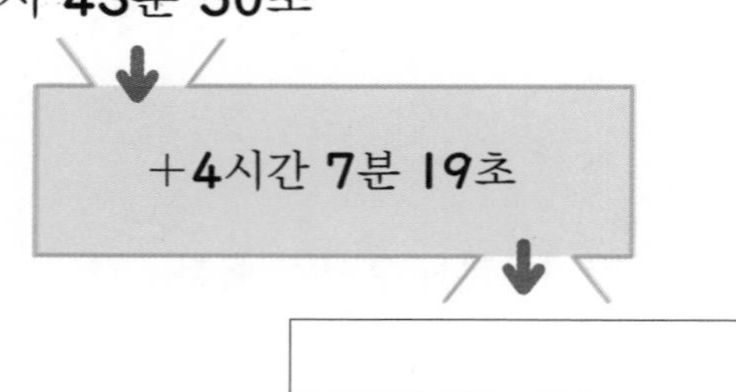


6 3시간 34분 15초

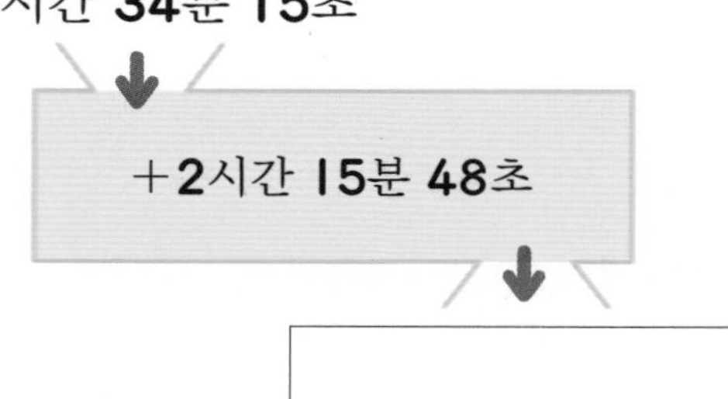


7 10시 27분 43초

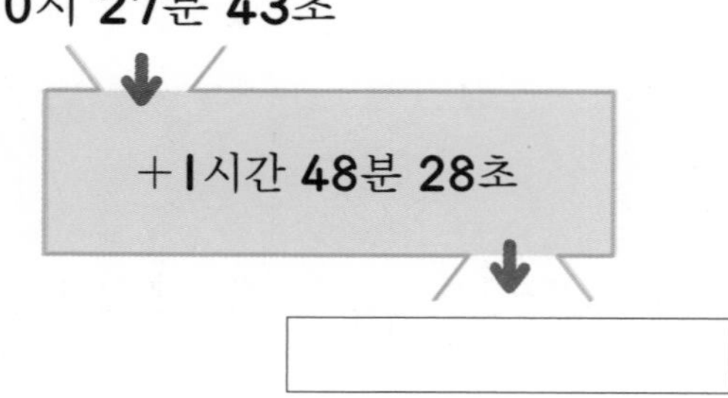


8 5시간 16분 37초

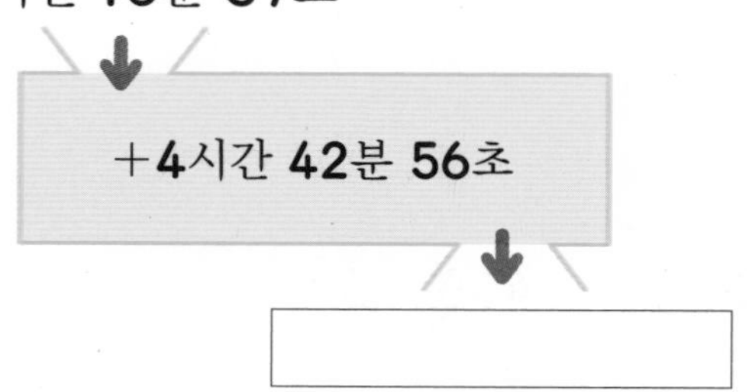

계산은 빠르고 정확하게!

| 걸린 시간 | 1~8분 | 8~12분 | 12~16분 |
| --- | --- | --- | --- |
| 맞은 개수 | 15~16개 | 12~14개 | 1~11개 |
| 평가 | 참 잘했어요. | 잘했어요. | 좀더 노력해요. |

□ 안에 알맞은 시각이나 시간을 써넣으시오. (9 ~ 16)

9 5시 19분 38초

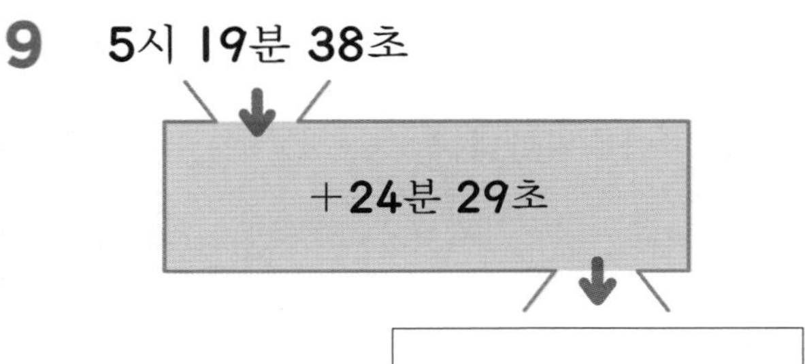


10 3시간 25분 24초

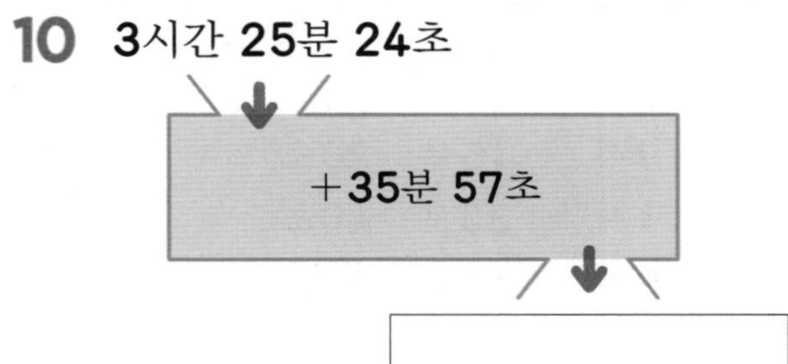


11 7시 34분 9초

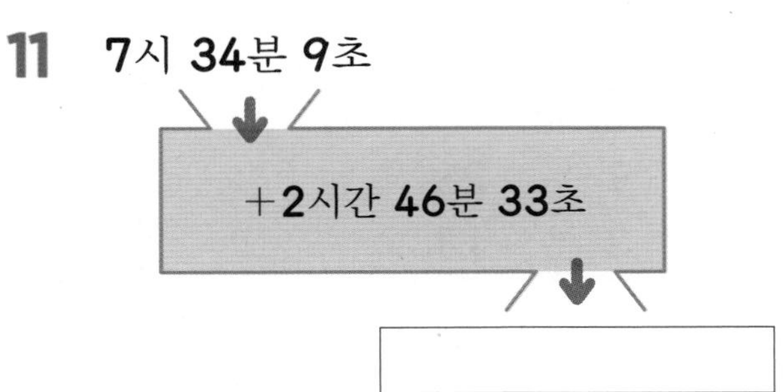


12 4시간 45분 53초

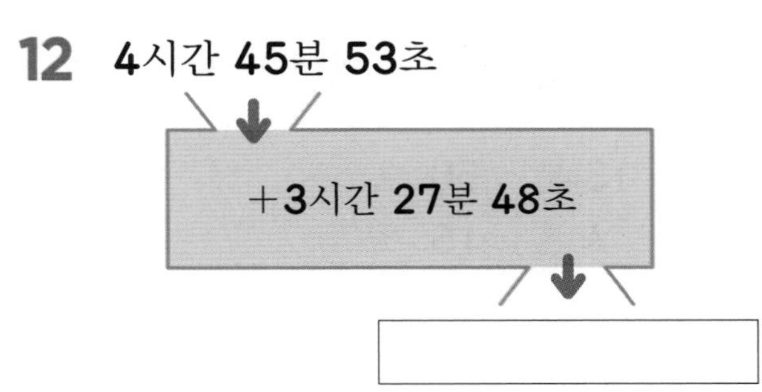


13 8시 48분 56초

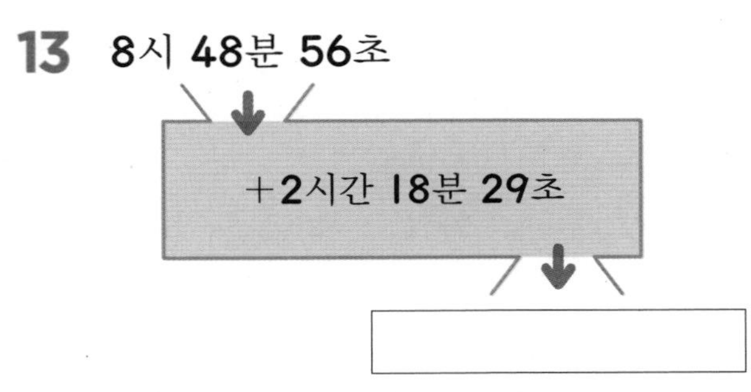


14 5시간 31분 34초

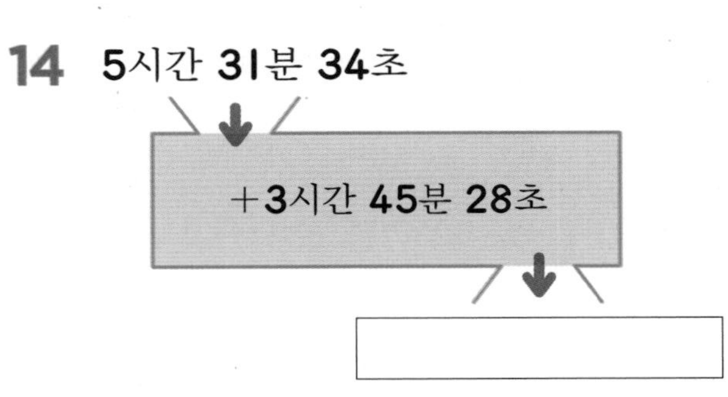


15 9시 37분 38초

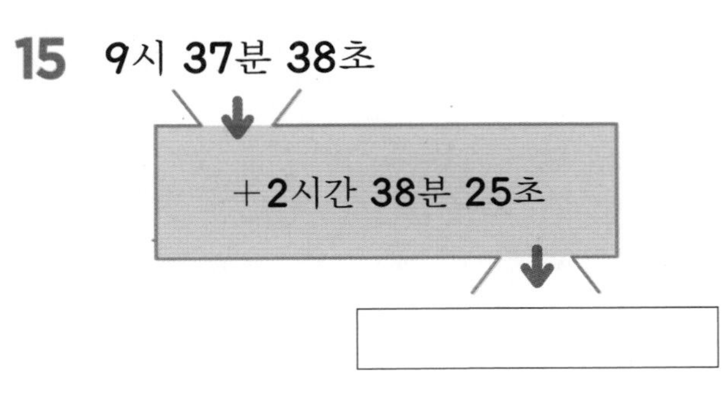


16 6시간 26분 38초

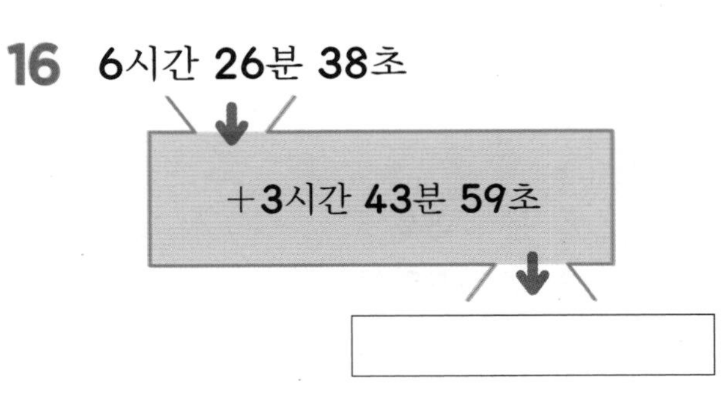

# 7 시간의 뺄셈(1)

**9시 15분 20초－1시간 30분 40초의 계산**

|  | 8 | 60<br>14 | 60 |
|---|---|---|---|
|  | ~~9~~시 | ~~15~~분 | 20초 |
| － | 1시간 | 30분 | 40초 |
|  | 7시 | 44분 | 40초 |

• 초 단위, 분 단위끼리 뺄 수 없을 때에는 1분을 60초로, 1시간을 60분으로 받아내림합니다.

(시각)－(시각)＝(시간)　　(시간)－(시간)＝(시간)

(시각)－(시간)＝(시각)

□ 안에 알맞은 수를 써넣으시오. (1~8)

**1**

|  | 13분 | 50초 |
|---|---|---|
| － | 4분 | 15초 |
|  | □분 | □초 |

**2**

|  | 9분 | 28초 |
|---|---|---|
| － | 3분 | 13초 |
|  | □분 | □초 |

**3**

|  | □ | □ |
|---|---|---|
|  | ~~7~~분 | 10초 |
| － | 5분 | 50초 |
|  | □분 | □초 |

**4**

|  |  | □ | □ |
|---|---|---|---|
|  | 10시 | ~~20~~분 | 15초 |
| － |  | 12분 | 34초 |
|  | □시 | □분 | □초 |

**5**

|  | □ | □ |
|---|---|---|
|  | ~~5~~분 | 40초 |
| － | 2분 | 45초 |
|  | □분 | □초 |

**6**

|  |  | 60 |  |
|---|---|---|---|
|  | □ | □ | □ |
|  | ~~6~~시 | ~~25~~분 | 50초 |
| － | 3시 | 50분 | 55초 |
|  | □시간 | □분 | □초 |

**7**

|  | □ | □ |
|---|---|---|
|  | ~~5~~분 | 34초 |
| － | 2분 | 55초 |
|  | □분 | □초 |

**8**

|  |  | □ |  |
|---|---|---|---|
|  | □ | □ | □ |
|  | ~~12~~시 | ~~22~~분 | 34초 |
| － | 6시 | 53분 | 59초 |
|  | □시간 | □분 | □초 |

계산은 빠르고 정확하게!

| 걸린 시간 | 1~8분 | 8~12분 | 12~16분 |
|---|---|---|---|
| 맞은 개수 | 18~20개 | 14~17개 | 1~13개 |
| 평가 | 참 잘했어요. | 잘했어요. | 좀더 노력해요. |

계산을 하시오. (9 ~ 20)

**9**

| | | |
|---|---|---|
| | 45분 | 46초 |
| − | 19분 | 35초 |
| | 분 | 초 |

**10**

| | | |
|---|---|---|
| | 11시 | 55분 |
| − | 8시 | 41분 |
| | 시간 | 분 |

**11**

| | | |
|---|---|---|
| | 37분 | 33초 |
| − | 12분 | 54초 |
| | 분 | 초 |

**12**

| | | |
|---|---|---|
| | 9시 | 22분 |
| − | 6시 | 40분 |
| | 시간 | 분 |

**13**

| | | | |
|---|---|---|---|
| | 8시 | 14분 | 30초 |
| − | 3시 | 20분 | 26초 |
| | 시간 | 분 | 초 |

**14**

| | | | |
|---|---|---|---|
| | 8시 | 24분 | 22초 |
| − | 2시 | 50분 | 14초 |
| | 시간 | 분 | 초 |

**15**

| | | | |
|---|---|---|---|
| | 11시 | 48분 | 36초 |
| − | 4시 | 30분 | 49초 |
| | 시간 | 분 | 초 |

**16**

| | | | |
|---|---|---|---|
| | 10시 | 53분 | 22초 |
| − | 7시 | 23분 | 57초 |
| | 시간 | 분 | 초 |

**17**

| | | | |
|---|---|---|---|
| | 9시 | 23분 | 40초 |
| − | 5시 | 35분 | 54초 |
| | 시간 | 분 | 초 |

**18**

| | | | |
|---|---|---|---|
| | 5시 | 29분 | 20초 |
| − | 3시 | 48분 | 43초 |
| | 시간 | 분 | 초 |

**19**

| | | | |
|---|---|---|---|
| | 8시 | 20분 | 26초 |
| − | 5시 | 48분 | 39초 |
| | 시간 | 분 | 초 |

**20**

| | | | |
|---|---|---|---|
| | 12시 | 4분 | 23초 |
| − | 6시 | 27분 | 45초 |
| | 시간 | 분 | 초 |

# 7 시간의 뺄셈(2)

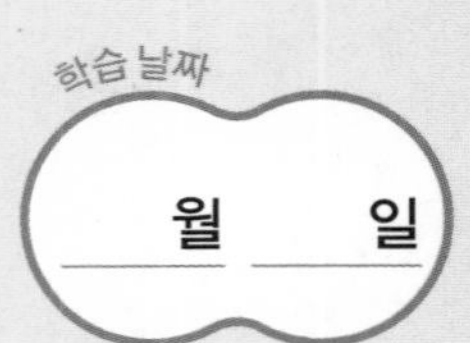


계산을 하시오. (1~12)

1

| | 3시 | 45분 | 30초 |
|---|---|---|---|
| − | 1시간 | 33분 | 20초 |
| | 시 | 분 | 초 |

2

| | 6시 | 39분 | 46초 |
|---|---|---|---|
| − | 2시간 | 30분 | 25초 |
| | 시 | 분 | 초 |

3

| | 7시 | 44분 | 13초 |
|---|---|---|---|
| − | 4시간 | 22분 | 38초 |
| | 시 | 분 | 초 |

4

| | 10시 | 57분 | 35초 |
|---|---|---|---|
| − | 1시간 | 34분 | 49초 |
| | 시 | 분 | 초 |

5

| | 10시 | 12분 | 40초 |
|---|---|---|---|
| − | 4시간 | 32분 | 28초 |
| | 시 | 분 | 초 |

6

| | 12시 | 10분 | 56초 |
|---|---|---|---|
| − | 7시간 | 15분 | 34초 |
| | 시 | 분 | 초 |

7

| | 9시 | 18분 | 25초 |
|---|---|---|---|
| − | 2시간 | 30분 | 40초 |
| | 시 | 분 | 초 |

8

| | 11시 | 31분 | 23초 |
|---|---|---|---|
| − | 4시간 | 45분 | 58초 |
| | 시 | 분 | 초 |

9

| | 7시 | 28분 | 16초 |
|---|---|---|---|
| − | 3시간 | 35분 | 24초 |
| | 시 | 분 | 초 |

10

| | 5시 | 17분 | 20초 |
|---|---|---|---|
| − | 2시간 | 48분 | 43초 |
| | 시 | 분 | 초 |

11

| | 8시 | 20분 | 26초 |
|---|---|---|---|
| − | 5시간 | 28분 | 39초 |
| | 시 | 분 | 초 |

12

| | 12시 | 21분 | 42초 |
|---|---|---|---|
| − | 4시간 | 37분 | 45초 |
| | 시 | 분 | 초 |

계산은 빠르고 정확하게!

| 걸린 시간 | 1~10분 | 10~15분 | 15~20분 |
|---|---|---|---|
| 맞은 개수 | 22~24개 | 17~21개 | 1~16개 |
| 평가 | 참 잘했어요. | 잘했어요. | 좀더 노력해요. |

계산을 하시오. (13 ~ 24)

**13**

| | 5시간 | 24분 | 30초 |
|---|---|---|---|
| − | 3시간 | 20분 | 18초 |
| | 시간 | 분 | 초 |

**14**

| | 8시간 | 34분 | 22초 |
|---|---|---|---|
| − | 2시간 | 30분 | 14초 |
| | 시간 | 분 | 초 |

**15**

| | 11시간 | 27분 | 38초 |
|---|---|---|---|
| − | 6시간 | 50분 | 19초 |
| | 시간 | 분 | 초 |

**16**

| | 10시간 | 23분 | 42초 |
|---|---|---|---|
| − | 3시간 | 43분 | 27초 |
| | 시간 | 분 | 초 |

**17**

| | 5시간 | 34분 | 30초 |
|---|---|---|---|
| − | 2시간 | 20분 | 46초 |
| | 시간 | 분 | 초 |

**18**

| | 8시간 | 36분 | 21초 |
|---|---|---|---|
| − | 3시간 | 25분 | 44초 |
| | 시간 | 분 | 초 |

**19**

| | 7시간 | 42분 | 36초 |
|---|---|---|---|
| − | 4시간 | 50분 | 49초 |
| | 시간 | 분 | 초 |

**20**

| | 10시간 | 13분 | 22초 |
|---|---|---|---|
| − | 6시간 | 33분 | 37초 |
| | 시간 | 분 | 초 |

**21**

| | 7시간 | 23분 | 26초 |
|---|---|---|---|
| − | 5시간 | 35분 | 34초 |
| | 시간 | 분 | 초 |

**22**

| | 6시간 | 18분 | 21초 |
|---|---|---|---|
| − | 3시간 | 48분 | 33초 |
| | 시간 | 분 | 초 |

**23**

| | 8시간 | 20분 | 33초 |
|---|---|---|---|
| − | 5시간 | 28분 | 39초 |
| | 시간 | 분 | 초 |

**24**

| | 9시간 | 12분 | 40초 |
|---|---|---|---|
| − | 6시간 | 27분 | 55초 |
| | 시간 | 분 | 초 |

# 7 시간의 뺄셈(3)

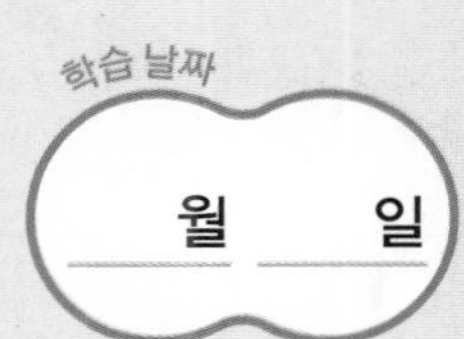


계산을 하시오. (1~16)

**1**
  6시 50분
− 1시 30분

**2**
  5시 47분
− 2시 20분

**3**
  4시 45분
− 2시 18분

**4**
  6시 15분
− 2시 30분

**5**
  8시 30분
− 3시 36분

**6**
  9시
− 2시 45분

**7**
  5시 57분 41초
− 3시 29분 15초

**8**
  5시 20분 40초
− 3시 50분 15초

**9**
  10시 34분 13초
− 7시 48분 40초

**10**
  12시 14분
− 5시 50분 15초

**11** 3시 50분−1시 30분
=

**12** 5시 47분−3시 10분
=

**13** 4시 24분−2시 46분
=

**14** 3시 33분−1시 50분
=

**15** 6시 40분 51초−1시 55분 30초
=

**16** 7시−4시 24분 30초
=

계산은 빠르고 정확하게!

| 걸린 시간 | 1~12분 | 12~18분 | 18~24분 |
|---|---|---|---|
| 맞은 개수 | 29~32개 | 23~28개 | 1~22개 |
| 평가 | 참 잘했어요. | 잘했어요. | 좀더 노력해요. |

계산을 하시오. (17 ~ 32)

17
  6시 30분
− 10분
[ ]

18
  4시 50분
− 2시간 40분
[ ]

19
  8시 54분
− 2시간 15분
[ ]

20
  6시간 15분
− 50분
[ ]

21
  6시간 37분
− 2시간 50분
[ ]

22
  7시간 40분
− 5시간 56분
[ ]

23
  7시 33분 40초
− 2시간 15분 5초
[ ]

24
  3시 23분 30초
− 1시간 50분
[ ]

25
  6시간 23분 10초
− 4시간 30분 50초
[ ]

26
  11시간 20분
− 3시간 50분 49초
[ ]

27 3시 40분−15분
= [ ]

28 6시 35분−4시간 20분
= [ ]

29 8시 51분−2시간 45분
= [ ]

30 3시 10분−40분 30초
= [ ]

31 6시간 18분 20초−2시간 30분 15초
= [ ]

32 9시간−3시간 25분 30초
= [ ]

# 7 시간의 뺄셈(4)

□ 안에 알맞은 시각이나 시간을 써넣으시오. (1~8)

1 48분 36초

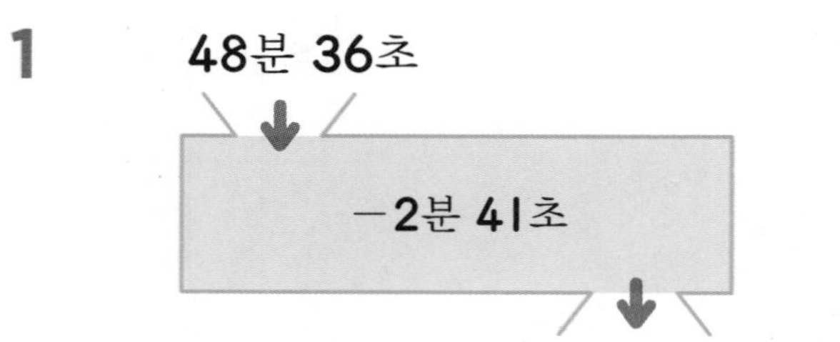


2 1시간 25분 24초

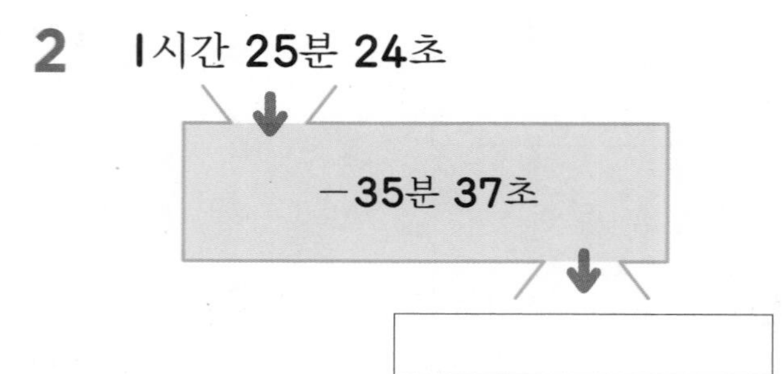


3 7시 54분 19초

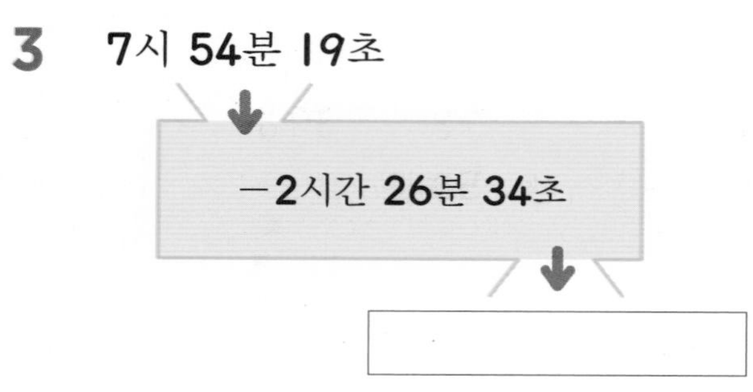


4 4시간 47분 33초

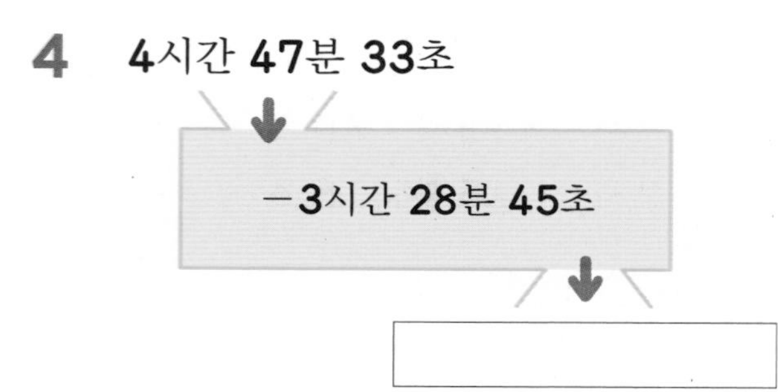


5 9시 43분 50초

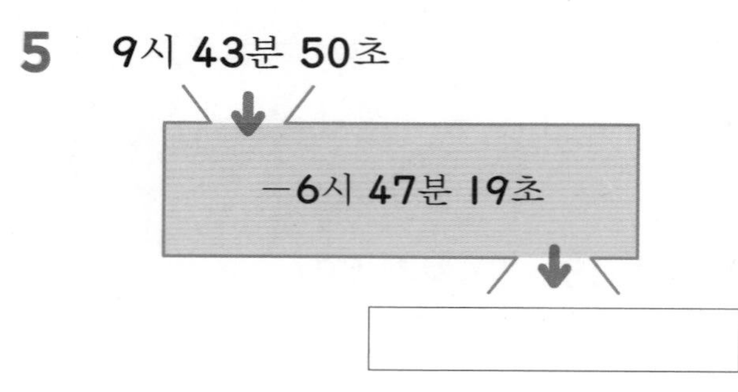


6 8시 31분 6초

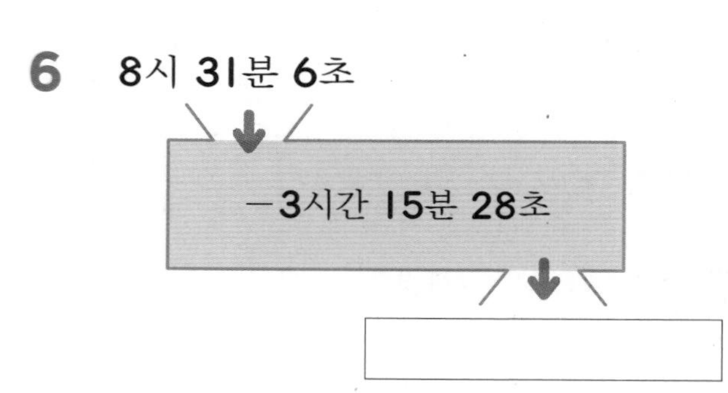


7 10시간 27분 13초

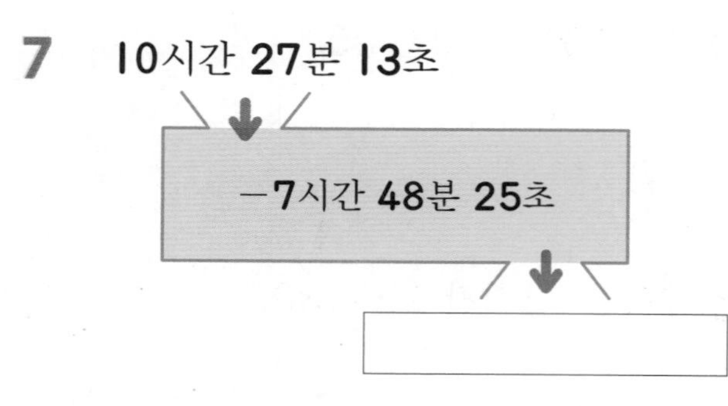


8 8시 16분 38초

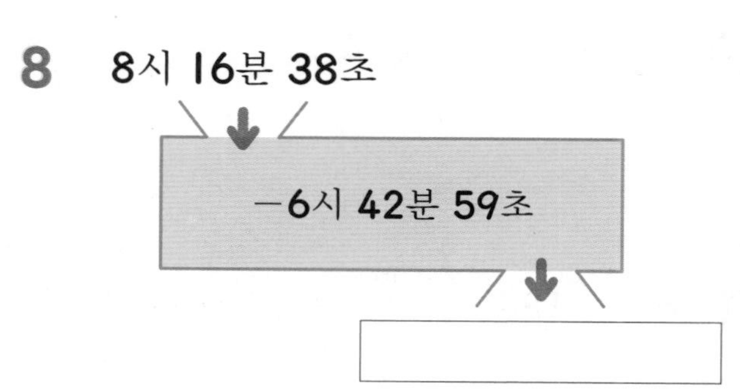

계산은 빠르고 정확하게!

| 걸린 시간 | 1~8분 | 8~12분 | 12~16분 |
|---|---|---|---|
| 맞은 개수 | 18~20개 | 14~17개 | 1~13개 |
| 평가 | 참 잘했어요. | 잘했어요. | 좀더 노력해요. |

빈 곳에 알맞은 시각이나 시간을 써넣으시오. (9 ~ 20)

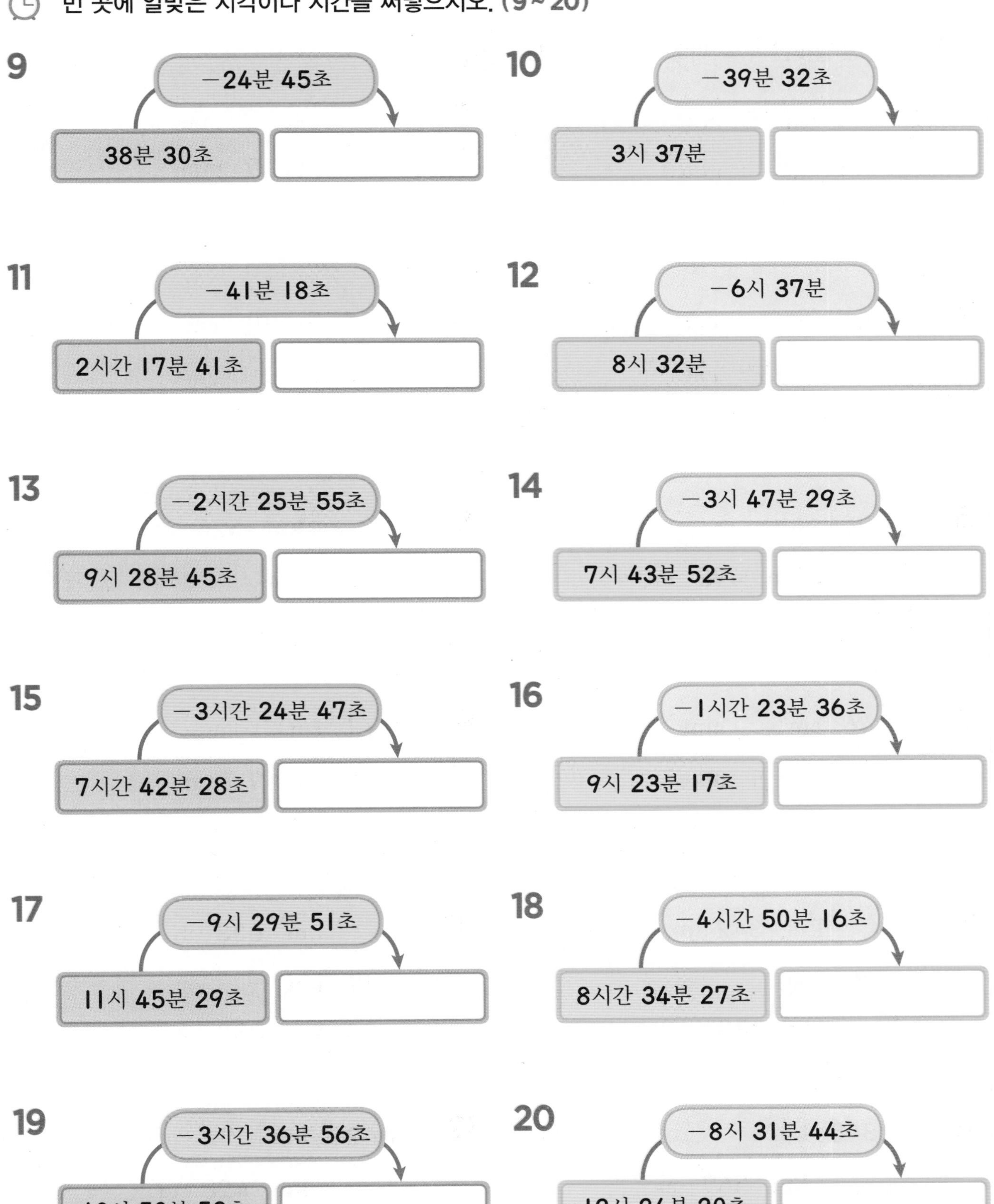

# 8 신기한 연산

□ 안에 알맞은 수를 써넣으시오. (1~12)

**1**

□ cm 5 mm
+ 88 cm □ mm
155 cm 1 mm

**2**

□ cm □ mm
+ 97 cm 7 mm
174 cm 4 mm

**3**

55 m □ cm
+ □ m 77 cm
106 m 43 cm

**4**

□ m 55 cm
+ 76 m □ cm
161 m 3 cm

**5**

254 km □ m
+ □ km 492 m
383 km 230 m

**6**

□ km 626 m
+ 154 km □ m
574 km 24 m

**7**

46 cm □ mm
− □ cm 9 mm
30 cm 6 mm

**8**

61 cm □ mm
− □ cm 7 mm
32 cm 9 mm

**9**

□ km 342 m
− 8 km □ m
4 km 183 m

**10**

□ km 633 m
− 17 km □ m
38 km 389 m

**11**

345 km □ m
− □ km 567 m
219 km 676 m

**12**

624 km □ m
− □ km 428 m
285 km 757 m

계산은 빠르고 정확하게!

| 걸린 시간 | 1~12분 | 12~18분 | 18~24분 |
|---|---|---|---|
| 맞은 개수 | 22~24개 | 17~21개 | 1~16개 |
| 평가 | 참 잘했어요. | 잘했어요. | 좀더 노력해요. |

□ 안에 알맞은 수를 써넣으시오. (13 ~ 24)

**13**

| | | | |
|---|---|---|---|
| | □ 시 | 45 분 | 32 초 |
| + | 2 시간 | □ 분 | 50 초 |
| | 7 시 | 25 분 | □ 초 |

**14**

| | | | |
|---|---|---|---|
| | □ 시 | 28 분 | 38 초 |
| + | 4 시간 | □ 분 | 42 초 |
| | 10 시 | 7 분 | □ 초 |

**15**

| | | | |
|---|---|---|---|
| | 7 시 | 56 분 | □ 초 |
| + | □ 시간 | 42 분 | 49 초 |
| | 11 시 | □ 분 | 19 초 |

**16**

| | | | |
|---|---|---|---|
| | 3 시 | 43 분 | □ 초 |
| + | □ 시간 | 37 분 | 52 초 |
| | 9 시 | □ 분 | 18 초 |

**17**

| | | | |
|---|---|---|---|
| | 2 시간 | 54 분 | □ 초 |
| + | 4 시간 | □ 분 | 35 초 |
| | □ 시간 | 15 분 | 25 초 |

**18**

| | | | |
|---|---|---|---|
| | 5 시간 | 29 분 | □ 초 |
| + | 3 시간 | □ 분 | 42 초 |
| | □ 시간 | 12 분 | 16 초 |

**19**

| | | | |
|---|---|---|---|
| | 9 시 | 35 분 | □ 초 |
| − | 5 시 | □ 분 | 40 초 |
| | □ 시간 | 49 분 | 48 초 |

**20**

| | | | |
|---|---|---|---|
| | 11 시 | 20 분 | □ 초 |
| − | 4 시 | □ 분 | 50 초 |
| | □ 시간 | 43 분 | 52 초 |

**21**

| | | | |
|---|---|---|---|
| | 10 시간 | 21 분 | 31 초 |
| − | □ 시간 | 42 분 | □ 초 |
| | 4 시간 | □ 분 | 39 초 |

**22**

| | | | |
|---|---|---|---|
| | 12 시간 | 12 분 | 25 초 |
| − | □ 시간 | 30 분 | □ 초 |
| | 2 시간 | □ 분 | 50 초 |

**23**

| | | | |
|---|---|---|---|
| | 9 시 | □ 분 | 12 초 |
| − | □ 시간 | 15 분 | 25 초 |
| | 6 시 | 52 분 | □ 초 |

**24**

| | | | |
|---|---|---|---|
| | 11 시 | □ 분 | 44 초 |
| − | □ 시간 | 43 분 | 50 초 |
| | 5 시 | 49 분 | □ 초 |

# 확인 평가

□ 안에 알맞은 수를 써넣으시오. (1~17)

1 3 cm 5 mm= □ mm

2 23 cm 2 mm= □ mm

3 83 mm= □ cm □ mm

4 196 mm= □ cm □ mm

5 3 km 200 m= □ m

6 5 km 40 m= □ m

7 7400 m= □ km □ m

8 9080 m= □ km □ m

9

| | | | |
|---|---|---|---|
| | 3 cm | 6 mm | |
| + | 5 cm | 2 mm | |
| | □ cm | □ mm | |

10

| | | |
|---|---|---|
| | 4 cm | 7 mm |
| + | 2 cm | 8 mm |
| | □ cm | □ mm |

11

| | | |
|---|---|---|
| | 16 cm | 5 mm |
| + | 27 cm | 8 mm |
| | □ cm | □ mm |

12

| | | |
|---|---|---|
| | 2 km | 250 m |
| + | 3 km | 400 m |
| | □ km | □ m |

13

| | | |
|---|---|---|
| | 6 km | 650 m |
| + | 2 km | 520 m |
| | □ km | □ m |

14

| | | |
|---|---|---|
| | 14 km | 380 m |
| + | 8 km | 830 m |
| | □ km | □ m |

15

| | | |
|---|---|---|
| | 15 km | 327 m |
| + | 8 km | 954 m |
| | □ km | □ m |

16

| | | |
|---|---|---|
| | 18 km | 205 m |
| + | 9 km | 968 m |
| | □ km | □ m |

17

| | | |
|---|---|---|
| | 15 km | 680 m |
| + | 24 km | 764 m |
| | □ km | □ m |

| 걸린 시간 | 1~15분 | 15~20분 | 20~25분 |
| --- | --- | --- | --- |
| 맞은 개수 | 42~46개 | 33~41개 | 1~32개 |
| 평가 | 참 잘했어요. | 잘했어요. | 좀더 노력해요. |

□ 안에 알맞은 수를 써넣으시오. (18 ~ 34)

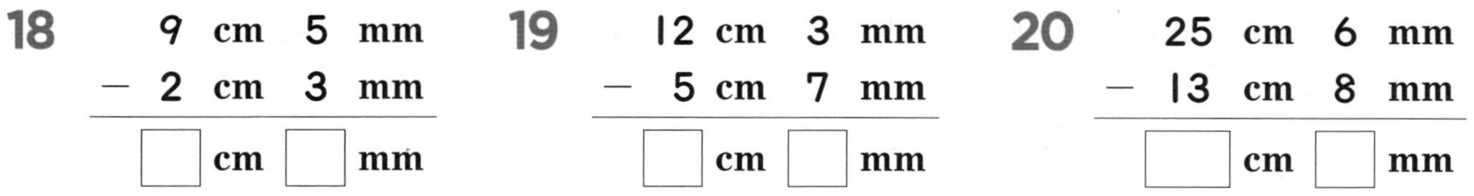

**18**

$$\begin{array}{rrrr} & 9\text{ cm} & 5\text{ mm} \\ - & 2\text{ cm} & 3\text{ mm} \\ \hline & \square\text{ cm} & \square\text{ mm} \end{array}$$

**19**

$$\begin{array}{rrrr} & 12\text{ cm} & 3\text{ mm} \\ - & 5\text{ cm} & 7\text{ mm} \\ \hline & \square\text{ cm} & \square\text{ mm} \end{array}$$

**20**

$$\begin{array}{rrrr} & 25\text{ cm} & 6\text{ mm} \\ - & 13\text{ cm} & 8\text{ mm} \\ \hline & \square\text{ cm} & \square\text{ mm} \end{array}$$

**21**

$$\begin{array}{rrrr} & 8\text{ km} & 700\text{ m} \\ - & 2\text{ km} & 300\text{ m} \\ \hline & \square\text{ km} & \square\text{ m} \end{array}$$

**22**

$$\begin{array}{rrrr} & 9\text{ km} & 300\text{ m} \\ - & 4\text{ km} & 600\text{ m} \\ \hline & \square\text{ km} & \square\text{ m} \end{array}$$

**23**

$$\begin{array}{rrrr} & 20\text{ km} & 240\text{ m} \\ - & 9\text{ km} & 760\text{ m} \\ \hline & \square\text{ km} & \square\text{ m} \end{array}$$

**24**

$$\begin{array}{rrrr} & 15\text{ km} & 320\text{ m} \\ - & 9\text{ km} & 670\text{ m} \\ \hline & \square\text{ km} & \square\text{ m} \end{array}$$

**25**

$$\begin{array}{rrrr} & 32\text{ km} & 840\text{ m} \\ - & 12\text{ km} & 950\text{ m} \\ \hline & \square\text{ km} & \square\text{ m} \end{array}$$

**26**

$$\begin{array}{rrrr} & 42\text{ km} & 195\text{ m} \\ - & 22\text{ km} & 750\text{ m} \\ \hline & \square\text{ km} & \square\text{ m} \end{array}$$

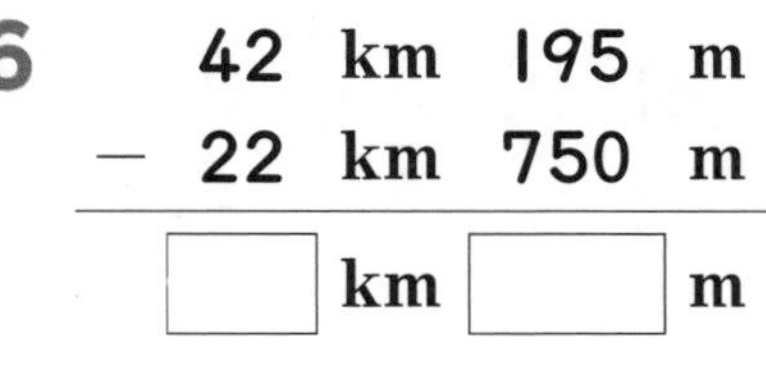

**27** 2분 40초 ➡ □초

**28** 5분 15초 ➡ □초

**29** 9분 5초 ➡ □초

**30** 7분 48초 ➡ □초

**31** 95초 ➡ □분 □초

**32** 325초 ➡ □분 □초

**33** 125초 ➡ □분 □초

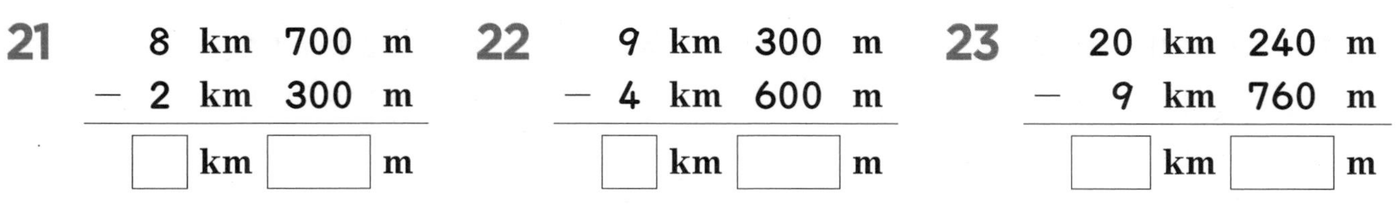

**34** 505초 ➡ □분 □초

# 확인 평가

계산을 하시오. (35 ~ 46)

**35**

|   | 7 시 | 25분 | 30초 |
|---|---|---|---|
| + | 2 시간 | 45분 | 15초 |

□

**36**

|   | 8시 | 37분 | 45초 |
|---|---|---|---|
| + | 1시간 | 12분 | 35초 |

□

**37**

|   | 2시간 | 36분 | 42초 |
|---|---|---|---|
| + | 3시간 | 54분 | 35초 |

□

**38**

|   | 4시간 | 24분 | 53초 |
|---|---|---|---|
| + | 2시간 | 47분 | 15초 |

□

**39**

|   | 8시 | 38분 | 25초 |
|---|---|---|---|
| − | 6시 | 45분 | 10초 |

□

**40**

|   | 10시 | 15분 | 40초 |
|---|---|---|---|
| − | 2시간 | 40분 | 15초 |

□

**41**

|   | 4시간 | 13분 | 25초 |
|---|---|---|---|
| − | 1시간 | 46분 | 50초 |

□

**42**

|   | 11시 | 20분 | 34초 |
|---|---|---|---|
| − | 7시 | 45분 | 50초 |

□

**43** 6시 15분 48초+3시간 20분 50초

=□

**44** 3시간 36분 40초+2시간 52분 15초

=□

**45** 11시 10분 15초−9시 25분 40초

=□

**46** 9시 40분 25초−2시간 50분 50초

=□

신기한
연산왕

신기한
연산왕

초등 수학의 기본은 연산력!!

# 신기한 연산왕

# 정답

C-1

초3 수준

3
2
4

신기한
연산왕

정답

# 정답

## 1 받아올림이 없는 (세 자리 수)+(세 자리 수)(1)

학습 날짜 월 일

계산은 빠르고 정확하게!

| 걸린 시간 | 1~7분 | 7~10분 | 10~13분 |
|---|---|---|---|
| 맞은 개수 | 22~24개 | 17~21개 | 1~16개 |
| 평가 | 참 잘했어요. | 잘했어요. | 좀더 노력해요. |

235+341의 계산

• 자리를 맞추고 같은 자리의 숫자끼리 더합니다.

〈세로셈〉 235 + 341 = 576

〈가로셈〉 235+341=576 (5+1=6, 3+4=7, 2+3=5)

계산을 하시오. (1~9)

1. 203 + 272 = 475
2. 335 + 242 = 577
3. 420 + 258 = 678
4. 436 + 242 = 678
5. 554 + 104 = 658
6. 532 + 225 = 757
7. 615 + 253 = 868
8. 673 + 304 = 977
9. 745 + 234 = 979

계산을 하시오. (10~24)

10. 231 + 137 = 368
11. 243 + 224 = 467
12. 271 + 315 = 586
13. 345 + 213 = 558
14. 352 + 333 = 685
15. 374 + 415 = 789
16. 423 + 164 = 587
17. 444 + 235 = 679
18. 472 + 514 = 986
19. 513 + 264 = 777
20. 546 + 323 = 869
21. 562 + 415 = 977
22. 615 + 132 = 747
23. 634 + 252 = 886
24. 653 + 322 = 975

## 1 받아올림이 없는 (세 자리 수)+(세 자리 수)(2)

학습 날짜 월 일

계산은 빠르고 정확하게!

| 걸린 시간 | 1~8분 | 8~12분 | 12~16분 |
|---|---|---|---|
| 맞은 개수 | 29~32개 | 23~28개 | 1~22개 |
| 평가 | 참 잘했어요. | 잘했어요. | 좀더 노력해요. |

계산을 하시오. (1~16)

1. 248+320=568
2. 324+243=567
3. 426+352=778
4. 514+283=797
5. 673+223=896
6. 725+134=859
7. 145+232=377
8. 234+560=794
9. 345+210=555
10. 430+427=857
11. 574+413=987
12. 624+135=759
13. 717+240=957
14. 263+132=395
15. 442+236=678
16. 527+341=868

계산을 하시오. (17~32)

17. 136+232=368
18. 245+323=568
19. 341+243=584
20. 413+274=687
21. 527+340=867
22. 624+152=776
23. 717+132=849
24. 355+241=596
25. 237+522=759
26. 352+246=598
27. 435+152=587
28. 546+233=779
29. 683+213=896
30. 127+352=479
31. 354+325=679
32. 423+536=959

# 1 받아올림이 없는 (세 자리 수)+(세 자리 수)(3)

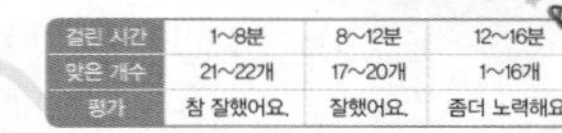

| 걸린 시간 | 1~8분 | 8~12분 | 12~16분 |
|---|---|---|---|
| 맞은 개수 | 21~22개 | 17~20개 | 1~16개 |
| 평가 | 참 잘했어요. | 잘했어요. | 좀더 노력해요. |

빈 곳에 알맞은 수를 써넣으시오. (1 ~ 12)

1
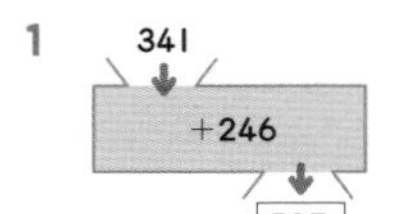


2
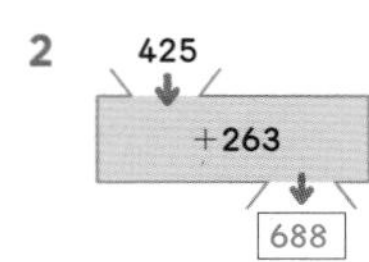


3
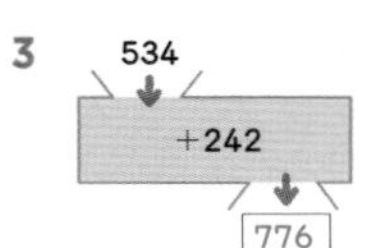


4
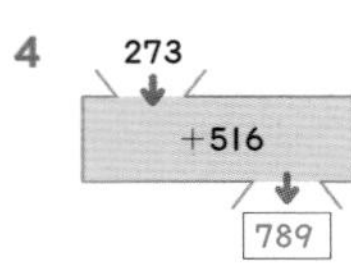


5
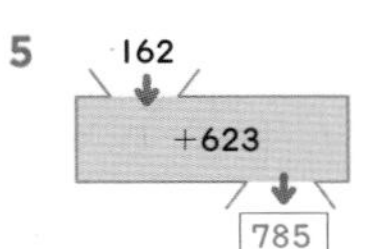


6
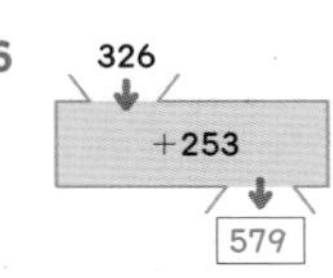


7
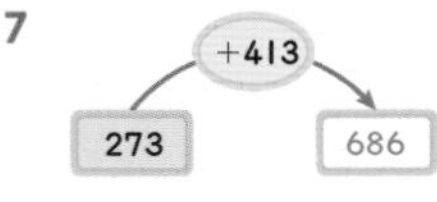


8
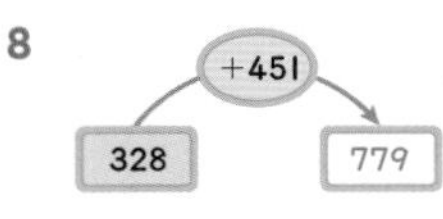


9 

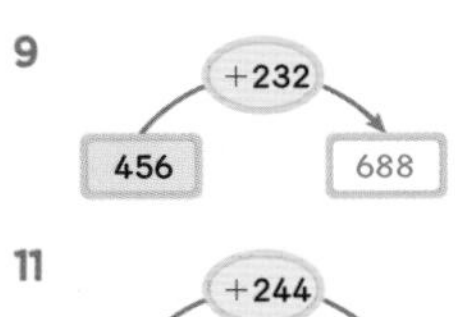

10 

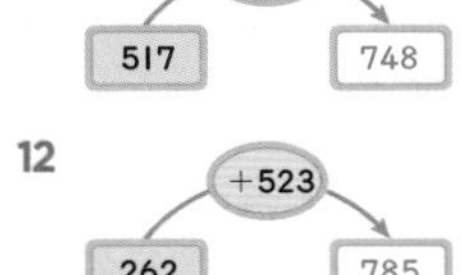

11 

12 

빈 곳에 알맞은 수를 써넣으시오. (13 ~ 22)

13
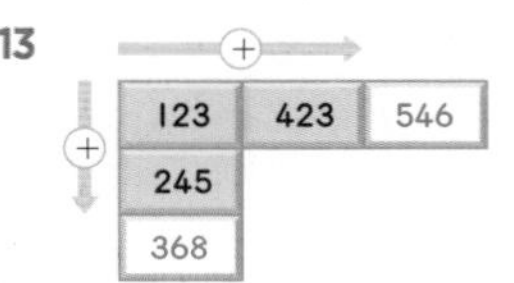


14
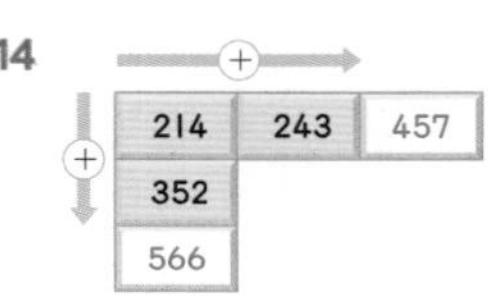


15
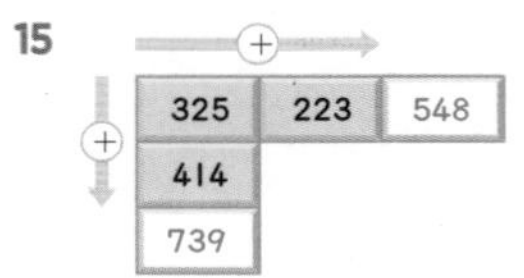


16
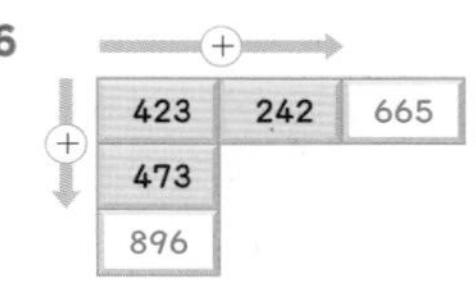


17
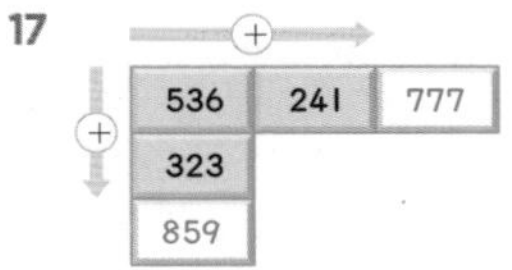


18
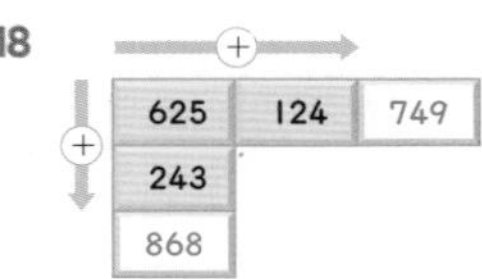


19
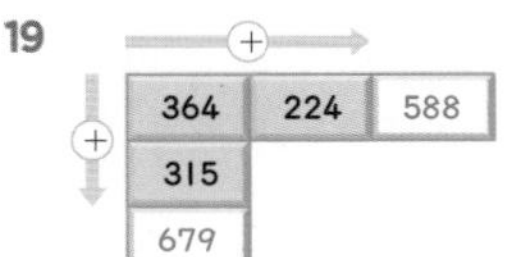


20
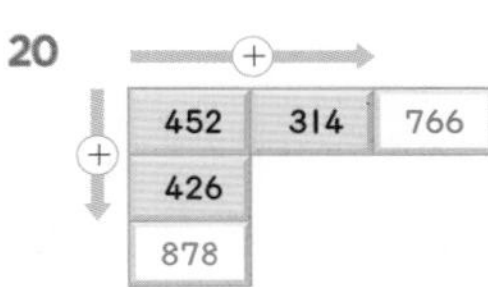


21
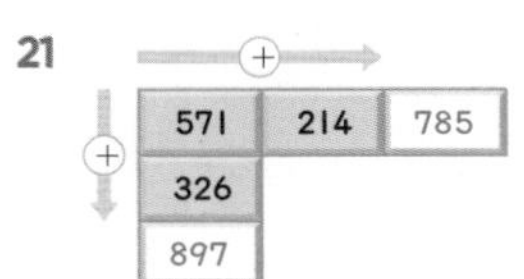


22
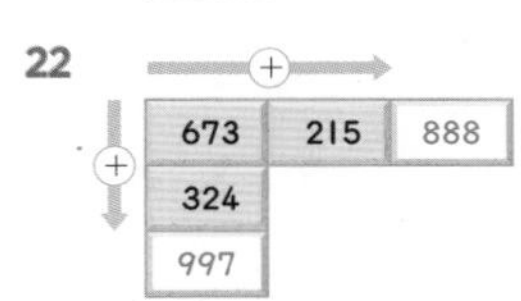


# 2 받아올림이 1번 있는 (세 자리 수)+(세 자리 수)(1)

계산은 빠르고 정확하게!

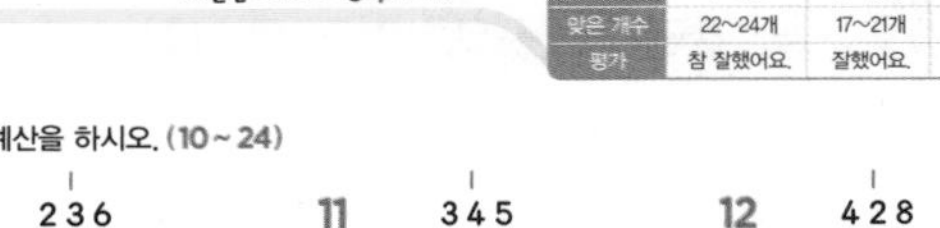

| 걸린 시간 | 1~7분 | 7~10분 | 10~13분 |
|---|---|---|---|
| 맞은 개수 | 22~24개 | 17~21개 | 1~16개 |
| 평가 | 참 잘했어요. | 잘했어요. | 좀더 노력해요. |

247+328의 계산

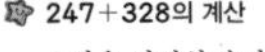

- 같은 자리의 숫자끼리의 합이 10이거나 10보다 크면 바로 윗자리로 받아올림하여 계산합니다.

〈세로셈〉

```
    1
  2 4 7
+ 3 2 8
  5 7 5
```

〈가로셈〉

```
        15
2 4 7 + 3 2 8 = 5 7 5
```

계산을 하시오. (1 ~ 9)

1 248 + 336 = 584

2 425 + 569 = 994

3 437 + 326 = 763

4 505 + 369 = 874

5 258 + 537 = 795

6 457 + 272 = 729

7 386 + 571 = 957

8 663 + 194 = 857

9 582 + 287 = 869

계산을 하시오. (10 ~ 24)

10 236 + 318 = 554

11 345 + 239 = 584

12 428 + 259 = 687

13 527 + 346 = 873

14 649 + 137 = 786

15 757 + 237 = 994

16 486 + 382 = 868

17 394 + 275 = 669

18 283 + 542 = 825

19 573 + 295 = 868

20 664 + 293 = 957

21 776 + 182 = 958

22 458 + 237 = 695

23 393 + 284 = 677

24 528 + 269 = 797

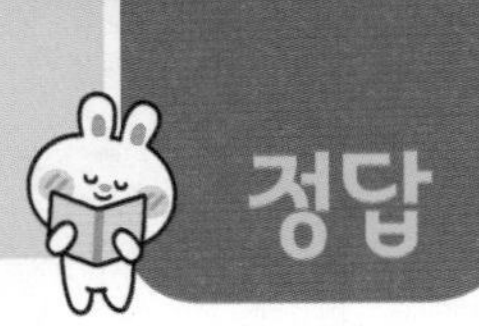

# 정답



## 2 받아올림이 1번 있는 (세 자리 수)+(세 자리 수)(2)

학습 날짜 월 일

계산은 빠르고 정확하게!

| 걸린 시간 | 1~10분 | 10~15분 | 15~20분 |
|---|---|---|---|
| 맞은 개수 | 29~32개 | 23~28개 | 1~22개 |
| 평가 | 참 잘했어요. | 잘했어요. | 좀더 노력해요. |

계산을 하시오. (1~16)

1 159+236=395
2 245+329=574
3 338+248=586
4 437+257=694
5 553+284=837
6 693+175=868
7 745+192=937
8 376+283=659
9 123+567=690
10 275+382=657
11 327+469=796
12 486+292=778
13 538+257=795
14 694+253=947
15 456+329=785
16 384+394=778

계산을 하시오. (17~32)

17 246+327=573
18 328+359=687
19 427+258=685
20 535+247=782
21 674+283=957
22 436+293=729
23 364+495=859
24 275+683=958
25 817+159=976
26 676+282=958
27 536+248=784
28 543+294=837
29 327+256=583
30 445+273=718
31 476+319=795
32 694+285=979

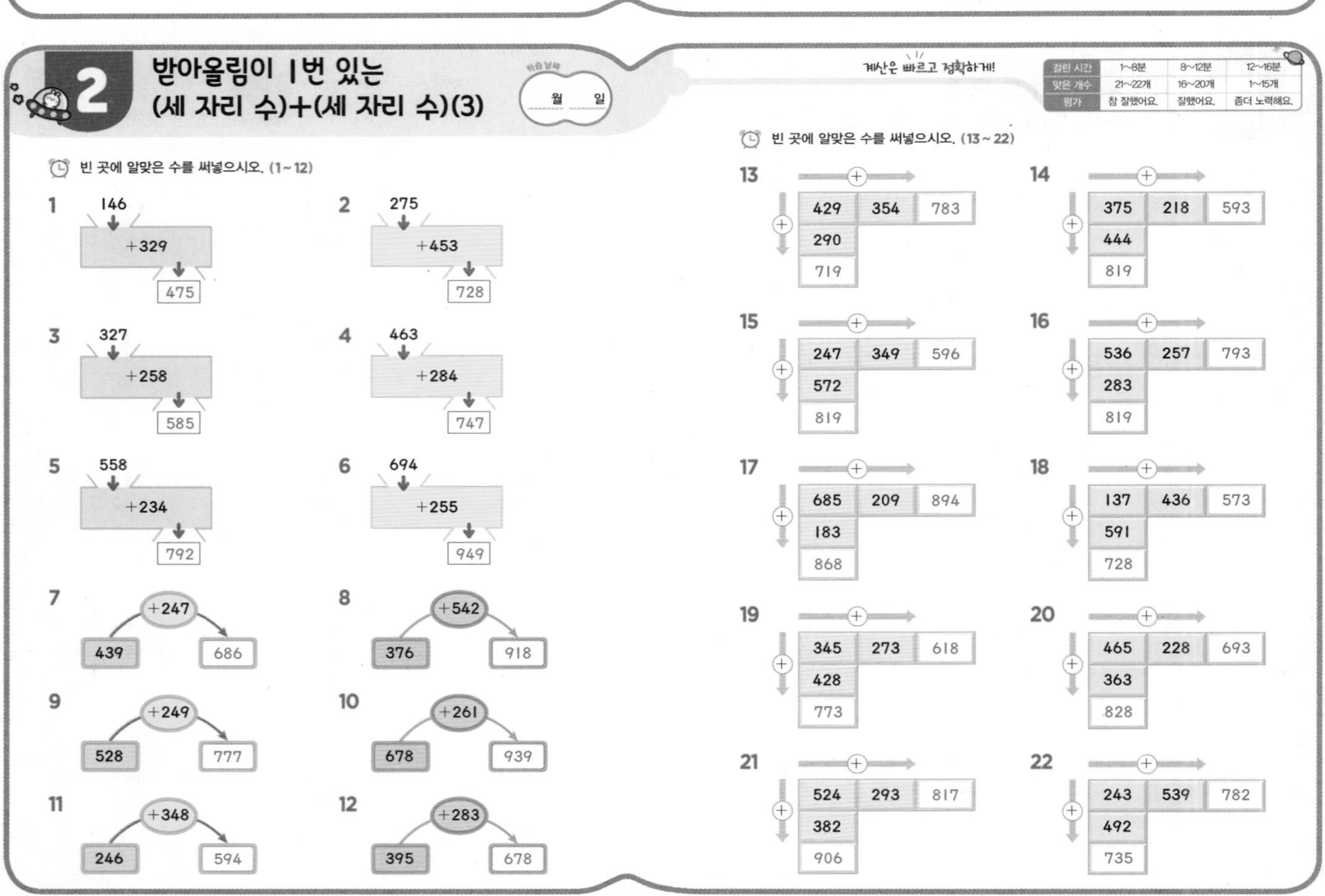

## 2 받아올림이 1번 있는 (세 자리 수)+(세 자리 수)(3)

학습 날짜 월 일

계산은 빠르고 정확하게!

| 걸린 시간 | 1~8분 | 8~12분 | 12~16분 |
|---|---|---|---|
| 맞은 개수 | 21~22개 | 16~20개 | 1~15개 |
| 평가 | 참 잘했어요. | 잘했어요. | 좀더 노력해요. |

빈 곳에 알맞은 수를 써넣으시오. (1~12)

1 146 → +329 → 475
2 275 → +453 → 728
3 327 → +258 → 585
4 463 → +284 → 747
5 558 → +234 → 792
6 694 → +255 → 949
7 439 → +247 → 686
8 376 → +542 → 918
9 528 → +249 → 777
10 678 → +261 → 939
11 246 → +348 → 594
12 395 → +283 → 678

빈 곳에 알맞은 수를 써넣으시오. (13~22)

13 429+354=783, 429+290=719
14 375+218=593, 375+444=819
15 247+349=596, 247+572=819
16 536+257=793, 536+283=819
17 685+209=894, 685+183=868
18 137+436=573, 137+591=728
19 345+273=618, 345+428=773
20 465+228=693, 465+363=828
21 524+293=817, 524+382=906
22 243+539=782, 243+492=735

# 3 받아올림이 2번 있는 (세 자리 수)+(세 자리 수)(1)

학습 날짜 월 일

계산은 빠르고 정확하게!

| 걸린 시간 | 1~7분 | 7~10분 | 10~13분 |
|---|---|---|---|
| 맞은 개수 | 22~24개 | 17~21개 | 1~16개 |
| 평가 | 참 잘했어요. | 잘했어요. | 좀더 노력해요. |

**374+269의 계산**

• 같은 자리의 숫자끼리의 합이 10이거나 10보다 크면 바로 윗자리로 받아올림하여 계산합니다.

〈세로셈〉

|   | 3 | 7 | 4 |
|---|---|---|---|
| + | 2 | 6 | 9 |
|   | 6 | 4 | 3 |

〈가로셈〉

3 7 4 + 2 6 9 = 6 4 3 (13, 14)

계산을 하시오. (1~9)

1. 478 + 346 = 824
2. 265 + 587 = 852
3. 598 + 284 = 882
4. 367 + 485 = 852
5. 337 + 596 = 933
6. 455 + 258 = 713
7. 395 + 365 = 760
8. 469 + 184 = 653
9. 487 + 458 = 945

계산을 하시오. (10~24)

10. 354 + 176 = 530
11. 439 + 264 = 703
12. 547 + 275 = 822
13. 665 + 187 = 852
14. 246 + 357 = 603
15. 196 + 269 = 465
16. 457 + 245 = 702
17. 556 + 278 = 834
18. 273 + 458 = 731
19. 396 + 259 = 655
20. 188 + 273 = 461
21. 646 + 184 = 830
22. 258 + 476 = 734
23. 495 + 376 = 871
24. 575 + 289 = 864

# 3 받아올림이 2번 있는 (세 자리 수)+(세 자리 수)(2)

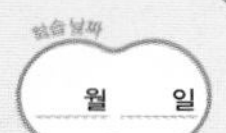

학습 날짜 월 일

계산은 빠르고 정확하게!

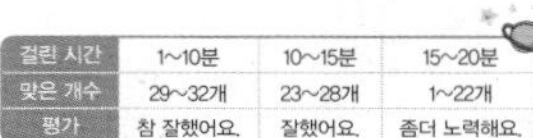

| 걸린 시간 | 1~10분 | 10~15분 | 15~20분 |
|---|---|---|---|
| 맞은 개수 | 29~32개 | 23~28개 | 1~22개 |
| 평가 | 참 잘했어요. | 잘했어요. | 좀더 노력해요. |

계산을 하시오. (1~16)

1. 257+367=624
2. 326+485=811
3. 438+295=733
4. 169+342=511
5. 543+277=820
6. 294+258=552
7. 336+267=603
8. 476+289=765
9. 184+327=511
10. 482+338=820
11. 594+287=881
12. 353+379=732
13. 465+478=943
14. 299+144=443
15. 654+259=913
16. 527+295=822

계산을 하시오. (17~32)

17. 249+457=706
18. 184+276=460
19. 354+578=932
20. 429+283=712
21. 545+276=821
22. 638+292=930
23. 473+228=701
24. 263+288=551
25. 195+297=492
26. 386+219=605
27. 546+364=910
28. 674+189=863
29. 282+399=681
30. 165+478=643
31. 325+576=901
32. 484+397=881

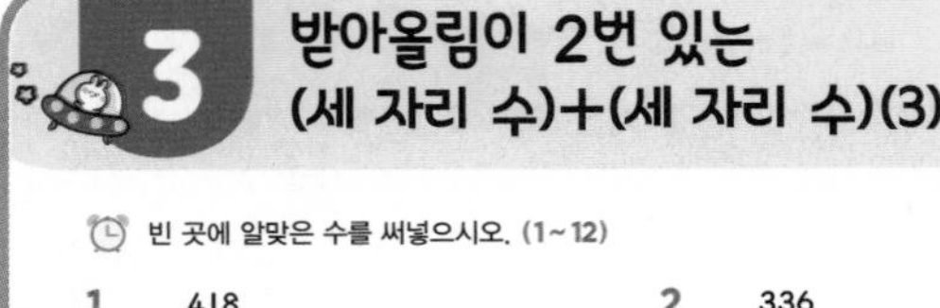

## 3 받아올림이 2번 있는 (세 자리 수)+(세 자리 수)(3)

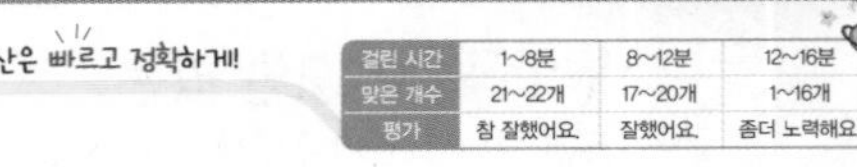


| 걸린 시간 | 1~8분 | 8~12분 | 12~16분 |
|---|---|---|---|
| 맞은 개수 | 21~22개 | 17~20개 | 1~16개 |
| 평가 | 참 잘했어요. | 잘했어요. | 좀더 노력해요. |

빈 곳에 알맞은 수를 써넣으시오. (1~12)

1
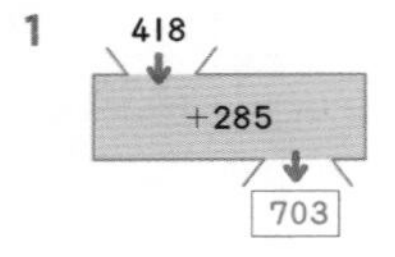


2
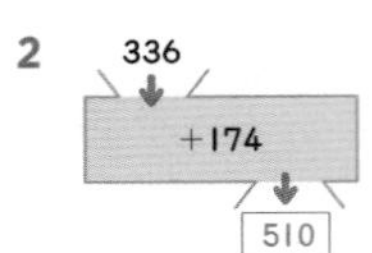


3
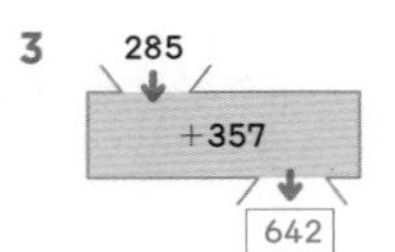


4
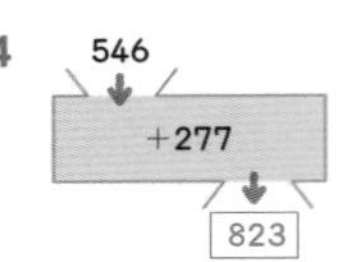


5
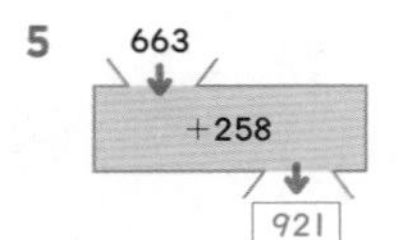


6
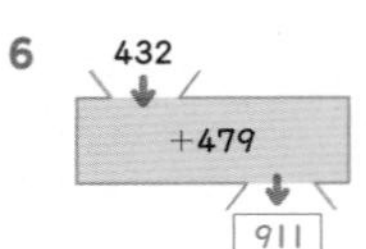


7
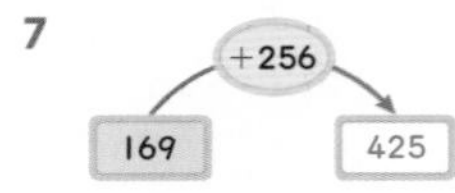


8
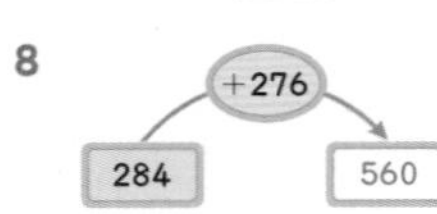


9
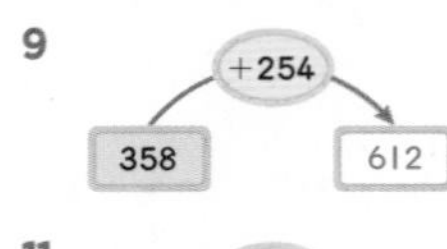


10 +375 429 804

11 +166 537 703

12
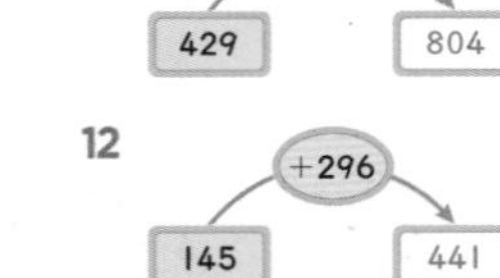


빈 곳에 알맞은 수를 써넣으시오. (13~22)

13
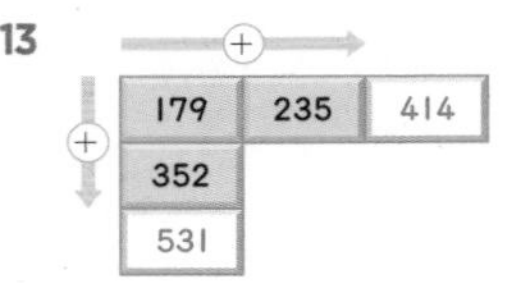


14
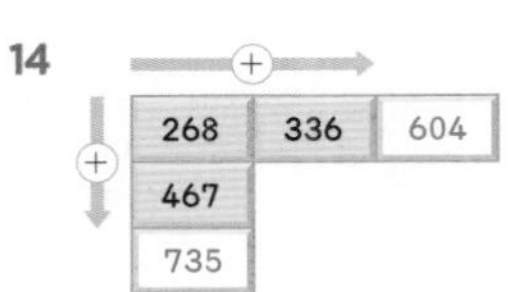


15
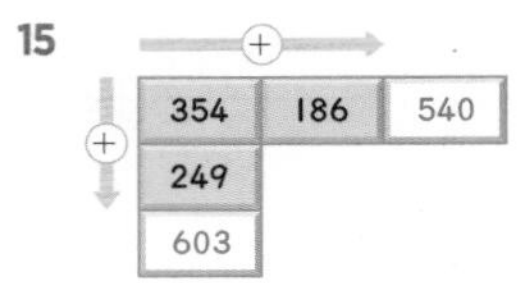


16
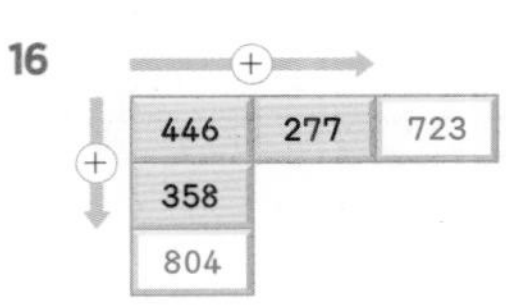


17
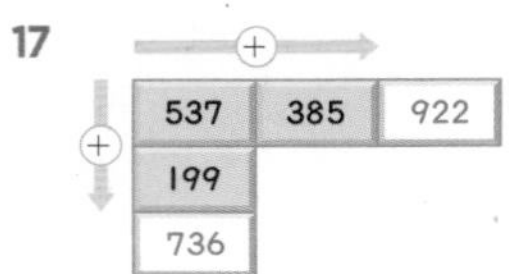


18
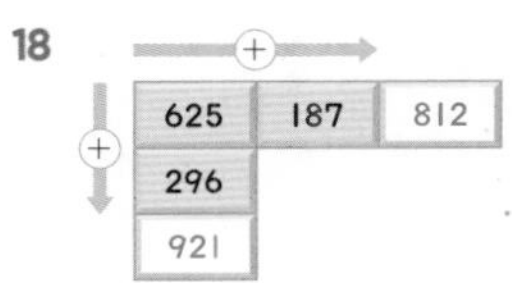


19
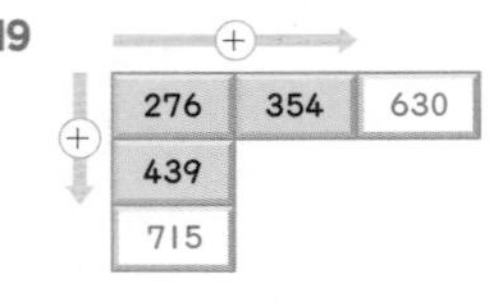


20
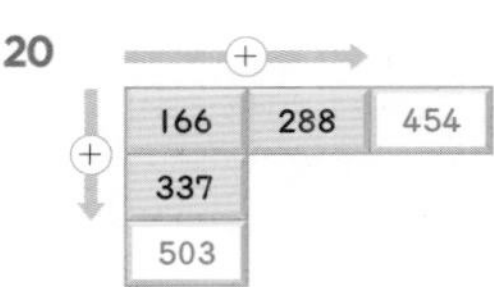


21
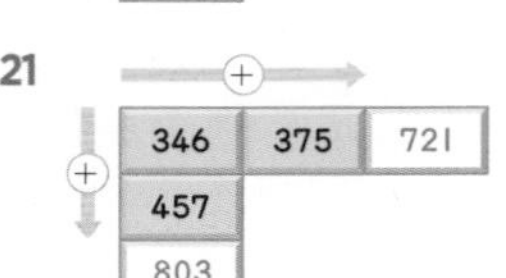


22
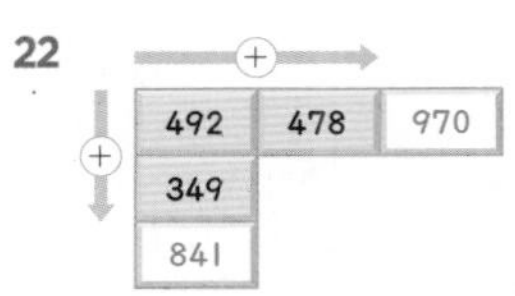


## 4 받아올림이 3번 있는 (세 자리 수)+(세 자리 수)(1)

월 일

계산은 빠르고 정확하게!

| 걸린 시간 | 1~7분 | 7~10분 | 10~13분 |
|---|---|---|---|
| 맞은 개수 | 22~24개 | 17~21개 | 1~16개 |
| 평가 | 참 잘했어요. | 잘했어요. | 좀더 노력해요. |

547+863의 계산

• 같은 자리의 숫자끼리의 합이 10이거나 10보다 크면 바로 윗자리로 받아올림하여 계산합니다.

〈세로셈〉

| | 5 | 4 | 7 |
|---|---|---|---|
| + | 8 | 6 | 3 |
| 1 | 4 | 1 | 0 |

〈가로셈〉

5 4 7 + 8 6 3 = 1 4 1 0 (10, 11, 14)

계산을 하시오. (1~9)

1) 543 + 757 = 1300
2) 798 + 856 = 1654
3) 236 + 867 = 1103
4) 829 + 584 = 1413
5) 294 + 788 = 1082
6) 592 + 848 = 1440
7) 983 + 758 = 1741
8) 685 + 578 = 1263
9) 899 + 837 = 1736

계산을 하시오. (10~24)

10) 259 + 852 = 1111
11) 378 + 834 = 1212
12) 493 + 858 = 1351

13) 547 + 863 = 1410
14) 678 + 876 = 1554
15) 789 + 789 = 1578
16) 394 + 846 = 1240
17) 469 + 786 = 1255
18) 586 + 795 = 1381
19) 676 + 767 = 1443
20) 794 + 888 = 1682
21) 827 + 693 = 1520
22) 547 + 453 = 1000
23) 946 + 287 = 1233
24) 768 + 637 = 1405

## 4 받아올림이 3번 있는 (세 자리 수)+(세 자리 수)(2)

학습 날짜 월 일

계산은 빠르고 정확하게!

| 걸린 시간 | 1~10분 | 10~15분 | 15~20분 |
|---|---|---|---|
| 맞은 개수 | 29~32개 | 23~28개 | 1~22개 |
| 평가 | 참 잘했어요. | 잘했어요. | 좀더 노력해요. |

계산을 하시오. (1~16)

1 375+767=1142
2 489+541=1030
3 547+568=1115
4 639+768=1407
5 746+657=1403
6 857+976=1833
7 953+359=1312
8 628+785=1413
9 747+858=1605
10 476+537=1013
11 389+947=1336
12 285+756=1041
13 568+465=1033
14 479+586=1065
15 492+958=1450
16 673+848=1521

계산을 하시오. (17~32)

17 363+857=1220
18 475+967=1442
19 523+879=1402
20 672+769=1441
21 296+834=1130
22 753+357=1110
23 887+788=1675
24 945+856=1801
25 684+577=1261
26 584+936=1520
27 459+783=1242
28 328+896=1224
29 287+996=1283
30 546+654=1200
31 646+755=1401
32 987+984=1971

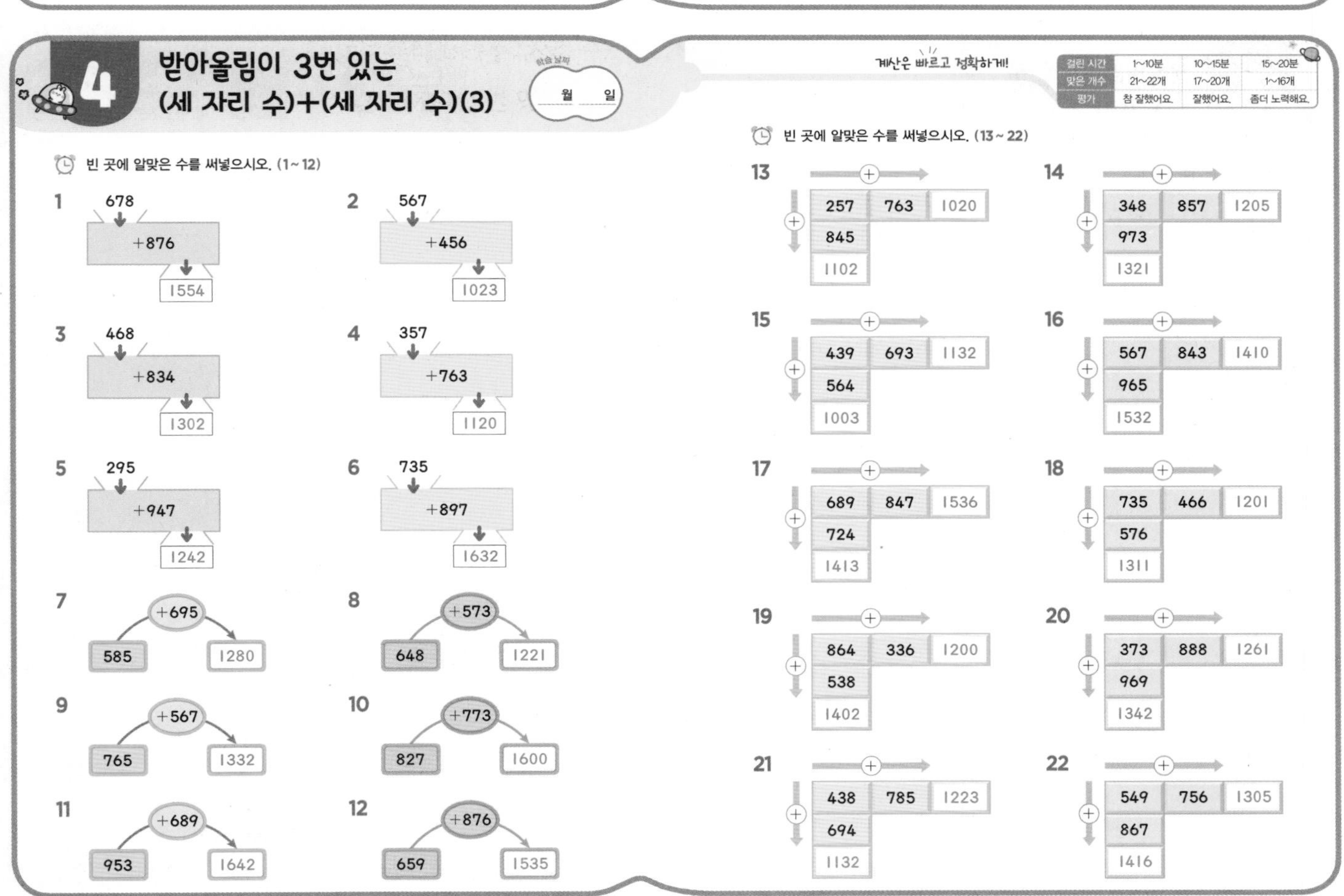

## 4 받아올림이 3번 있는 (세 자리 수)+(세 자리 수)(3)

학습 날짜 월 일

계산은 빠르고 정확하게!

| 걸린 시간 | 1~10분 | 10~15분 | 15~20분 |
|---|---|---|---|
| 맞은 개수 | 21~22개 | 17~20개 | 1~16개 |
| 평가 | 참 잘했어요. | 잘했어요. | 좀더 노력해요. |

빈 곳에 알맞은 수를 써넣으시오. (1~12)

1 678 → +876 → 1554
2 567 → +456 → 1023
3 468 → +834 → 1302
4 357 → +763 → 1120
5 295 → +947 → 1242
6 735 → +897 → 1632
7 585 → +695 → 1280
8 648 → +573 → 1221
9 765 → +567 → 1332
10 827 → +773 → 1600
11 953 → +689 → 1642
12 659 → +876 → 1535

빈 곳에 알맞은 수를 써넣으시오. (13~22)

13
| 257 | 763 | 1020 |
|---|---|---|
| 845 | | |
| 1102 | | |

14
| 348 | 857 | 1205 |
|---|---|---|
| 973 | | |
| 1321 | | |

15
| 439 | 693 | 1132 |
|---|---|---|
| 564 | | |
| 1003 | | |

16
| 567 | 843 | 1410 |
|---|---|---|
| 965 | | |
| 1532 | | |

17
| 689 | 847 | 1536 |
|---|---|---|
| 724 | | |
| 1413 | | |

18
| 735 | 466 | 1201 |
|---|---|---|
| 576 | | |
| 1311 | | |

19
| 864 | 336 | 1200 |
|---|---|---|
| 538 | | |
| 1402 | | |

20
| 373 | 888 | 1261 |
|---|---|---|
| 969 | | |
| 1342 | | |

21
| 438 | 785 | 1223 |
|---|---|---|
| 694 | | |
| 1132 | | |

22
| 549 | 756 | 1305 |
|---|---|---|
| 867 | | |
| 1416 | | |

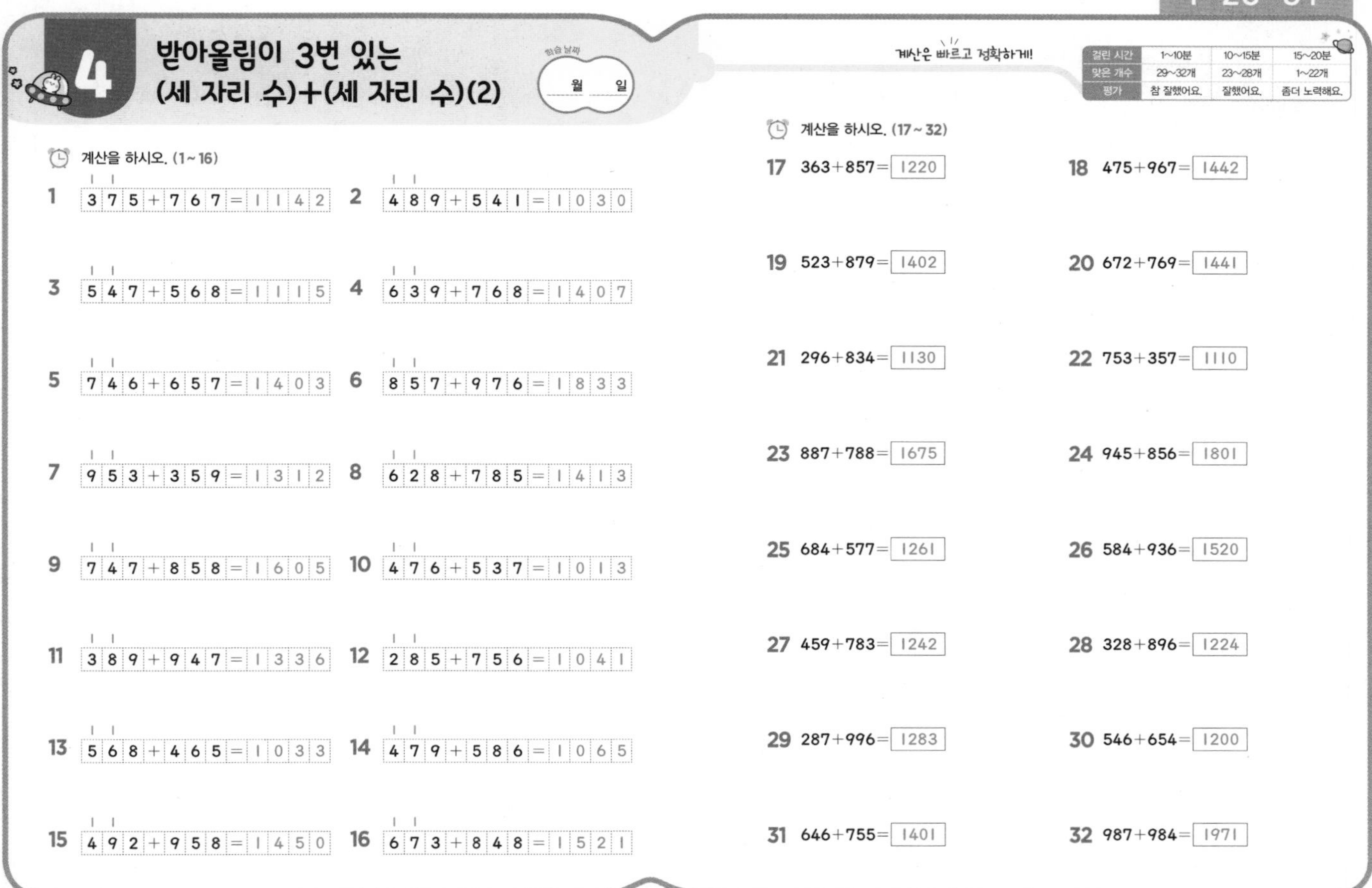

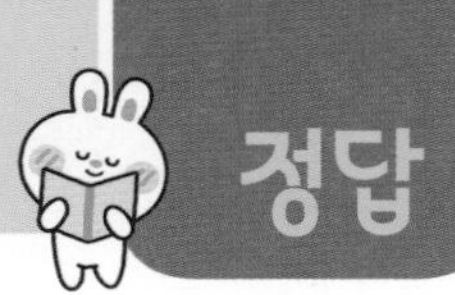

# 정답

## 5 받아내림이 없는 (세 자리 수)−(세 자리 수)(1)

학습 날짜 월 일

**547−235의 계산**

• 자리를 맞추고 일의 자리, 십의 자리, 백의 자리의 숫자끼리 뺍니다.

〈세로셈〉

| | 5 | 4 | 7 |
|---|---|---|---|
| − | 2 | 3 | 5 |
| | 3 | 1 | 2 |

〈가로셈〉

5 4 7 − 2 3 5 = 3 1 2

7−5=2, 4−3=1, 5−2=3

계산은 빠르고 정확하게!

| 걸린 시간 | 1~7분 | 7~10분 | 10~13분 |
|---|---|---|---|
| 맞은 개수 | 22~24개 | 17~21개 | 1~16개 |
| 평가 | 참 잘했어요. | 잘했어요. | 좀더 노력해요. |

계산을 하시오. (1~9)

1. 365 − 243 = 122
2. 768 − 344 = 424
3. 987 − 443 = 544
4. 856 − 324 = 532
5. 786 − 234 = 552
6. 627 − 305 = 322
7. 978 − 534 = 444
8. 886 − 472 = 414
9. 786 − 435 = 351

계산을 하시오. (10~24)

10. 452 − 131 = 321
11. 678 − 254 = 424
12. 584 − 423 = 161
13. 745 − 214 = 531
14. 864 − 212 = 652
15. 978 − 253 = 725
16. 654 − 232 = 422
17. 769 − 253 = 516
18. 857 − 125 = 732
19. 967 − 521 = 446
20. 586 − 325 = 261
21. 694 − 251 = 443
22. 746 − 515 = 231
23. 879 − 253 = 626
24. 976 − 453 = 523

## 5 받아내림이 없는 (세 자리 수)−(세 자리 수)(2)

학습 날짜 월 일

계산은 빠르고 정확하게!

| 걸린 시간 | 1~8분 | 8~12분 | 12~16분 |
|---|---|---|---|
| 맞은 개수 | 29~32개 | 23~28개 | 1~22개 |
| 평가 | 참 잘했어요. | 잘했어요. | 좀더 노력해요. |

계산을 하시오. (1~16)

1. 354−131=223
2. 485−234=251
3. 587−423=164
4. 659−237=422
5. 765−345=420
6. 876−235=641
7. 957−216=741
8. 385−123=262
9. 476−152=324
10. 538−204=334
11. 674−153=521
12. 776−253=523
13. 898−263=635
14. 992−352=640
15. 668−245=423
16. 587−425=162

계산을 하시오. (17~32)

17. 653−213=440
18. 575−124=451
19. 475−234=241
20. 389−154=235
21. 766−523=243
22. 889−247=642
23. 968−257=711
24. 684−324=360
25. 576−225=351
26. 496−152=344
27. 367−154=213
28. 747−613=134
29. 868−256=612
30. 946−212=734
31. 657−315=342
32. 584−223=361

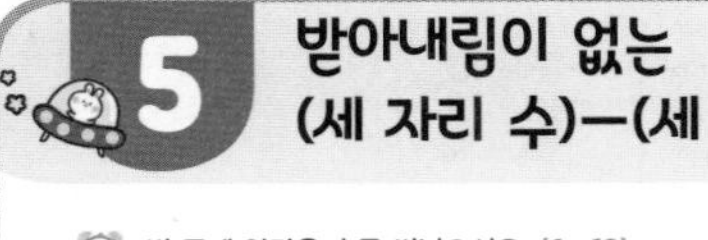

# 5 받아내림이 없는 (세 자리 수)−(세 자리 수)(3)

학습 날짜 월 일

계산은 빠르고 정확하게!

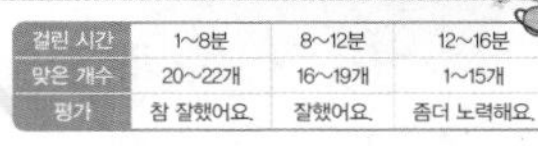

| 걸린 시간 | 1~8분 | 8~12분 | 12~16분 |
|---|---|---|---|
| 맞은 개수 | 20~22개 | 16~19개 | 1~15개 |
| 평가 | 참 잘했어요. | 잘했어요. | 좀더 노력해요. |

빈 곳에 알맞은 수를 써넣으시오. (1~12)

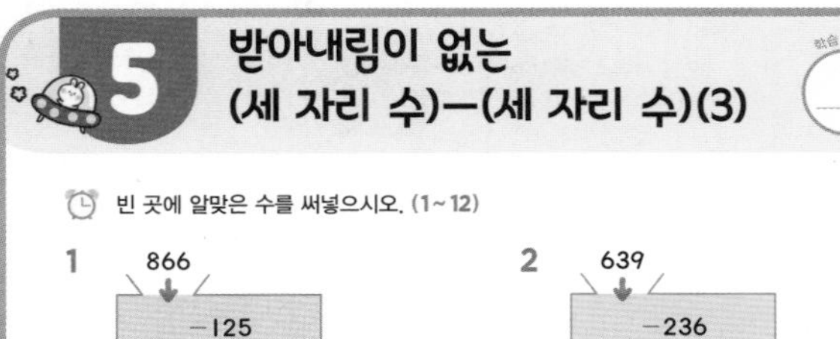

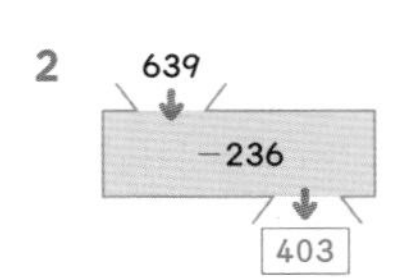

1 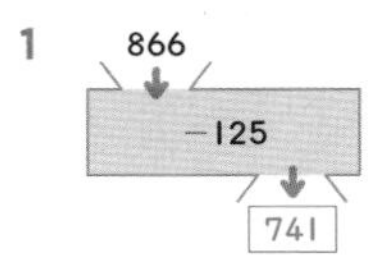


2 639 → −236 → 403

3 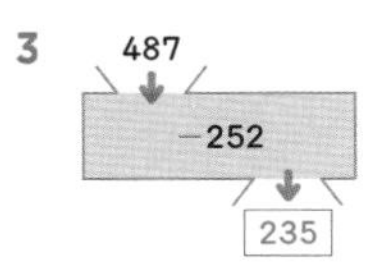


4 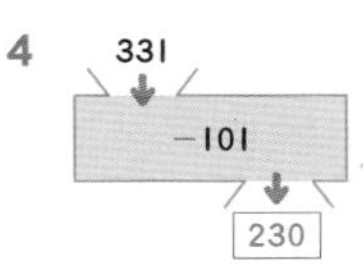


5 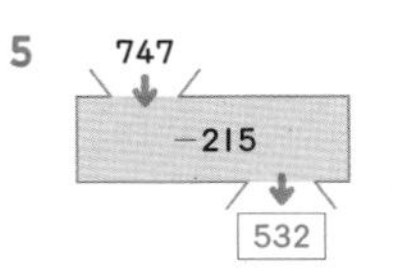


6 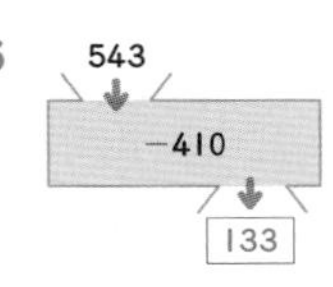


7 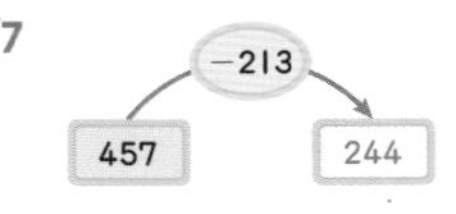


8 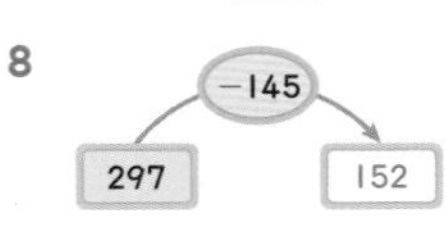


9 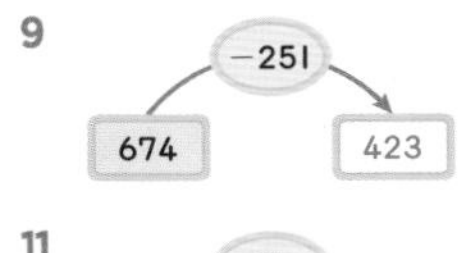


10 526 → −403 → 123

11 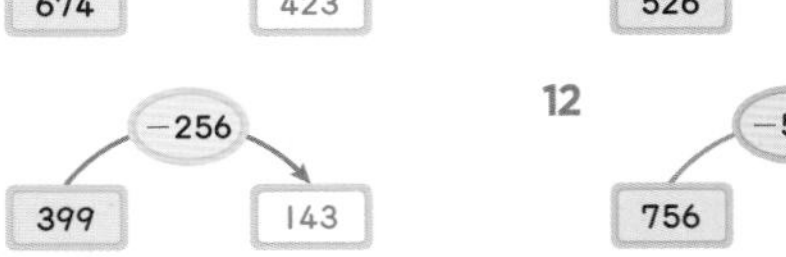


12 756 → −514 → 242

빈 곳에 알맞은 수를 써넣으시오. (13~22)

13 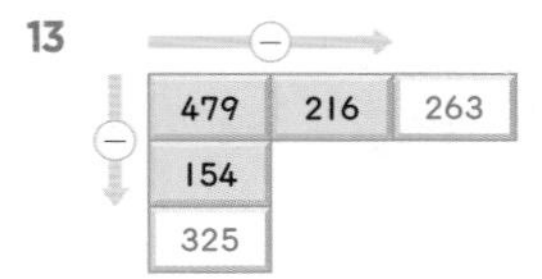


14 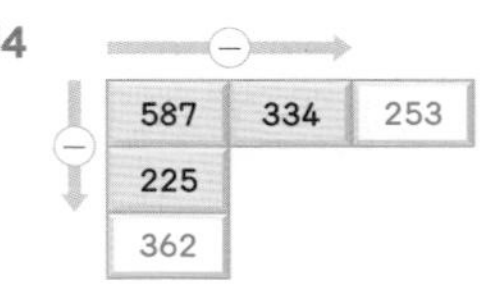


15 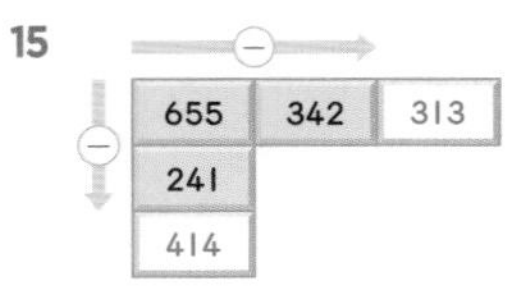


16 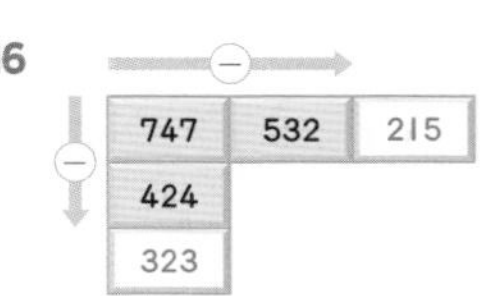


17 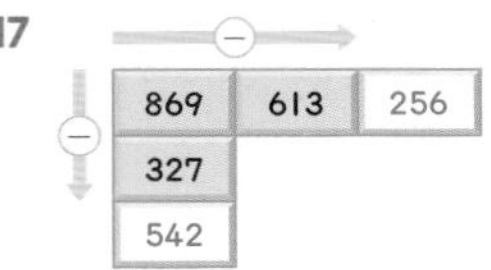


18 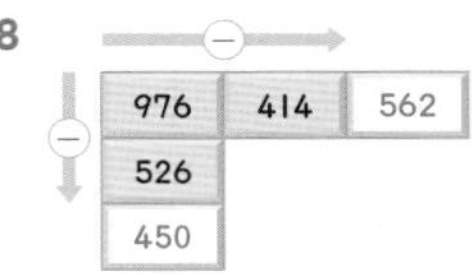


19 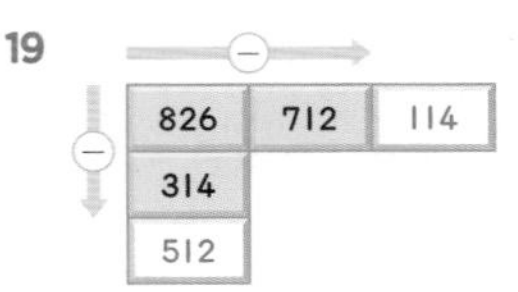


20 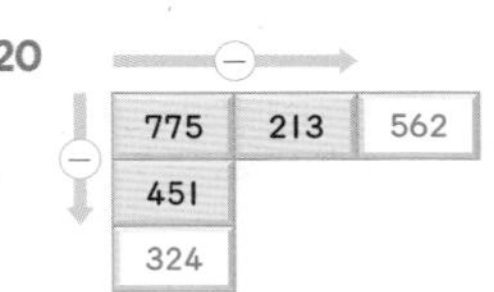


21 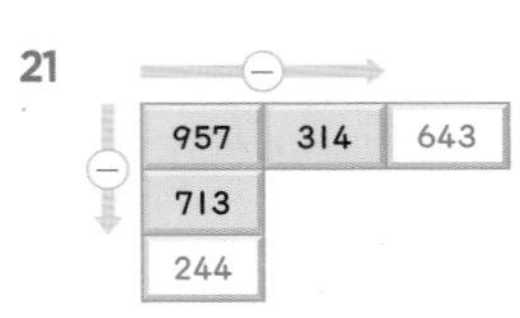


22 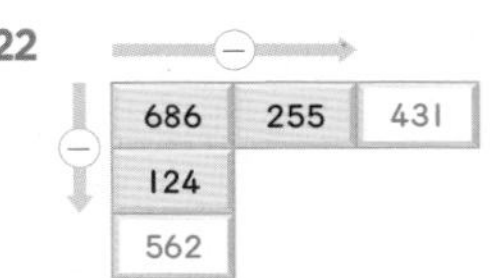


# 6 받아내림이 1번 있는 (세 자리 수)−(세 자리 수)(1)

학습 날짜 월 일

계산은 빠르고 정확하게!

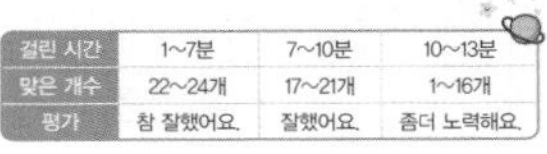

| 걸린 시간 | 1~7분 | 7~10분 | 10~13분 |
|---|---|---|---|
| 맞은 개수 | 22~24개 | 17~21개 | 1~16개 |
| 평가 | 참 잘했어요. | 잘했어요. | 좀더 노력해요. |

536−219의 계산

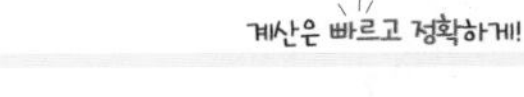

- 일의 자리부터 차례로 계산합니다.
- 같은 자리의 숫자끼리 뺄 수 없으면 바로 윗자리에서 받아내림하여 계산합니다.

〈세로셈〉 536 − 219 = 317 (2 10)

〈가로셈〉 536 − 219 = 317 (16−9=7, 2−1=1, 5−2=3)

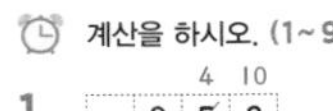
계산을 하시오. (1~9)

1. 853 − 427 = 426 (4 10)
2. 540 − 236 = 304 (3 10)
3. 692 − 374 = 318 (8 10)
4. 659 − 382 = 277 (5 10)
5. 747 − 264 = 483 (6 10)
6. 486 − 394 = 92 (3 10)
7. 856 − 549 = 307 (4 10)
8. 983 − 567 = 416 (7 10)
9. 878 − 684 = 194 (7 10)

계산을 하시오. (10~24)

10. 473 − 257 = 216 (6 10)
11. 546 − 128 = 418 (3 10)
12. 638 − 319 = 319 (2 10)
13. 726 − 453 = 273 (6 10)
14. 854 − 572 = 282 (7 10)
15. 956 − 284 = 672 (8 10)
16. 574 − 345 = 229 (6 10)
17. 686 − 429 = 257 (7 10)
18. 753 − 127 = 626 (4 10)
19. 428 − 256 = 172 (3 10)
20. 547 − 456 = 91 (4 10)
21. 636 − 152 = 484 (5 10)
22. 756 − 318 = 438 (4 10)
23. 865 − 483 = 382 (7 10)
24. 925 − 619 = 306 (1 10)

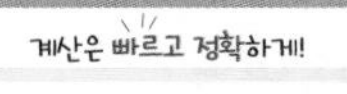

# 정답



## 6 받아내림이 1번 있는 (세 자리 수)−(세 자리 수)(2)

학습 날짜 월 일

계산은 빠르고 정확하게!

| 걸린 시간 | 1~10분 | 10~15분 | 15~20분 |
|---|---|---|---|
| 맞은 개수 | 29~32개 | 23~28개 | 1~22개 |
| 평가 | 참 잘했어요. | 잘했어요. | 좀더 노력해요. |

계산을 하시오. (1~16)

1. 364−127=237
2. 645−252=393
3. 456−329=127
4. 764−471=293
5. 573−248=325
6. 859−386=473
7. 682−453=229
8. 936−562=374
9. 795−626=169
10. 326−175=151
11. 843−528=315
12. 417−354=63
13. 947−429=518
14. 503−282=221
15. 636−218=418
16. 678−285=393

계산을 하시오. (17~32)

17 435−217=218
18 365−218=147
19 586−193=393
20 278−184=94
21 625−317=308
22 453−224=229
23 707−435=272
24 526−342=184
25 853−517=336
26 678−429=249
27 944−653=291
28 717−251=466
29 548−175=373
30 852−248=604
31 438−357=81
32 948−509=439

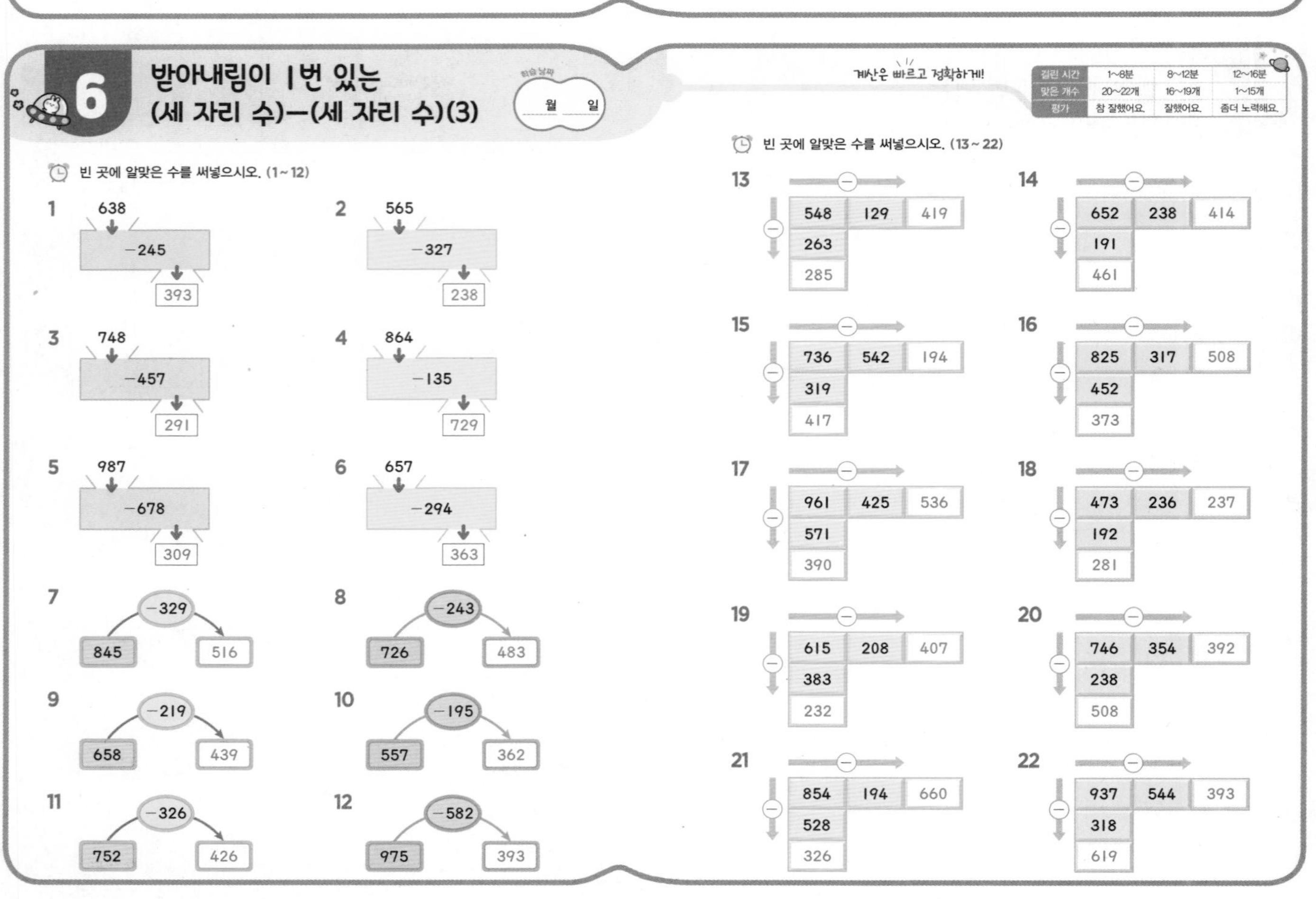

## 6 받아내림이 1번 있는 (세 자리 수)−(세 자리 수)(3)

학습 날짜 월 일

계산은 빠르고 정확하게!

| 걸린 시간 | 1~8분 | 8~12분 | 12~16분 |
|---|---|---|---|
| 맞은 개수 | 20~22개 | 16~19개 | 1~15개 |
| 평가 | 참 잘했어요. | 잘했어요. | 좀더 노력해요. |

빈 곳에 알맞은 수를 써넣으시오. (1~12)

1. 638, −245, 393
2. 565, −327, 238
3. 748, −457, 291
4. 864, −135, 729
5. 987, −678, 309
6. 657, −294, 363
7. 845, −329, 516
8. 726, −243, 483
9. 658, −219, 439
10. 557, −195, 362
11. 752, −326, 426
12. 975, −582, 393

빈 곳에 알맞은 수를 써넣으시오. (13~22)

13
| 548 | 129 | 419 |
|---|---|---|
| 263 | | |
| 285 | | |

14
| 652 | 238 | 414 |
|---|---|---|
| 191 | | |
| 461 | | |

15
| 736 | 542 | 194 |
|---|---|---|
| 319 | | |
| 417 | | |

16
| 825 | 317 | 508 |
|---|---|---|
| 452 | | |
| 373 | | |

17
| 961 | 425 | 536 |
|---|---|---|
| 571 | | |
| 390 | | |

18
| 473 | 236 | 237 |
|---|---|---|
| 192 | | |
| 281 | | |

19
| 615 | 208 | 407 |
|---|---|---|
| 383 | | |
| 232 | | |

20
| 746 | 354 | 392 |
|---|---|---|
| 238 | | |
| 508 | | |

21
| 854 | 194 | 660 |
|---|---|---|
| 528 | | |
| 326 | | |

22
| 937 | 544 | 393 |
|---|---|---|
| 318 | | |
| 619 | | |

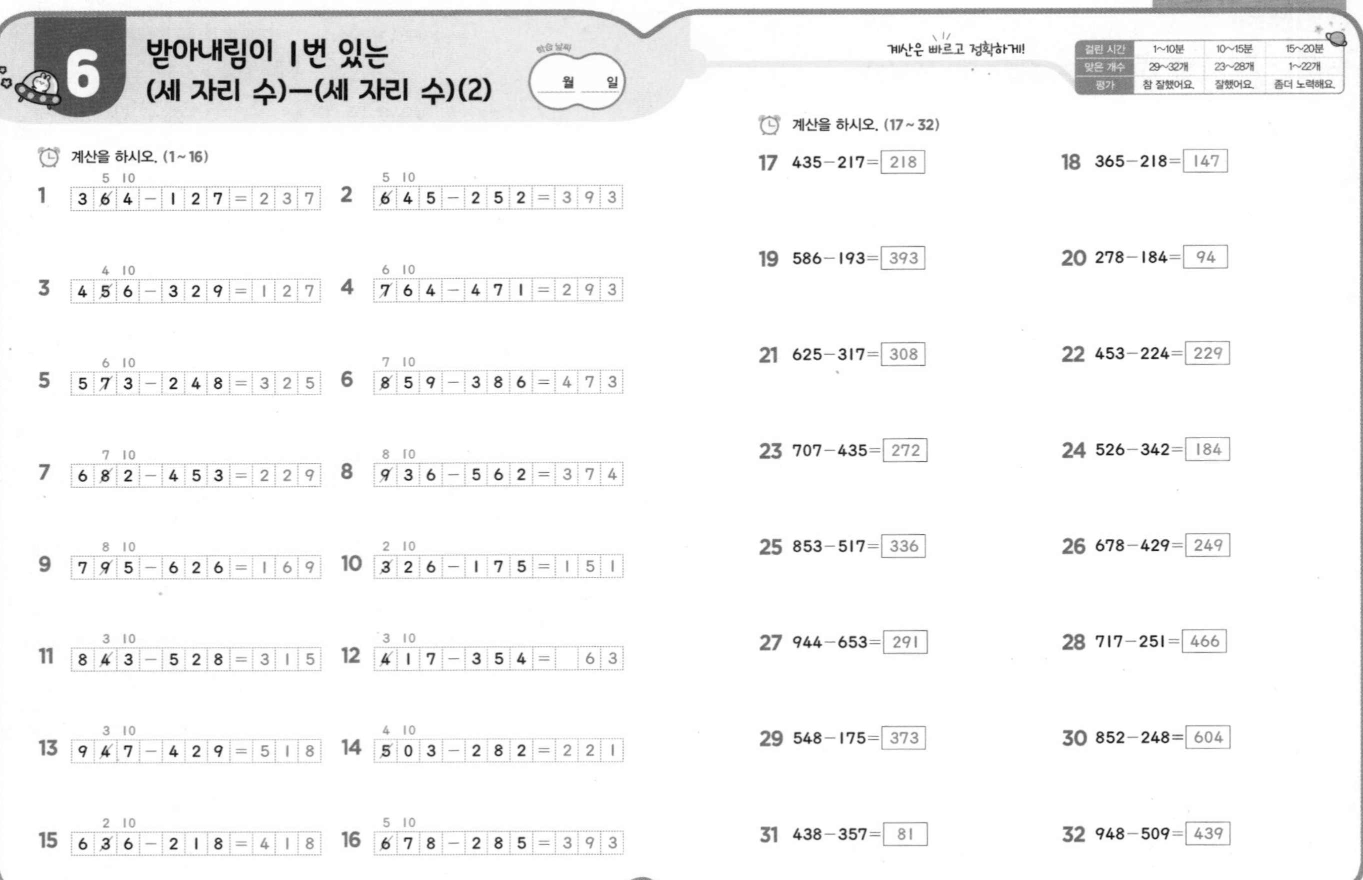

# 7 받아내림이 2번 있는 (세 자리 수)−(세 자리 수)(1)

학습 날짜 월 일

계산은 빠르고 정확하게!

| 걸린 시간 | 1~8분 | 8~12분 | 12~16분 |
|---|---|---|---|
| 맞은 개수 | 22~24개 | 17~21개 | 1~16개 |
| 평가 | 참 잘했어요. | 잘했어요. | 좀더 노력해요. |

**426−248의 계산**

- 일의 자리부터 차례로 계산합니다.
- 같은 자리의 숫자끼리 뺄 수 없으면 바로 윗자리에서 받아내림하여 계산합니다.

〈세로셈〉

|   | 3 | 11 | 10 |
|---|---|---|---|
|   | 4 | 2 | 6 |
| − | 2 | 4 | 8 |
|   | 1 | 7 | 8 |

〈가로셈〉

3 11 10
4 2 6 − 2 4 8 = 1 7 8

16−8=8, 11−4=7, 3−2=1

계산을 하시오. (1~9)

1. (5 17 10) 685 − 397 = 288
2. (7 14 10) 853 − 587 = 266
3. (8 14 10) 952 − 284 = 668
4. (6 15 10) 764 − 396 = 368
5. (5 13 10) 647 − 578 = 69
6. (7 14 10) 857 − 489 = 368
7. (7 14 10) 852 − 596 = 256
8. (5 14 10) 650 − 398 = 252
9. (3 17 10) 486 − 288 = 198

계산을 하시오. (10~24)

10. (4 16 10) 574 − 285 = 289
11. (5 13 10) 645 − 197 = 448
12. (6 12 10) 736 − 359 = 377
13. (3 14 10) 453 − 368 = 85
14. (7 14 10) 857 − 489 = 368
15. (8 11 10) 921 − 248 = 673
16. (2 11 10) 322 − 156 = 166
17. (4 12 10) 535 − 258 = 277
18. (5 10 10) 614 − 536 = 78
19. (6 13 10) 745 − 196 = 549
20. (7 14 10) 856 − 469 = 387
21. (3 16 10) 473 − 295 = 178
22. (4 13 10) 547 − 378 = 169
23. (5 12 10) 638 − 269 = 369
24. (8 9 10) 904 − 456 = 448

# 7 받아내림이 2번 있는 (세 자리 수)−(세 자리 수)(2)

학습 날짜 월 일

계산은 빠르고 정확하게!

| 걸린 시간 | 1~10분 | 10~15분 | 15~20분 |
|---|---|---|---|
| 맞은 개수 | 29~32개 | 23~28개 | 1~22개 |
| 평가 | 참 잘했어요. | 잘했어요. | 좀더 노력해요. |

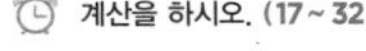

계산을 하시오. (1~16)

1. (2 16 10) 372 − 186 = 186
2. (3 15 10) 464 − 278 = 186
3. (4 13 10) 548 − 269 = 279
4. (5 14 10) 657 − 379 = 278
5. (6 12 10) 731 − 556 = 175
6. (7 11 10) 823 − 447 = 376
7. (8 10 10) 916 − 348 = 568
8. (2 12 10) 333 − 244 = 89
9. (3 11 10) 427 − 149 = 278
10. (4 15 10) 564 − 268 = 296
11. (5 16 10) 675 − 396 = 279
12. (6 15 10) 766 − 469 = 297
13. (7 13 10) 845 − 558 = 287
14. (8 14 10) 954 − 577 = 377
15. (4 11 10) 523 − 325 = 198
16. (5 12 10) 631 − 256 = 375

계산을 하시오. (17~32)

17. 340−154= 186
18. 436−159= 277
19. 623−356= 267
20. 266−178= 88
21. 557−288= 269
22. 545−369= 176
23. 434−157= 277
24. 524−148= 376
25. 336−148= 188
26. 625−139= 486
27. 672−379= 293
28. 534−249= 285
29. 713−487= 226
30. 563−378= 185
31. 824−556= 268
32. 912−458= 454

# 정답

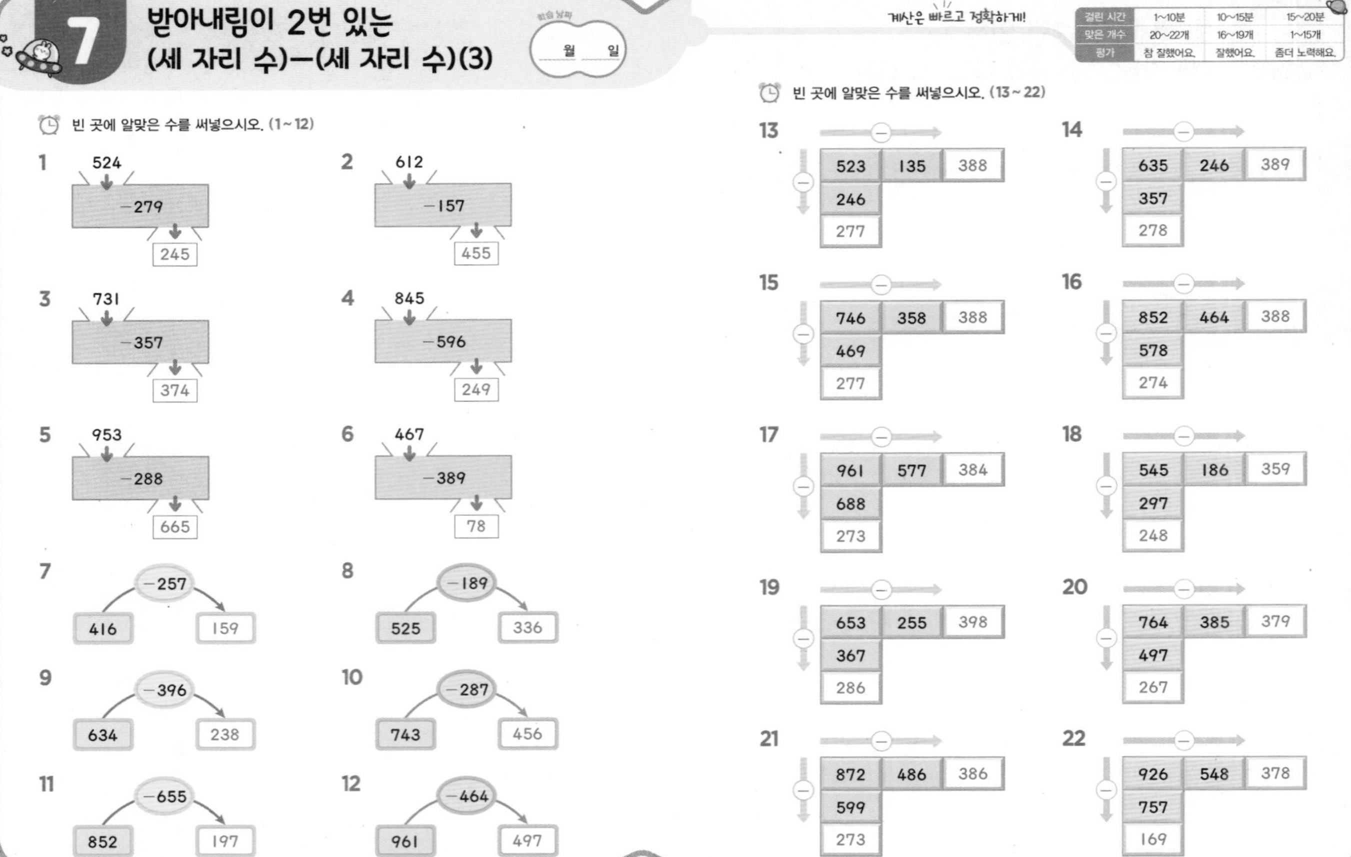

## 7 받아내림이 2번 있는 (세 자리 수)−(세 자리 수)(3)

학습 날짜 월 일

계산은 빠르고 정확하게!

| 걸린 시간 | 1~10분 | 10~15분 | 15~20분 |
|---|---|---|---|
| 맞은 개수 | 20~22개 | 16~19개 | 1~15개 |
| 평가 | 참 잘했어요. | 잘했어요. | 좀더 노력해요. |

빈 곳에 알맞은 수를 써넣으시오. (1~12)

1. 524 → −279 → 245
2. 612 → −157 → 455
3. 731 → −357 → 374
4. 845 → −596 → 249
5. 953 → −288 → 665
6. 467 → −389 → 78
7. 416 → −257 → 159
8. 525 → −189 → 336
9. 634 → −396 → 238
10. 743 → −287 → 456
11. 852 → −655 → 197
12. 961 → −464 → 497

빈 곳에 알맞은 수를 써넣으시오. (13~22)

13. 523 135 388 / 246 / 277
14. 635 246 389 / 357 / 278
15. 746 358 388 / 469 / 277
16. 852 464 388 / 578 / 274
17. 961 577 384 / 688 / 273
18. 545 186 359 / 297 / 248
19. 653 255 398 / 367 / 286
20. 764 385 379 / 497 / 267
21. 872 486 386 / 599 / 273
22. 926 548 378 / 757 / 169

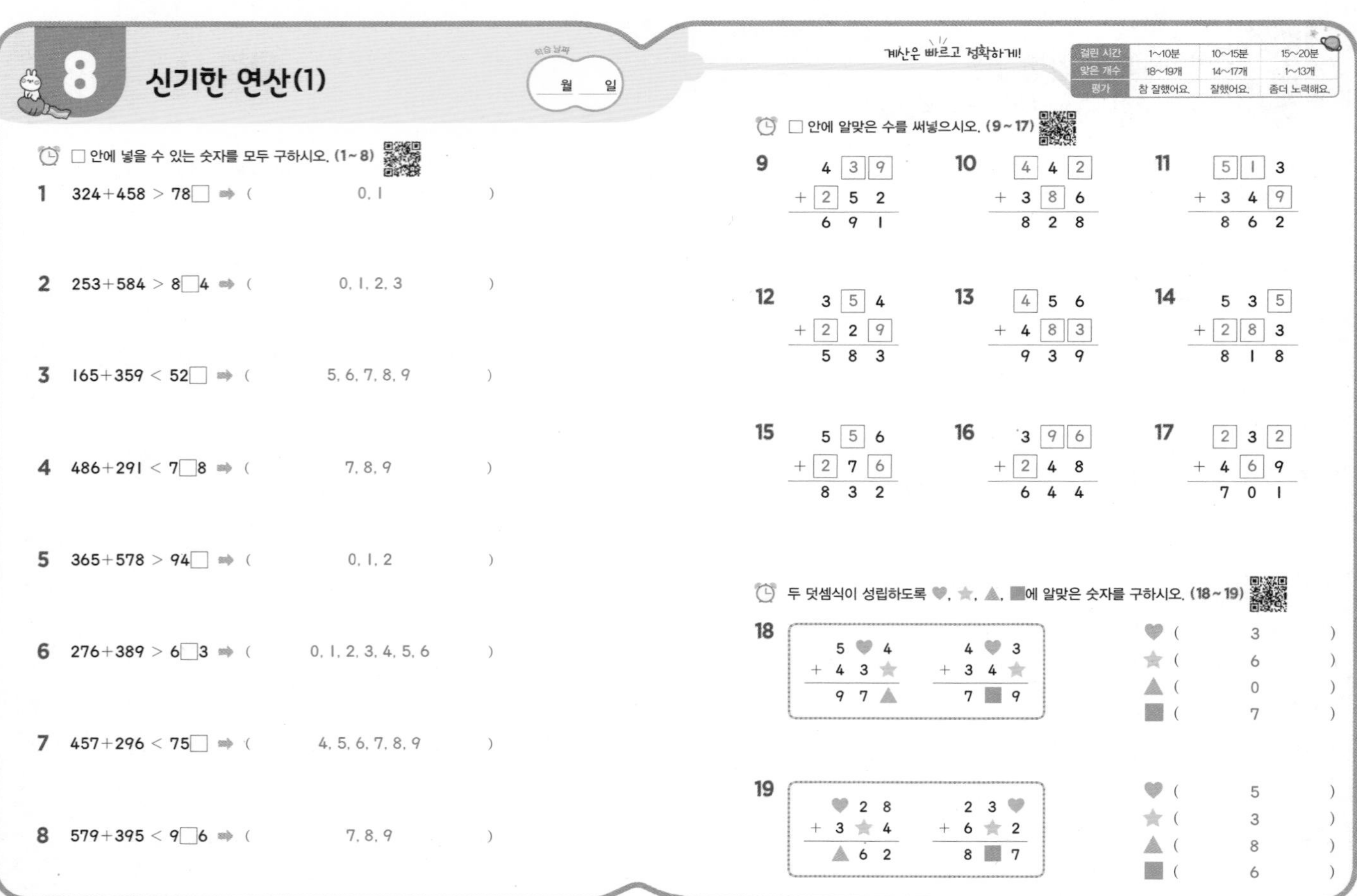

## 8 신기한 연산(1)

학습 날짜 월 일

계산은 빠르고 정확하게!

| 걸린 시간 | 1~10분 | 10~15분 | 15~20분 |
|---|---|---|---|
| 맞은 개수 | 18~19개 | 14~17개 | 1~13개 |
| 평가 | 참 잘했어요. | 잘했어요. | 좀더 노력해요. |

□ 안에 넣을 수 있는 숫자를 모두 구하시오. (1~8)

1. 324+458 > 78□ ⇒ ( 0, 1 )
2. 253+584 > 8□4 ⇒ ( 0, 1, 2, 3 )
3. 165+359 < 52□ ⇒ ( 5, 6, 7, 8, 9 )
4. 486+291 < 7□8 ⇒ ( 7, 8, 9 )
5. 365+578 > 94□ ⇒ ( 0, 1, 2 )
6. 276+389 > 6□3 ⇒ ( 0, 1, 2, 3, 4, 5, 6 )
7. 457+296 < 75□ ⇒ ( 4, 5, 6, 7, 8, 9 )
8. 579+395 < 9□6 ⇒ ( 7, 8, 9 )

□ 안에 알맞은 수를 써넣으시오. (9~17)

9. 439 + 252 = 691
10. 442 + 386 = 828
11. 513 + 349 = 862
12. 354 + 229 = 583
13. 456 + 483 = 939
14. 535 + 283 = 818
15. 556 + 276 = 832
16. 396 + 248 = 644
17. 232 + 469 = 701

두 덧셈식이 성립하도록 ♥, ★, ▲, ■에 알맞은 숫자를 구하시오. (18~19)

18. 5♥4 + 43★ = 97▲, 4♥3 + 34★ = 7■9
♥ ( 3 ) ★ ( 6 ) ▲ ( 0 ) ■ ( 7 )

19. ♥28 + 3★4 = ▲62, 23♥ + 6★2 = 8■7
♥ ( 5 ) ★ ( 3 ) ▲ ( 8 ) ■ ( 6 )

## 8 신기한 연산(2)

학습 날짜 월 일

계산은 빠르고 정확하게!

| 걸린 시간 | 1~15분 | 15~20분 | 20~25분 |
|---|---|---|---|
| 맞은 개수 | 18~20개 | 14~17개 | 1~13개 |
| 평가 | 참 잘했어요. | 잘했어요. | 좀더 노력해요. |

□ 안에 넣을 수 있는 숫자를 모두 구하시오. (1~8)

1 483−13□>347 ➡ ( 0, 1, 2, 3, 4, 5 )

2 537−2□4>290 ➡ ( 0, 1, 2, 3, 4 )

3 645−12□<518 ➡ ( 8, 9 )

4 726−3□4<385 ➡ ( 4, 5, 6, 7, 8, 9 )

5 842−27□>565 ➡ ( 0, 1, 2, 3, 4, 5, 6 )

6 954−4□6>474 ➡ ( 0, 1, 2, 3, 4, 5, 6, 7 )

7 661−27□<386 ➡ ( 6, 7, 8, 9 )

8 723−5□7<135 ➡ ( 9 )

□ 안에 알맞은 수를 써넣으시오. (9~17)

9 6[8]3 − 256 = [4][2][7]

10 782 − 3[4]7 = [4]3[5]

11 86[4] − [6]28 = 2[3]6

12 5[3]9 − 36[4] = [1]75

13 41[9] − 1[4]3 = [2]76

14 9[3]5 − [4]52 = 48[3]

15 72[3] − 2[4]9 = [4]74

16 [9]65 − 3[8]9 = 57[6]

17 [8]26 − 35[9] = 4[6]7

두 뺄셈식이 성립하도록 ♥, ▲, ★에 알맞은 숫자를 구하시오. (18~20)

18 54♥−2▲7=★76 ♥=[3] ▲=[6] ★=[2]

19 ♥38−4▲9=35★ ♥=[8] ▲=[7] ★=[9]

20 6♥2−▲56=26★ ♥=[2] ▲=[3] ★=[6]

## 확인 평가

| 걸린 시간 | 1~15분 | 15~20분 | 20~25분 |
|---|---|---|---|
| 맞은 개수 | 36~40개 | 28~35개 | 1~27개 |
| 평가 | 참 잘했어요. | 잘했어요. | 좀더 노력해요. |

□ 안에 알맞은 수를 써넣으시오. (1~15)

1 325 + 243 = [568]

2 453 + 326 = [779]

3 516 + 422 = [938]

4 257 + 328 = [585]

5 463 + 285 = [748]

6 649 + 237 = [886]

7 475 + 286 = [761]

8 168 + 257 = [425]

9 547 + 789 = [1336]

10 253+124=[377]

11 372+425=[797]

12 536+249=[785]

13 642+194=[836]

14 276+587=[863]

15 578+493=[1071]

□ 안에 알맞은 수를 써넣으시오. (16~30)

16 658 − 245 = [413]

17 749 − 316 = [433]

18 876 − 523 = [353]

19 564 − 138 = [426]

20 675 − 347 = [328]

21 927 − 485 = [442]

22 725 − 286 = [439]

23 834 − 569 = [265]

24 923 − 329 = [594]

25 586−242=[344]

26 678−416=[262]

27 732−218=[514]

28 846−375=[471]

29 957−289=[668]

30 473−387=[86]

# 정답



## 확인 평가

크라운을 도전하세요!

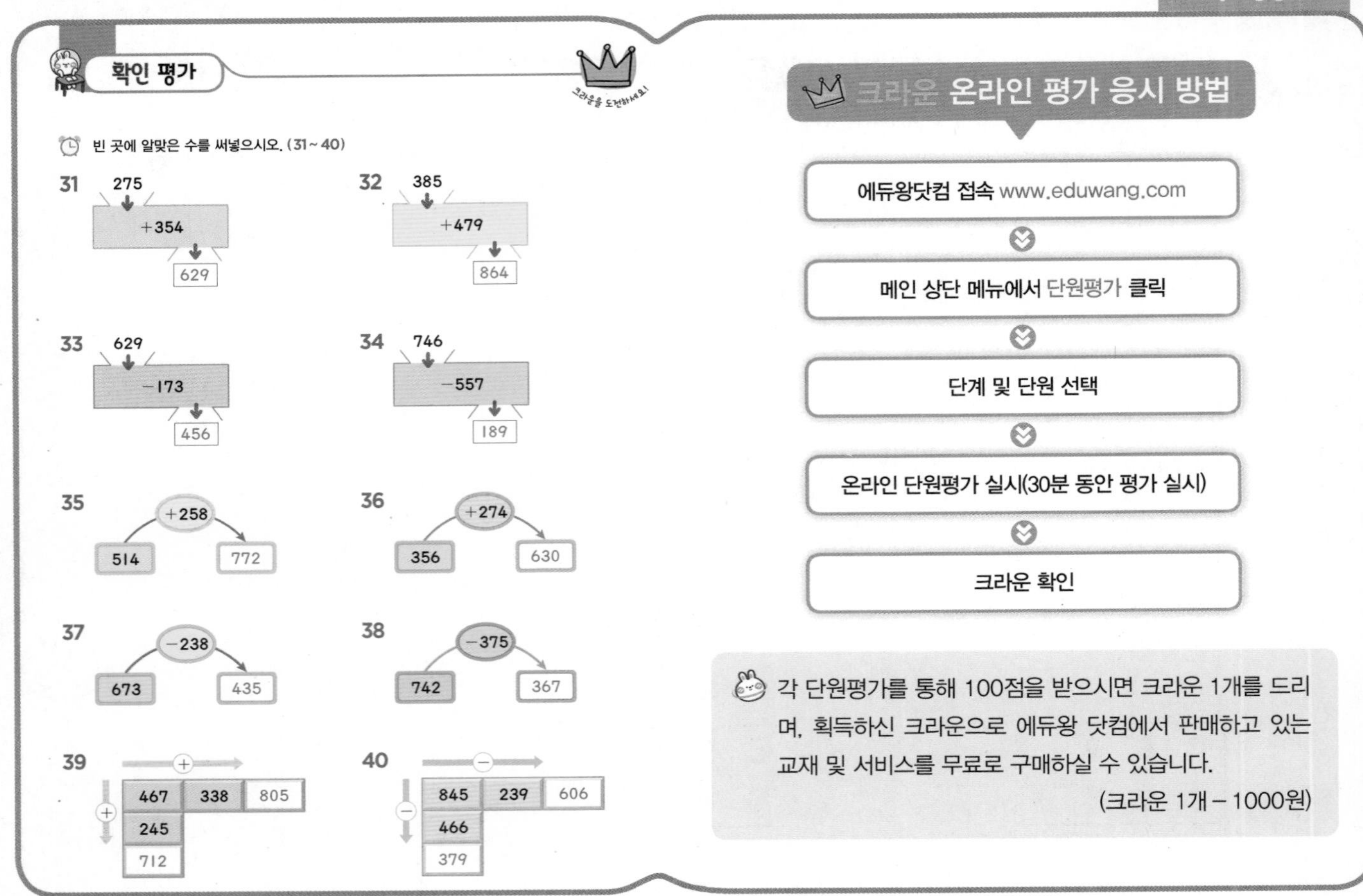

빈 곳에 알맞은 수를 써넣으시오. (31~40)

31 275 → +354 → 629

32 385 → +479 → 864

33 629 → −173 → 456

34 746 → −557 → 189

35 514 → +258 → 772

36 356 → +274 → 630

37 673 → −238 → 435

38 742 → −375 → 367

39 (+)

| 467 | 338 | 805 |
|---|---|---|
| 245 | | |
| 712 | | |

40 (−)

| 845 | 239 | 606 |
|---|---|---|
| 466 | | |
| 379 | | |

## 크라운 온라인 평가 응시 방법

에듀왕닷컴 접속 www.eduwang.com

메인 상단 메뉴에서 단원평가 클릭

단계 및 단원 선택

온라인 단원평가 실시(30분 동안 평가 실시)

크라운 확인

각 단원평가를 통해 100점을 받으시면 크라운 1개를 드리며, 획득하신 크라운으로 에듀왕 닷컴에서 판매하고 있는 교재 및 서비스를 무료로 구매하실 수 있습니다.

(크라운 1개 – 1000원)

## 1 똑같이 나누기(1)

계산은 빠르고 정확하게!

| 걸린 시간 | 1~4분 | 4~6분 | 6~8분 |
|---|---|---|---|
| 맞은 개수 | 8개 | 6~7개 | 1~5개 |
| 평가 | 참 잘했어요. | 잘했어요. | 좀더 노력해요. |

8÷4를 여러 가지로 나타내기

① 그림 그리기:

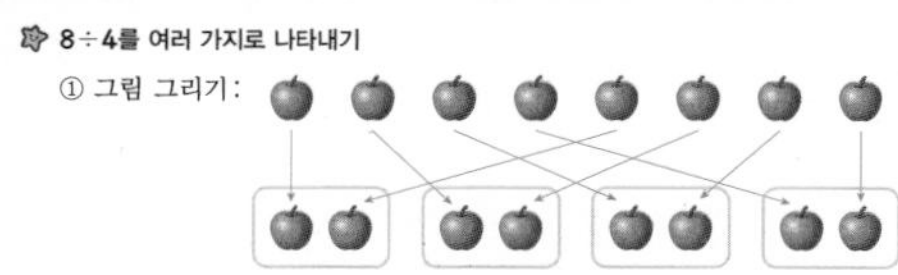

- 8을 4곳으로 똑같이 나누면 한 곳에 2씩 됩니다.
- 식으로 8÷4=2라 쓰고, '8 나누기 4는 2와 같습니다.'라고 읽습니다.
- 8÷4=2와 같은 식을 나눗셈식이라 합니다. 이때 2는 8을 4로 나눈 몫이라고 합니다.

② 문장 만들기: 사과 8개를 학생 4명이 똑같이 나누어 가지면 한 사람이 2개씩 가질 수 있습니다.

나눗셈식을 보고 □ 안에 알맞은 수나 말을 써넣으시오. (1~3)

1 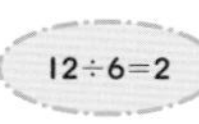 12÷6=2

(1) 12를 [6]곳으로 똑같이 나누면 한 곳에 [2]씩 됩니다.
(2) 12 나누기 [6]은 [2]와 같습니다.
(3) 2는 12를 [6]으로 나눈 [몫]입니다.

2 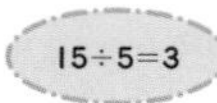 15÷5=3

(1) 15를 [5]곳으로 똑같이 나누면 한 곳에 [3]씩 됩니다.
(2) 15 나누기 [5]는 [3]과 같습니다.
(3) 3은 15를 [5]로 나눈 [몫]입니다.

3 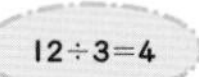 12÷3=4

(1) [12]를 [3]곳으로 똑같이 나누면 한 곳에 [4]씩 됩니다.
(2) [12] 나누기 [3]은 [4]와 같습니다.
(3) [4]는 [12]를 [3]으로 나눈 [몫]입니다.

나눗셈식을 보고 □ 안에 알맞은 수나 말을 써넣으시오. (4~8)

4 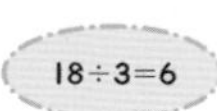 18÷3=6

(1) [18] 나누기 [3]은 [6]과 같습니다.
(2) [18]을 [3]으로 나누면 [6]이 됩니다.
(3) [6]은 [18]을 [3]으로 나눈 [몫]입니다.

5 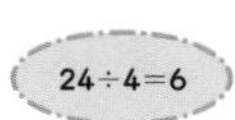 24÷4=6

(1) [24] 나누기 [4]는 [6]과 같습니다.
(2) [24]를 [4]로 나누면 [6]이 됩니다.
(3) [6]은 [24]를 [4]로 나눈 [몫]입니다.

6 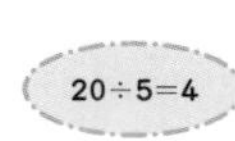 20÷5=4

(1) [20] 나누기 [5]는 [4]와 같습니다.
(2) [20]을 [5]로 나누면 [4]가 됩니다.
(3) [4]는 [20]을 [5]로 나눈 [몫]입니다.

7 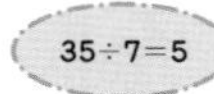 35÷7=5

(1) [35] 나누기 [7]은 [5]와 같습니다.
(2) [35]를 [7]로 나누면 [5]가 됩니다.
(3) [5]는 [35]를 [7]로 나눈 [몫]입니다.

8 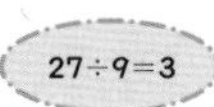 27÷9=3

(1) [27] 나누기 [9]는 [3]과 같습니다.
(2) [27]을 [9]로 나누면 [3]이 됩니다.
(3) [3]은 [27]을 [9]로 나눈 [몫]입니다.

## 1 똑같이 나누기(2)

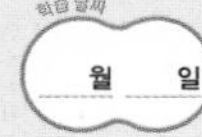

계산은 빠르고 정확하게!

| 걸린 시간 | 1~5분 | 5~8분 | 8~10분 |
|---|---|---|---|
| 맞은 개수 | 15~16개 | 11~14개 | 1~10개 |
| 평가 | 참 잘했어요. | 잘했어요. | 좀더 노력해요. |

나눗셈식으로 나타내시오. (1~8)

1 14를 2곳으로 똑같이 나누면 한 곳에 7이 됩니다. ➡ 14÷2=7

2 18을 3곳으로 똑같이 나누면 한 곳에 6이 됩니다. ➡ 18÷3=6

3 20을 4곳으로 똑같이 나누면 한 곳에 5가 됩니다. ➡ 20÷4=5

4 25를 5곳으로 똑같이 나누면 한 곳에 5가 됩니다. ➡ 25÷5=5

5 24를 6곳으로 똑같이 나누면 한 곳에 4가 됩니다. ➡ 24÷6=4

6 28을 7곳으로 똑같이 나누면 한 곳에 4가 됩니다. ➡ 28÷7=4

7 24를 8곳으로 똑같이 나누면 한 곳에 3이 됩니다. ➡ 24÷8=3

8 27을 9곳으로 똑같이 나누면 한 곳에 3이 됩니다. ➡ 27÷9=3

주어진 사람 수대로 구슬을 똑같이 나누면 한 사람에게 몇 개씩 주어지는지 알아보시오. (9~16)

9 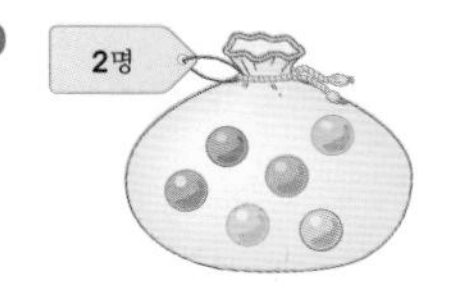


[6]÷[2]=[3](개)

10 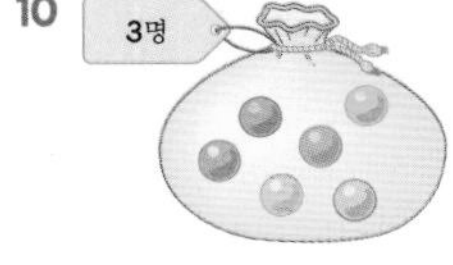


[6]÷[3]=[2](개)

11 2명

[8]÷[2]=[4](개)

12 4명

[8]÷[4]=[2](개)

13 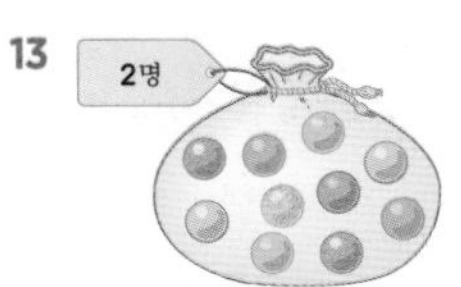


[10]÷[2]=[5](개)

14 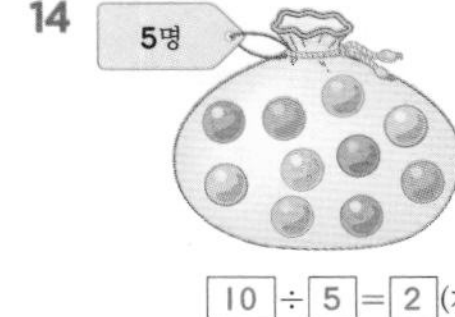


[10]÷[5]=[2](개)

15 2명

[12]÷[2]=[6](개)

16 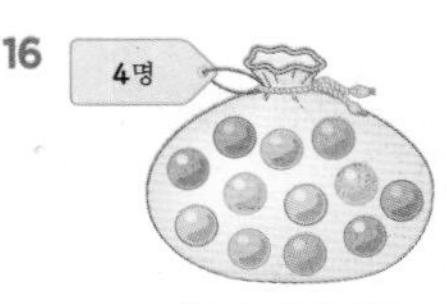


[12]÷[4]=[3](개)

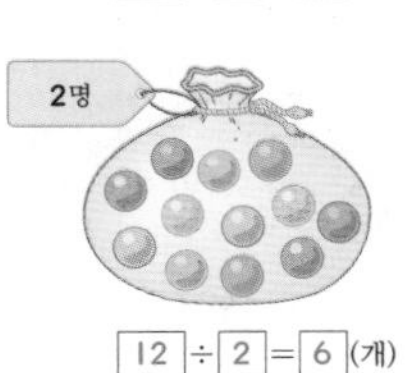

## 2 똑같이 묶어 덜어내기(1)

학습 날짜 월 일

계산은 빠르고 정확하게!

| 걸린 시간 | 1~5분 | 5~8분 | 8~10분 |
|---|---|---|---|
| 맞은 개수 | 10~11개 | 8~9개 | 1~7개 |
| 평가 | 참 잘했어요. | 잘했어요. | 좀더 노력해요. |

6÷2를 여러 가지로 나타내기

① 그림 그리기:

- 6에서 2씩 3번 빼면 0이 됩니다.
- 식으로 6÷2=3이라 쓰고, '6 나누기 2는 3과 같습니다.'라고 읽습니다.
- 6÷2=3과 같은 식을 나눗셈식이라 합니다. 이때 3은 6을 2로 나눈 몫이라고 합니다.

② 뺄셈식 쓰기: 6−2−2−2=0

③ 문장 만들기: 딸기 6개를 한 접시에 2개씩 담으면 3접시가 됩니다.

□ 안에 알맞은 수를 써넣으시오. (1~6)

1 뺄셈식: 20−5−5−5−5=0
나눗셈식: 20÷5=4

2 뺄셈식: 20−4−4−4−4−4=0
나눗셈식: 20÷4=5

3 뺄셈식: 18−9−9=0
나눗셈식: 18÷9=2

4 뺄셈식: 24−8−8−8=0
나눗셈식: 24÷8=3

5 뺄셈식: 24−6−6−6−6=0
나눗셈식: 24÷6=4

6 뺄셈식: 25−5−5−5−5−5=0
나눗셈식: 25÷5=5

나눗셈식을 보고 □ 안에 알맞은 수나 말을 써넣으시오. (7~11)

7 15÷3=5
(1) 15 나누기 3은 5와 같습니다.
(2) 15에서 3씩 5번 덜어내면 0입니다.
(3) 5는 15를 3으로 나눈 몫입니다.

8 21÷3=7
(1) 21 나누기 3은 7과 같습니다.
(2) 21에서 3씩 7번 덜어내면 0입니다.
(3) 7은 21을 3으로 나눈 몫입니다.

9 30÷5=6
(1) 30 나누기 5는 6과 같습니다.
(2) 30에서 5씩 6번 덜어내면 0입니다.
(3) 6은 30을 5로 나눈 몫입니다.

10 40÷5=8
(1) 40 나누기 5는 8과 같습니다.
(2) 40에서 5씩 8번 덜어내면 0입니다.
(3) 8은 40을 5로 나눈 몫입니다.

11 48÷8=6
(1) 48 나누기 8은 6과 같습니다.
(2) 48에서 8씩 6번 덜어내면 0입니다.
(3) 6은 48을 8로 나눈 몫입니다.

## 2 똑같이 묶어 덜어내기(2)

계산은 빠르고 정확하게!

| 걸린 시간 | 1~5분 | 5~8분 | 8~10분 |
|---|---|---|---|
| 맞은 개수 | 15~16개 | 11~14개 | 1~10개 |
| 평가 | 참 잘했어요. | 잘했어요. | 좀더 노력해요. |

□ 안에 알맞은 수를 써넣으시오. (1~8)

1 12÷2=6

2 16÷4=4

3 24÷6=4

4 21÷3=7

5 30÷5=6

6 32÷8=4

7 42÷6=7

8 42÷7=6

다음의 구슬을 주어진 수만큼씩 묶어서 덜어내면 몇 번을 덜어낼 수 있는지 알아보시오. (9~16)

9 2개
8÷2=4(번)

10 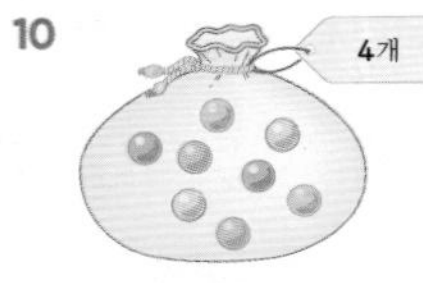

8÷4=2(번)

11 6개
12÷6=2(번)

12 4개
12÷4=3(번)

13 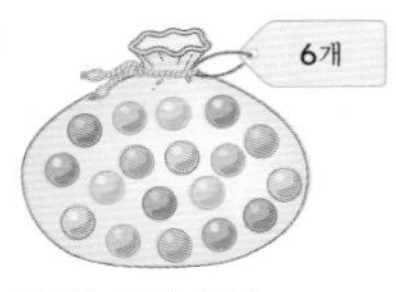

18÷6=3(번)

14 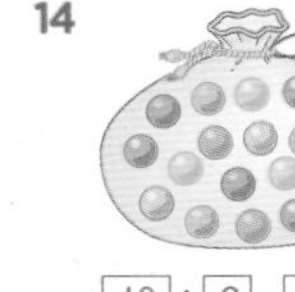

18÷9=2(번)

15 2개
16÷2=8(번)

16 4개
16÷4=4(번)

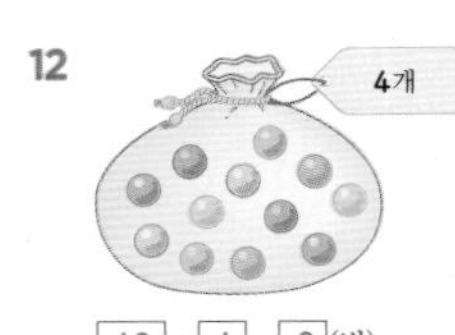

## 3 곱셈과 나눗셈의 관계(1)

학습 날짜 월 일

계산은 빠르고 정확하게!

| 걸린 시간 | 1~4분 | 4~6분 | 6~8분 |
|---|---|---|---|
| 맞은 개수 | 17~18개 | 13~16개 | 1~12개 |
| 평가 | 참 잘했어요. | 잘했어요. | 좀더 노력해요. |

그림을 보고 곱셈식과 나눗셈식 쓰기

8×3=24 → 24÷8=3, 24÷3=8

① 8개씩 3줄이므로 곱셈식 8×3=24입니다.
② 24개는 8개씩 3묶음이므로 나눗셈식 24÷8=3입니다.
③ 24개를 3곳으로 똑같이 나누면 한 곳에 8개씩이므로 나눗셈식 24÷3=8입니다.

□ 안에 알맞은 수를 써넣으시오. (1~6)

1 4×2=8 → 8÷4=[2], 8÷2=[4]

2 5×2=10 → 10÷5=[2], 10÷2=[5]

3 6×2=12 → 12÷6=[2], 12÷[2]=[6]

4 7×2=[14] → 14÷7=[2], 14÷[2]=[7]

5 7×3=[21] → [21]÷7=[3], [21]÷3=[7]

6 8×3=[24] → [24]÷8=[3], [24]÷3=[8]

□ 안에 알맞은 수를 써넣으시오. (7~18)

7 3×5=15 → 15÷3=[5], 15÷[5]=3

8 4×8=32 → 32÷4=[8], 32÷[8]=4

9 3×9=27 → 27÷[3]=[9], 27÷[9]=[3]

10 4×7=28 → 28÷[4]=[7], 28÷[7]=[4]

11 4×6=24 → 24÷[4]=[6], 24÷[6]=[4]

12 8×5=40 → 40÷[8]=[5], 40÷[5]=[8]

13 6×7=42 → [42]÷[6]=[7], [42]÷[7]=[6]

14 5×6=30 → [30]÷[5]=[6], [30]÷[6]=[5]

15 9×4=36 → [36]÷[9]=[4], [36]÷[4]=[9]

16 8×7=56 → [56]÷[8]=[7], [56]÷[7]=[8]

17 6×8=48 → [48]÷[6]=[8], [48]÷[8]=[6]

18 9×8=72 → [72]÷[9]=[8], [72]÷[8]=[9]

## 3 곱셈과 나눗셈의 관계(2)

학습 날짜 월 일

계산은 빠르고 정확하게!

| 걸린 시간 | 1~6분 | 6~9분 | 9~12분 |
|---|---|---|---|
| 맞은 개수 | 22~24개 | 17~21개 | 1~16개 |
| 평가 | 참 잘했어요. | 잘했어요. | 좀더 노력해요. |

□ 안에 알맞은 수를 써넣으시오. (1~12)

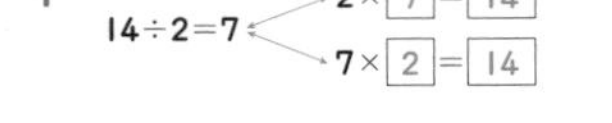

1 14÷2=7 → 2×[7]=[14], 7×[2]=[14]

2 20÷5=4 → 5×[4]=[20], 4×[5]=[20]

3 28÷4=7 → 4×[7]=[28], 7×[4]=[28]

4 30÷5=6 → 5×[6]=[30], 6×[5]=[30]

5 54÷6=9 → 6×[9]=[54], 9×[6]=[54]

6 45÷9=5 → 9×[5]=[45], 5×[9]=[45]

7 15÷3=5 → [3]×[5]=[15], [5]×[3]=[15]

8 24÷4=6 → [4]×[6]=[24], [6]×[4]=[24]

9 48÷8=6 → [8]×[6]=[48], [6]×[8]=[48]

10 56÷7=8 → [7]×[8]=[56], [8]×[7]=[56]

11 63÷9=7 → [9]×[7]=[63], [7]×[9]=[63]

12 40÷5=8 → [5]×[8]=[40], [8]×[5]=[40]

□ 안에 알맞은 수를 써넣으시오. (13~24)

13 5×[7]=35 → 35÷5=[7], 35÷[7]=5

14 30÷6=[5] → 6×[5]=30, [5]×6=30

15 4×[9]=36 → 36÷4=[9], 36÷[9]=4

16 42÷6=[7] → 6×[7]=42, [7]×6=42

17 2×[8]=16 → 16÷2=[8], 16÷[8]=2

18 24÷3=[8] → 3×[8]=24, [8]×3=24

19 3×[6]=18 → 18÷3=[6], 18÷[6]=3

20 21÷3=[7] → 3×[7]=21, [7]×3=21

21 8×[6]=48 → 48÷8=[6], 48÷[6]=8

22 32÷4=[8] → 4×[8]=32, [8]×4=32

23 3×[9]=27 → 27÷3=[9], 27÷[9]=3

24 72÷9=[8] → 9×[8]=72, [8]×9=72

## 4 곱셈식에서 나눗셈의 몫 구하기(1)

월 일

**곱셈식에서 나눗셈의 몫 구하는 방법**

7×[4]=28 → 28÷7=[4]

- 상자에 담긴 빵의 수를 곱셈식으로 나타내면 7×[4]=28입니다.
- 곱셈식을 나눗셈식으로 나타내면 28÷7=[4]입니다.
- 7×□=28에서 □가 4일 때 28이 되므로 28÷7의 몫은 4입니다.

그림을 보고 곱셈식으로 나타내고, 나눗셈의 몫을 구하시오. (1~6)

1 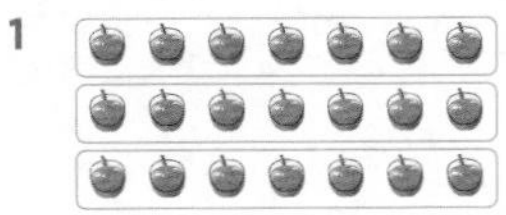

[7]×3=[21] ⟷ [21]÷3=[7]

2  

[3]×6=[18] ⟷ [18]÷3=[6]

3 

4×[4]=[16] ⟷ [16]÷4=[4]

4 5×[4]=[20] ⟷ [20]÷5=[4]

5 6×[4]=[24] ⟷ [24]÷6=[4]

6 7×[5]=[35] ⟷ [35]÷7=[5]

계산은 빠르고 정확하게!

| 걸린 시간 | 1~5분 | 5~7분 | 7~10분 |
|---|---|---|---|
| 맞은 개수 | 20~22개 | 16~19개 | 1~15개 |
| 평가 | 참 잘했어요. | 잘했어요. | 좀더 노력해요. |

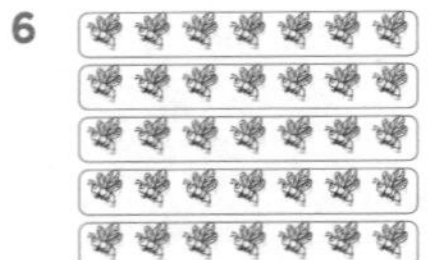

곱셈식을 이용하여 나눗셈의 몫을 구하시오. (7~22)

7 6×3=18 ⟷ 18÷6=[3]

8 6×5=30 ⟷ 30÷6=[5]

9 4×5=20 ⟷ 20÷4=[5]

10 5×7=35 ⟷ 35÷5=[7]

11 5×9=45 ⟷ 45÷5=[9]

12 6×7=42 ⟷ 42÷6=[7]

13 6×8=48 ⟷ 48÷6=[8]

14 7×4=28 ⟷ 28÷7=[4]

15 7×9=63 ⟷ 63÷7=[9]

16 8×5=40 ⟷ 40÷8=[5]

17 8×7=56 ⟷ 56÷8=[7]

18 9×6=54 ⟷ 54÷9=[6]

19 9×3=27 ⟷ 27÷9=[3]

20 7×6=42 ⟷ 42÷7=[6]

21 6×4=24 ⟷ 24÷6=[4]

22 8×9=72 ⟷ 72÷8=[9]

## 4 곱셈식에서 나눗셈의 몫 구하기(2)

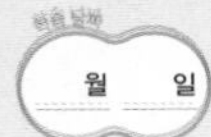
월 일

곱셈식을 이용하여 나눗셈의 몫을 구하시오. (1~14)

1 35÷7=[5] ⟷ 7×[5]=35

2 30÷6=[5] ⟷ 6×[5]=30

3 15÷5=[3] ⟷ 5×[3]=15

4 72÷9=[8] ⟷ 9×[8]=72

5 56÷8=[7] ⟷ 8×[7]=56

6 54÷9=[6] ⟷ 9×[6]=54

7 42÷7=[6] ⟷ 7×[6]=42

8 40÷8=[5] ⟷ 8×[5]=40

9 28÷7=[4] ⟷ 7×[4]=28

10 49÷7=[7] ⟷ 7×[7]=49

11 48÷6=[8] ⟷ 6×[8]=48

12 36÷4=[9] ⟷ 4×[9]=36

13 27÷3=[9] ⟷ 3×[9]=27

14 63÷9=[7] ⟷ 9×[7]=63

계산은 빠르고 정확하게!

| 걸린 시간 | 1~5분 | 5~7분 | 7~10분 |
|---|---|---|---|
| 맞은 개수 | 24~26개 | 19~23개 | 1~18개 |
| 평가 | 참 잘했어요. | 잘했어요. | 좀더 노력해요. |

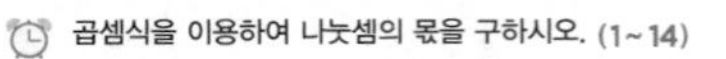

□ 안에 알맞은 수를 써넣으시오. (15~26)

15 12÷2=[6] — 2×[6]=12, 6×[2]=12

16 35÷5=[7] — 5×[7]=35, 7×[5]=35

17 21÷3=[7] — 3×[7]=21, 7×[3]=21

18 24÷6=[4] — 6×[4]=24, 4×[6]=24

19 20÷4=[5] — 4×[5]=20, 5×[4]=20

20 28÷7=[4] — 7×[4]=28, 4×[7]=28

21 42÷6=[7] — 6×[7]=42, [7]×6=42

22 72÷8=[9] — 8×[9]=72, [9]×8=72

23 63÷7=[9] — 7×[9]=63, [9]×7=63

24 54÷9=[6] — 9×[6]=54, [6]×9=54

25 56÷7=[8] — 7×[8]=56, [8]×7=56

26 36÷9=[4] — 9×[4]=36, [4]×9=36

# 5 곱셈구구로 나눗셈의 몫 구하기(1)

사탕 36개를 똑같이 나누기

① 4명으로 나누기 (4의 단 곱셈구구 이용)

36÷4=[9] ⟺ 4×[9]=36 ⇒ 한 명당 [9]개씩 나눔

② 6명으로 나누기 (6의 단 곱셈구구 이용)

36÷6=[6] ⟺ 6×[6]=36 ⇒ 한 명당 [6]개씩 나눔

③ 9명으로 나누기 (9의 단 곱셈구구 이용)

36÷9=[4] ⟺ 9×[4]=36 ⇒ 한 명당 [4]개씩 나눔

그림을 보고 곱셈식으로 나타내고 나눗셈의 몫을 구하시오. (1~6)

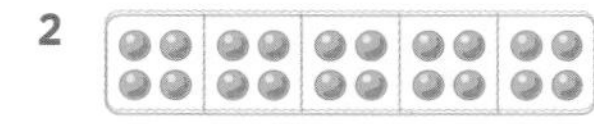

1 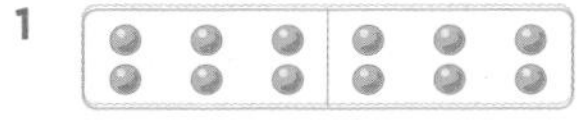

6×[2]=[12] ⟺ 12÷6=[2]

2 

4×[5]=[20] ⟺ 20÷4=[5]

3 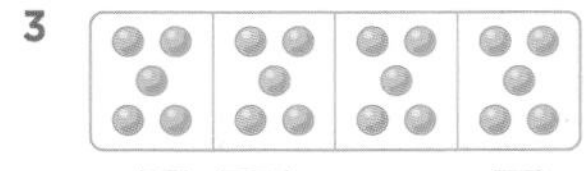

5×[4]=[20] ⟺ 20÷5=[4]

4 6×[3]=[18] ⟺ 18÷6=[3]

5 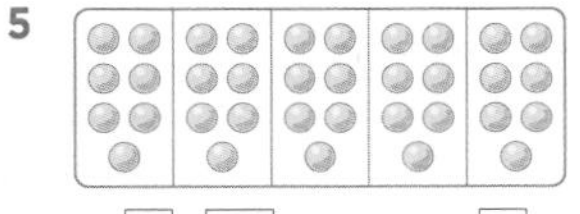

7×[5]=[35] ⟺ 35÷7=[5]

6 8×[4]=[32] ⟺ 32÷8=[4]

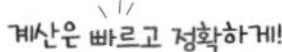

계산은 빠르고 정확하게!

| 걸린 시간 | 1~4분 | 4~6분 | 6~8분 |
|---|---|---|---|
| 맞은 개수 | 20~22개 | 16~19개 | 1~15개 |
| 평가 | 참 잘했어요. | 잘했어요. | 좀더 노력해요. |

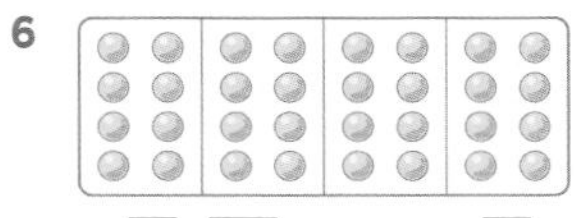

곱셈식을 보고 나눗셈의 몫을 구하시오. (7~22)

7 3×7=21 ⟺ 21÷3=[7]

8 3×9=27 ⟺ 27÷3=[9]

9 4×5=20 ⟺ 20÷4=[5]

10 4×7=28 ⟺ 28÷4=[7]

11 5×3=15 ⟺ 15÷5=[3]

12 5×8=40 ⟺ 40÷5=[8]

13 6×4=24 ⟺ 24÷6=[4]

14 6×7=42 ⟺ 42÷6=[7]

15 7×5=35 ⟺ 35÷7=[5]

16 7×8=56 ⟺ 56÷7=[8]

17 8×3=24 ⟺ 24÷8=[3]

18 8×6=48 ⟺ 48÷8=[6]

19 9×4=36 ⟺ 36÷9=[4]

20 9×7=63 ⟺ 63÷9=[7]

21 6×9=54 ⟺ 54÷6=[9]

22 8×9=72 ⟺ 72÷8=[9]

# 5 곱셈구구로 나눗셈의 몫 구하기(2)

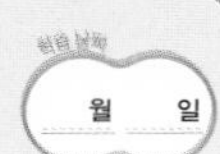

월 일

□ 안에 알맞은 수를 써넣으시오. (1~16)

1 2×[7]=14 ⟺ 14÷2=[7]

2 2×[9]=18 ⟺ 18÷2=[9]

3 3×[6]=18 ⟺ 18÷3=[6]

4 3×[8]=24 ⟺ 24÷3=[8]

5 4×[6]=24 ⟺ 24÷4=[6]

6 4×[8]=32 ⟺ 32÷4=[8]

7 5×[4]=20 ⟺ 20÷5=[4]

8 5×[7]=35 ⟺ 35÷5=[7]

9 [5]×6=30 ⟺ 30÷6=[5]

10 [7]×6=42 ⟺ 42÷6=[7]

11 [4]×7=28 ⟺ 28÷7=[4]

12 [7]×7=49 ⟺ 49÷7=[7]

13 [6]×8=48 ⟺ 48÷8=[6]

14 [8]×8=64 ⟺ 64÷8=[8]

15 [6]×9=54 ⟺ 54÷9=[6]

16 [9]×9=81 ⟺ 81÷9=[9]

계산은 빠르고 정확하게!

| 걸린 시간 | 1~8분 | 8~12분 | 12~16분 |
|---|---|---|---|
| 맞은 개수 | 26~28개 | 20~25개 | 1~19개 |
| 평가 | 참 잘했어요. | 잘했어요. | 좀더 노력해요. |

□를 사용하여 나눗셈식으로 나타내고, □를 구하시오. (17~28)

17 어떤 수를 4로 나누면 5와 같습니다.
⇒ □÷4=5, □=20

18 어떤 수를 2로 나누면 9와 같습니다.
⇒ □÷2=9, □=18

19 어떤 수를 5로 나누면 3과 같습니다.
⇒ □÷5=3, □=15

20 56을 어떤 수로 나누면 8과 같습니다.
⇒ 56÷□=8, □=7

21 72를 어떤 수로 나누면 8과 같습니다.
⇒ 72÷□=8, □=9

22 7로 어떤 수를 나누면 6과 같습니다.
⇒ □÷7=6, □=42

23 8로 어떤 수를 나누면 6과 같습니다.
⇒ □÷8=6, □=48

24 4로 어떤 수를 나누면 9와 같습니다.
⇒ □÷4=9, □=36

25 어떤 수를 7로 나누면 4와 같습니다.
⇒ □÷7=4, □=28

26 32를 어떤 수로 나누면 4와 같습니다.
⇒ 32÷□=4, □=8

27 어떤 수를 6으로 나누면 7과 같습니다.
⇒ □÷6=7, □=42

28 63을 어떤 수로 나누면 9와 같습니다.
⇒ 63÷□=9, □=7

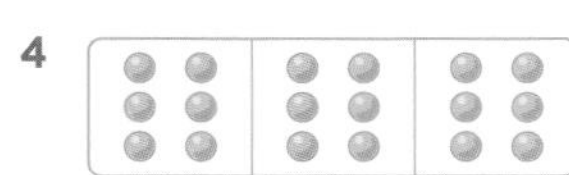

# 정답

## 6 나눗셈의 몫 구하기(1)

학습 날짜 월 일

계산은 빠르고 정확하게!

| 걸린 시간 | 1~6분 | 6~9분 | 9~12분 |
|---|---|---|---|
| 맞은 개수 | 15~16개 | 12~14개 | 1~11개 |
| 평가 | 참 잘했어요. | 잘했어요. | 좀더 노력해요. |

24÷3의 계산

〈가로셈〉 24÷3=8 (나누어지는 수, 나누는 수, 몫)

〈세로셈〉 3)24 → 8 ← 몫, 24 ← 나누어지는 수, 3 ← 나누는 수, 24, 0

□ 안에 알맞은 수를 써넣으시오. (1~6)

1 15÷5=3 ➡ 5)15, 몫 3, 15, 0

2 21÷3=7 ➡ 3)21, 몫 7, 21, 0

3 32÷8=4 ➡ 8)32, 몫 4, 32, 0

4 24÷4=6 ➡ 4)24, 몫 6, 24, 0

5 28÷7=4 ➡ 7)28, 몫 4, 28, 0

6 42÷6=7 ➡ 6)42, 몫 7, 42, 0

□ 안에 알맞은 수를 써넣으시오. (7~16)

7 18÷3=6 ➡ 3)18, 몫 6, 18, 0

8 27÷9=3 ➡ 9)27, 몫 3, 27, 0

9 30÷5=6 ➡ 5)30, 몫 6, 30, 0

10 36÷6=6 ➡ 6)36, 몫 6, 36, 0

11 45÷9=5 ➡ 9)45, 몫 5, 45, 0

12 56÷8=7 ➡ 8)56, 몫 7, 56, 0

13 63÷7=9 ➡ 7)63, 몫 9, 63, 0

14 72÷9=8 ➡ 9)72, 몫 8, 72, 0

15 35÷5=7 ➡ 5)35, 몫 7, 35, 0

16 54÷6=9 ➡ 6)54, 몫 9, 54, 0

## 6 나눗셈의 몫 구하기(2)

학습 날짜 월 일

계산은 빠르고 정확하게!

| 걸린 시간 | 1~5분 | 5~7분 | 7~10분 |
|---|---|---|---|
| 맞은 개수 | 27~30개 | 21~26개 | 1~20개 |
| 평가 | 참 잘했어요. | 잘했어요. | 좀더 노력해요. |

나눗셈을 하시오. (1~15)

1 2)16 → 8, 16, 0

2 6)30 → 5, 30, 0

3 4)20 → 5, 20, 0

4 8)64 → 8, 64, 0

5 3)24 → 8, 24, 0

6 4)36 → 9, 36, 0

7 2)14 → 7, 14, 0

8 7)56 → 8, 56, 0

9 3)18 → 6, 18, 0

10 7)42 → 6, 42, 0

11 9)63 → 7, 63, 0

12 8)40 → 5, 40, 0

13 5)35 → 7, 35, 0

14 9)27 → 3, 27, 0

15 8)72 → 9, 72, 0

나눗셈을 하시오. (16~30)

16 3)27 → 9, 27, 0

17 7)28 → 4, 28, 0

18 8)16 → 2, 16, 0

19 6)36 → 6, 36, 0

20 2)18 → 9, 18, 0

21 6)18 → 3, 18, 0

22 4)24 → 6, 24, 0

23 8)56 → 7, 56, 0

24 5)45 → 9, 45, 0

25 8)32 → 4, 32, 0

26 7)35 → 5, 35, 0

27 9)54 → 6, 54, 0

28 6)54 → 9, 54, 0

29 7)63 → 9, 63, 0

30 7)49 → 7, 49, 0

## 6 나눗셈의 몫 구하기(3)

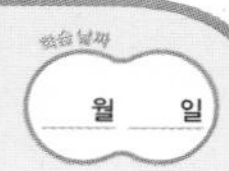


계산은 빠르고 정확하게!

| 걸린 시간 | 1~6분 | 6~9분 | 9~12분 |
|---|---|---|---|
| 맞은 개수 | 18~20개 | 14~17개 | 1~13개 |
| 평가 | 참 잘했어요. | 잘했어요. | 좀더 노력해요. |

빈 곳에 알맞은 수를 써넣으시오. (1~12)

1
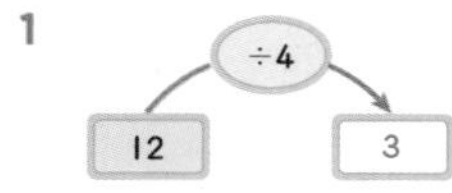


2 ÷6 18 3

3 ÷3 24 8

4
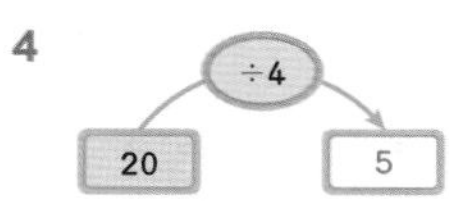


5 ÷5 25 5

6
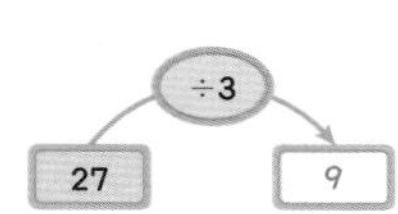


7 ÷6 30 5

8
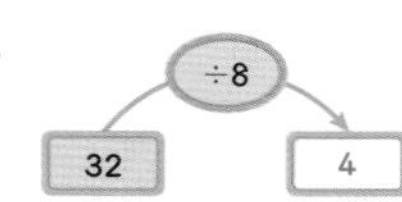


9
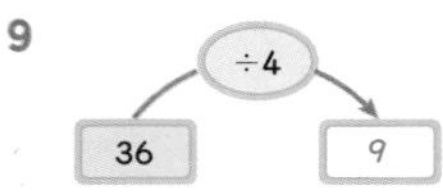


10
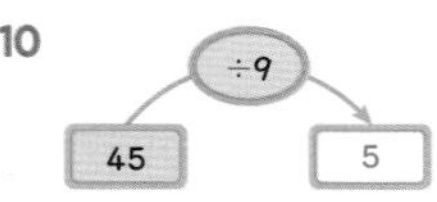


11
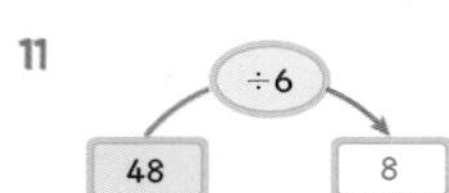


12
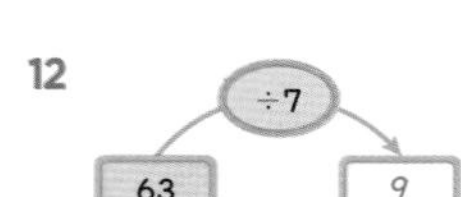


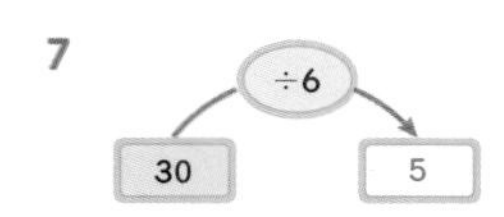

빈 곳에 알맞은 수를 써넣으시오. (13~20)

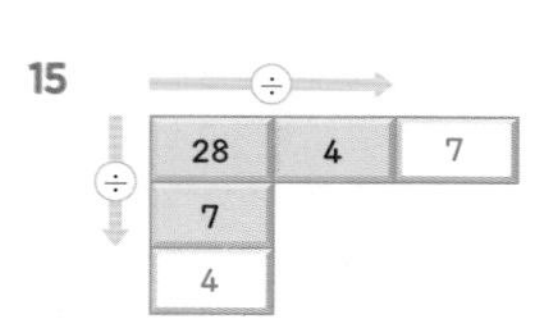

13
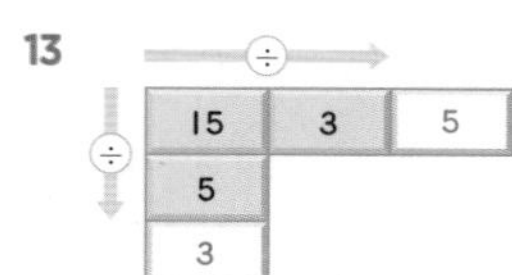


14
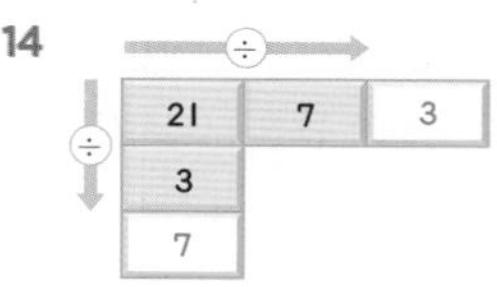


15 ÷ 28 4 7 / 7 / 4

16
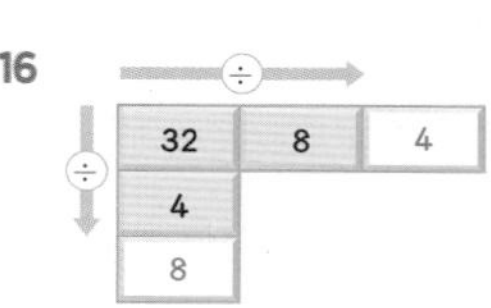


17
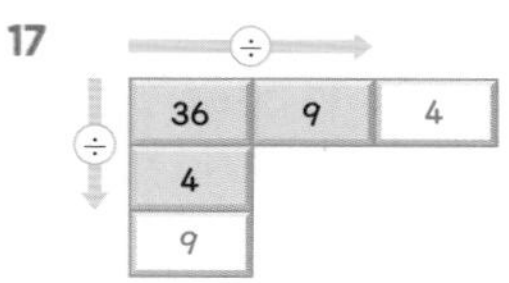


18
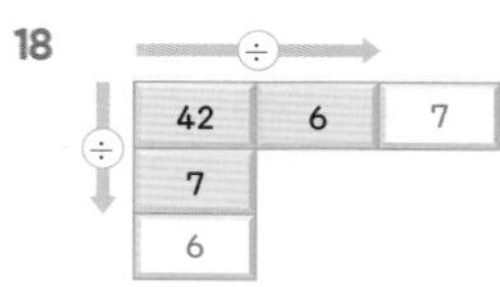


19
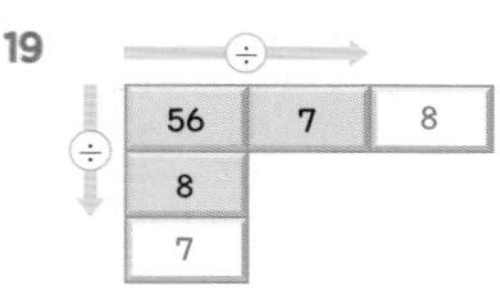


20
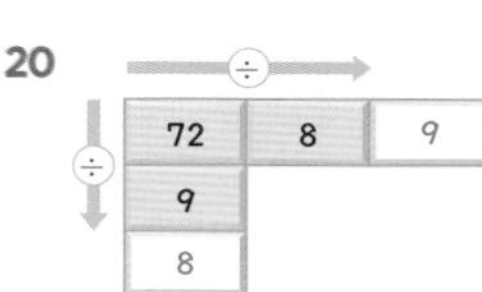


## 7 (몇십)×(몇)의 계산(1)

계산은 빠르고 정확하게!

| 걸린 시간 | 1~6분 | 6~9분 | 9~12분 |
|---|---|---|---|
| 맞은 개수 | 17~18개 | 13~16개 | 1~12개 |
| 평가 | 참 잘했어요. | 잘했어요. | 좀더 노력해요. |

20×3의 계산

(1) 20+20+20=60이므로 20×3=60입니다.

(2) 2×3을 구하여 십의 자리에 6을 쓰고, 일의 자리에 0을 씁니다.

20×3=60 (2×3=6) ⇒ 2 0 × 3 = 6 0

□ 안에 알맞은 수를 써넣으시오. (1~6)

1 20+20+20+20+20=20×[5]=[100]

2 30+30+30+30+30+30=30×[6]=[180]

3 40+40+40+40+40=40×[5]=[200]

4 50+50+50+50+50+50+50=50×[7]=[350]

5 60+60+60+60=60×[4]=[240]

6 70+70+70+70+70+70=70×[6]=[420]

□ 안에 알맞은 수를 써넣으시오. (7~18)

7 20×6=[12]0, 2×6=[12]

8 30×5=[15]0, 3×5=[15]

9 40×7=[28]0, 4×7=[28]

10 50×4=[20]0, 5×4=[20]

11 60×3=[18]0, 6×3=[18]

12 70×2=[14]0, 7×2=[14]

13 80×4=[32]0, 8×4=[32]

14 90×3=[27]0, 9×3=[27]

15 40×9=[36]0, 4×9=[36]

16 60×7=[42]0, 6×7=[42]

17 70×8=[56]0, 7×8=[56]

18 80×6=[48]0, 8×6=[48]

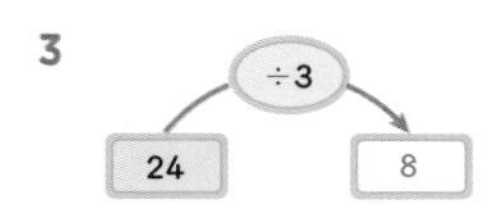

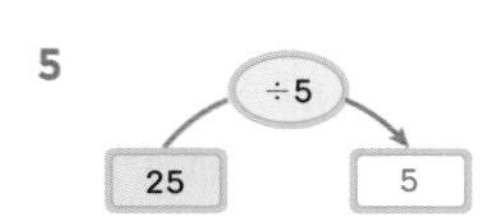

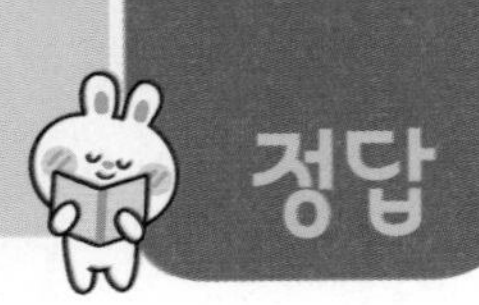

# 정답



## 7 (몇십)×(몇)의 계산(2)

월 일

계산은 빠르고 정확하게!

| 걸린 시간 | 1~6분 | 6~9분 | 9~12분 |
|---|---|---|---|
| 맞은 개수 | 31~34개 | 24~30개 | 1~23개 |
| 평가 | 참 잘했어요. | 잘했어요. | 좀더 노력해요. |

□ 안에 알맞은 수를 써넣으시오. (1~18)

1. $20 \times 7 = 140$
2. $30 \times 4 = 120$
3. $40 \times 4 = 160$
4. $50 \times 5 = 250$
5. $60 \times 4 = 240$
6. $70 \times 6 = 420$
7. $80 \times 5 = 400$
8. $90 \times 6 = 540$
9. $30 \times 8 = 240$
10. $30 \times 6 = 180$
11. $40 \times 7 = 280$
12. $50 \times 7 = 350$
13. $60 \times 7 = 420$
14. $70 \times 3 = 210$
15. $80 \times 7 = 560$
16. $90 \times 7 = 630$
17. $40 \times 9 = 360$
18. $70 \times 9 = 630$

계산을 하시오. (19~34)

19. $30 \times 5 = 150$
20. $40 \times 3 = 120$
21. $20 \times 9 = 180$
22. $50 \times 6 = 300$
23. $60 \times 3 = 180$
24. $70 \times 4 = 280$
25. $80 \times 6 = 480$
26. $90 \times 3 = 270$
27. $20 \times 8 = 160$
28. $30 \times 7 = 210$
29. $40 \times 5 = 200$
30. $50 \times 8 = 400$
31. $60 \times 6 = 360$
32. $70 \times 8 = 560$
33. $80 \times 4 = 320$
34. $90 \times 9 = 810$

## 7 (몇십)×(몇)의 계산(3)

월 일

계산은 빠르고 정확하게!

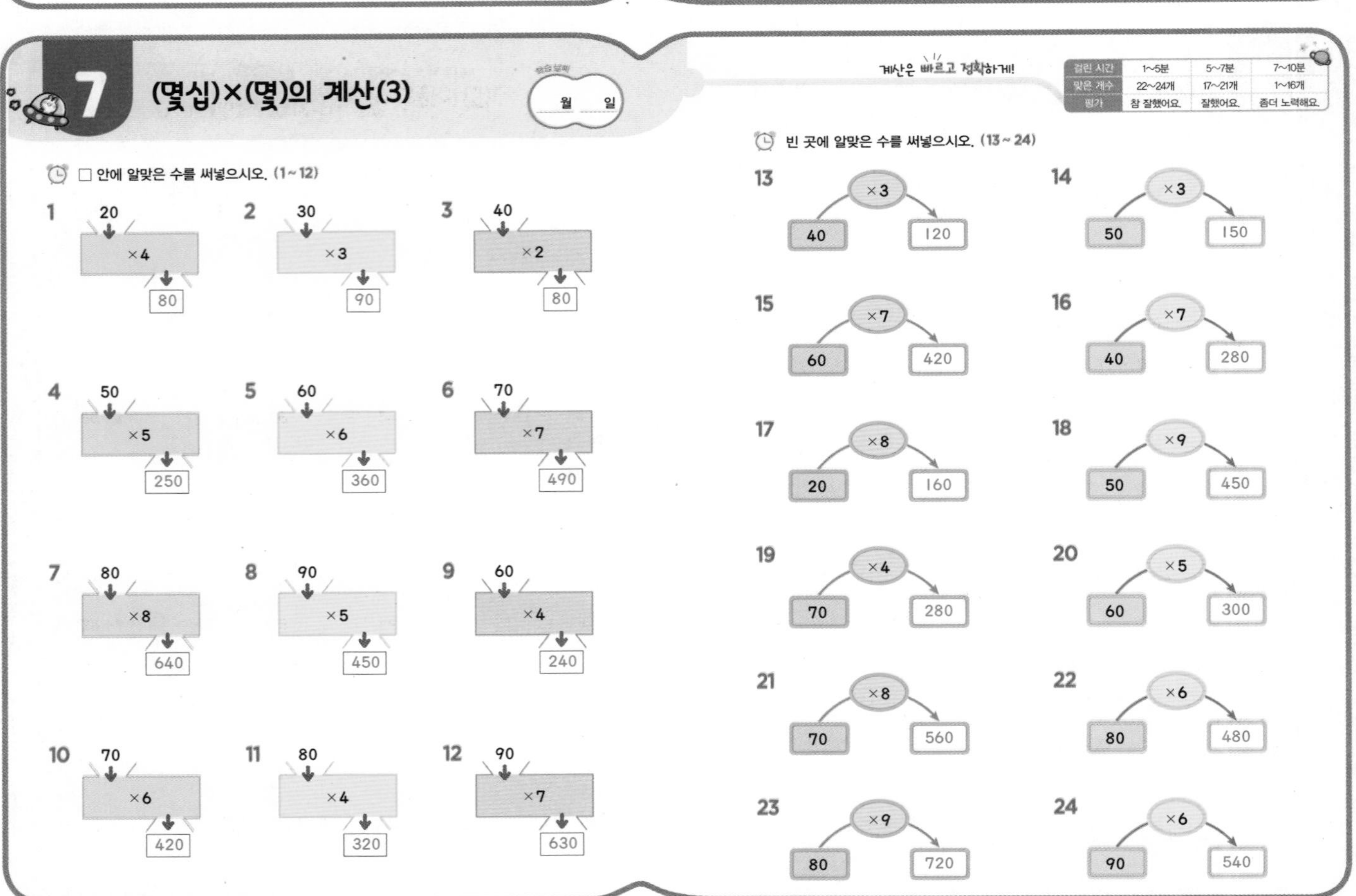

| 걸린 시간 | 1~5분 | 5~7분 | 7~10분 |
|---|---|---|---|
| 맞은 개수 | 22~24개 | 17~21개 | 1~16개 |
| 평가 | 참 잘했어요. | 잘했어요. | 좀더 노력해요. |

□ 안에 알맞은 수를 써넣으시오. (1~12)

1. 20 → ×4 → 80
2. 30 → ×3 → 90
3. 40 → ×2 → 80
4. 50 → ×5 → 250
5. 60 → ×6 → 360
6. 70 → ×7 → 490
7. 80 → ×8 → 640
8. 90 → ×5 → 450
9. 60 → ×4 → 240
10. 70 → ×6 → 420
11. 80 → ×4 → 320
12. 90 → ×7 → 630

빈 곳에 알맞은 수를 써넣으시오. (13~24)

13. 40 → ×3 → 120
14. 50 → ×3 → 150
15. 60 → ×7 → 420
16. 40 → ×7 → 280
17. 20 → ×8 → 160
18. 50 → ×9 → 450
19. 70 → ×4 → 280
20. 60 → ×5 → 300
21. 70 → ×8 → 560
22. 80 → ×6 → 480
23. 80 → ×9 → 720
24. 90 → ×6 → 540

# 8 올림이 없는 (몇십몇)×(몇)의 계산(1)

학습 날짜 월 일

계산은 빠르고 정확하게!

| 걸린 시간 | 1~6분 | 6~9분 | 9~12분 |
|---|---|---|---|
| 맞은 개수 | 17~18개 | 13~16개 | 1~12개 |
| 평가 | 참 잘했어요. | 잘했어요. | 좀더 노력해요. |

**12×3의 계산**

(1) (몇)×(몇)의 값과 (몇십)×(몇)의 값을 더하여 계산합니다.

(2) (몇)×(몇)의 값을 일의 자리에 쓰고, (몇십)×(몇)의 값을 십의 자리에 씁니다.

| | 1 | 2 | |
|---|---|---|---|
| × | | 3 | |
| | | 6 | ← 2×3=6 |
| | 3 | 0 | ← 10×3=30 |
| | 3 | 6 | ← 6+30=36 |

| | 1 | 2 |
|---|---|---|
| × | | 3 |
| | 3 | 6 |

2×3=6, 1×3=3

12×3=36 (① 2×3, ② 1×3)

□ 안에 알맞은 수를 써넣으시오. (1~6)

1. 31×3: 1×3=3, 30×3=90 → 93

2. 23×2: 3×2=6, 20×2=40 → 46

3. 42×2: 2×2=4, 40×2=80 → 84

4. 32×3: 2×3=6, 30×3=90 → 96

5. 22×4: 2×4=8, 20×4=80 → 88

6. 43×2: 3×2=6, 40×2=80 → 86

계산을 하시오. (7~18)

7. 12×4: 8, 40, 48

8. 13×2: 6, 20, 26

9. 14×2: 8, 20, 28

10. 21×4: 4, 80, 84

11. 22×3: 6, 60, 66

12. 24×2: 8, 40, 48

13. 31×2: 2, 60, 62

14. 33×3: 9, 90, 99

15. 34×2: 8, 60, 68

16. 41×2: 2, 80, 82

17. 44×2: 8, 80, 88

18. 46×1: 6, 40, 46

# 8 올림이 없는 (몇십몇)×(몇)의 계산(2)

학습 날짜 월 일

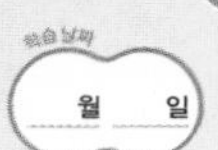

계산은 빠르고 정확하게!

| 걸린 시간 | 1~6분 | 6~9분 | 9~12분 |
|---|---|---|---|
| 맞은 개수 | 28~31개 | 23~27개 | 1~22개 |
| 평가 | 참 잘했어요. | 잘했어요. | 좀더 노력해요. |

계산을 하시오. (1~15)

1. 14×2=28

2. 11×6=66

3. 23×3=69

4. 12×4=48

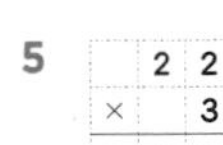

5. 22×3=66

6. 11×8=88

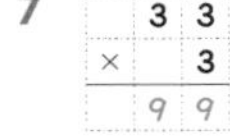

7. 33×3=99

8. 21×3=63

9. 32×2=64

10. 13×3=39

11. 11×9=99

12. 24×2=48

13. 31×3=93

14. 42×2=84

15. 22×4=88

계산을 하시오. (16~31)

16. 12×3=36

17. 21×4=84

18. 34×2=68

19. 41×2=82

20. 57×1=57

21. 13×3=39

22. 13×2=26

23. 21×2=42

24. 12×2=24

25. 32×3=96

26. 44×2=88

27. 11×7=77

28. 11×5=55

29. 69×1=69

30. 23×2=46

31. 33×2=66

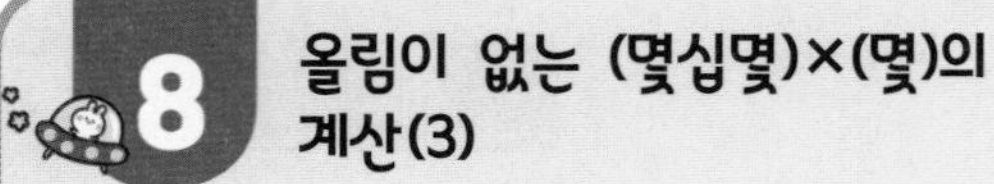


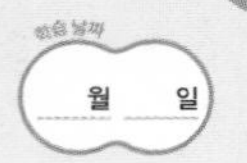


계산은 빠르고 정확하게!

| 걸린 시간 | 1~5분 | 5~8분 | 8~10분 |
|---|---|---|---|
| 맞은 개수 | 22~24개 | 17~21개 | 1~16개 |
| 평가 | 참 잘했어요. | 잘했어요. | 좀더 노력해요. |

□ 안에 알맞은 수를 써넣으시오. (1~12)

1 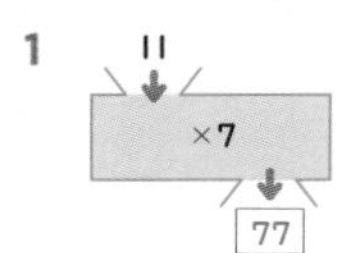


2 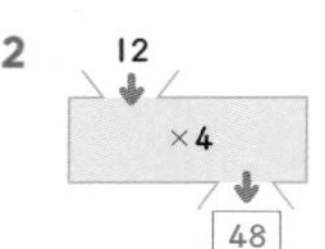


3 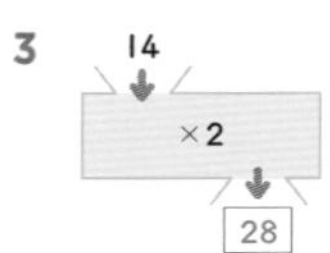


4 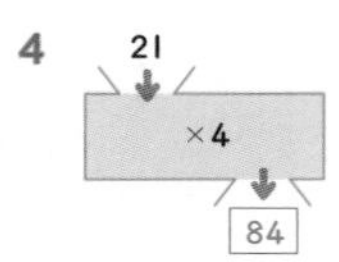


5 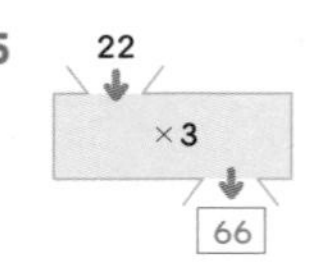


6 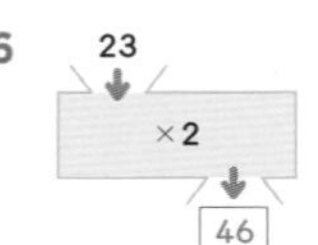


7 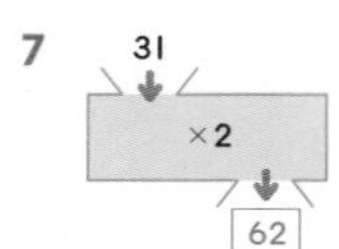


8 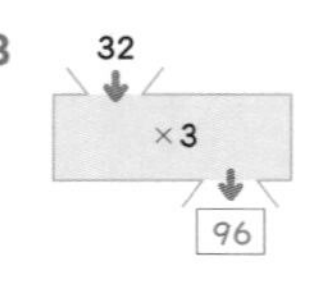


9 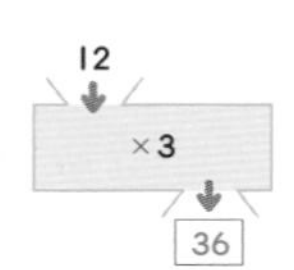


10 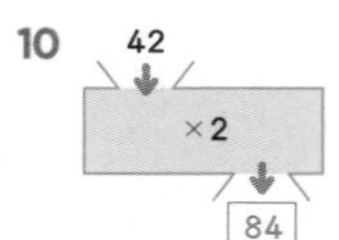


11 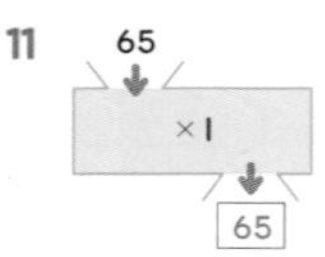


12 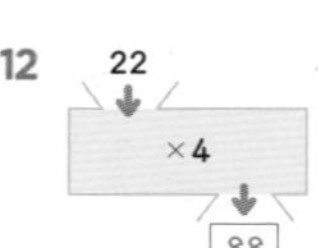


빈 곳에 알맞은 수를 써넣으시오. (13~24)

13 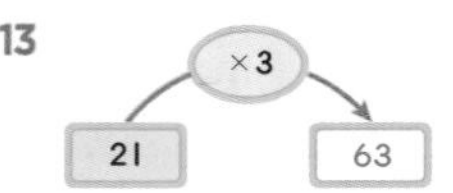


14 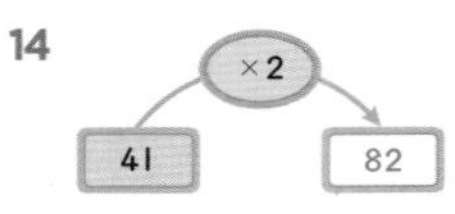


15 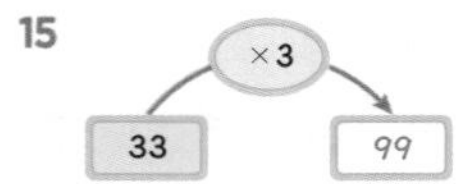


16 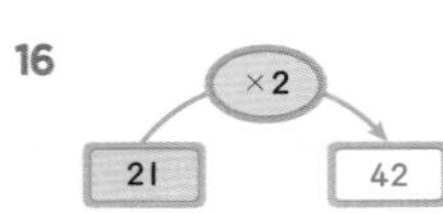


17 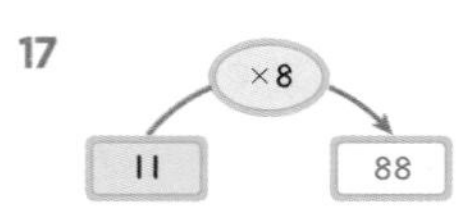


18 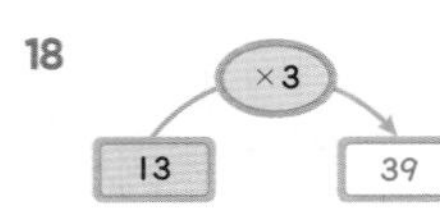


19 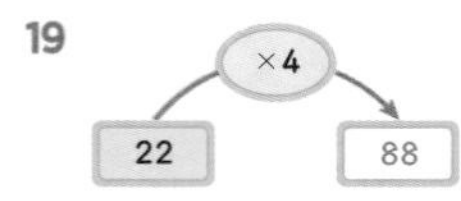


20 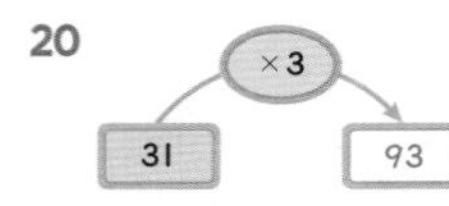


21 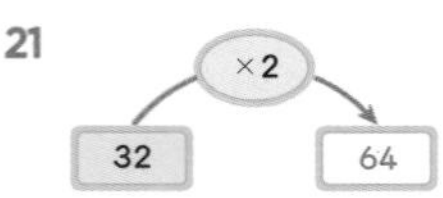


22 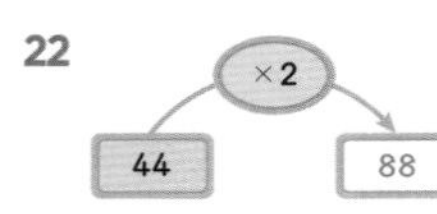


23 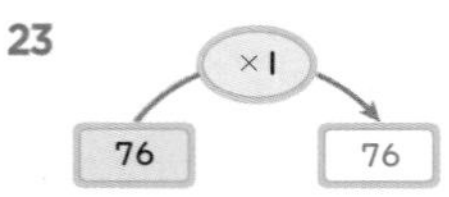


24 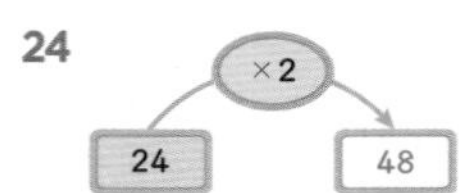


## 9 십의 자리에서 올림이 있는 (몇십몇)×(몇)의 계산(1)

계산은 빠르고 정확하게!

| 걸린 시간 | 1~6분 | 6~9분 | 9~12분 |
|---|---|---|---|
| 맞은 개수 | 17~18개 | 13~16개 | 1~12개 |
| 평가 | 참 잘했어요. | 잘했어요. | 좀더 노력해요. |

**31×6의 계산**

(1) (몇)×(몇)의 값과 (몇십)×(몇)의 값을 더하여 계산합니다.

(2) (몇)×(몇)의 값을 일의 자리에 쓰고, (몇십)×(몇)의 값을 십의 자리에 씁니다. 십의 자리 계산에서 100이거나 100보다 크면 올림한 수를 백의 자리에 씁니다.

| | 3 | 1 | |
|---|---|---|---|
| × | | 6 | |
| | | 6 | ← 1×6=6 |
| 1 | 8 | 0 | ← 30×6=180 |
| 1 | 8 | 6 | ← 6+180=186 |

| | 3 | 1 |
|---|---|---|
| × | | 6 |
| 1 | 8 | 6 |

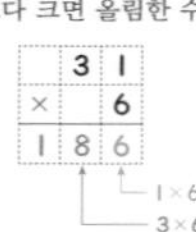

1×6=6, 3×6=18

① 1×6, 31×6=186, ② 3×6

□ 안에 알맞은 수를 써넣으시오. (1~6)

1 21×5 — 1×5=5, 20×5=100 → 105

2 63×2 — 3×2=6, 60×2=120 → 126

3 42×4 — 2×4=8, 40×4=160 → 168

4 31×6 — 1×6=6, 30×6=180 → 186

5 21×8 — 1×8=8, 20×8=160 → 168

6 73×3 — 3×3=9, 70×3=210 → 219

계산을 하시오. (7~18)

7

| | 2 | 1 |
|---|---|---|
| × | | 6 |
| | | 6 |
| 1 | 2 | 0 |
| 1 | 2 | 6 |

8

| | 8 | 2 |
|---|---|---|
| × | | 4 |
| | | 8 |
| 3 | 2 | 0 |
| 3 | 2 | 8 |

9

| | 6 | 3 |
|---|---|---|
| × | | 3 |
| | | 9 |
| 1 | 8 | 0 |
| 1 | 8 | 9 |

10

| | 3 | 2 |
|---|---|---|
| × | | 4 |
| | | 8 |
| 1 | 2 | 0 |
| 1 | 2 | 8 |

11

| | 4 | 2 |
|---|---|---|
| × | | 3 |
| | | 6 |
| 1 | 2 | 0 |
| 1 | 2 | 6 |

12

| | 7 | 2 |
|---|---|---|
| × | | 2 |
| | | 4 |
| 1 | 4 | 0 |
| 1 | 4 | 4 |

13

| | 3 | 1 |
|---|---|---|
| × | | 8 |
| | | 8 |
| 2 | 4 | 0 |
| 2 | 4 | 8 |

14

| | 4 | 3 |
|---|---|---|
| × | | 3 |
| | | 9 |
| 1 | 2 | 0 |
| 1 | 2 | 9 |

15

| | 5 | 2 |
|---|---|---|
| × | | 3 |
| | | 6 |
| 1 | 5 | 0 |
| 1 | 5 | 6 |

16

| | 6 | 2 |
|---|---|---|
| × | | 4 |
| | | 8 |
| 2 | 4 | 0 |
| 2 | 4 | 8 |

17

| | 7 | 2 |
|---|---|---|
| × | | 3 |
| | | 6 |
| 2 | 1 | 0 |
| 2 | 1 | 6 |

18

| | 8 | 1 |
|---|---|---|
| × | | 5 |
| | | 5 |
| 4 | 0 | 0 |
| 4 | 0 | 5 |

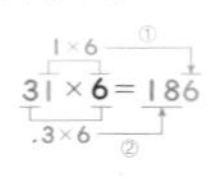

## 9 십의 자리에서 올림이 있는 (몇십몇)×(몇)의 계산(2)

학습 날짜 월 일

계산은 빠르고 정확하게!

| 걸린 시간 | 1~8분 | 8~12분 | 12~16분 |
|---|---|---|---|
| 맞은 개수 | 31~34개 | 23~30개 | 1~22개 |
| 평가 | 참 잘했어요. | 잘했어요. | 좀더 노력해요. |

계산을 하시오. (1~18)

1. 21 × 7 = 147
2. 72 × 4 = 288
3. 62 × 3 = 186
4. 42 × 4 = 168
5. 52 × 3 = 156
6. 73 × 3 = 219
7. 81 × 5 = 405
8. 51 × 4 = 204
9. 62 × 4 = 248
10. 71 × 6 = 426
11. 82 × 4 = 328
12. 93 × 3 = 279
13. 92 × 4 = 368
14. 84 × 2 = 168
15. 64 × 2 = 128
16. 74 × 2 = 148
17. 91 × 3 = 273
18. 54 × 2 = 108

계산을 하시오. (19~34)

19. 21 × 7 = 147
20. 73 × 3 = 219
21. 41 × 8 = 328
22. 83 × 2 = 166
23. 63 × 3 = 189
24. 71 × 8 = 568
25. 91 × 5 = 455
26. 42 × 4 = 168
27. 52 × 4 = 208
28. 42 × 3 = 126
29. 71 × 4 = 284
30. 81 × 9 = 729
31. 93 × 3 = 279
32. 53 × 3 = 159
33. 92 × 4 = 368
34. 73 × 2 = 146

## 9 십의 자리에서 올림이 있는 (몇십몇)×(몇)의 계산(3)

학습 날짜 월 일

계산은 빠르고 정확하게!

| 걸린 시간 | 1~6분 | 6~9분 | 9~12분 |
|---|---|---|---|
| 맞은 개수 | 22~24개 | 17~21개 | 1~16개 |
| 평가 | 참 잘했어요. | 잘했어요. | 좀더 노력해요. |

□ 안에 알맞은 수를 써넣으시오. (1~12)

1. 41 → ×4 → 164
2. 52 → ×3 → 156
3. 63 → ×2 → 126
4. 74 → ×2 → 148
5. 82 → ×4 → 328
6. 91 → ×3 → 273
7. 51 → ×5 → 255
8. 64 → ×2 → 128
9. 72 → ×4 → 288
10. 83 → ×3 → 249
11. 94 → ×2 → 188
12. 61 → ×4 → 244

빈 곳에 알맞은 수를 써넣으시오. (13~24)

13. 52 → ×4 → 208
14. 73 → ×3 → 219
15. 81 → ×6 → 486
16. 92 → ×2 → 184
17. 51 → ×8 → 408
18. 62 → ×4 → 248
19. 82 → ×3 → 246
20. 93 → ×3 → 279
21. 61 → ×5 → 305
22. 72 → ×3 → 216
23. 92 → ×4 → 368
24. 84 → ×2 → 168

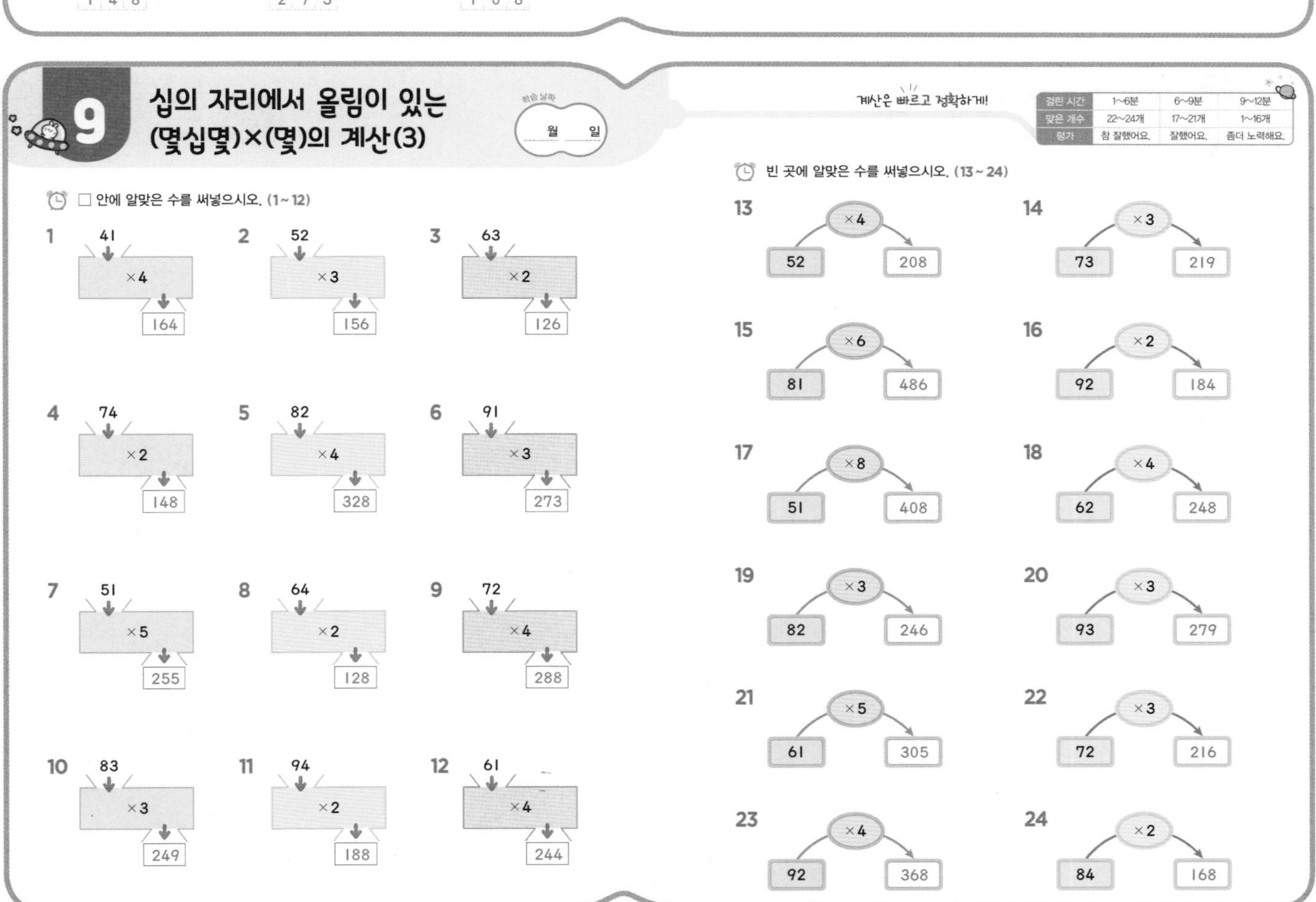

## 10 일의 자리에서 올림이 있는 (몇십몇)×(몇)의 계산(1)

학습 날짜 월 일

계산은 빠르고 정확하게!

| 걸린 시간 | 1~6분 | 6~9분 | 9~12분 |
|---|---|---|---|
| 맞은 개수 | 16~18개 | 11~15개 | 1~10개 |
| 평가 | 참 잘했어요. | 잘했어요. | 좀더 노력해요. |

**26×3의 계산**

(1) (몇)×(몇)의 값과 (몇십)×(몇)의 값을 더하여 계산합니다.

(2) (몇)×(몇)의 값이 10이거나 10보다 크면 십의 자리에 올림한 수를 작게 쓰고, 십의 자리 계산을 할 때 이 올림한 수를 더해서 계산합니다.

26 × 3: 18 ← 6×3=18, 60 ← 20×3=60, 78 ← 18+60=78

26 × 3 = 78 (올림 1): 6×3=18, 2×3+1=7

26 × 3 = 78: ① 6×3=18, ② 올림 1, ③ 2×3+1=7

□ 안에 알맞은 수를 써넣으시오. (1~6)

1. 16×4: 6×4=24, 10×4=40 → 64

2. 25×3: 5×3=15, 20×3=60 → 75

3. 38×2: 8×2=16, 30×2=60 → 76

4. 17×5: 7×5=35, 10×5=50 → 85

5. 29×3: 9×3=27, 20×3=60 → 87

6. 14×6: 4×6=24, 10×6=60 → 84

계산을 하시오. (7~18)

7. 15×4: 20, 40, 60

8. 19×5: 45, 50, 95

9. 14×7: 28, 70, 98

10. 24×3: 12, 60, 72

11. 26×2: 12, 40, 52

12. 29×3: 27, 60, 87

13. 37×2: 14, 60, 74

14. 15×5: 25, 50, 75

15. 16×6: 36, 60, 96

16. 27×3: 21, 60, 81

17. 23×4: 12, 80, 92

18. 49×2: 18, 80, 98

## 10 일의 자리에서 올림이 있는 (몇십몇)×(몇)의 계산(2)

학습 날짜 월 일

계산은 빠르고 정확하게!

| 걸린 시간 | 1~10분 | 10~15분 | 15~20분 |
|---|---|---|---|
| 맞은 개수 | 30~34개 | 23~29개 | 1~22개 |
| 평가 | 참 잘했어요. | 잘했어요. | 좀더 노력해요. |

계산을 하시오. (1~18)

1. (올림 1) 13×4=52
2. (올림 1) 12×6=72
3. (올림 2) 14×5=70
4. (올림 1) 24×4=96
5. (올림 1) 26×3=78
6. (올림 1) 28×2=56
7. (올림 1) 36×2=72
8. (올림 1) 39×2=78
9. (올림 1) 46×2=92
10. (올림 2) 17×4=68
11. (올림 4) 18×5=90
12. (올림 3) 19×4=76
13. (올림 1) 26×2=52
14. (올림 2) 28×3=84
15. (올림 1) 25×3=75
16. (올림 1) 38×2=76
17. (올림 1) 47×2=94
18. (올림 3) 16×5=80

계산을 하시오. (19~34)

19. (올림 1) 12×7=84
20. (올림 1) 13×5=65
21. (올림 3) 15×6=90
22. (올림 2) 14×7=98
23. (올림 1) 23×4=92
24. (올림 1) 24×3=72
25. (올림 2) 27×3=81
26. (올림 1) 35×2=70
27. (올림 1) 37×2=74
28. (올림 1) 48×2=96
29. (올림 2) 16×4=64
30. (올림 3) 17×5=85
31. (올림 3) 18×4=72
32. (올림 1) 26×3=78
33. (올림 2) 29×3=87
34. (올림 4) 19×5=95

## 10 일의 자리에서 올림이 있는 (몇십몇)×(몇)의 계산(3)

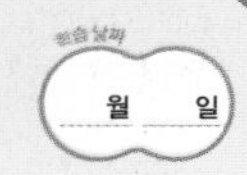


계산은 빠르고 정확하게!

| 걸린 시간 | 1~7분 | 7~10분 | 10~13분 |
|---|---|---|---|
| 맞은 개수 | 22~24개 | 17~21개 | 1~16개 |
| 평가 | 참 잘했어요. | 잘했어요. | 좀더 노력해요. |

□ 안에 알맞은 수를 써넣으시오. (1~12)

1 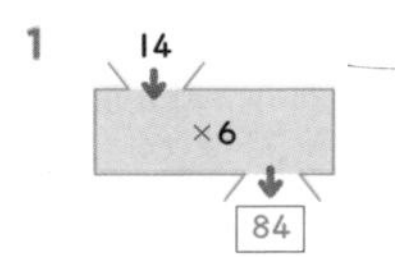


2 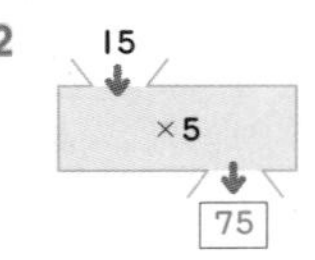


3 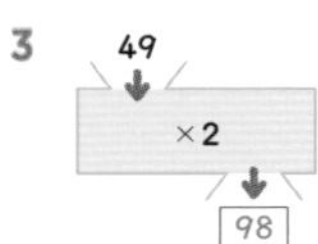


4 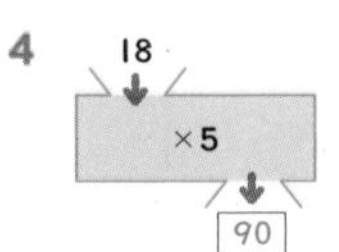


5 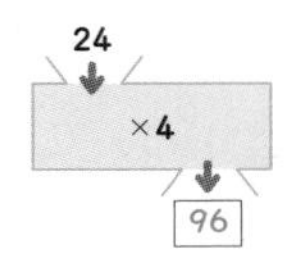


6 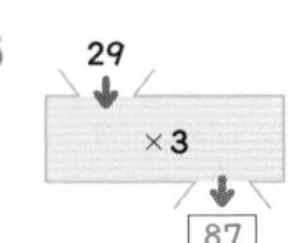


7 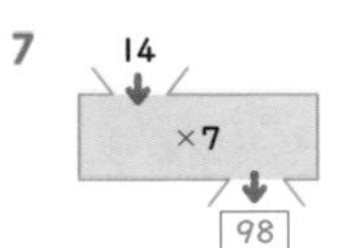


8 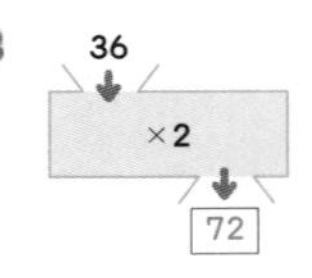


9 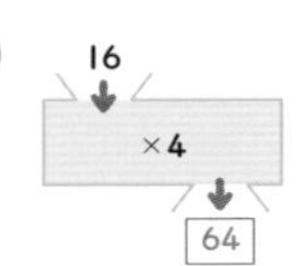


10 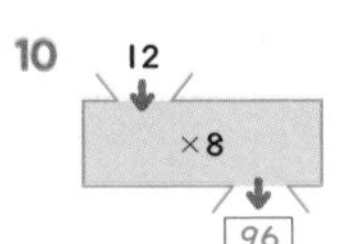


11 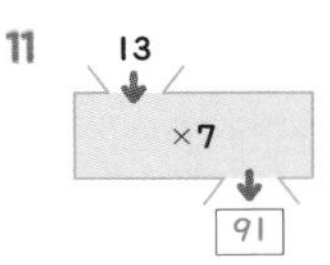


12 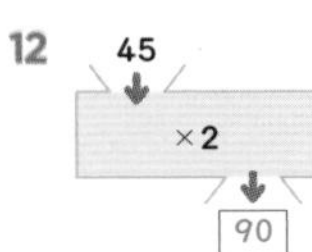


빈 곳에 알맞은 수를 써넣으시오. (13~24)

13 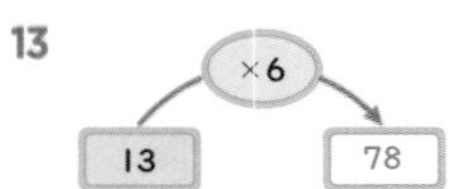


14 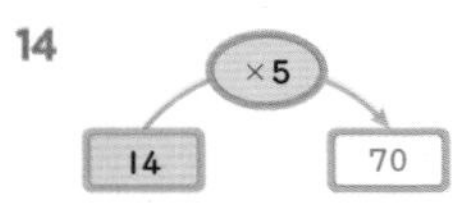


15 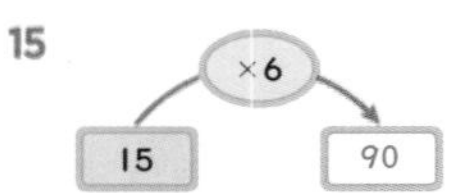


16 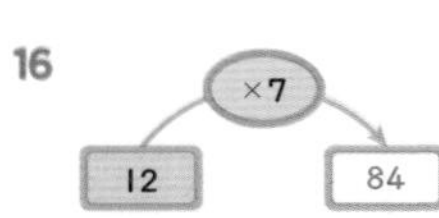


17 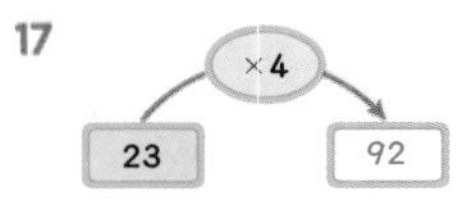


18 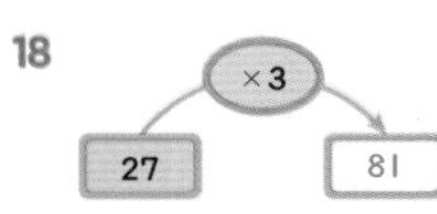


19 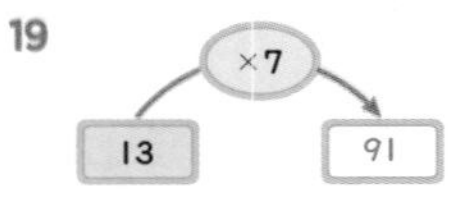


20 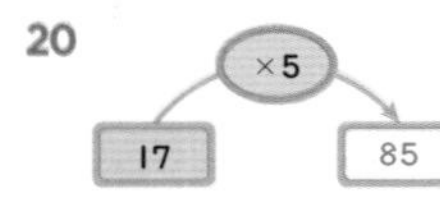


21 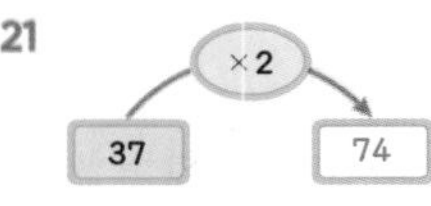


22 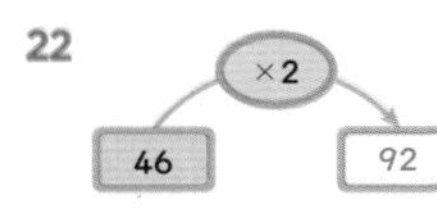


23 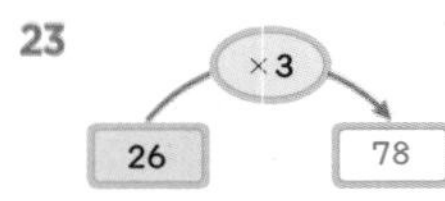


24 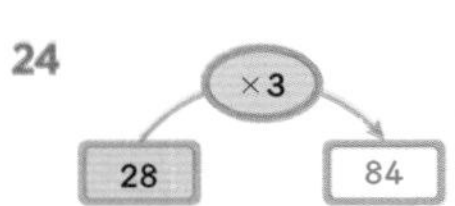

## 11 올림이 두 번 있는 (몇십몇)×(몇)의 계산(1)

계산은 빠르고 정확하게!

| 걸린 시간 | 1~6분 | 6~9분 | 9~12분 |
|---|---|---|---|
| 맞은 개수 | 17~18개 | 13~16개 | 1~12개 |
| 평가 | 참 잘했어요. | 잘했어요. | 좀더 노력해요. |

**36×4의 계산**

(1) (몇)×(몇)의 값과 (몇십)×(몇)의 값을 더하여 계산합니다.

(2) 일의 자리 계산에서 올림한 수는 십의 자리 위에 작게 쓰고, 십의 자리 계산에서 올림한 수는 백의 자리에 써서 계산합니다.

| | 3 | 6 | |
|---|---|---|---|
| × | | 4 | |
| | 2 | 4 | ← 6×4=24 |
| 1 | 2 | 0 | ← 30×4=120 |
| 1 | 4 | 4 | ← 24+120=144 |

| | 3 | 6 |
|---|---|---|
| × | | 4 |
| 1 | 4 | 4 |

(위 올림 2; 6×4=24, 3×4+2=14)

① 6×4=24, ② 2, 3 6 × 4 = 1 4 4, ③ 3×4+2=14

□ 안에 알맞은 수를 써넣으시오. (1~6)

1 36×7 ─ 6×7=42, 30×7=210 ─ 252

2 45×5 ─ 5×5=25, 40×5=200 ─ 225

3 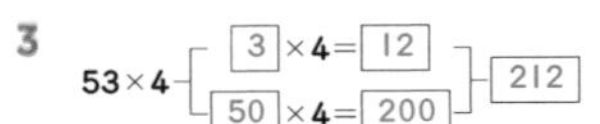
53×4 ─ 3×4=12, 50×4=200 ─ 212

4 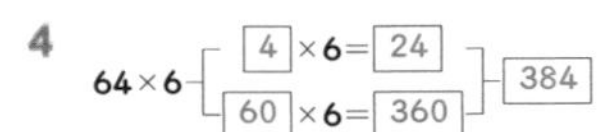
64×6 ─ 4×6=24, 60×6=360 ─ 384

5 72×8 ─ 2×8=16, 70×8=560 ─ 576

6 83×9 ─ 3×9=27, 80×9=720 ─ 747

계산을 하시오. (7~18)

7

| | 2 | 3 |
|---|---|---|
| × | | 6 |
| | 1 | 8 |
| 1 | 2 | 0 |
| 1 | 3 | 8 |

8

| | 3 | 4 |
|---|---|---|
| × | | 7 |
| | 2 | 8 |
| 2 | 1 | 0 |
| 2 | 3 | 8 |

9

| | 4 | 5 |
|---|---|---|
| × | | 8 |
| | 4 | 0 |
| 3 | 2 | 0 |
| 3 | 6 | 0 |

10

| | 5 | 6 |
|---|---|---|
| × | | 4 |
| | 2 | 4 |
| 2 | 0 | 0 |
| 2 | 2 | 4 |

11

| | 6 | 7 |
|---|---|---|
| × | | 5 |
| | 3 | 5 |
| 3 | 0 | 0 |
| 3 | 3 | 5 |

12

| | 7 | 8 |
|---|---|---|
| × | | 3 |
| | 2 | 4 |
| 2 | 1 | 0 |
| 2 | 3 | 4 |

13

| | 8 | 9 |
|---|---|---|
| × | | 3 |
| | 2 | 7 |
| 2 | 4 | 0 |
| 2 | 6 | 7 |

14

| | 3 | 6 |
|---|---|---|
| × | | 5 |
| | 3 | 0 |
| 1 | 5 | 0 |
| 1 | 8 | 0 |

15

| | 4 | 7 |
|---|---|---|
| × | | 6 |
| | 4 | 2 |
| 2 | 4 | 0 |
| 2 | 8 | 2 |

16

| | 5 | 8 |
|---|---|---|
| × | | 7 |
| | 5 | 6 |
| 3 | 5 | 0 |
| 4 | 0 | 6 |

17

| | 6 | 9 |
|---|---|---|
| × | | 8 |
| | 7 | 2 |
| 4 | 8 | 0 |
| 5 | 5 | 2 |

18

| | 7 | 4 |
|---|---|---|
| × | | 9 |
| | 3 | 6 |
| 6 | 3 | 0 |
| 6 | 6 | 6 |

# 정답



## 11 올림이 두 번 있는 (몇십몇)×(몇)의 계산(2)

계산은 빠르고 정확하게!

| 걸린 시간 | 1~10분 | 10~15분 | 15~20분 |
|---|---|---|---|
| 맞은 개수 | 31~34개 | 23~30개 | 1~22개 |
| 평가 | 참 잘했어요. | 잘했어요. | 좀더 노력해요. |

계산을 하시오. (1~18)

1. (3) 35 × 6 = 210
2. (2) 44 × 7 = 308
3. (1) 52 × 8 = 416
4. (1) 63 × 6 = 378
5. (2) 73 × 7 = 511
6. (4) 86 × 8 = 688
7. (3) 27 × 5 = 135
8. (4) 38 × 6 = 228
9. (6) 49 × 7 = 343
10. (3) 54 × 8 = 432
11. (4) 65 × 9 = 585
12. (3) 76 × 6 = 456
13. (3) 87 × 5 = 435
14. (3) 98 × 4 = 392
15. (2) 67 × 3 = 201
16. (5) 78 × 7 = 546
17. (3) 69 × 4 = 276
18. (4) 57 × 6 = 342

계산을 하시오. (19~34)

19. (2) 34 × 5 = 170
20. (3) 45 × 6 = 270
21. (4) 56 × 7 = 392
22. (5) 67 × 8 = 536
23. (7) 78 × 9 = 702
24. (2) 24 × 6 = 144
25. (3) 35 × 7 = 245
26. (4) 46 × 8 = 368
27. (6) 57 × 9 = 513
28. (4) 97 × 6 = 582
29. (3) 86 × 5 = 430
30. (2) 75 × 4 = 300
31. (1) 64 × 3 = 192
32. (2) 54 × 6 = 324
33. (3) 65 × 7 = 455
34. (4) 76 × 8 = 608

## 11 올림이 두 번 있는 (몇십몇)×(몇)의 계산(3)

계산은 빠르고 정확하게!

| 걸린 시간 | 1~8분 | 8~12분 | 12~16분 |
|---|---|---|---|
| 맞은 개수 | 22~24개 | 17~21개 | 1~16개 |
| 평가 | 참 잘했어요. | 잘했어요. | 좀더 노력해요. |

□ 안에 알맞은 수를 써넣으시오. (1~12)

1
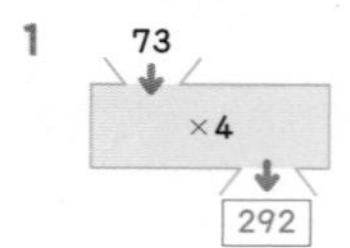


2
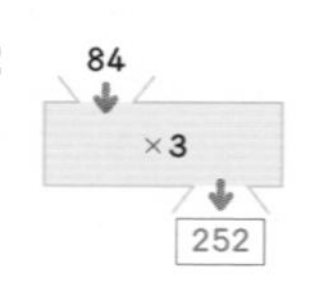


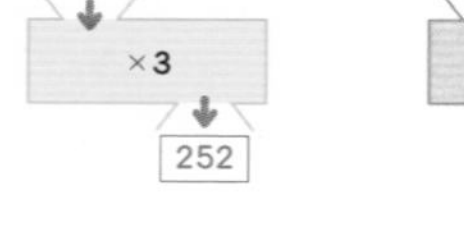

3
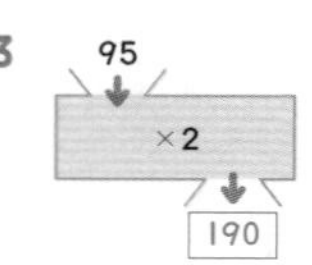


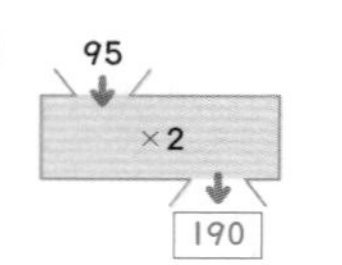

4
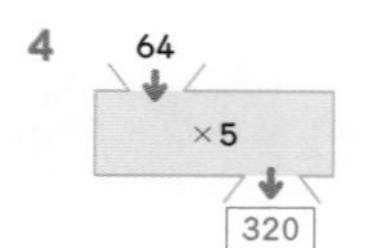


5
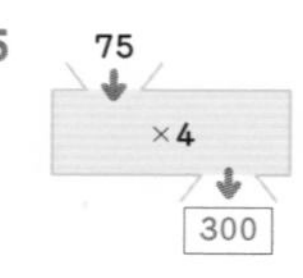


6
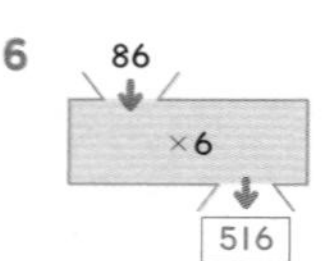


7
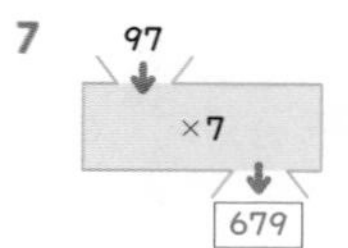


8
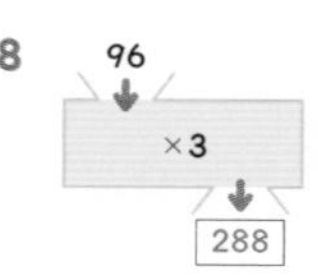


9
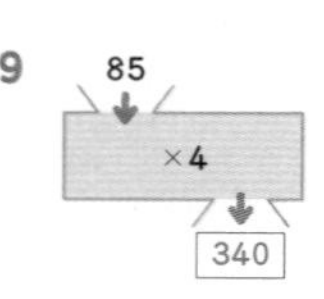


10
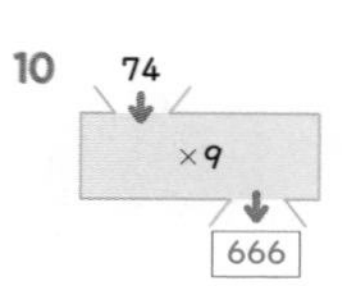


11
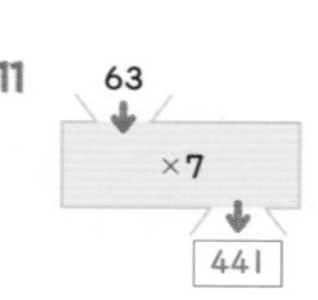


12
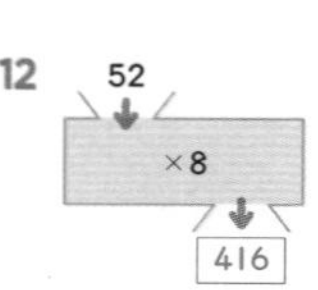


빈 곳에 알맞은 수를 써넣으시오. (13~24)

13
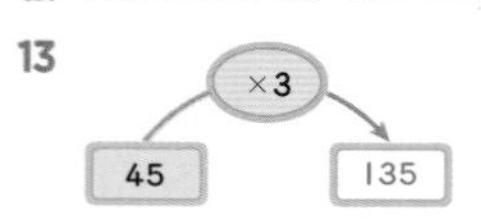


14
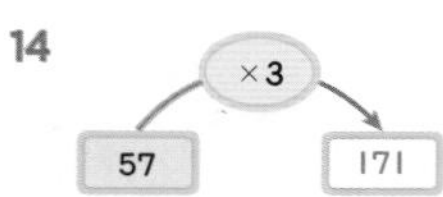


15
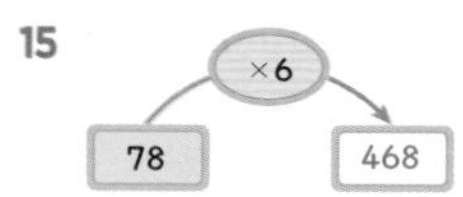


16
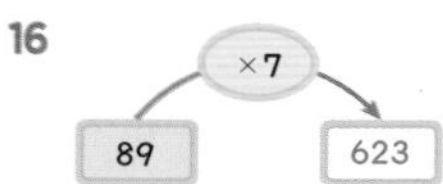


17
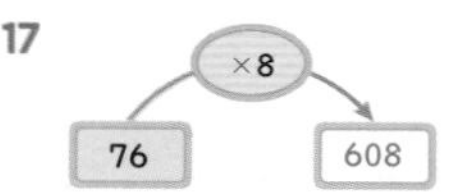


18
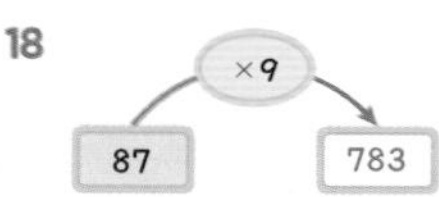


19
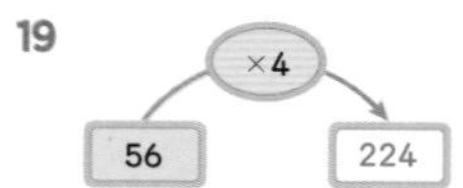


20
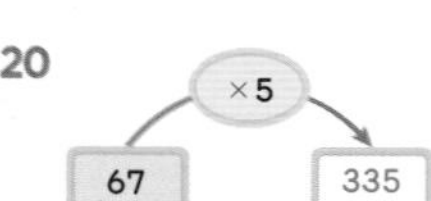


21
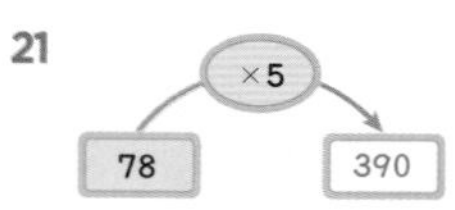


22
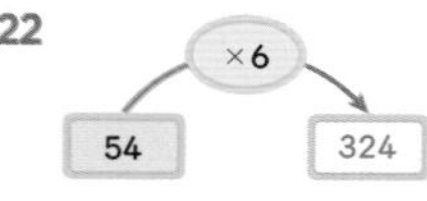


23
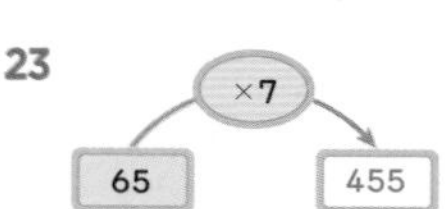


24
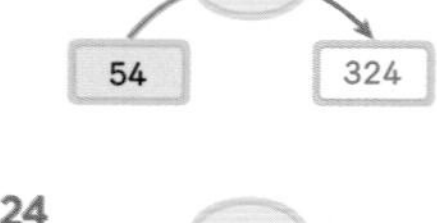

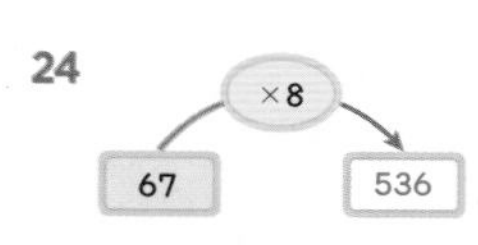

# 12 신기한 연산

계산은 빠르고 정확하게!

| 걸린 시간 | 1~10분 | 10~15분 | 15~20분 |
|---|---|---|---|
| 맞은 개수 | 21~23개 | 15~20개 | 1~14개 |
| 평가 | 참 잘했어요. | 잘했어요. | 좀더 노력해요. |

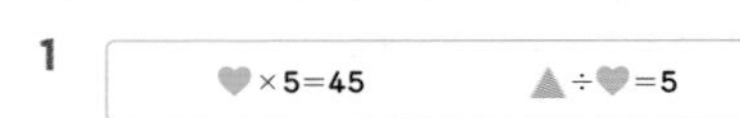

주어진 조건에서 ▲는 얼마를 나타내는지 구하시오. (1~8)

1 ♥×5=45 ▲÷♥=5 ▲=[45]

2 ♥×6=24 ▲÷♥=7 ▲=[28]

3 ♥×4=32 ▲÷♥=9 ▲=[72]

4 ♥×6=54 ▲÷♥=7 ▲=[63]

5 ♥×♥=36 ▲÷♥=8 ▲=[48]

6 ♥×♥=49 ▲÷♥=6 ▲=[42]

7 ♥×♥+20=56 ▲÷♥=5 ▲=[30]

8 ♥×♥−16=65 ▲÷♥=4 ▲=[36]

□ 안에 알맞은 수를 써넣으시오. (9~23)

9 1 8 × [4] = [7] 2

10 2 3 × [4] = [9] 2

11 3 8 × [2] = [7] 6

12 9 4 × [2] = 1 [8] 8

13 6 2 × [4] = [2] 4 8

14 5 3 × [3] = [1] [5] 9

15 [7] 3 × [2] = [1] 4 6

16 [6] 2 × [7] = [4] 3 4

17 [8] 3 × [3] = [2] 4 9

18 4 [5] × 7 = [3] [1] 5

19 6 [6] × 3 = [1] [9] 8

20 4 [7] × 9 = [4] [2] 3

21 [5] 3 × [7] = 3 7 1

22 [9] 6 × [5] = 4 8 0

23 [7] 4 × [6] = 4 4 4

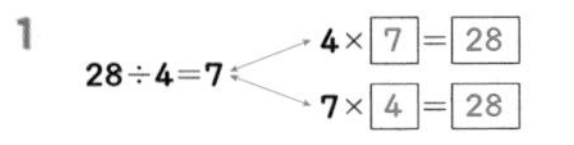

# 확인 평가

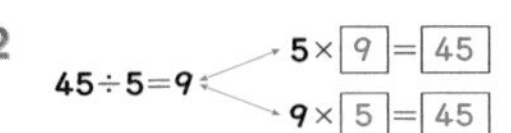

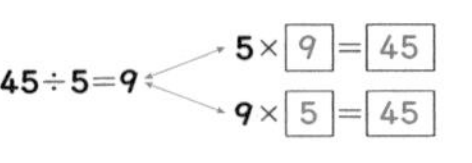

| 걸린 시간 | 1~15분 | 15~20분 | 20~25분 |
|---|---|---|---|
| 맞은 개수 | 46~51개 | 36~45개 | 1~35개 |
| 평가 | 참 잘했어요. | 잘했어요. | 좀더 노력해요. |

□ 안에 알맞은 수를 써넣으시오. (1~18)

1 28÷4=7 → 4×[7]=[28], 7×[4]=[28]

2 45÷5=9 → 5×[9]=[45], 9×[5]=[45]

3 63÷9=7 → 9×[7]=[63], 7×[9]=[63]

4 72÷8=9 → 8×[9]=[72], 9×[8]=[72]

5 54÷6=[9] ⟷ 6×[9]=54

6 48÷8=[6] ⟷ 8×[6]=48

7 56÷7=[8] ⟷ 7×[8]=56

8 35÷5=[7] ⟷ 5×[7]=35

9 2×[8]=16 ⟷ 16÷2=[8]

10 4×[7]=28 ⟷ 28÷4=[7]

11 9×[9]=81 ⟷ 81÷9=[9]

12 7×[7]=49 ⟷ 49÷7=[7]

13 12÷3=[4]

14 21÷7=[3]

15 32÷4=[8]

16 36÷9=[4]

17 42÷7=[6]

18 56÷8=[7]

계산을 하시오. (19~33)

19 4)2 4 → 몫 6; 2 4, 0

20 3)2 7 → 몫 9; 2 7, 0

21 5)4 0 → 몫 8; 4 0, 0

22 6)3 0 → 몫 5; 3 0, 0

23 7)4 2 → 몫 6; 4 2, 0

24 8)7 2 → 몫 9; 7 2, 0

25 1 3 × 2 = 2 6

26 1 2 × 4 = 4 8

27 2 1 × 3 = 6 3

28 2 2 × 4 = 8 8

29 1 4 × 2 = 2 8

30 2 3 × 3 = 6 9

31 3 1 × 3 = 9 3

32 4 2 × 2 = 8 4

33 3 3 × 3 = 9 9

# 정답

## 확인 평가

계산을 하시오. (34~51)

34. 41 × 3 = 123

35. 52 × 4 = 208

36. 63 × 2 = 126

37. 72 × 4 = 288

38. 83 × 3 = 249

39. 92 × 2 = 184

40. 24 × 3 = 72 (올림 1)

41. 47 × 2 = 94 (올림 1)

42. 25 × 3 = 75 (올림 1)

43. 36 × 4 = 144 (올림 2)

44. 43 × 5 = 215 (올림 1)

45. 57 × 6 = 342 (올림 4)

46. 23 × 3 = 69

47. 62 × 4 = 248

48. 73 × 3 = 219

49. 45 × 5 = 225 (올림 2)

50. 37 × 6 = 222 (올림 4)

51. 59 × 7 = 413 (올림 6)

## 크라운 온라인 평가 응시 방법

에듀왕닷컴 접속 www.eduwang.com

메인 상단 메뉴에서 단원평가 클릭

단계 및 단원 선택

온라인 단원평가 실시(30분 동안 평가 실시)

크라운 확인

각 단원평가를 통해 100점을 받으시면 크라운 1개를 드리며, 획득하신 크라운으로 에듀왕 닷컴에서 판매하고 있는 교재 및 서비스를 무료로 구매하실 수 있습니다.

(크라운 1개 – 1000원)

## 1 I cm보다 작은 단위(1)

학습 날짜 월 일

계산은 빠르고 정확하게!

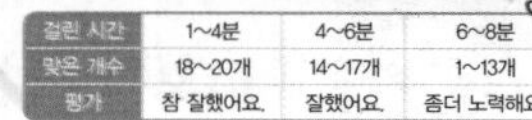

| 걸린 시간 | 1~4분 | 4~6분 | 6~8분 |
|---|---|---|---|
| 맞은 개수 | 18~20개 | 14~17개 | 1~13개 |
| 평가 | 참 잘했어요. | 잘했어요. | 좀더 노력해요. |

• I cm에는 작은 눈금 I0칸이 똑같이 나누어져 있습니다.
이 작은 눈금 한 칸의 길이를 I mm라 쓰고 I 밀리미터라고 읽습니다.

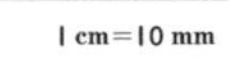

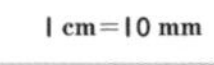
I cm=I0 mm

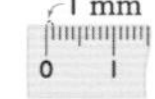


I mm

• 4 cm보다 2 mm 더 긴 것을 4 cm 2 mm라 쓰고 4 센티미터 2 밀리미터라고 읽습니다.
4 cm 2 mm는 42 mm입니다.

4 cm 2 mm=42 mm

길이를 읽어 보시오. (1~4)

1 8 mm ➡ ( 8 밀리미터 )

2 25 mm ➡ ( 25 밀리미터 )

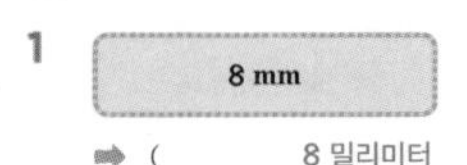

3 3 cm 6 mm ➡ ( 3 센티미터 6 밀리미터 )

4 8 cm 5 mm ➡ ( 8 센티미터 5 밀리미터 )

길이를 써 보시오. (5~8)

5 
9 밀리미터 ➡ ( 9 mm )

6 I6 밀리미터 ➡ ( I6 mm )

7 5 센티미터 8 밀리미터 ➡ ( 5 cm 8 mm )

8 I2 센티미터 4 밀리미터 ➡ ( I2 cm 4 mm )

□ 안에 알맞은 수를 써넣으시오. (9~20)

9 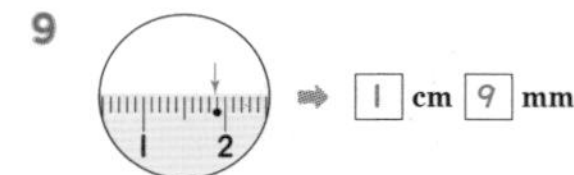
➡ I cm 9 mm

10 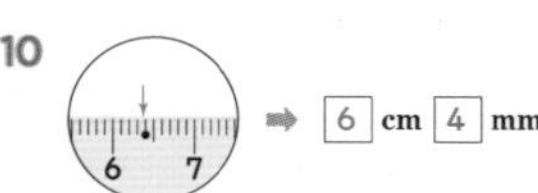
➡ 6 cm 4 mm

11 ➡ 4 cm 4 mm

12 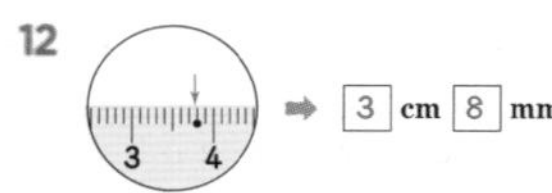
➡ 3 cm 8 mm

13 ➡ 7 cm 9 mm

14 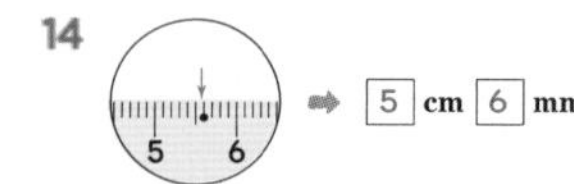
➡ 5 cm 6 mm

15 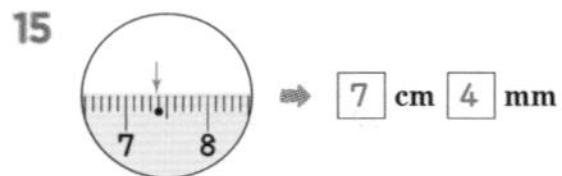
➡ 7 cm 4 mm

16 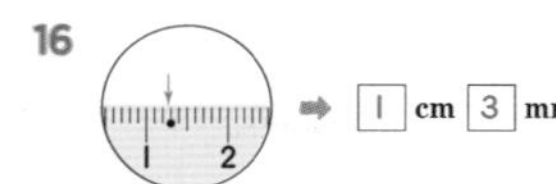
➡ I cm 3 mm

17 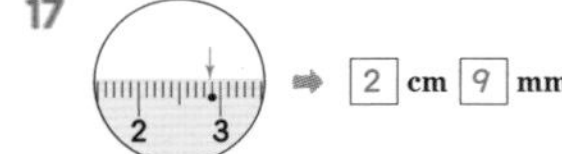
➡ 2 cm 9 mm

18 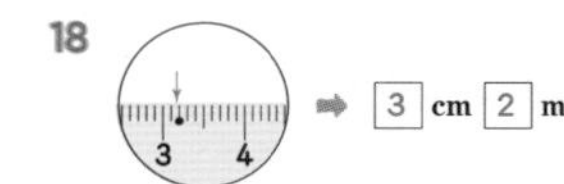
➡ 3 cm 2 mm

19 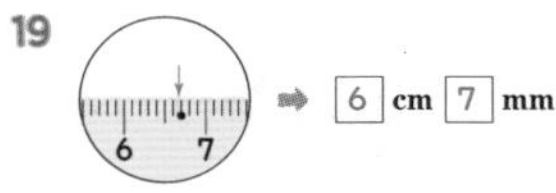
➡ 6 cm 7 mm

20 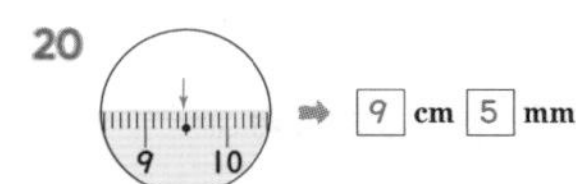
➡ 9 cm 5 mm

## 1 I cm보다 작은 단위(2)

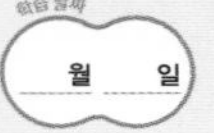
학습 날짜 월 일

계산은 빠르고 정확하게!

| 걸린 시간 | 1~5분 | 5~8분 | 8~10분 |
|---|---|---|---|
| 맞은 개수 | 26~28개 | 20~25개 | 1~19개 |
| 평가 | 참 잘했어요. | 잘했어요. | 좀더 노력해요. |

□ 안에 알맞은 수를 써넣으시오. (1~12)

1 2 cm 6 mm
= 20 mm+6 mm
= 26 mm

2 63 mm
= 60 mm+3 mm
= 6 cm 3 mm

3 3 cm 7 mm
= 30 mm+7 mm
= 37 mm

4 84 mm
= 80 mm+4 mm
= 8 cm 4 mm

5 24 cm 3 mm
= 240 mm+ 3 mm
= 243 mm

6 I67 mm
= I60 mm+ 7 mm
= I6 cm 7 mm

7 4 cm 8 mm
= 40 mm+ 8 mm
= 48 mm

8 72 mm
= 70 mm+ 2 mm
= 7 cm 2 mm

9 6 cm 5 mm
= 60 mm+ 5 mm
= 65 mm

10 96 mm
= 90 mm+ 6 mm
= 9 cm 6 mm

11 32 cm 8 mm
= 320 mm+ 8 mm
= 328 mm

12 257 mm
= 250 mm+ 7 mm
= 25 cm 7 mm

□ 안에 알맞은 수를 써넣으시오. (13~28)

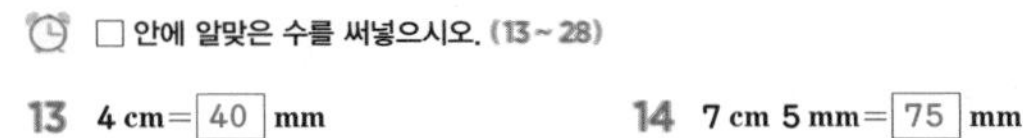

13 4 cm= 40 mm

14 7 cm 5 mm= 75 mm

15 6 cm 3 mm= 63 mm

16 9 cm 8 mm= 98 mm

17 8 cm 7 mm= 87 mm

18 7 cm 8 mm= 78 mm

19 I0 cm 6 mm= I06 mm

20 I3 cm 9 mm= I39 mm

21 50 mm= 5 cm

22 62 mm= 6 cm 2 mm

23 8I mm= 8 cm I mm

24 93 mm= 9 cm 3 mm

25 57 mm= 5 cm 7 mm

26 I08 mm= I0 cm 8 mm

27 I27 mm= I2 cm 7 mm

28 225 mm= 22 cm 5 mm

# 정답

## 2 1 m보다 큰 단위(1)

학습 날짜 월 일

계산은 빠르고 정확하게!

| 걸린 시간 | 1~5분 | 5~8분 | 8~10분 |
|---|---|---|---|
| 맞은 개수 | 22~24개 | 17~21개 | 1~16개 |
| 평가 | 참 잘했어요. | 잘했어요. | 좀더 노력해요. |

• 1000 m를 1 km라 쓰고 1 킬로미터라고 읽습니다.

1000 m=1 km

1 km

• 3 km보다 400 m 더 긴 것을 3 km 400 m라 쓰고 3 킬로미터 400 미터라고 읽습니다.

3 km 400 m=3400 m

길이를 읽어 보시오. (1~6)

1 8 km ➡ ( 8 킬로미터 )

2 30 km ➡ ( 30 킬로미터 )

3 4 km 300 m ➡ ( 4 킬로미터 300 미터 )

4 8 km 500 m ➡ ( 8 킬로미터 500 미터 )

5 12 km 40 m ➡ ( 12 킬로미터 40 미터 )

6 26 km 35 m ➡ ( 26 킬로미터 35 미터 )

길이를 써 보시오. (7~10)

7 6 킬로미터 ➡ ( 6 km )

8 84 킬로미터 ➡ ( 84 km )

9 2 킬로미터 30 미터 ➡ ( 2 km 30 m )

10 15 킬로미터 45 미터 ➡ ( 15 km 45 m )

□ 안에 알맞은 수를 써넣으시오. (11~24)

11 2 km=[2000] m

12 4000 m=[4] km

13 5 km=[5000] m

14 9000 m=[9] km

15 7 km=[7000] m

16 3000 m=[3] km

17 8 km=[8000] m

18 6000 m=[6] km

19 3 km 300 m
=[3] km+300 m
=[3000] m+300 m
=[3300] m

20 6800 m
=[6000] m+800 m
=[6] km+800 m
=[6] km [800] m

21 8 km 750 m
=[8] km+[750] m
=[8000] m+[750] m
=[8750] m

22 9450 m
=[9000] m+[450] m
=[9] km+[450] m
=[9] km [450] m

23 7 km 40 m
=[7] km+[40] m
=[7000] m+[40] m
=[7040] m

24 9050 m
=[9000] m+[50] m
=[9] km+[50] m
=[9] km [50] m

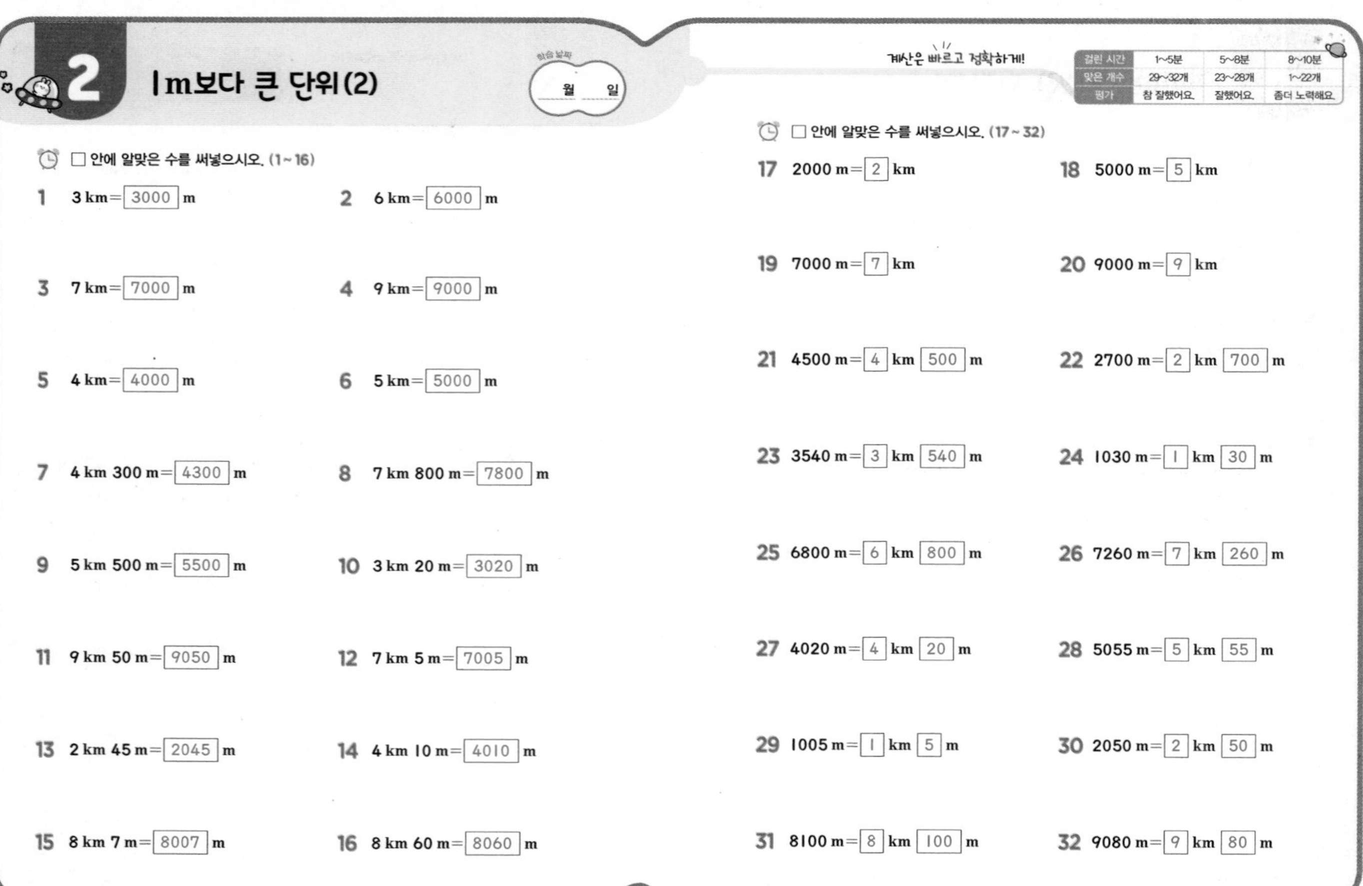

## 2 1 m보다 큰 단위(2)

학습 날짜 월 일

계산은 빠르고 정확하게!

| 걸린 시간 | 1~5분 | 5~8분 | 8~10분 |
|---|---|---|---|
| 맞은 개수 | 29~32개 | 23~28개 | 1~22개 |
| 평가 | 참 잘했어요. | 잘했어요. | 좀더 노력해요. |

□ 안에 알맞은 수를 써넣으시오. (1~16)

1 3 km=[3000] m

2 6 km=[6000] m

3 7 km=[7000] m

4 9 km=[9000] m

5 4 km=[4000] m

6 5 km=[5000] m

7 4 km 300 m=[4300] m

8 7 km 800 m=[7800] m

9 5 km 500 m=[5500] m

10 3 km 20 m=[3020] m

11 9 km 50 m=[9050] m

12 7 km 5 m=[7005] m

13 2 km 45 m=[2045] m

14 4 km 10 m=[4010] m

15 8 km 7 m=[8007] m

16 8 km 60 m=[8060] m

□ 안에 알맞은 수를 써넣으시오. (17~32)

17 2000 m=[2] km

18 5000 m=[5] km

19 7000 m=[7] km

20 9000 m=[9] km

21 4500 m=[4] km [500] m

22 2700 m=[2] km [700] m

23 3540 m=[3] km [540] m

24 1030 m=[1] km [30] m

25 6800 m=[6] km [800] m

26 7260 m=[7] km [260] m

27 4020 m=[4] km [20] m

28 5055 m=[5] km [55] m

29 1005 m=[1] km [5] m

30 2050 m=[2] km [50] m

31 8100 m=[8] km [100] m

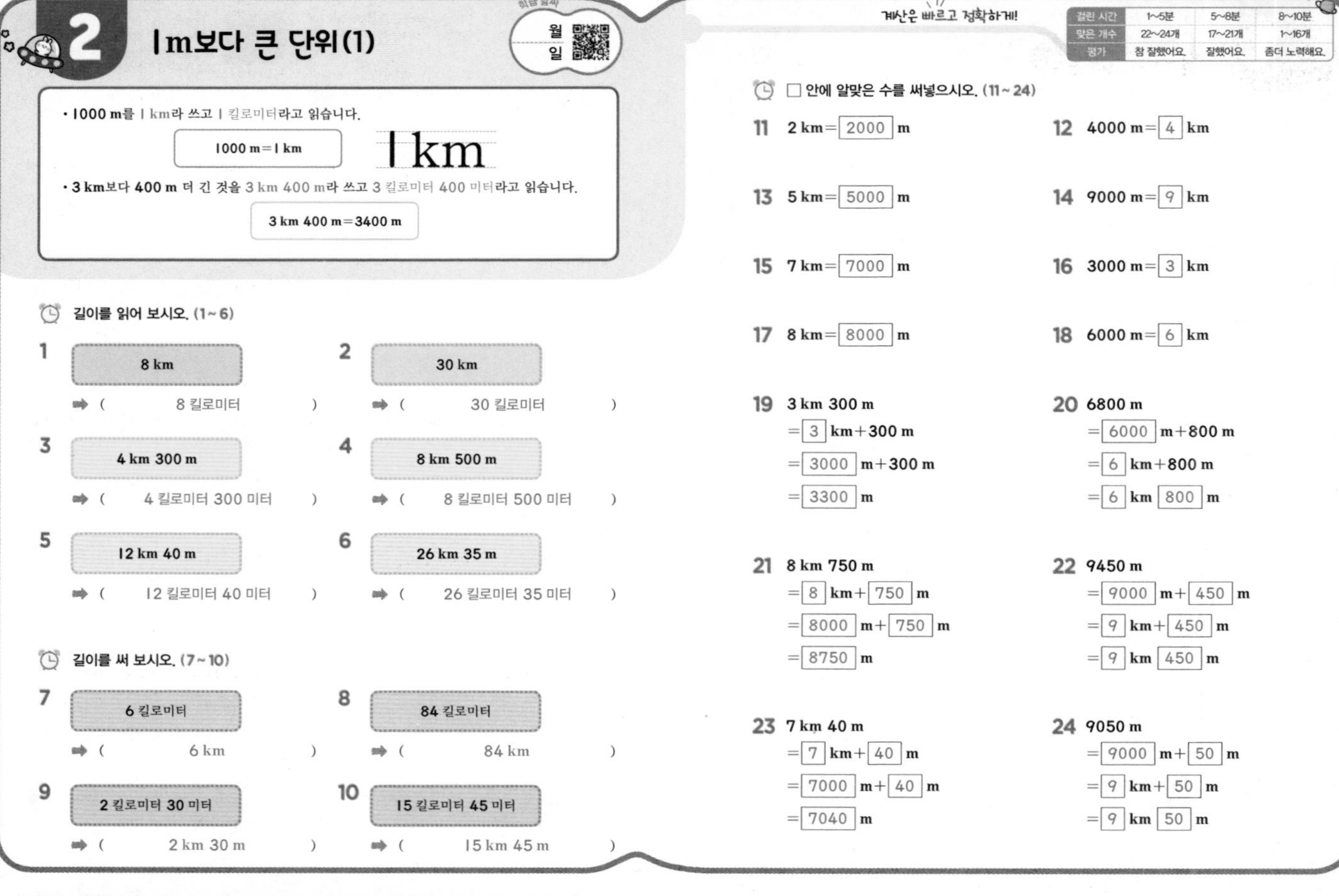

32 9080 m=[9] km [80] m

# 3 길이의 덧셈(1)

계산은 빠르고 정확하게!

| 걸린 시간 | 1~6분 | 6~9분 | 9~12분 |
|---|---|---|---|
| 맞은 개수 | 21~23개 | 16~20개 | 1~15개 |
| 평가 | 참 잘했어요. | 잘했어요. | 좀더 노력해요. |

**3 cm 5 mm+4 cm 9 mm의 계산**

| | | |
|---|---|---|
| | 3 cm | 5 mm |
| + | 4 cm | 9 mm |
| | 8 cm | 4 mm |

5+9=14

- mm 단위끼리의 합이 10이거나 10보다 크면 10 mm를 1 cm로 받아올림합니다.

**2 km 400 m+5 km 800 m의 계산**

| | | |
|---|---|---|
| | 2 km | 400 m |
| + | 5 km | 800 m |
| | 8 km | 200 m |

400+800=1200

- m 단위끼리의 합이 1000이거나 1000보다 크면 1000 m를 1 km로 받아올림합니다.

길이의 합을 구하시오. (1~8)

1

| | | |
|---|---|---|
| | 2 cm | 2 mm |
| + | 4 cm | 4 mm |
| | 6 cm | 6 mm |

2

| | | |
|---|---|---|
| | 8 cm | 2 mm |
| + | 7 cm | 5 mm |
| | 15 cm | 7 mm |

3

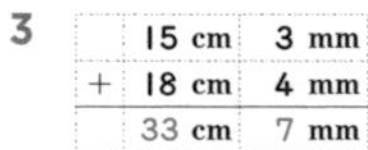

| | | |
|---|---|---|
| | 15 cm | 3 mm |
| + | 18 cm | 4 mm |
| | 33 cm | 7 mm |

4

| | | |
|---|---|---|
| | 6 cm | 8 mm |
| + | 16 cm | 7 mm |
| | 23 cm | 5 mm |

5

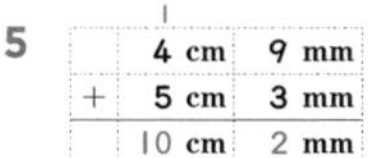

| | | |
|---|---|---|
| | 4 cm | 9 mm |
| + | 5 cm | 3 mm |
| | 10 cm | 2 mm |

6

| | | |
|---|---|---|
| | 8 cm | 5 mm |
| + | 3 cm | 8 mm |
| | 12 cm | 3 mm |

7

| | | |
|---|---|---|
| | 5 cm | 6 mm |
| + | 28 cm | 9 mm |
| | 34 cm | 5 mm |

8

| | | |
|---|---|---|
| | 9 cm | 8 mm |
| + | 16 cm | 9 mm |
| | 26 cm | 7 mm |

□ 안에 알맞은 수를 써넣으시오. (9~23)

9 2 cm 4 mm + 3 cm 4 mm = 5 cm 8 mm

10 9 cm 4 mm + 4 cm 3 mm = 13 cm 7 mm

11 5 cm 6 mm + 8 cm 2 mm = 13 cm 8 mm

12 4 cm 8 mm + 6 cm 4 mm = 11 cm 2 mm

13 6 cm 7 mm + 1 cm 9 mm = 8 cm 6 mm

14 3 cm 3 mm + 7 cm 8 mm = 11 cm 1 mm

15 18 cm 9 mm + 3 cm 3 mm = 22 cm 2 mm

16 25 cm 4 mm + 3 cm 8 mm = 29 cm 2 mm

17 31 cm 7 mm + 4 cm 8 mm = 36 cm 5 mm

18 3 cm 5 mm+4 cm 1 mm = 7 cm 6 mm

19 6 cm 3 mm+3 cm 5 mm = 9 cm 8 mm

20 12 cm 3 mm+2 cm 4 mm = 14 cm 7 mm

21 3 cm 9 mm+4 cm 6 mm = 8 cm 5 mm

22 11 cm 4 mm+5 cm 8 mm = 17 cm 2 mm

23 7 cm 6 mm+23 cm 7 mm = 31 cm 3 mm

# 3 길이의 덧셈(2)

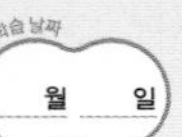


계산은 빠르고 정확하게!

| 걸린 시간 | 1~8분 | 8~10분 | 10~12분 |
|---|---|---|---|
| 맞은 개수 | 25~27개 | 19~24개 | 1~18개 |
| 평가 | 참 잘했어요. | 잘했어요. | 좀더 노력해요. |

길이의 합을 구하시오. (1~12)

1

| | | |
|---|---|---|
| | 3 km | 440 m |
| + | 6 km | 260 m |
| | 9 km | 700 m |

2

| | | |
|---|---|---|
| | 4 km | 530 m |
| + | 6 km | 190 m |
| | 10 km | 720 m |

3

| | | |
|---|---|---|
| | 8 km | 370 m |
| + | 2 km | 450 m |
| | 10 km | 820 m |

4

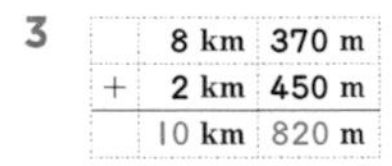

| | | |
|---|---|---|
| | 9 km | 540 m |
| + | 14 km | 280 m |
| | 23 km | 820 m |

5

| | | |
|---|---|---|
| | 18 km | 480 m |
| + | 6 km | 840 m |
| | 25 km | 320 m |

6

| | | |
|---|---|---|
| | 32 km | 650 m |
| + | 13 km | 480 m |
| | 46 km | 130 m |

7

| | | |
|---|---|---|
| | 26 km | 635 m |
| + | 7 km | 805 m |
| | 34 km | 440 m |

8

| | | |
|---|---|---|
| | 38 km | 365 m |
| + | 9 km | 840 m |
| | 48 km | 205 m |

9

| | | |
|---|---|---|
| | 13 km | 940 m |
| + | 27 km | 260 m |
| | 41 km | 200 m |

10

| | | |
|---|---|---|
| | 24 km | 320 m |
| + | 9 km | 790 m |
| | 34 km | 110 m |

11

| | | |
|---|---|---|
| | 16 km | 700 m |
| + | 23 km | 450 m |
| | 40 km | 150 m |

12

| | | |
|---|---|---|
| | 18 km | 940 m |
| + | 14 km | 370 m |
| | 33 km | 310 m |

□ 안에 알맞은 수를 써넣으시오. (13~27)

13 4 km 720 m + 2 km 100 m = 6 km 820 m

14 5 km 300 m + 3 km 250 m = 8 km 550 m

15 6 km 325 m + 2 km 410 m = 8 km 735 m

16 13 km 450 m + 4 km 281 m = 17 km 731 m

17 4 km 200 m + 8 km 900 m = 13 km 100 m

18 7 km 400 m + 4 km 710 m = 12 km 110 m

19 4 km 750 m + 12 km 700 m = 17 km 450 m

20 6 km 560 m + 3 km 530 m = 10 km 90 m

21 18 km 826 m + 13 km 454 m = 32 km 280 m

22 4 km 200 m+3 km 600 m = 7 km 800 m

23 6 km 420 m+2 km 350 m = 8 km 770 m

24 5 km 490 m+4 km 260 m = 9 km 750 m

25 2 km 800 m+5 km 488 m = 8 km 288 m

26 3 km 740 m+15 km 510 m = 19 km 250 m

27 10 km 271 m+13 km 826 m = 24 km 97 m

# 정답



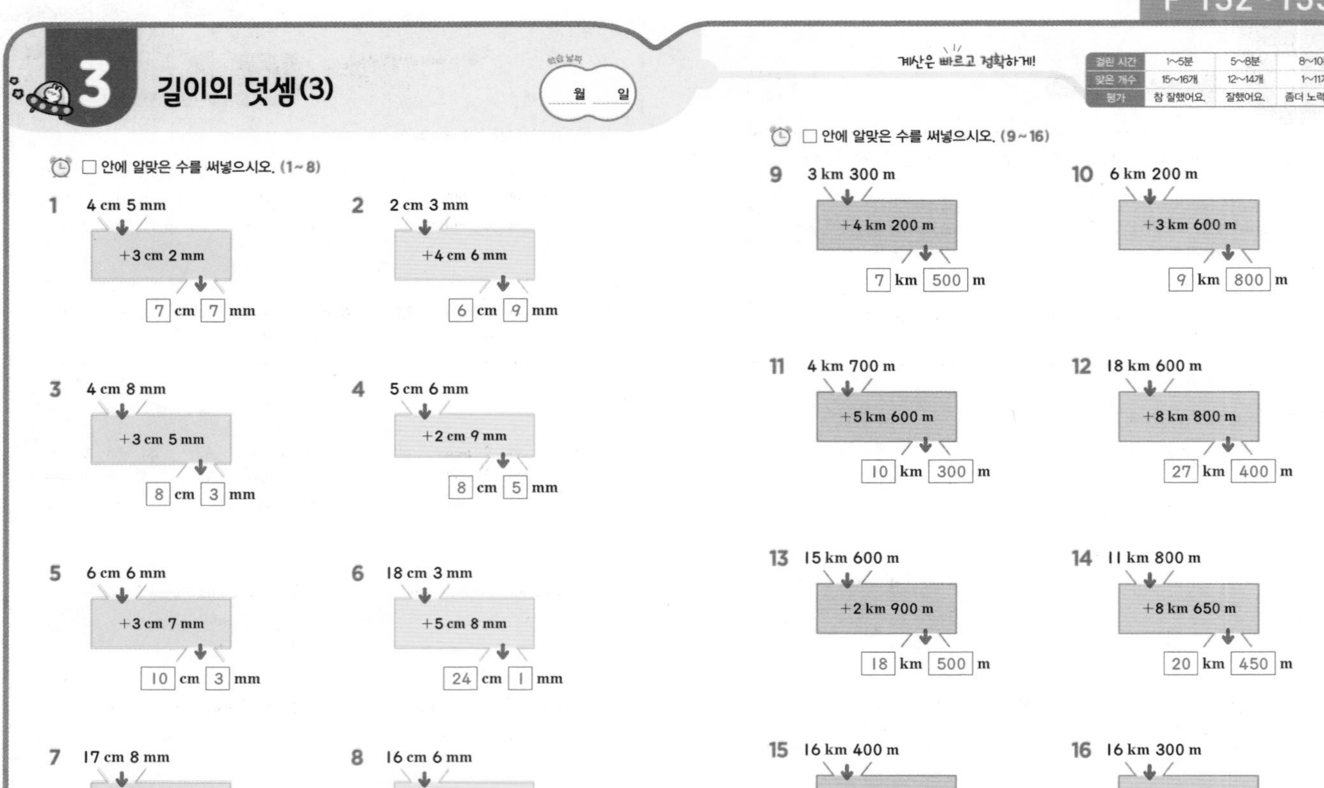

## 3 길이의 덧셈(3)

학습 날짜 월 일

계산은 빠르고 정확하게!

| 걸린 시간 | 1~5분 | 5~8분 | 8~10분 |
|---|---|---|---|
| 맞은 개수 | 15~16개 | 12~14개 | 1~11개 |
| 평가 | 참 잘했어요. | 잘했어요. | 좀더 노력해요. |

□ 안에 알맞은 수를 써넣으시오. (1~8)

1. 4 cm 5 mm → +3 cm 2 mm → 7 cm 7 mm
2. 2 cm 3 mm → +4 cm 6 mm → 6 cm 9 mm
3. 4 cm 8 mm → +3 cm 5 mm → 8 cm 3 mm
4. 5 cm 6 mm → +2 cm 9 mm → 8 cm 5 mm
5. 6 cm 6 mm → +3 cm 7 mm → 10 cm 3 mm
6. 18 cm 3 mm → +5 cm 8 mm → 24 cm 1 mm
7. 17 cm 8 mm → +13 cm 8 mm → 31 cm 6 mm
8. 16 cm 6 mm → +12 cm 9 mm → 29 cm 5 mm

□ 안에 알맞은 수를 써넣으시오. (9~16)

9. 3 km 300 m → +4 km 200 m → 7 km 500 m
10. 6 km 200 m → +3 km 600 m → 9 km 800 m
11. 4 km 700 m → +5 km 600 m → 10 km 300 m
12. 18 km 600 m → +8 km 800 m → 27 km 400 m
13. 15 km 600 m → +2 km 900 m → 18 km 500 m
14. 11 km 800 m → +8 km 650 m → 20 km 450 m
15. 16 km 400 m → +12 km 900 m → 29 km 300 m
16. 16 km 300 m → +3 km 950 m → 20 km 250 m

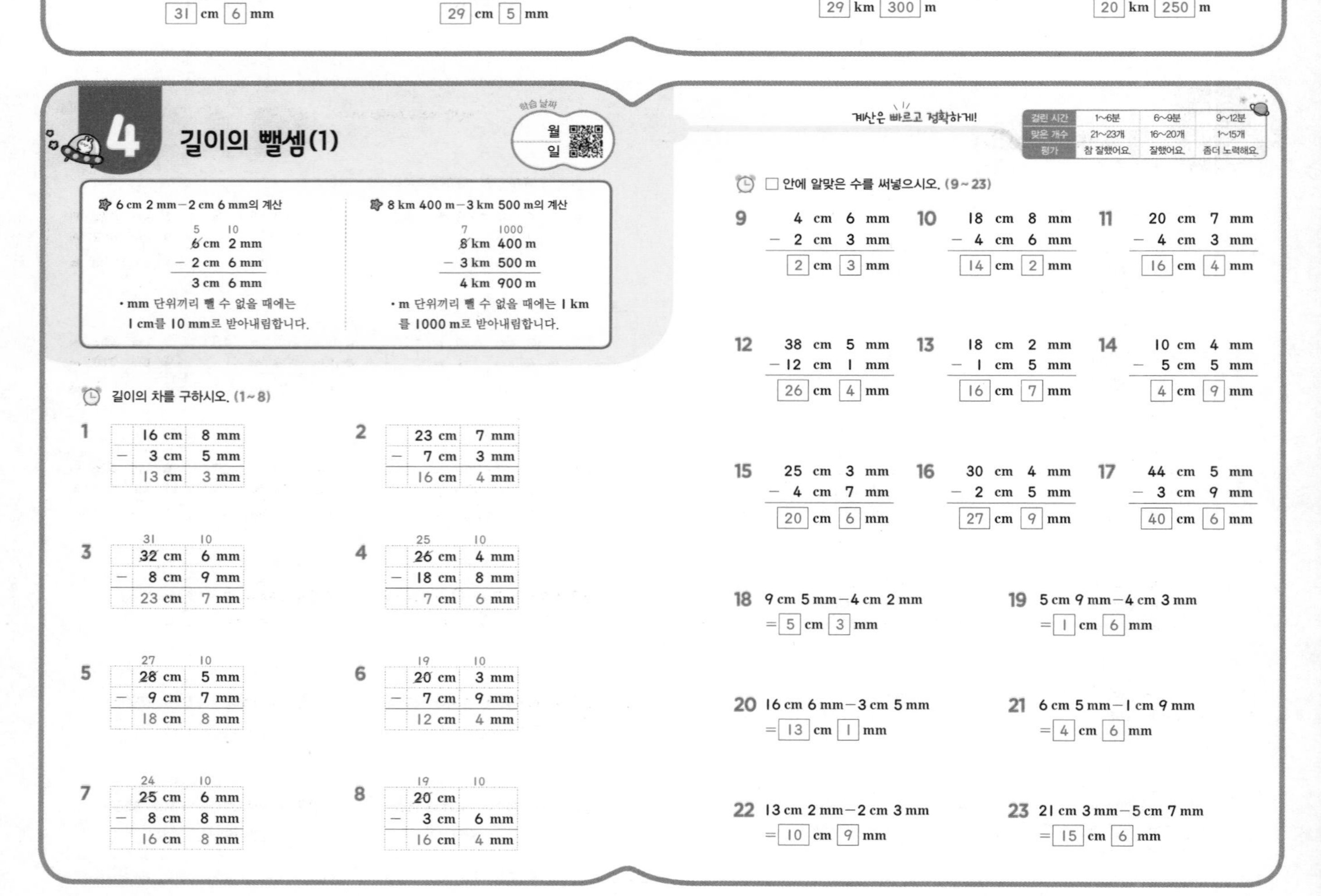

## 4 길이의 뺄셈(1)

학습 날짜 월 일

계산은 빠르고 정확하게!

| 걸린 시간 | 1~6분 | 6~9분 | 9~12분 |
|---|---|---|---|
| 맞은 개수 | 21~23개 | 16~20개 | 1~15개 |
| 평가 | 참 잘했어요. | 잘했어요. | 좀더 노력해요. |

6 cm 2 mm−2 cm 6 mm의 계산

| | 5 | 10 |
|---|---|---|
| | 6 cm | 2 mm |
| − | 2 cm | 6 mm |
| | 3 cm | 6 mm |

• mm 단위끼리 뺄 수 없을 때에는 1 cm를 10 mm로 받아내림합니다.

8 km 400 m−3 km 500 m의 계산

| | 7 | 1000 |
|---|---|---|
| | 8 km | 400 m |
| − | 3 km | 500 m |
| | 4 km | 900 m |

• m 단위끼리 뺄 수 없을 때에는 1 km를 1000 m로 받아내림합니다.

길이의 차를 구하시오. (1~8)

1. 16 cm 8 mm − 3 cm 5 mm = 13 cm 3 mm
2. 23 cm 7 mm − 7 cm 3 mm = 16 cm 4 mm
3. (31, 10) 32 cm 6 mm − 8 cm 9 mm = 23 cm 7 mm
4. (25, 10) 26 cm 4 mm − 18 cm 8 mm = 7 cm 6 mm
5. (27, 10) 28 cm 5 mm − 9 cm 7 mm = 18 cm 8 mm
6. (19, 10) 20 cm 3 mm − 7 cm 9 mm = 12 cm 4 mm
7. (24, 10) 25 cm 6 mm − 8 cm 8 mm = 16 cm 8 mm
8. (19, 10) 20 cm − 3 cm 6 mm = 16 cm 4 mm

□ 안에 알맞은 수를 써넣으시오. (9~23)

9. 4 cm 6 mm − 2 cm 3 mm = 2 cm 3 mm
10. 18 cm 8 mm − 4 cm 6 mm = 14 cm 2 mm
11. 20 cm 7 mm − 4 cm 3 mm = 16 cm 4 mm
12. 38 cm 5 mm − 12 cm 1 mm = 26 cm 4 mm
13. 18 cm 2 mm − 1 cm 5 mm = 16 cm 7 mm
14. 10 cm 4 mm − 5 cm 5 mm = 4 cm 9 mm
15. 25 cm 3 mm − 4 cm 7 mm = 20 cm 6 mm
16. 30 cm 4 mm − 2 cm 5 mm = 27 cm 9 mm
17. 44 cm 5 mm − 3 cm 9 mm = 40 cm 6 mm
18. 9 cm 5 mm−4 cm 2 mm = 5 cm 3 mm
19. 5 cm 9 mm−4 cm 3 mm = 1 cm 6 mm
20. 16 cm 6 mm−3 cm 5 mm = 13 cm 1 mm
21. 6 cm 5 mm−1 cm 9 mm = 4 cm 6 mm
22. 13 cm 2 mm−2 cm 3 mm = 10 cm 9 mm
23. 21 cm 3 mm−5 cm 7 mm = 15 cm 6 mm

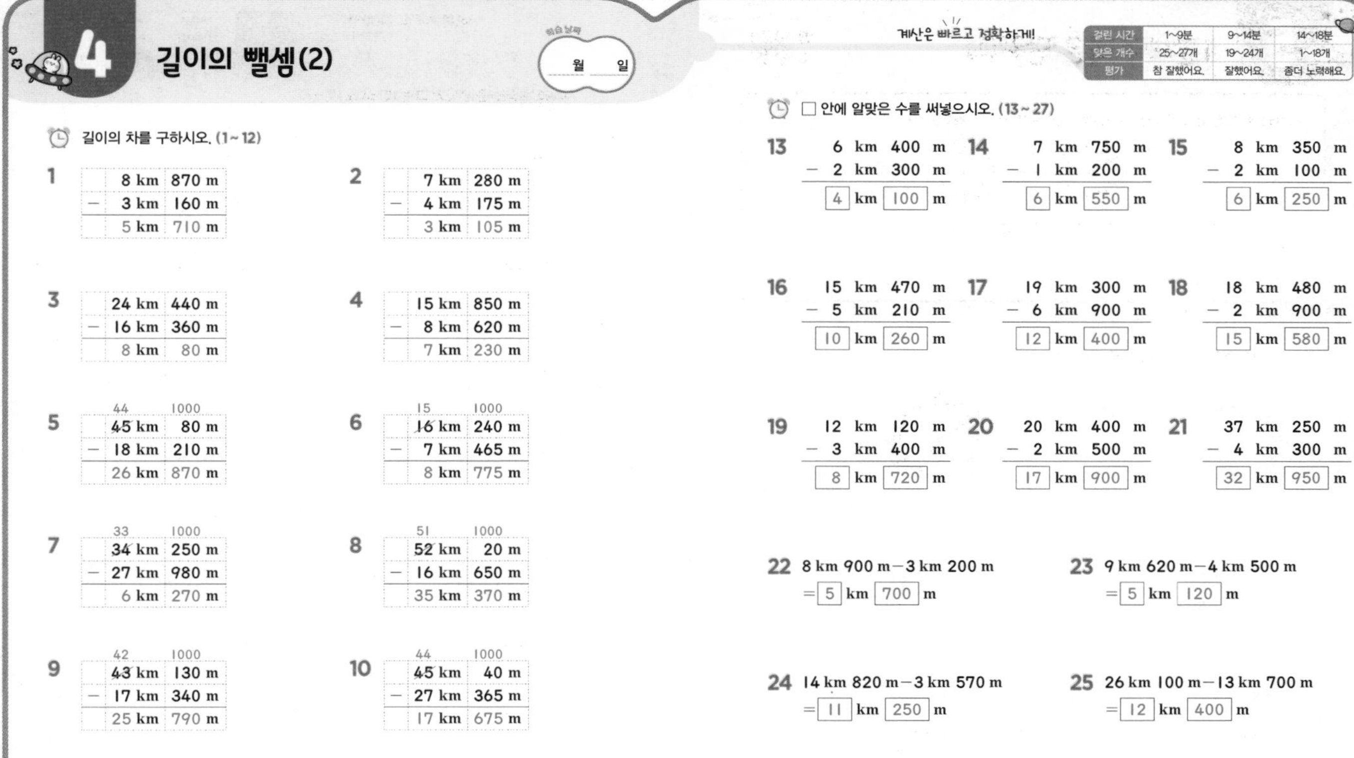

## 4 길이의 뺄셈(2)

학습 날짜 월 일

계산은 빠르고 정확하게!

| 걸린 시간 | 1~9분 | 9~14분 | 14~18분 |
|---|---|---|---|
| 맞은 개수 | 25~27개 | 19~24개 | 1~18개 |
| 평가 | 참 잘했어요. | 잘했어요. | 좀더 노력해요. |

길이의 차를 구하시오. (1~12)

1 8 km 870 m − 3 km 160 m = 5 km 710 m

2 7 km 280 m − 4 km 175 m = 3 km 105 m

3 24 km 440 m − 16 km 360 m = 8 km 80 m

4 15 km 850 m − 8 km 620 m = 7 km 230 m

5 (44, 1000) 45 km 80 m − 18 km 210 m = 26 km 870 m

6 (15, 1000) 16 km 240 m − 7 km 465 m = 8 km 775 m

7 (33, 1000) 34 km 250 m − 27 km 980 m = 6 km 270 m

8 (51, 1000) 52 km 20 m − 16 km 650 m = 35 km 370 m

9 (42, 1000) 43 km 130 m − 17 km 340 m = 25 km 790 m

10 (44, 1000) 45 km 40 m − 27 km 365 m = 17 km 675 m

11 (23, 1000) 24 km 550 m − 19 km 970 m = 4 km 580 m

12 (53, 1000) 54 km 320 m − 26 km 750 m = 27 km 570 m

□ 안에 알맞은 수를 써넣으시오. (13~27)

13 6 km 400 m − 2 km 300 m = 4 km 100 m

14 7 km 750 m − 1 km 200 m = 6 km 550 m

15 8 km 350 m − 2 km 100 m = 6 km 250 m

16 15 km 470 m − 5 km 210 m = 10 km 260 m

17 19 km 300 m − 6 km 900 m = 12 km 400 m

18 18 km 480 m − 2 km 900 m = 15 km 580 m

19 12 km 120 m − 3 km 400 m = 8 km 720 m

20 20 km 400 m − 2 km 500 m = 17 km 900 m

21 37 km 250 m − 4 km 300 m = 32 km 950 m

22 8 km 900 m − 3 km 200 m = 5 km 700 m

23 9 km 620 m − 4 km 500 m = 5 km 120 m

24 14 km 820 m − 3 km 570 m = 11 km 250 m

25 26 km 100 m − 13 km 700 m = 12 km 400 m

26 18 km 550 m − 11 km 700 m = 6 km 850 m

27 12 km 320 m − 5 km 950 m = 6 km 370 m

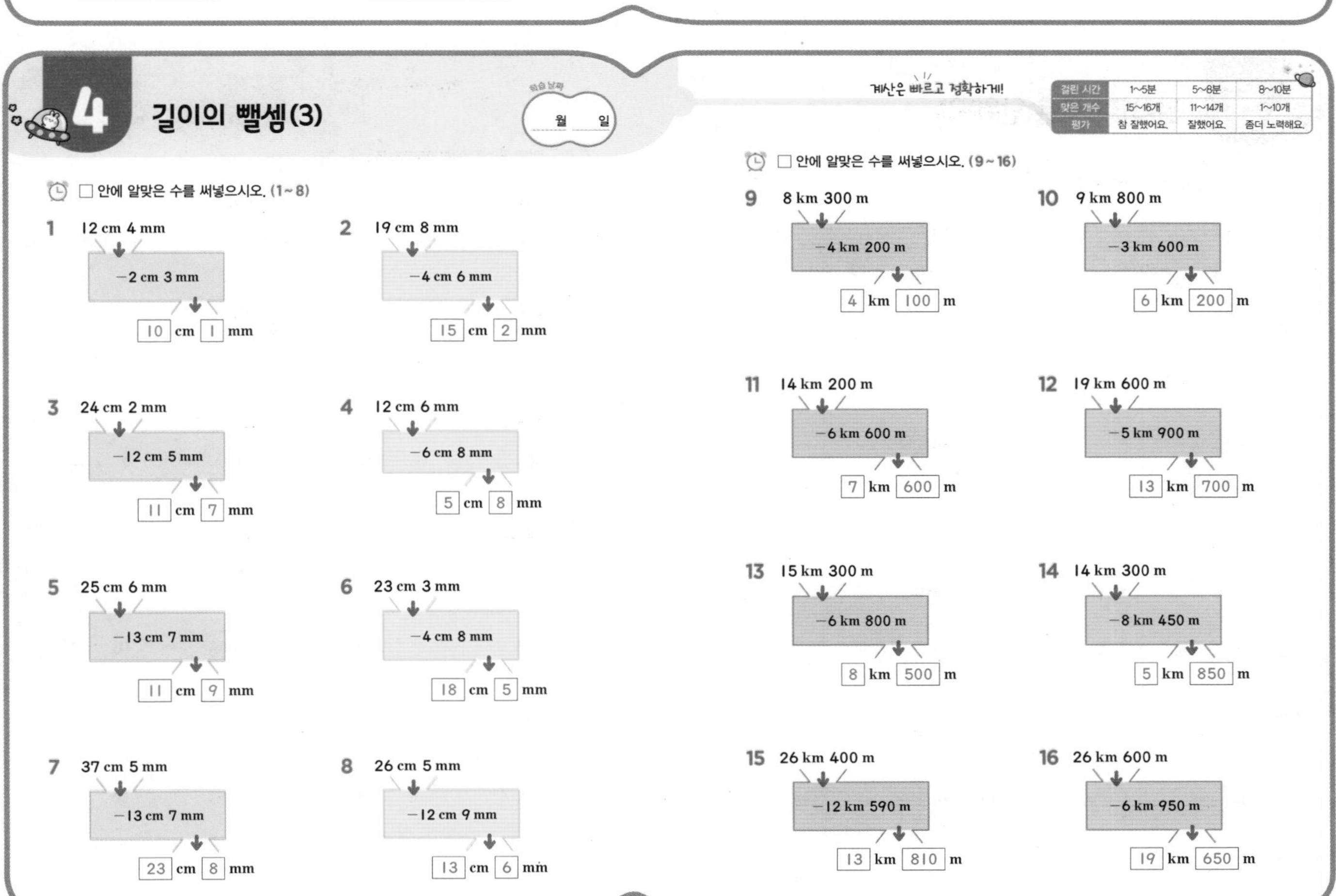

## 4 길이의 뺄셈(3)

학습 날짜 월 일

계산은 빠르고 정확하게!

| 걸린 시간 | 1~5분 | 5~8분 | 8~10분 |
|---|---|---|---|
| 맞은 개수 | 15~16개 | 11~14개 | 1~10개 |
| 평가 | 참 잘했어요. | 잘했어요. | 좀더 노력해요. |

□ 안에 알맞은 수를 써넣으시오. (1~8)

1 12 cm 4 mm → −2 cm 3 mm → 10 cm 1 mm

2 19 cm 8 mm → −4 cm 6 mm → 15 cm 2 mm

3 24 cm 2 mm → −12 cm 5 mm → 11 cm 7 mm

4 12 cm 6 mm → −6 cm 8 mm → 5 cm 8 mm

5 25 cm 6 mm → −13 cm 7 mm → 11 cm 9 mm

6 23 cm 3 mm → −4 cm 8 mm → 18 cm 5 mm

7 37 cm 5 mm → −13 cm 7 mm → 23 cm 8 mm

8 26 cm 5 mm → −12 cm 9 mm → 13 cm 6 mm

□ 안에 알맞은 수를 써넣으시오. (9~16)

9 8 km 300 m → −4 km 200 m → 4 km 100 m

10 9 km 800 m → −3 km 600 m → 6 km 200 m

11 14 km 200 m → −6 km 600 m → 7 km 600 m

12 19 km 600 m → −5 km 900 m → 13 km 700 m

13 15 km 300 m → −6 km 800 m → 8 km 500 m

14 14 km 300 m → −8 km 450 m → 5 km 850 m

15 26 km 400 m → −12 km 590 m → 13 km 810 m

16 26 km 600 m → −6 km 950 m → 19 km 650 m

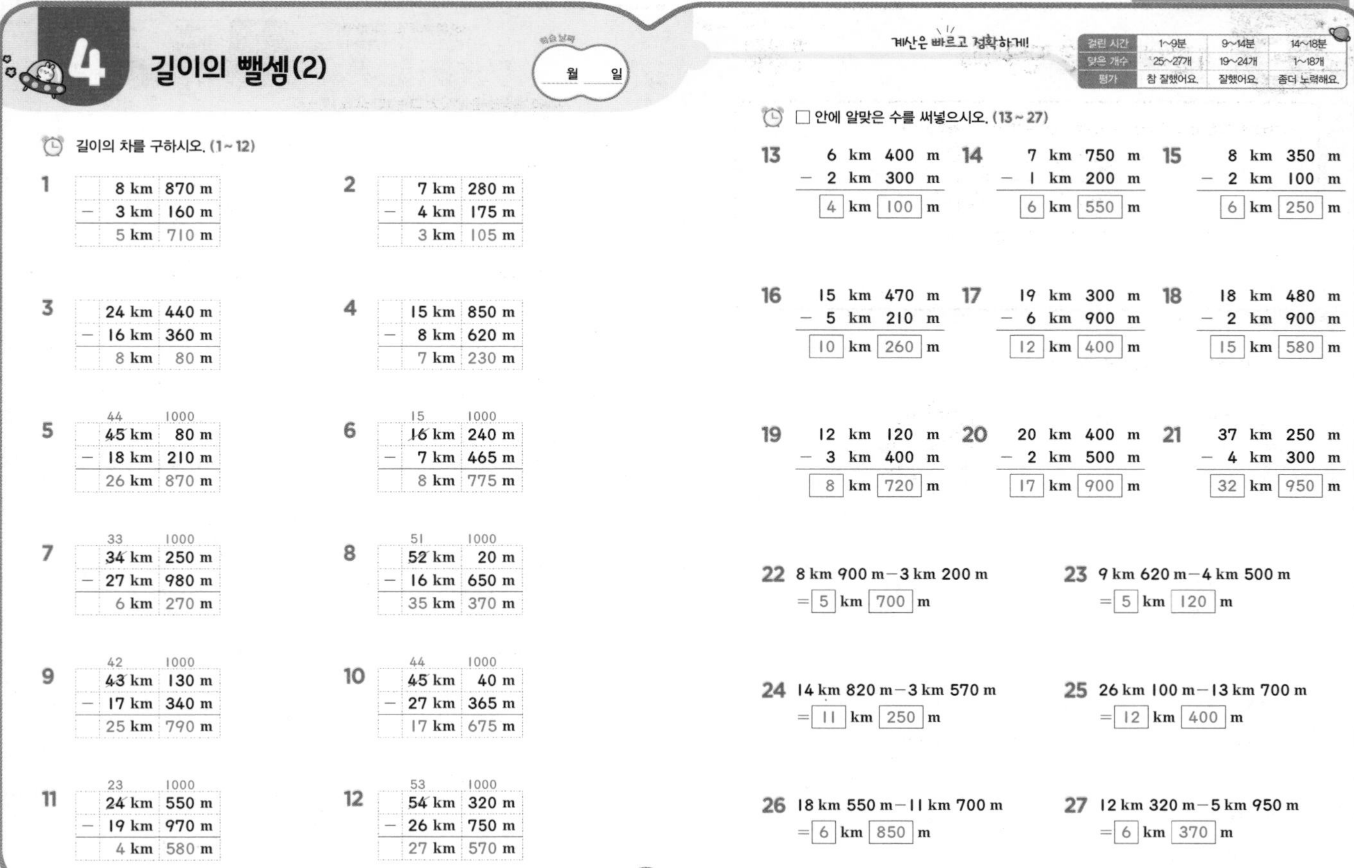

# 정답

P 140~143

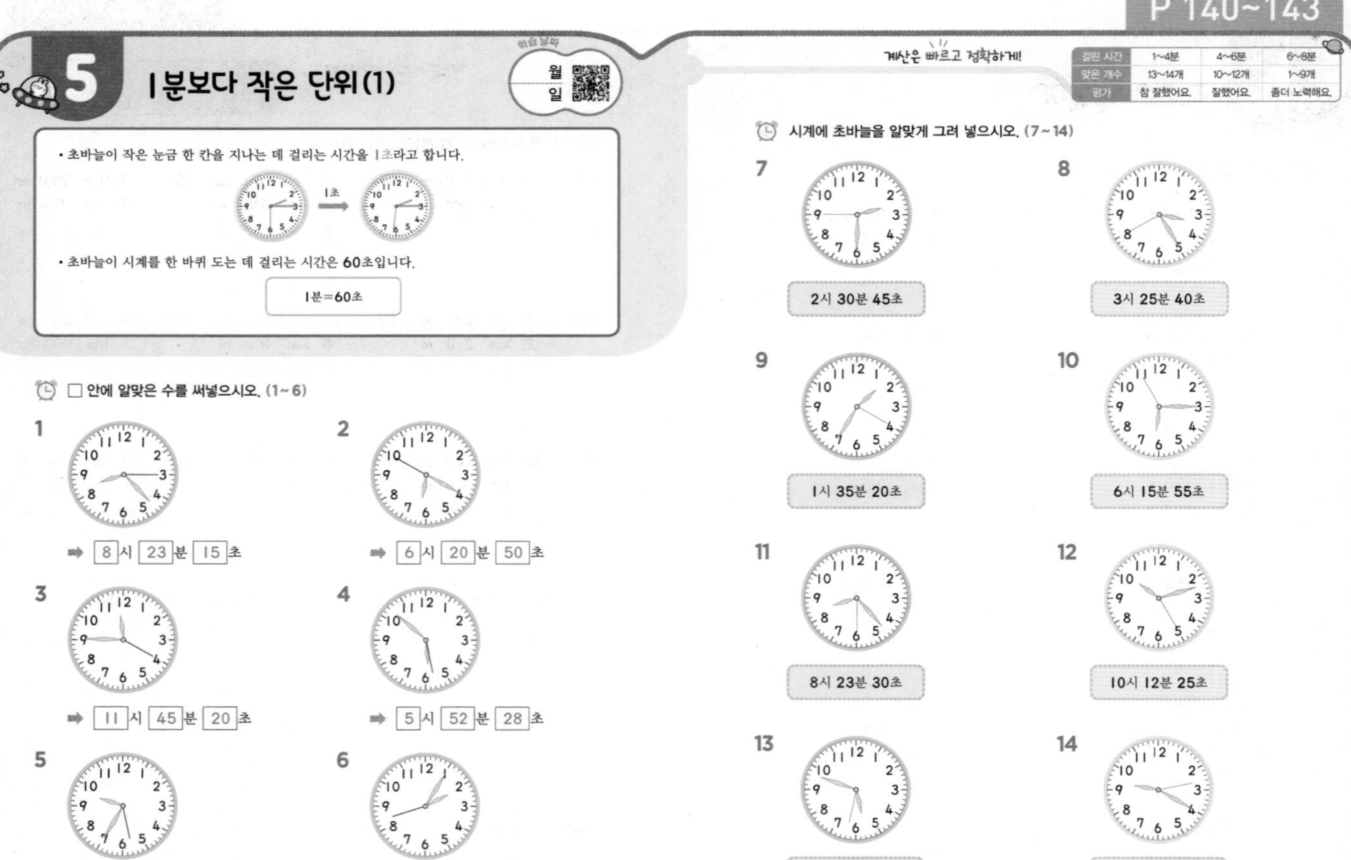

## 5 I분보다 작은 단위(1)

학습 날짜 월 일

계산은 빠르고 정확하게!

| 걸린 시간 | 1~4분 | 4~6분 | 6~8분 |
|---|---|---|---|
| 맞은 개수 | 13~14개 | 10~12개 | 1~9개 |
| 평가 | 참 잘했어요. | 잘했어요. | 좀더 노력해요. |

- 초바늘이 작은 눈금 한 칸을 지나는 데 걸리는 시간을 1초라고 합니다.

1초

- 초바늘이 시계를 한 바퀴 도는 데 걸리는 시간은 60초입니다.

1분=60초

□ 안에 알맞은 수를 써넣으시오. (1~6)

1 ➡ 8 시 23 분 15 초

2 ➡ 6 시 20 분 50 초

3 ➡ 11 시 45 분 20 초

4 ➡ 5 시 52 분 28 초

5 ➡ 9 시 35 분 28 초

6 ➡ 2 시 5 분 42 초

시계에 초바늘을 알맞게 그려 넣으시오. (7~14)

7 2시 30분 45초

8 3시 25분 40초

9 1시 35분 20초

10 6시 15분 55초

11 8시 23분 30초

12 10시 12분 25초

13 5시 48분 32초

14 9시 20분 13초

## 5 I분보다 작은 단위(2)

학습 날짜 월 일

계산은 빠르고 정확하게!

| 걸린 시간 | 1~10분 | 10~15분 | 15~20분 |
|---|---|---|---|
| 맞은 개수 | 29~32개 | 23~28개 | 1~22개 |
| 평가 | 참 잘했어요. | 잘했어요. | 좀더 노력해요. |

□ 안에 알맞은 수를 써넣으시오. (1~16)

1 1분 50초 ➡ 60×1+50 ➡ 110초

2 1분 25초 ➡ 60×1+25 ➡ 85초

3 2분 15초 ➡ 60×2+15 ➡ 135초

4 3분 35초 ➡ 60×3+35 ➡ 215초

5 4분 20초 ➡ 60×4+20 ➡ 260초

6 5분 45초 ➡ 60×5+45 ➡ 345초

7 6분 5초 ➡ 60×6+5 ➡ 365초

8 8분 52초 ➡ 60×8+52 ➡ 532초

9 2분 30초 ➡ 150초

10 3분 14초 ➡ 194초

11 4분 28초 ➡ 268초

12 5분 36초 ➡ 336초

13 6분 55초 ➡ 415초

14 7분 30초 ➡ 450초

15 8분 25초 ➡ 505초

16 9분 45초 ➡ 585초

□ 안에 알맞은 수를 써넣으시오. (17~32)

17 80초 ➡ 60×1+20 ➡ 1분 20초

18 130초 ➡ 60×2+10 ➡ 2분 10초

19 145초 ➡ 60×2+25 ➡ 2분 25초

20 200초 ➡ 60×3+20 ➡ 3분 20초

21 236초 ➡ 60×3+56 ➡ 3분 56초

22 250초 ➡ 60×4+10 ➡ 4분 10초

23 258초 ➡ 60×4+18 ➡ 4분 18초

24 325초 ➡ 60×5+25 ➡ 5분 25초

25 90초 ➡ 1분 30초

26 125초 ➡ 2분 5초

27 100초 ➡ 1분 40초

28 150초 ➡ 2분 30초

29 220초 ➡ 3분 40초

30 245초 ➡ 4분 5초

31 400초 ➡ 6분 40초

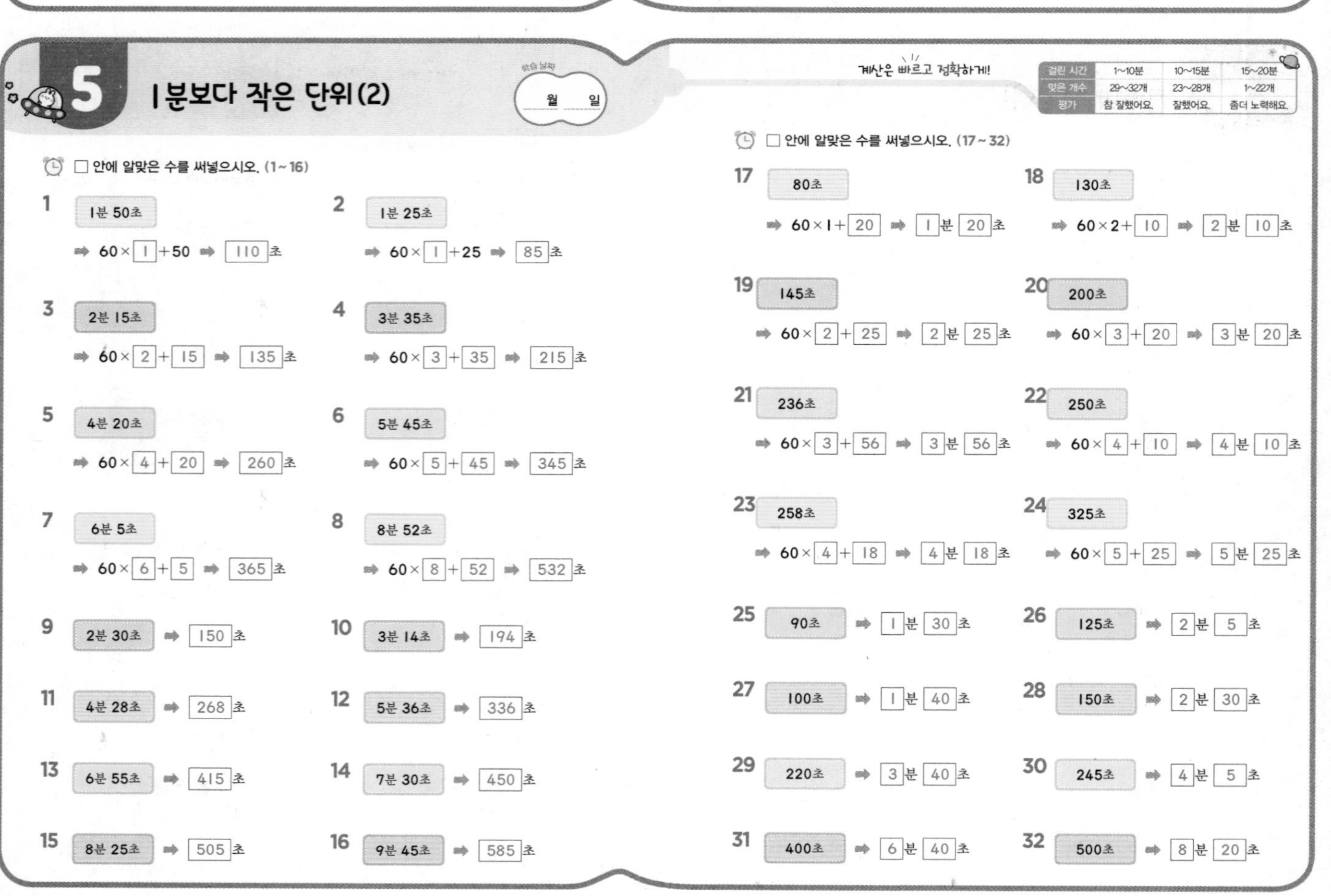

32 500초 ➡ 8분 20초

# 6 시간의 덧셈(1)

학습 날짜 월 일

계산은 빠르고 정확하게!

| 걸린 시간 | 1~8분 | 8~12분 | 12~16분 |
|---|---|---|---|
| 맞은 개수 | 17~18개 | 13~16개 | 1~12개 |
| 평가 | 참 잘했어요. | 잘했어요. | 좀더 노력해요. |

**7시 35분 40초+1시간 40분 30초의 계산**

| | | |
|---|---|---|
| 7시 | 35분 | 40초 |
| + 1시간 | 40분 | 30초 |
| 8시 | 75분 | 70초 |
| | + 1분 ← | − 60초 |
| 8시 | 76분 | 10초 |
| + 1시간 ← | − 60분 | |
| 9시 | 16분 | 10초 |

- 초 단위, 분 단위끼리의 합이 60이거나 60보다 크면 60초를 1분으로, 60분을 1시간으로 받아올립니다.

(시각)+(시간)=(시각)　(시간)+(시간)=(시간)

□ 안에 알맞은 수를 써넣으시오. (1~6)

1. 5분 30초 + 3분 20초 = [8]분 [50]초
2. 2시 45분 + 10분 36초 = [2]시 [55]분 [36]초
3. 23분 25초 + 14분 20초 = [37]분 [45]초
4. 2시 45분 42초 + 38초 = [2]시 [45]분 [80]초, + [1]분 ← −60초, [2]시 [46]분 [20]초
5. 48분 58초 + 4분 18초 = [52]분 [76]초, +1분 ← −[60]초, [53]분 [16]초
6. 5시 25분 56초 + 48분 45초 = [5]시 [73]분 [101]초, + 1분 ← −[60]초, + [1]시간 ← −60분, [6]시 [14]분 [41]초

계산을 하시오. (7~18)

7. 18분 22초 + 8분 30초 = 26분 52초
8. 1시 25분 28초 + 3시간 16분 15초 = 4시 41분 43초
9. 9분 28초 + 38분 27초 = 47분 55초
10. 6시 14분 20초 + 1시간 25분 32초 = 7시 39분 52초
11. 21분 15초 + 32분 26초 = 53분 41초
12. 5시 26분 23초 + 3시간 31분 29초 = 8시 57분 52초
13. 23분 50초 + 28분 42초 = 52분 32초
14. 3시 36분 50초 + 4시간 5분 45초 = 7시 42분 35초
15. 24분 47초 + 16분 35초 = 41분 22초
16. 6시 44분 29초 + 2시간 26분 50초 = 9시 11분 19초
17. 38분 28초 + 13분 39초 = 52분 7초
18. 7시 36분 42초 + 2시간 48분 37초 = 10시 25분 19초

# 6 시간의 덧셈(2)

학습 날짜 월 일

계산은 빠르고 정확하게!

| 걸린 시간 | 1~10분 | 10~15분 | 15~20분 |
|---|---|---|---|
| 맞은 개수 | 22~24개 | 17~21개 | 1~16개 |
| 평가 | 참 잘했어요. | 잘했어요. | 좀더 노력해요. |

계산을 하시오. (1~12)

1. 1시간 15분 20초 + 2시간 40분 36초 = 3시간 55분 56초
2. 2시간 18분 25초 + 2시간 32분 30초 = 4시간 50분 55초
3. 5시간 32분 26초 + 1시간 15분 27초 = 6시간 47분 53초
4. 2시간 25분 15초 + 7시간 28분 30초 = 9시간 53분 45초
5. 2시간 15분 30초 + 3시간 20분 38초 = 5시간 36분 8초
6. 2시간 38분 45초 + 2시간 12분 40초 = 4시간 51분 25초
7. 5시간 22분 56초 + 1시간 35분 47초 = 6시간 58분 43초
8. 2시간 15분 25초 + 7시간 38분 50초 = 9시간 54분 15초
9. 4시간 35분 30초 + 3시간 20분 36초 = 7시간 56분 6초
10. 2시간 18분 45초 + 2시간 32분 48초 = 4시간 51분 33초
11. 5시간 34분 56초 + 2시간 15분 48초 = 7시간 50분 44초
12. 2시간 19분 28초 + 7시간 17분 56초 = 9시간 37분 24초

계산을 하시오. (13~24)

13. 4시간 29분 37초 + 2시간 40분 38초 = 7시간 10분 15초
14. 3시간 48분 35초 + 3시간 25분 27초 = 7시간 14분 2초
15. 2시간 35분 28초 + 5시간 48분 56초 = 8시간 24분 24초
16. 4시간 24분 50초 + 2시간 48분 28초 = 7시간 13분 18초
17. 3시간 39분 37초 + 2시간 56분 28초 = 6시간 36분 5초
18. 2시간 28분 55초 + 3시간 37분 47초 = 6시간 6분 42초
19. 2시간 25분 27초 + 3시간 49분 58초 = 6시간 15분 25초
20. 1시간 34분 56초 + 2시간 48분 38초 = 4시간 23분 34초
21. 4시간 29분 45초 + 3시간 40분 39초 = 8시간 10분 24초
22. 3시간 43분 25초 + 2시간 27분 37초 = 6시간 11분 2초
23. 2시간 36분 29초 + 4시간 45분 57초 = 7시간 22분 26초
24. 1시간 24분 39초 + 3시간 46분 28초 = 5시간 11분 7초

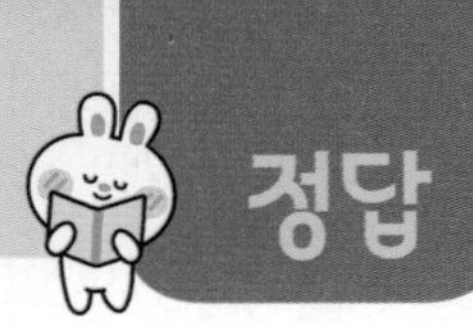

# 정답



## 6 시간의 덧셈(3)

학습 날짜 월 일

계산은 빠르고 정확하게!

| 걸린 시간 | 1~12분 | 12~18분 | 18~24분 |
|---|---|---|---|
| 맞은 개수 | 29~32개 | 23~28개 | 1~22개 |
| 평가 | 참 잘했어요. | 잘했어요. | 좀더 노력해요. |

계산을 하시오. (1~16)

1. 3시 10분 + 20분 = 3시 30분
2. 4시 35분 + 1시간 40분 = 6시 15분
3. 5시 40분 + 3시간 30분 = 9시 10분
4. 3시 25분 + 50분 = 4시 15분
5. 4시 50분 + 2시간 44분 = 7시 34분
6. 5시 37분 + 5시간 55분 = 11시 32분
7. 2시 12분 39초 + 5시간 18분 16초 = 7시 30분 55초
8. 5시 43분 25초 + 1시간 35분 12초 = 7시 18분 37초
9. 8시 25분 40초 + 2시간 15분 48초 = 10시 41분 28초
10. 6시 39분 52초 + 4시간 30분 16초 = 11시 10분 8초
11. 2시 20분+20분 = 2시 40분
12. 3시 10분+1시간 30분 = 4시 40분
13. 8시 25분+2시간 10분 = 10시 35분
14. 4시 35분+40분 = 5시 15분
15. 5시 30분 20초+2시간 40분 30초 = 8시 10분 50초
16. 3시 42분 25초+3시간 55분 45초 = 7시 38분 10초

계산을 하시오. (17~32)

17. 2시간 30분 + 20분 = 2시간 50분
18. 3시간 30분 + 1시간 15분 = 4시간 45분
19. 4시간 12분 + 2시간 45분 = 6시간 57분
20. 3시간 40분 + 2시간 20분 = 6시간
21. 4시간 27분 + 3시간 50분 = 8시간 17분
22. 5시간 56분 + 4시간 29분 = 10시간 25분
23. 2시간 21분 18초 + 6시간 16분 35초 = 8시간 37분 53초
24. 3시간 45분 20초 + 53분 18초 = 4시간 38분 38초
25. 4시간 38분 43초 + 2시간 10분 30초 = 6시간 49분 13초
26. 3시간 19분 42초 + 5시간 51분 33초 = 9시간 11분 15초
27. 2시간 20분+10분 = 2시간 30분
28. 1시간 15분+2시간 5분 = 3시간 20분
29. 3시간 14분+3시간 28분 = 6시간 42분
30. 2시간 32분+1시간 30분 = 4시간 2분
31. 3시간 45분 15초+4시간 25분 35초 = 8시간 10분 50초
32. 4시간 53분 33초+7시간 31분 54초 = 12시간 25분 27초

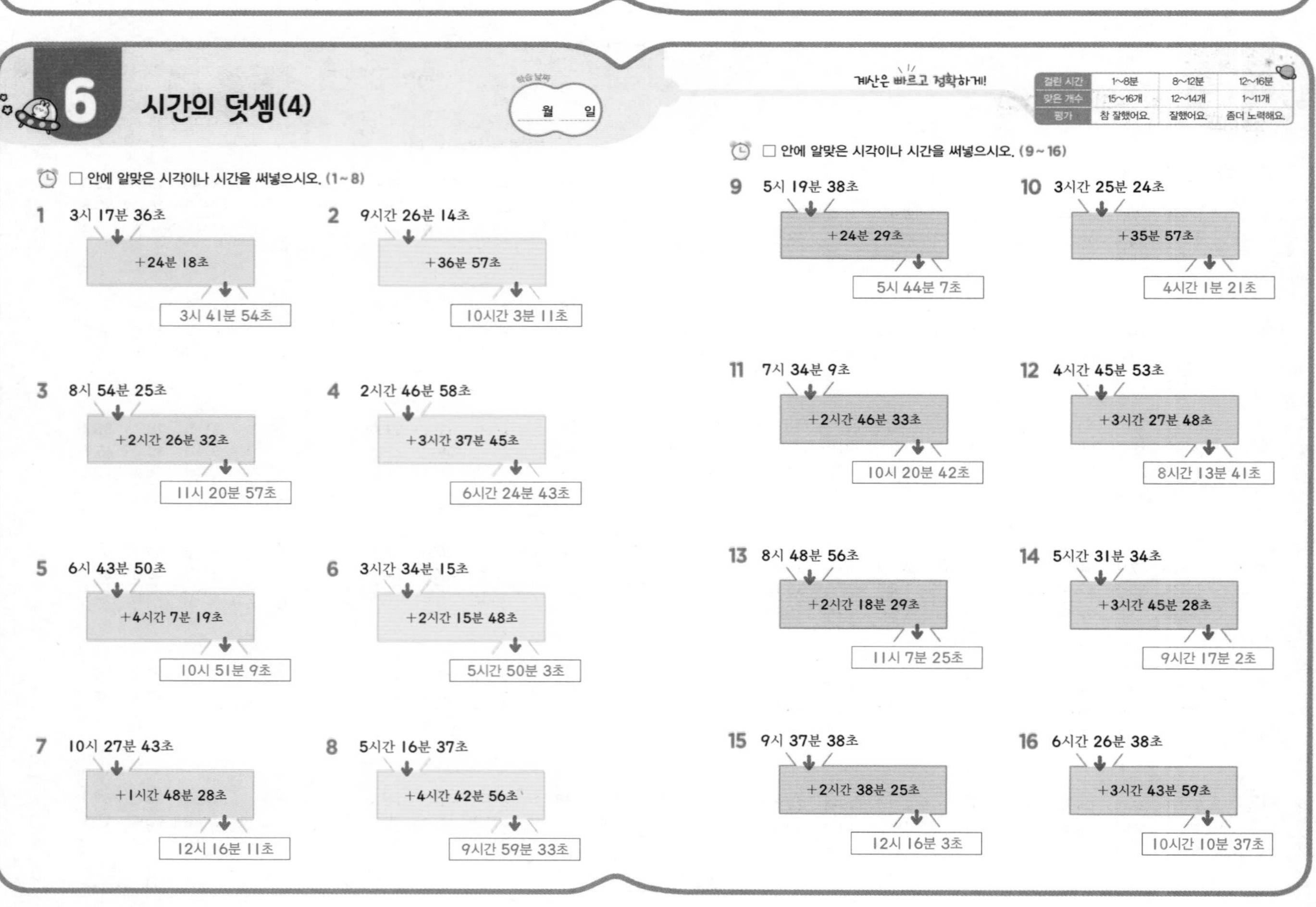

## 6 시간의 덧셈(4)

학습 날짜 월 일

계산은 빠르고 정확하게!

| 걸린 시간 | 1~8분 | 8~12분 | 12~16분 |
|---|---|---|---|
| 맞은 개수 | 15~16개 | 12~14개 | 1~11개 |
| 평가 | 참 잘했어요. | 잘했어요. | 좀더 노력해요. |

□ 안에 알맞은 시각이나 시간을 써넣으시오. (1~8)

1. 3시 17분 36초 → +24분 18초 → 3시 41분 54초
2. 9시간 26분 14초 → +36분 57초 → 10시간 3분 11초
3. 8시 54분 25초 → +2시간 26분 32초 → 11시 20분 57초
4. 2시간 46분 58초 → +3시간 37분 45초 → 6시간 24분 43초
5. 6시 43분 50초 → +4시간 7분 19초 → 10시 51분 9초
6. 3시간 34분 15초 → +2시간 15분 48초 → 5시간 50분 3초
7. 10시 27분 43초 → +1시간 48분 28초 → 12시 16분 11초
8. 5시간 16분 37초 → +4시간 42분 56초 → 9시간 59분 33초

□ 안에 알맞은 시각이나 시간을 써넣으시오. (9~16)

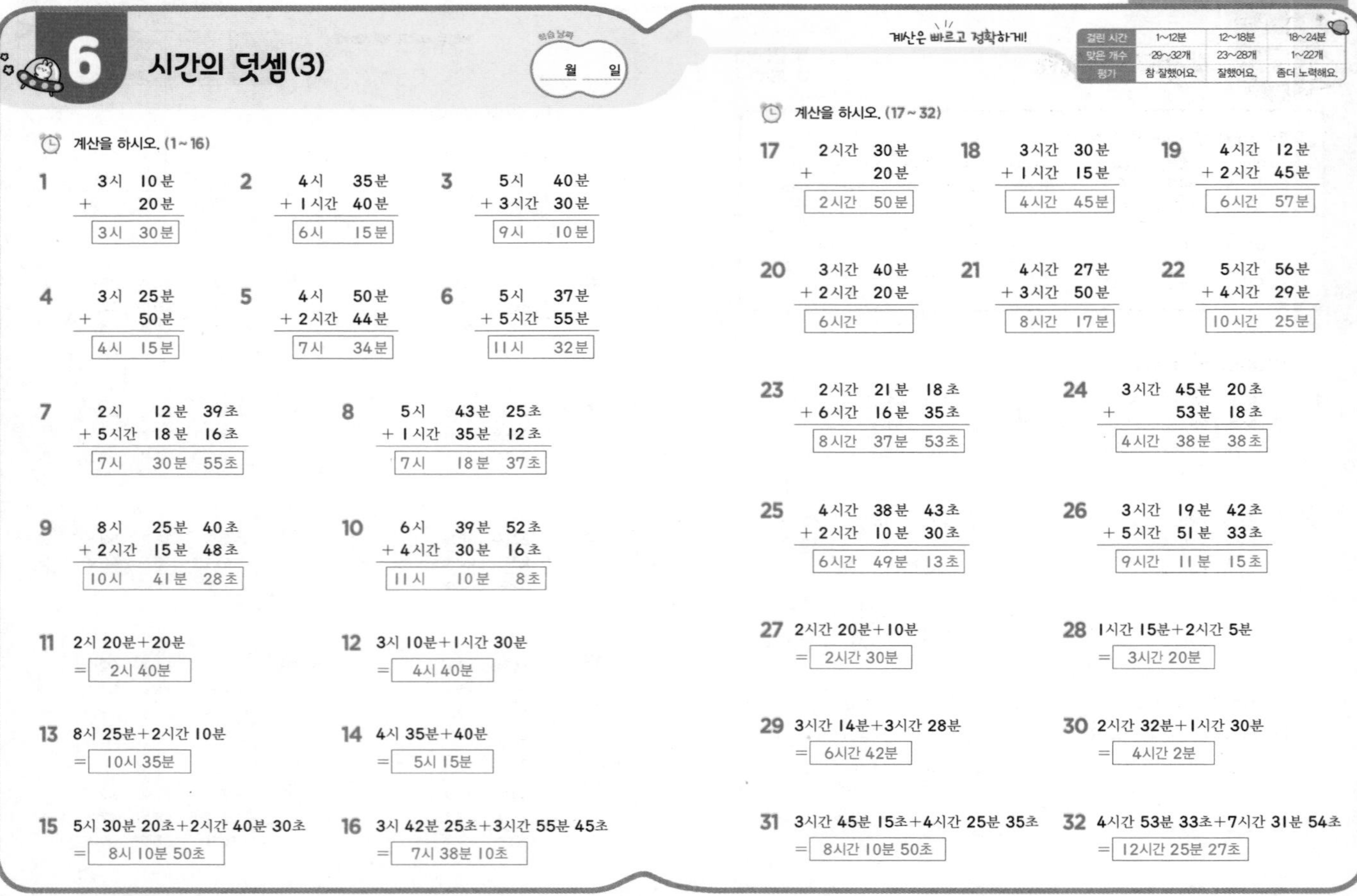

9. 5시 19분 38초 → +24분 29초 → 5시 44분 7초
10. 3시간 25분 24초 → +35분 57초 → 4시간 1분 21초
11. 7시 34분 9초 → +2시간 46분 33초 → 10시 20분 42초
12. 4시간 45분 53초 → +3시간 27분 48초 → 8시간 13분 41초
13. 8시 48분 56초 → +2시간 18분 29초 → 11시 7분 25초
14. 5시간 31분 34초 → +3시간 45분 28초 → 9시간 17분 2초
15. 9시 37분 38초 → +2시간 38분 25초 → 12시 16분 3초
16. 6시간 26분 38초 → +3시간 43분 59초 → 10시간 10분 37초

# 7 시간의 뺄셈(1)

계산은 빠르고 정확하게!

| 걸린 시간 | 1~8분 | 8~12분 | 12~16분 |
|---|---|---|---|
| 맞은 개수 | 18~20개 | 14~17개 | 1~13개 |
| 평가 | 참 잘했어요. | 잘했어요. | 좀더 노력해요. |

**9시 15분 20초 − 1시간 30분 40초의 계산**

| | 8 | 60 / 14 | 60 |
|---|---|---|---|
| | 9시 | 15분 | 20초 |
| − | 1시간 | 30분 | 40초 |
| | 7시 | 44분 | 40초 |

• 초 단위, 분 단위끼리 뺄 수 없을 때에는 1분을 60초로, 1시간을 60분으로 받아내림합니다.

(시각)−(시각)=(시간) (시간)−(시간)=(시간) (시각)−(시간)=(시각)

□ 안에 알맞은 수를 써넣으시오. (1~8)

**1**

| | | |
|---|---|---|
| | 13분 | 50초 |
| − | 4분 | 15초 |
| | [9]분 | [35]초 |

**2**

| | | |
|---|---|---|
| | 9분 | 28초 |
| − | 3분 | 13초 |
| | [6]분 | [15]초 |

**3**

| | [6] | [60] |
|---|---|---|
| | 7분 | 10초 |
| − | 5분 | 50초 |
| | [1]분 | [20]초 |

**4**

| | | [19] | [60] |
|---|---|---|---|
| | 10시 | 20분 | 15초 |
| − | | 12분 | 34초 |
| | [10]시 | [7]분 | [41]초 |

**5**

| | [4] | [60] |
|---|---|---|
| | 5분 | 40초 |
| − | 2분 | 45초 |
| | [2]분 | [55]초 |

**6**

| | [5] | 60 / [24] | [60] |
|---|---|---|---|
| | 6시 | 25분 | 50초 |
| − | 3시 | 50분 | 55초 |
| | [2]시간 | [34]분 | [55]초 |

**7**

| | [4] | [60] |
|---|---|---|
| | 5분 | 34초 |
| − | 2분 | 55초 |
| | [2]분 | [39]초 |

**8**

| | [11] | [60] / [21] | [60] |
|---|---|---|---|
| | 12시 | 22분 | 34초 |
| − | 6시 | 53분 | 59초 |
| | [5]시간 | [28]분 | [35]초 |

계산을 하시오. (9~20)

**9**

| | | |
|---|---|---|
| | 45분 | 46초 |
| − | 19분 | 35초 |
| | 26분 | 11초 |

**10**

| | | |
|---|---|---|
| | 11시 | 55분 |
| − | 8시 | 41분 |
| | 3시간 | 14분 |

**11**

| | 36 | 60 |
|---|---|---|
| | 37분 | 33초 |
| − | 12분 | 54초 |
| | 24분 | 39초 |

**12**

| | 8 | 60 |
|---|---|---|
| | 9시 | 22분 |
| − | 6시 | 40분 |
| | 2시간 | 42분 |

**13**

| | 7 | 60 | |
|---|---|---|---|
| | 8시 | 14분 | 30초 |
| − | 3시 | 20분 | 26초 |
| | 4시간 | 54분 | 4초 |

**14**

| | 7 | 60 | |
|---|---|---|---|
| | 8시 | 24분 | 22초 |
| − | 2시 | 50분 | 14초 |
| | 5시간 | 34분 | 8초 |

**15**

| | | 47 | 60 |
|---|---|---|---|
| | 11시 | 48분 | 36초 |
| − | 4시 | 30분 | 49초 |
| | 7시간 | 17분 | 47초 |

**16**

| | | 52 | 60 |
|---|---|---|---|
| | 10시 | 53분 | 22초 |
| − | 7시 | 23분 | 57초 |
| | 3시간 | 29분 | 25초 |

**17**

| | 8 | 60 / 22 | 60 |
|---|---|---|---|
| | 9시 | 23분 | 40초 |
| − | 5시 | 35분 | 54초 |
| | 3시간 | 47분 | 46초 |

**18**

| | 4 | 60 / 28 | 60 |
|---|---|---|---|
| | 5시 | 29분 | 20초 |
| − | 3시 | 48분 | 43초 |
| | 1시간 | 40분 | 37초 |

**19**

| | 7 | 60 / 19 | 60 |
|---|---|---|---|
| | 8시 | 20분 | 26초 |
| − | 5시 | 48분 | 39초 |
| | 2시간 | 31분 | 47초 |

**20**

| | 11 | 60 / 3 | 60 |
|---|---|---|---|
| | 12시 | 4분 | 23초 |
| − | 6시 | 27분 | 45초 |
| | 5시간 | 36분 | 38초 |

# 7 시간의 뺄셈(2)

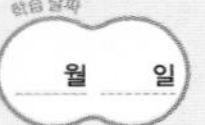


계산은 빠르고 정확하게!

| 걸린 시간 | 1~10분 | 10~15분 | 15~20분 |
|---|---|---|---|
| 맞은 개수 | 22~24개 | 17~21개 | 1~16개 |
| 평가 | 참 잘했어요. | 잘했어요. | 좀더 노력해요. |

계산을 하시오. (1~12)

**1**

| | | | |
|---|---|---|---|
| | 3시 | 45분 | 30초 |
| − | 1시간 | 33분 | 20초 |
| | 2시 | 12분 | 10초 |

**2**

| | | | |
|---|---|---|---|
| | 6시 | 39분 | 46초 |
| − | 2시간 | 30분 | 25초 |
| | 4시 | 9분 | 21초 |

**3**

| | | 43 | 60 |
|---|---|---|---|
| | 7시 | 44분 | 13초 |
| − | 4시간 | 22분 | 38초 |
| | 3시 | 21분 | 35초 |

**4**

| | | 56 | 60 |
|---|---|---|---|
| | 10시 | 57분 | 35초 |
| − | 1시간 | 34분 | 49초 |
| | 9시 | 22분 | 46초 |

**5**

| | 9 | 60 | |
|---|---|---|---|
| | 10시 | 12분 | 40초 |
| − | 4시간 | 32분 | 28초 |
| | 5시 | 40분 | 12초 |

**6**

| | 11 | 60 | |
|---|---|---|---|
| | 12시 | 10분 | 56초 |
| − | 7시간 | 15분 | 34초 |
| | 4시 | 55분 | 22초 |

**7**

| | 8 | 60 / 17 | 60 |
|---|---|---|---|
| | 9시 | 18분 | 25초 |
| − | 2시간 | 30분 | 40초 |
| | 6시 | 47분 | 45초 |

**8**

| | 10 | 60 / 30 | 60 |
|---|---|---|---|
| | 11시 | 31분 | 23초 |
| − | 4시간 | 45분 | 58초 |
| | 6시 | 45분 | 25초 |

**9**

| | 6 | 60 / 27 | 60 |
|---|---|---|---|
| | 7시 | 28분 | 16초 |
| − | 3시간 | 35분 | 24초 |
| | 3시 | 52분 | 52초 |

**10**

| | 4 | 60 / 16 | 60 |
|---|---|---|---|
| | 5시 | 17분 | 20초 |
| − | 2시간 | 48분 | 43초 |
| | 2시 | 28분 | 37초 |

**11**

| | 7 | 60 / 19 | 60 |
|---|---|---|---|
| | 8시 | 20분 | 26초 |
| − | 5시간 | 28분 | 39초 |
| | 2시 | 51분 | 47초 |

**12**

| | 11 | 60 / 20 | 60 |
|---|---|---|---|
| | 12시 | 21분 | 42초 |
| − | 4시간 | 37분 | 45초 |
| | 7시 | 43분 | 57초 |

계산을 하시오. (13~24)

**13**

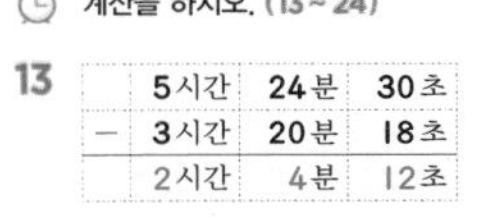

| | | | |
|---|---|---|---|
| | 5시간 | 24분 | 30초 |
| − | 3시간 | 20분 | 18초 |
| | 2시간 | 4분 | 12초 |

**14**

| | | | |
|---|---|---|---|
| | 8시간 | 34분 | 22초 |
| − | 2시간 | 30분 | 14초 |
| | 6시간 | 4분 | 8초 |

**15**

| | 10 | 60 | |
|---|---|---|---|
| | 11시간 | 27분 | 38초 |
| − | 6시간 | 50분 | 19초 |
| | 4시간 | 37분 | 19초 |

**16**

| | 9 | 60 | |
|---|---|---|---|
| | 10시간 | 23분 | 42초 |
| − | 3시간 | 43분 | 27초 |
| | 6시간 | 40분 | 15초 |

**17**

| | | 33 | 60 |
|---|---|---|---|
| | 5시간 | 34분 | 30초 |
| − | 2시간 | 20분 | 46초 |
| | 3시간 | 13분 | 44초 |

**18**

| | | 35 | 60 |
|---|---|---|---|
| | 8시간 | 36분 | 21초 |
| − | 3시간 | 25분 | 44초 |
| | 5시간 | 10분 | 37초 |

**19**

| | 6 | 60 / 41 | 60 |
|---|---|---|---|
| | 7시간 | 42분 | 36초 |
| − | 4시간 | 50분 | 49초 |
| | 2시간 | 51분 | 47초 |

**20**

| | 9 | 60 / 12 | 60 |
|---|---|---|---|
| | 10시간 | 13분 | 22초 |
| − | 6시간 | 33분 | 37초 |
| | 3시간 | 39분 | 45초 |

**21**

| | 6 | 60 / 22 | 60 |
|---|---|---|---|
| | 7시간 | 23분 | 26초 |
| − | 5시간 | 35분 | 34초 |
| | 1시간 | 47분 | 52초 |

**22**

| | 5 | 60 / 17 | 60 |
|---|---|---|---|
| | 6시간 | 18분 | 21초 |
| − | 3시간 | 48분 | 33초 |
| | 2시간 | 29분 | 48초 |

**23**

| | 7 | 60 / 19 | 60 |
|---|---|---|---|
| | 8시간 | 20분 | 33초 |
| − | 5시간 | 28분 | 39초 |
| | 2시간 | 51분 | 54초 |

**24**

| | 8 | 60 / 11 | 60 |
|---|---|---|---|
| | 9시간 | 12분 | 40초 |
| − | 6시간 | 27분 | 55초 |
| | 2시간 | 44분 | 45초 |

# 정답

P 156~159

## 7 시간의 뺄셈(3)

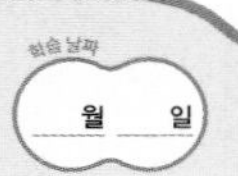

계산은 빠르고 정확하게!

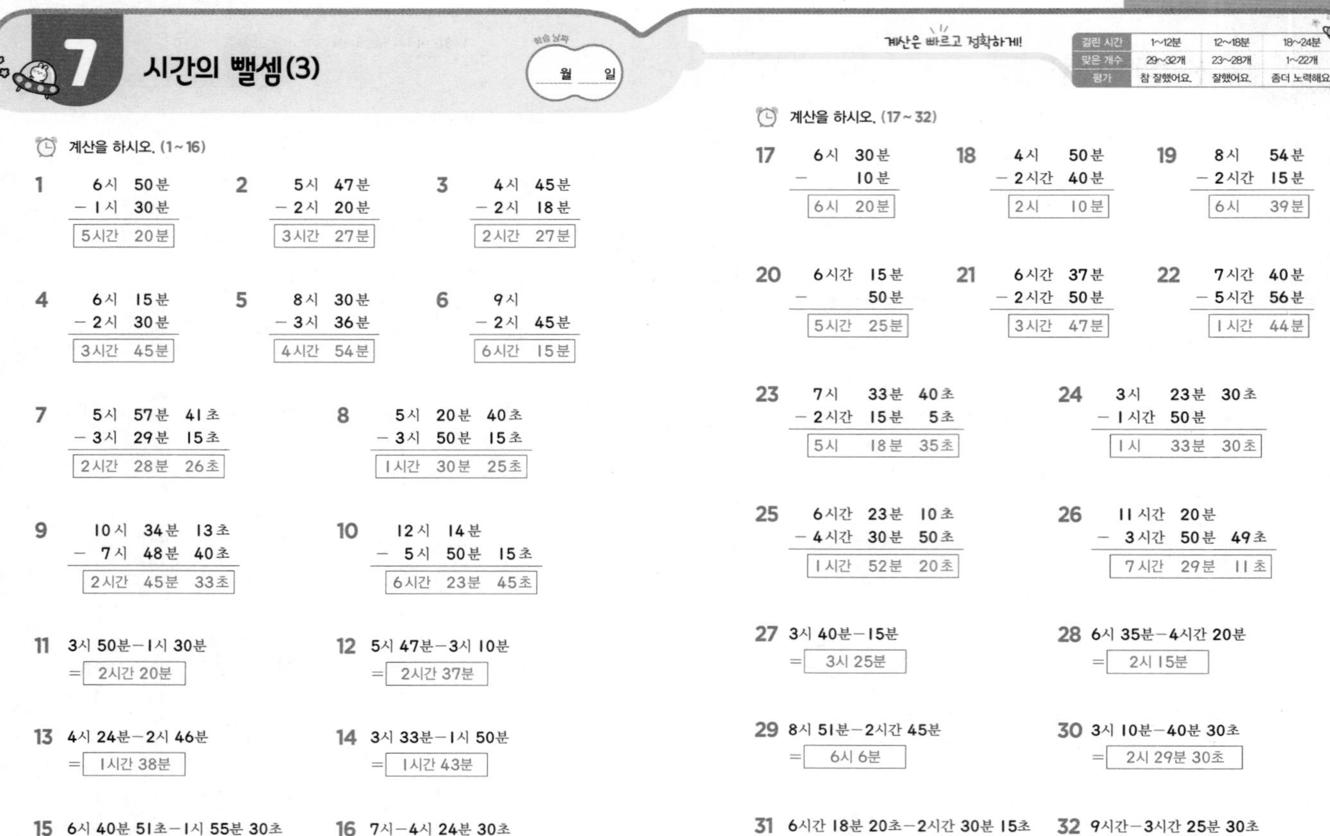

| 걸린 시간 | 1~12분 | 12~18분 | 18~24분 |
|---|---|---|---|
| 맞은 개수 | 29~32개 | 23~28개 | 1~22개 |
| 평가 | 참 잘했어요. | 잘했어요. | 좀더 노력해요. |

계산을 하시오. (1~16)

1. 6시 50분 − 1시 30분 = 5시간 20분
2. 5시 47분 − 2시 20분 = 3시간 27분
3. 4시 45분 − 2시 18분 = 2시간 27분
4. 6시 15분 − 2시 30분 = 3시간 45분
5. 8시 30분 − 3시 36분 = 4시간 54분
6. 9시 − 2시 45분 = 6시간 15분
7. 5시 57분 41초 − 3시 29분 15초 = 2시간 28분 26초
8. 5시 20분 40초 − 3시 50분 15초 = 1시간 30분 25초
9. 10시 34분 13초 − 7시 48분 40초 = 2시간 45분 33초
10. 12시 14분 − 5시 50분 15초 = 6시간 23분 45초
11. 3시 50분−1시 30분 = 2시간 20분
12. 5시 47분−3시 10분 = 2시간 37분
13. 4시 24분−2시 46분 = 1시간 38분
14. 3시 33분−1시 50분 = 1시간 43분
15. 6시 40분 51초−1시 55분 30초 = 4시간 45분 21초
16. 7시−4시 24분 30초 = 2시간 35분 30초

계산을 하시오. (17~32)

17. 6시 30분 − 10분 = 6시 20분
18. 4시 50분 − 2시간 40분 = 2시 10분
19. 8시 54분 − 2시간 15분 = 6시 39분
20. 6시간 15분 − 50분 = 5시간 25분
21. 6시간 37분 − 2시간 50분 = 3시간 47분
22. 7시간 40분 − 5시간 56분 = 1시간 44분
23. 7시 33분 40초 − 2시간 15분 5초 = 5시 18분 35초
24. 3시 23분 30초 − 1시간 50분 = 1시 33분 30초
25. 6시간 23분 10초 − 4시간 30분 50초 = 1시간 52분 20초
26. 11시간 20분 − 3시간 50분 49초 = 7시간 29분 11초
27. 3시 40분−15분 = 3시 25분
28. 6시 35분−4시간 20분 = 2시 15분
29. 8시 51분−2시간 45분 = 6시 6분
30. 3시 10분−40분 30초 = 2시 29분 30초
31. 6시간 18분 20초−2시간 30분 15초 = 3시간 48분 5초
32. 9시간−3시간 25분 30초 = 5시간 34분 30초

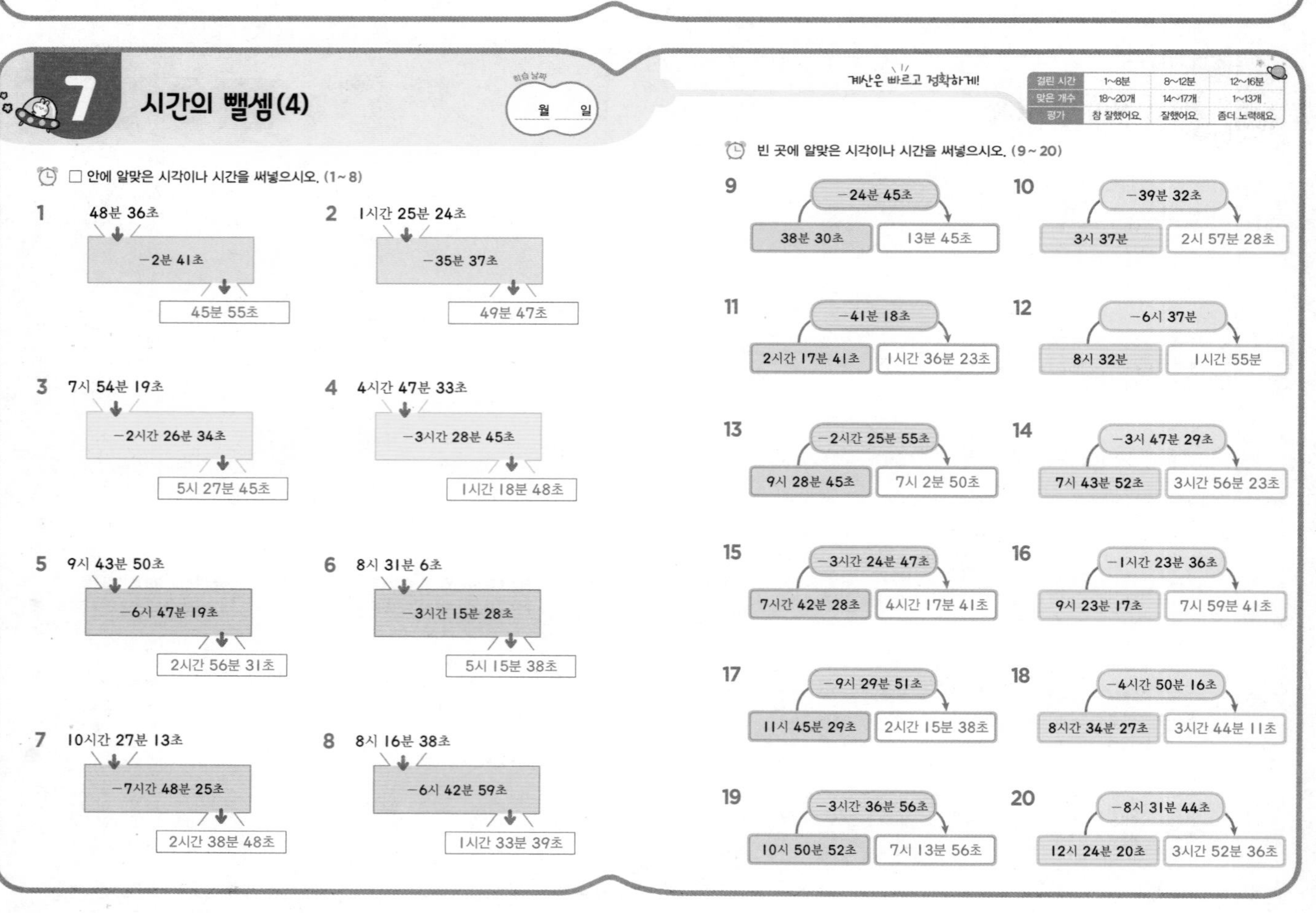

## 7 시간의 뺄셈(4)

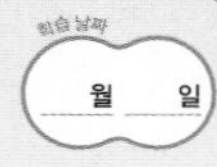

계산은 빠르고 정확하게!

| 걸린 시간 | 1~8분 | 8~12분 | 12~16분 |
|---|---|---|---|
| 맞은 개수 | 18~20개 | 14~17개 | 1~13개 |
| 평가 | 참 잘했어요. | 잘했어요. | 좀더 노력해요. |

□ 안에 알맞은 시각이나 시간을 써넣으시오. (1~8)

1. 48분 36초 → −2분 41초 → 45분 55초

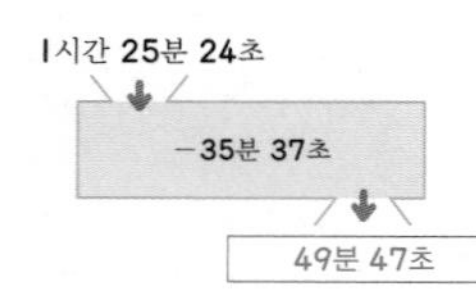

2. 1시간 25분 24초 → −35분 37초 → 49분 47초

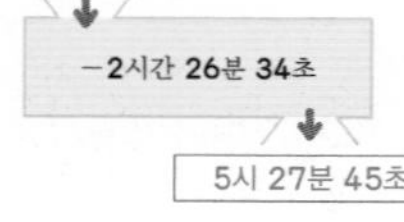

3. 7시 54분 19초 → −2시간 26분 34초 → 5시 27분 45초

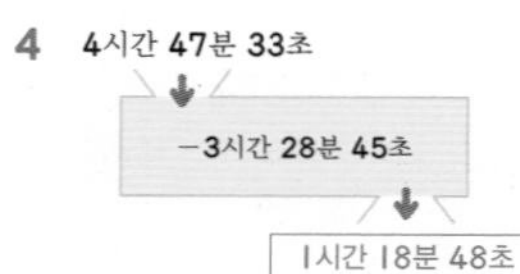

4. 4시간 47분 33초 → −3시간 28분 45초 → 1시간 18분 48초
5. 9시 43분 50초 → −6시 47분 19초 → 2시간 56분 31초

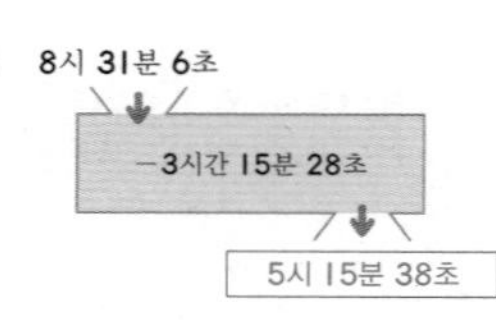

6. 8시 31분 6초 → −3시간 15분 28초 → 5시 15분 38초
7. 10시간 27분 13초 → −7시간 48분 25초 → 2시간 38분 48초

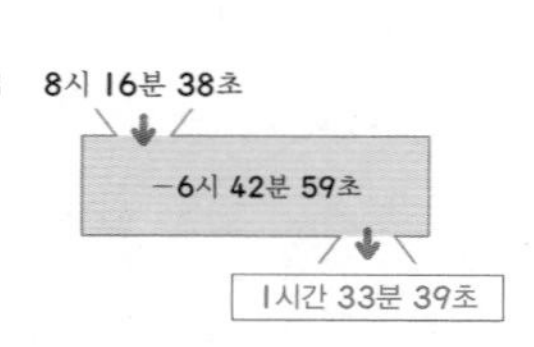

8. 8시 16분 38초 → −6시 42분 59초 → 1시간 33분 39초

빈 곳에 알맞은 시각이나 시간을 써넣으시오. (9~20)

9. 38분 30초 −24분 45초 → 13분 45초
10. 3시 37분 −39분 32초 → 2시 57분 28초

11. 2시간 17분 41초 −41분 18초 → 1시간 36분 23초
12. 8시 32분 −6시 37분 → 1시간 55분

13. 9시 28분 45초 −2시간 25분 55초 → 7시 2분 50초
14. 7시 43분 52초 −3시 47분 29초 → 3시간 56분 23초

15. 7시간 42분 28초 −3시간 24분 47초 → 4시간 17분 41초
16. 9시 23분 17초 −1시간 23분 36초 → 7시 59분 41초

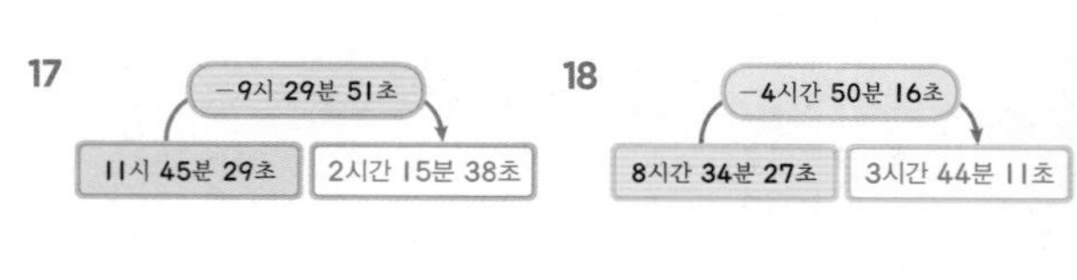

17. 11시 45분 29초 −9시 29분 51초 → 2시간 15분 38초
18. 8시간 34분 27초 −4시간 50분 16초 → 3시간 44분 11초

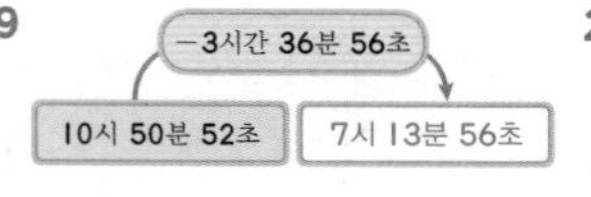

19. 10시 50분 52초 −3시간 36분 56초 → 7시 13분 56초

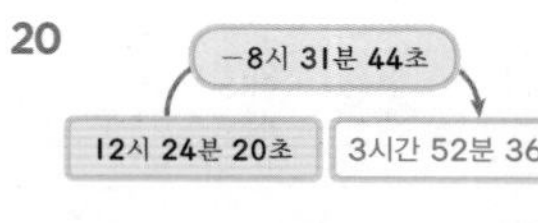

20. 12시 24분 20초 −8시 31분 44초 → 3시간 52분 36초

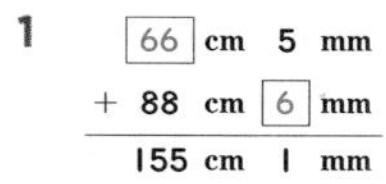

# 8 신기한 연산

학습 날짜 월 일

계산은 빠르고 정확하게!

| 걸린 시간 | 1~12분 | 12~18분 | 18~24분 |
|---|---|---|---|
| 맞은 개수 | 22~24개 | 17~21개 | 1~16개 |
| 평가 | 참 잘했어요. | 잘했어요. | 좀더 노력해요. |

□ 안에 알맞은 수를 써넣으시오. (1~12)

1. 66 cm 5 mm + 88 cm 6 mm = 155 cm 1 mm
2. 76 cm 7 mm + 97 cm 7 mm = 174 cm 4 mm
3. 55 m 66 cm + 50 m 77 cm = 106 m 43 cm
4. 84 m 55 cm + 76 m 48 cm = 161 m 3 cm
5. 254 km 738 m + 128 km 492 m = 383 km 230 m
6. 419 km 626 m + 154 km 398 m = 574 km 24 m
7. 46 cm 5 mm − 15 cm 9 mm = 30 cm 6 mm
8. 61 cm 6 mm − 28 cm 7 mm = 32 cm 9 mm
9. 12 km 342 m − 8 km 159 m = 4 km 183 m
10. 55 km 633 m − 17 km 244 m = 38 km 389 m
11. 345 km 243 m − 125 km 567 m = 219 km 676 m
12. 624 km 185 m − 338 km 428 m = 285 km 757 m

□ 안에 알맞은 수를 써넣으시오. (13~24)

13. 4 시 45 분 32 초 + 2 시간 39 분 50 초 = 7 시 25 분 22 초
14. 5 시 28 분 38 초 + 4 시간 38 분 42 초 = 10 시 7 분 20 초
15. 7 시 56 분 30 초 + 3 시간 42 분 49 초 = 11 시 39 분 19 초
16. 3 시 43 분 26 초 + 5 시간 37 분 52 초 = 9 시 21 분 18 초
17. 2 시간 54 분 50 초 + 4 시간 20 분 35 초 = 7 시간 15 분 25 초
18. 5 시간 29 분 34 초 + 3 시간 42 분 42 초 = 9 시간 12 분 16 초
19. 9 시 35 분 28 초 − 5 시 45 분 40 초 = 3 시간 49 분 48 초
20. 11 시 20 분 42 초 − 4 시 36 분 50 초 = 6 시간 43 분 52 초
21. 10 시간 21 분 31 초 − 5 시간 42 분 52 초 = 4 시간 38 분 39 초
22. 12 시간 12 분 25 초 − 9 시간 30 분 35 초 = 2 시간 41 분 50 초
23. 9 시 8 분 12 초 − 2 시간 15 분 25 초 = 6 시 52 분 47 초
24. 11 시 33 분 44 초 − 5 시간 43 분 50 초 = 5 시 49 분 54 초

# 확인 평가

| 걸린 시간 | 1~15분 | 15~20분 | 20~25분 |
|---|---|---|---|
| 맞은 개수 | 42~46개 | 33~41개 | 1~32개 |
| 평가 | 참 잘했어요. | 잘했어요. | 좀더 노력해요. |

□ 안에 알맞은 수를 써넣으시오. (1~17)

1. 3 cm 5 mm = 35 mm
2. 23 cm 2 mm = 232 mm
3. 83 mm = 8 cm 3 mm
4. 196 mm = 19 cm 6 mm
5. 3 km 200 m = 3200 m
6. 5 km 40 m = 5040 m
7. 7400 m = 7 km 400 m
8. 9080 m = 9 km 80 m
9. 3 cm 6 mm + 5 cm 2 mm = 8 cm 8 mm
10. 4 cm 7 mm + 2 cm 8 mm = 7 cm 5 mm
11. 16 cm 5 mm + 27 cm 8 mm = 44 cm 3 mm
12. 2 km 250 m + 3 km 400 m = 5 km 650 m
13. 6 km 650 m + 2 km 520 m = 9 km 170 m
14. 14 km 380 m + 8 km 830 m = 23 km 210 m
15. 15 km 327 m + 8 km 954 m = 24 km 281 m
16. 18 km 205 m + 9 km 968 m = 28 km 173 m
17. 15 km 680 m + 24 km 764 m = 40 km 444 m

□ 안에 알맞은 수를 써넣으시오. (18~34)

18. 9 cm 5 mm − 2 cm 3 mm = 7 cm 2 mm
19. 12 cm 3 mm − 5 cm 7 mm = 6 cm 6 mm
20. 25 cm 6 mm − 13 cm 8 mm = 11 cm 8 mm
21. 8 km 700 m − 2 km 300 m = 6 km 400 m
22. 9 km 300 m − 4 km 600 m = 4 km 700 m
23. 20 km 240 m − 9 km 760 m = 10 km 480 m
24. 15 km 320 m − 9 km 670 m = 5 km 650 m
25. 32 km 840 m − 12 km 950 m = 19 km 890 m
26. 42 km 195 m − 22 km 750 m = 19 km 445 m
27. 2분 40초 ➡ 160 초
28. 5분 15초 ➡ 315 초
29. 9분 5초 ➡ 545 초
30. 7분 48초 ➡ 468 초
31. 95초 ➡ 1 분 35 초
32. 325초 ➡ 5 분 25 초
33. 125초 ➡ 2 분 5 초
34. 505초 ➡ 8 분 25 초

# 정답

## 확인 평가

계산을 하시오. (35~46)

35
  7 시 25분 30초
+ 2 시간 45분 15초
= 10시 10분 45초

36
  8시 37분 45초
+ 1시간 12분 35초
= 9시 50분 20초

37
  2시간 36분 42초
+ 3시간 54분 35초
= 6시간 31분 17초

38
  4시간 24분 53초
+ 2시간 47분 15초
= 7시간 12분 8초

39
  8시 38분 25초
− 6시 45분 10초
= 1시간 53분 15초

40
  10시 15분 40초
− 2시간 40분 15초
= 7시 35분 25초

41
  4시간 13분 25초
− 1시간 46분 50초
= 2시간 26분 35초

42
  11시 20분 34초
− 7시 45분 50초
= 3시간 34분 44초

43 6시 15분 48초+3시간 20분 50초
= 9시 36분 38초

44 3시간 36분 40초+2시간 52분 15초
= 6시간 28분 55초

45 11시 10분 15초−9시 25분 40초
= 1시간 44분 35초

46 9시 40분 25초−2시간 50분 50초
= 6시 49분 35초

## 크라운 온라인 평가 응시 방법

에듀왕닷컴 접속 www.eduwang.com

메인 상단 메뉴에서 단원평가 클릭

단계 및 단원 선택

온라인 단원평가 실시(30분 동안 평가 실시)

크라운 확인

각 단원평가를 통해 100점을 받으시면 크라운 1개를 드리며, 획득하신 크라운으로 에듀왕 닷컴에서 판매하고 있는 교재 및 서비스를 무료로 구매하실 수 있습니다.
(크라운 1개 – 1000원)

Memo

Memo

신기한
연산왕

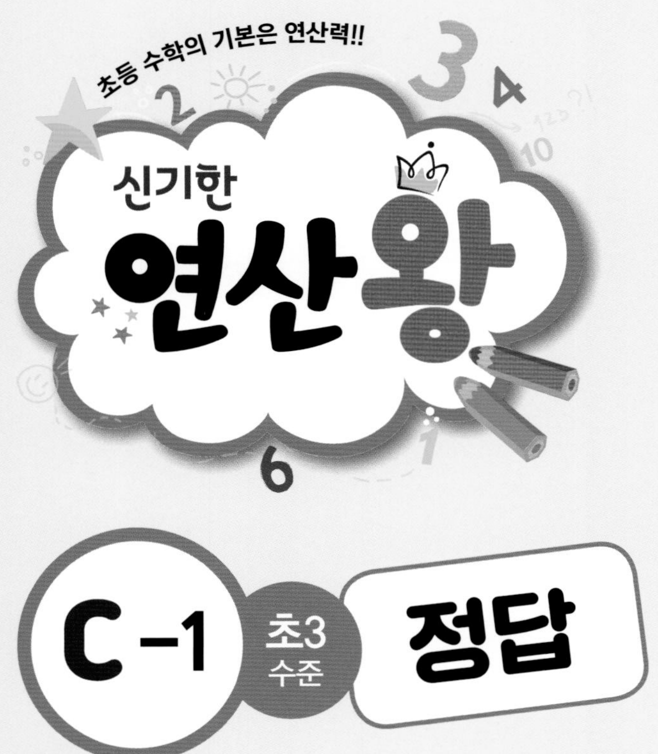


C-1 초3 수준 정답

신기한
연산왕

신기한
연산왕